高等学校精品教材

计算机等级考试与上机指导

刘恩海 李琳 杜涛 主编
梁志刚 樊世燕 穆立 曹志萍 副主编

北京航空航天大学出版社
BEIHANG UNIVERSITY PRESS

内容简介

该书从实用操作角度出发，采用大量的实验及案例，全面系统地介绍在计算机实验教学与上机考试操作中的一些技巧和方法。全书共10章内容，详细介绍了机房硬件系统、机房管理系统及软件系统、校园网服务、畅游互联网、网络资源信息检索、河北省计算机基础测试系统及国家计算机等级考试系统等内容。本书图文并茂，是一本非常实用的计算机基础教材。

图书在版编目(CIP)数据

计算机等级考试与上机指导/刘恩海等主编. --北京
:北京航空航天大学出版社，2013.8
ISBN 978-7-5124-0913-2

Ⅰ.①计…　Ⅱ.①刘…　Ⅲ.①电子计算机—水平考试
—自学参考资料　Ⅳ.①TP3

中国版本图书馆CIP数据核字(2012)第184389号

计算机等级考试与上机指导

主　编　刘恩海　李　琳　杜　涛
副主编　梁志刚　樊世燕　穆　立　曹志萍
策划编辑　谭　莉
责任编辑　郑　方

*

北京航空航天大学出版社出版发行
北京市海淀区学院路37号(邮编100191)　http://www.buaapress.com.cn
发行部电话:(010)82317024　传真:(010)82328026
读者信箱:emsbook@gmail.com　邮购电话:(010)82316936
北京兴华昌盛印刷有限公司印装　各地书店经销

*

开本:787×960　1/16　印张:23　字数:515千字
2013年8月第1版　2013年8月第1次印刷
ISBN 978-7-5124-0913-2　定价:46.00元

若本书有倒页、脱页、缺页等印装质量问题，请与本社发行部联系调换。联系电话:(010)82317024

前 言

随着科学技术的飞速发展，社会以一个全新的面貌进入21世纪。计算机技术的发展更加广泛、更加深入的应用到各个学科当中，推动社会进入了一个崭新的时代，这个时代最鲜明的两个特点就是全球化与信息化。为了适应全球化的发展趋势，紧跟信息化的浪潮这一时代要求，必须提高当代大学生的计算机水平和能力。计算机实践教学对培养大学生的动手操作能力和独立工作能力有着非常重要的作用，是高校教学活动的一个重要组成部分，同时也是培养高素质创新型人才不可或缺的重要一环。

计算机机房作为高校计算机教学的前沿阵地，是高校进行教学工作，锻炼学生实践能力和提高学生对网络信息的理解能力的重要场所。计算中心机房不仅承担了全校计算机公共课程的上机实践教学活动，同时还是学生上网浏览查阅信息资源、获得国内外最新的科研成果、网上选课、了解学校新闻、收发邮件、查看通知和成绩等信息的重要场所；除此之外，机房还承担了各种上机考试工作：例如每年进行的国家计算机等级考试、各省市进行的计算机基础考试、各专业提升专业职称的计算机考试等，并且为各种考试和培训教学提供实践环境。

本书由刘恩海、李琳、杜涛任主编并负责全书的总体策划与统稿、定稿工作。由粱志刚、樊世燕、穆立、曹志萍任副主编。在本书编写过程中，参考了大量文献资料，在此向这些文件资料的作者深表感谢。

由于时间仓促和水平所限，书中难免有不当之处。敬请各位专家、读者批评指正。

编　者

2013年8月　于天津

目 录

目录

第 1 章

上机实验预备知识

本章的目的是使学生初步了解计算机的使用，学会如何上网获取课程学习资料和如何将自己的作业上传给老师。本章的主要内容有计算机的初步使用，上网访问网址和下载资料的基本方法，如何申请邮箱和利用电子邮箱发送作业，如何压缩文件。

实验一　认识 Windows XP 环境

一、实验目的

1. 熟练掌握 Windows XP 启动与退出的方法；
2. 认识了解 Windows XP 的桌面；
3. 掌握鼠标的使用；
4. 掌握键盘的使用。

二、相关知识

1. Windows XP 的启动

打开计算机电源以后，Windows XP 会被自动载入电脑内存，然后随之开始监测、控制并管理计算机的各个设备，该过程即是系统启动。在启动过程中，会遇到“登陆”这一步，用于确认用户身份，使用者要先选择登陆用户，然后输入密码，当系统进行了身份认证后，计算机就启动成功了，此时用户进入了 Windows XP 的工作界面。

2. Windows XP 的退出

在 Windows XP 操作系统下工作时，内存和磁盘上的临时文件中存储了大量信息。如果使用直接关闭计算机电源或热启动等方法非正常退出 Windows XP，可能会造成数据丢失、硬盘损坏等后果，甚至可能导致系统崩溃。所以当用户要结束对计算机的操作时，一定要先退出Windows XP系统，然后再关闭显示器。如果用户在没有退出Windows XP系统的情况下就关机，系统将认为是非法关机，当下次再开机时，系统会自动执行自检程序。

3. Windows XP的桌面

Windows操作系统启动成功就会显示一个界面，我们称之为“桌面”。桌面是我们认识电脑的第一步。桌面上的大片空白称为工作区，上面可以放置各种图标和显示打开的窗口，通常桌面上会放置几个固定的图标和带箭头的快捷方式图标。图标是一个小图片下面有文字，一个图标代表一个文件或者是一个程序。一般在Windows XP的桌面上对图标的基本操作有：选择桌面上的对象、移动图标、排列图标、改变图标的标题和大小、删除图标等。

三、实验示例

【例1.1】 Windows XP的正确启动及其相关操作。

(1) 启动Windows XP。

启动操作系统是把操作系统的核心程序从启动盘（通常是硬盘）中调入内存并运行的过程。一般有3种启动方式：

① 冷启动：也称加电启动，用户只需打开计算机电源开关即可。

② 重新启动：这是通过执行“开始”菜单中的“重新启动”命令来实现的。

③ 复位启动：用户只需按一下主机箱面板上的Reset按钮（也称复位按钮）即可。

在计算机中安装好Windows XP以后，每次打开计算机电源，Windows XP就会自动启动。系统先进行硬件检测，稍后出现欢迎界面，要求用户选择用户账户，并且输入口令。为了安全，Windows XP要求使用计算机的每一个用户都有一个专用的账户。等到音箱里传出音乐声，桌面上的鼠标指针不再闪动，屏幕右下角的小图标都出来了，这时电脑就启动成功了。如图1-1所示，这是界面。启动成功的电脑处于等待状态，长期的无指令等待状态后屏幕就自动出现一个画面，屏幕保护程序开始运行，以防止显示器某个地方长时间太亮烧坏。时间再长，显示器就会变黑，指示灯变桔黄色，这是系统的电源管理自动进入省电模式。这时主机的指示灯仍然亮着，移动一下鼠标，或者按一下空格键就会恢复正常。

(2) 退出Windows XP。

完成了在Windows XP环境中的工作后，保存所有编辑文件，关闭所有打开的应用程序，之后正常退出Windows XP。正常退出操作系统的步骤如下：

① 首先退出应用程序，返回到如图1-1所示的桌面状态。

② 然后单击左下角的“开始”按钮，弹出如图1-2所示的“开始”菜单。

③ 选择其中的“关闭计算机”命令，弹出如图1-3所示的“关闭计算机”对话框，单击“关闭”按钮，即可退出Windows XP，关闭计算机。

图1-1 登陆成功后的 Windows XP 界面

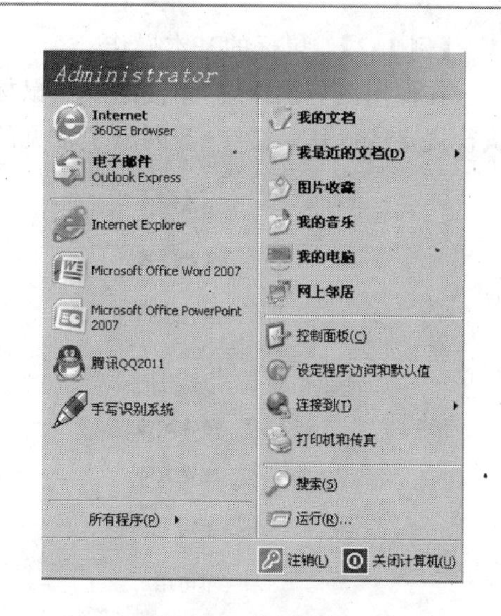

图1-2 “开始”菜单

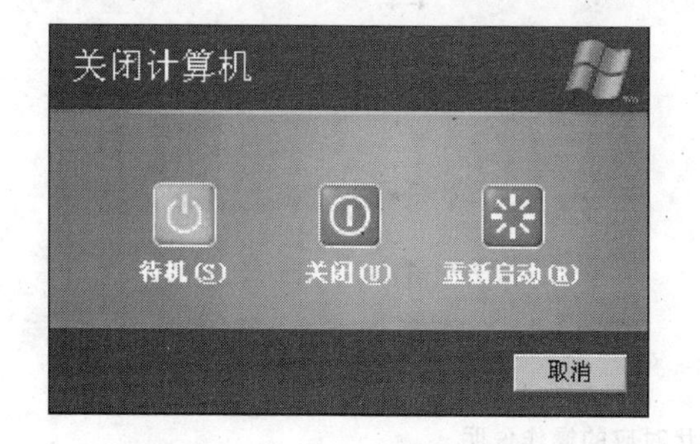

图1-3 “关闭计算机”对话框

图1-4 “注销”Windows XP 对话框

(3) 注销、切换 Windows XP 用户。

Windows XP 是一个支持多用户的操作系统，它允许多个用户登录到计算机系统中，而且每个用户除了拥有公共系统资源外，还可拥有个性化的桌面、菜单、“我的文档”和应用程序等。为了使不同用户快速方便地进行系统登录，Windows XP 提供了注销功能，用户可以在不重新启动系统的情况下登录系统，“注销 Windows”对话框具体操作如下：

① 打开“开始”菜单，选择“注销”命令，系统弹出如图1-4 所示的对话框。

② 在对话框中单击“切换用户”按钮可以在不注销当前用户的情况下重新以另一个用户身份登录；单击“注销”按钮则关闭当前用户，并以另一个用户身份登录 Windows XP。

要注意的是 Windows XP 能同时保留多个用户的登录信息。当前用户退出时如果选择“切换用户”，其正在运行的程序不会被结束。

【例 1.2】 鼠标的基本操作。

在使用鼠标操作时，请注意观察鼠标指针（光标）的形状，从中了解系统的工作状态，正确执行规定的操作。图 1－5 列出了常见的鼠标指针形状及其相应的操作说明。

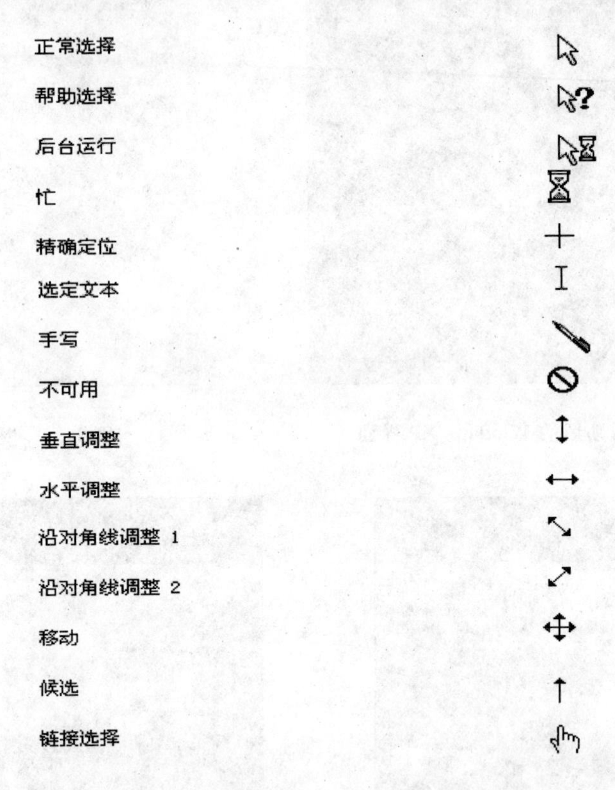

图 1－5　鼠标指针形状对应的操作说明

鼠标的基本操作有如下 4 种。

(1) 单击：将光标指向某个项目，然后按下鼠标左键并迅速释放。单击一般用于对图标、菜单命令和按钮的操作。例如，单击图标、文件夹可以完成选中操作；单击菜单项、按钮可以完成打开和执行操作。将桌面上的图标从上到下从左到右挨个单击，注意单击位置在图标上，别落在文字上。练习三遍，中间有错误就重新来，直至熟练为止。

(2) 双击：将光标指向某个项目，然后连续按下鼠标左键两次并迅速释放。双击一般用于打开某个文件或执行一个应用程序。例如，双击某个图标，将启动该图标所代表的应用程序。将桌面上“我的电脑”、“我的文档”、“回收站”、“Internet Explorer”图标依次双击打开，单击打开窗口右上角的叉按钮关闭。练习三遍，中间有错误就重新来，直至熟练为止。

(3) 右击：将光标指向某个项目，如“我的文档”，然后按下鼠标右键并迅速释放。一般用于弹出相关的快捷菜单。熟练使用单击鼠标右键操作，可以大大提高操作的效率。

(4) 拖曳：将光标指向某个项目，如“我的文档”，然后按下鼠标左键并保持，将选定的项目拖到指定的位置，再松开鼠标左键。拖曳操作一般用于移动或剪切某个项目。

【例 1.3】 键盘的基本操作。

在 Windows XP 中使用鼠标实现的操作，一般采用键盘也能实现。下面列出常用的键盘操作命令。

(1) Ctrl＋Esc：打开“开始”菜单。

(2) Ctrl＋Alt＋Del：打开 Windows XP“任务管理器”窗口，以管理正在运行的任务。

(3) Alt＋<space>：打开当前窗口左上角的控制菜单。

(4) Alt＋Tab：窗口之间切换。按住 Alt 键，再重复按 Tab 键，直到找到要切换的应用程序为止。

(5) Alt＋F4：关闭窗口。

(6) Enter：确认。

(7) Esc：取消。

(8) Ctrl＋<space>：某种中文输入法和英文输入法间的切换。

(9) Ctrl＋Shift：各种输入法之间的切换。

掌握这些基本的键盘操作并灵活运用，可以加快操作速度。现在进行如下操作：

① 在桌面空白区域用鼠标右击，点击选择桌面快捷菜单中的“新建”，选择“Microsoft Office Word 文档”。

② 为 Word 文档命名后，双击图标，打开源文件。

③ 随意输入内容，中英文不限。

④ 输入完成后，单击“保存”按钮，再点击“关闭”按钮。

【例 1.4】 基本的桌面操作。

(1) 排列图标。

排列图标有以下两种操作：

① 用户可以用鼠标将图标拖动到目的位置。如将鼠标指向“我的文档”，按住鼠标左键直到拖动图标到目的地后再释放左键。

② 若想将桌面上的所有图标重新排列，可以用鼠标右键单击桌面空白处，在弹出的快捷菜单中选择“排列图标”命令。该菜单选项中提供了 5 种图标排列方式：“名称”、“类型”、“修改时间”、“大小”及“自动排列”。如选择的是“修改时间”，则如图 1-6 所示。

(2) 选择桌面上某对象。

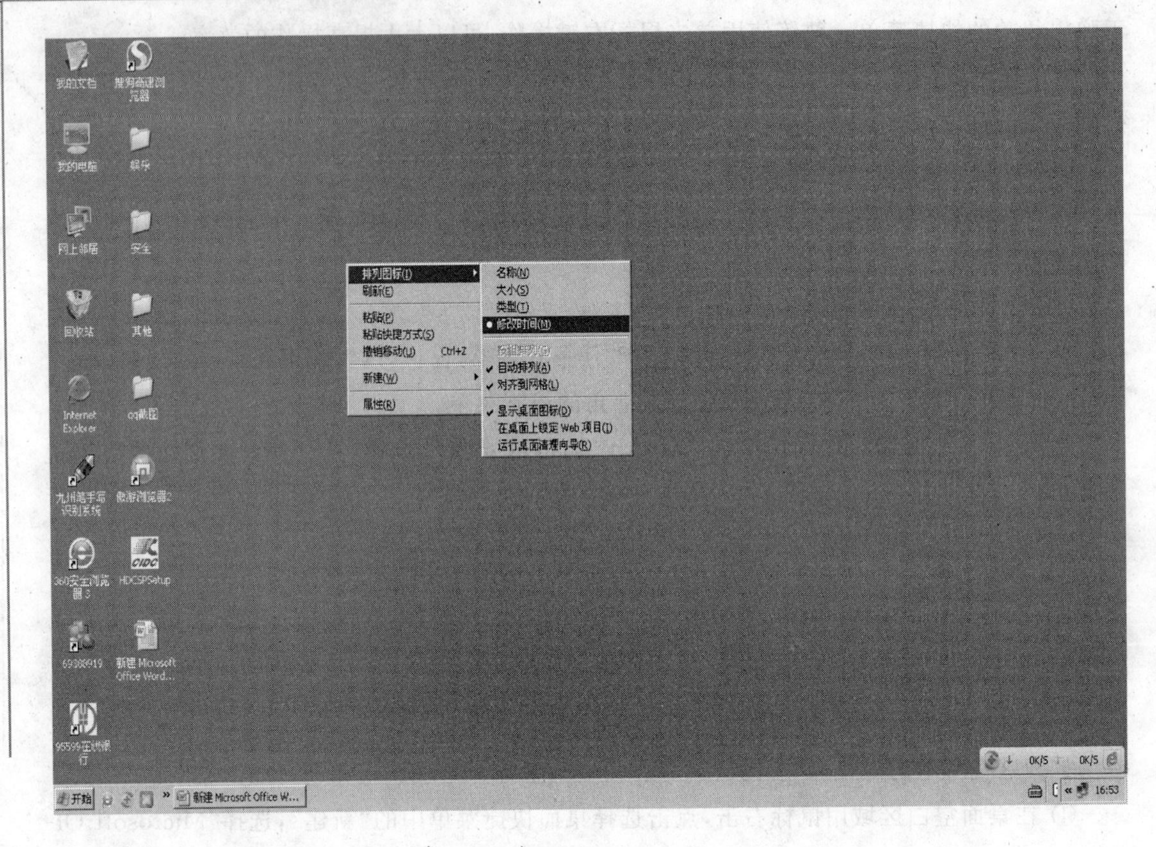

图 1-6 “修改时间”排列图标

① 选择某一个对象。鼠标左键单击“网上邻居”,若图标以反相显示则表示选中。

② 选择多个对象。若是连续选择时,先选中第一个图标,随后一直按住【Shift】键,再点击所选的最后一个对象,若图标都以反相显示则表示选中。若是不连续时,选中一个图标后,再按【Ctrl】键再选下一个,若图标都以反相显示则表示选中。

实验二 学习上网和下载资料

一、实验目的

1. 掌握上网的基本操作;
2. 掌握网页的浏览过程;

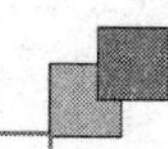

3. 了解从 WWW 网站下载资料的基本方法；

4. 了解从 FTP 网站下载资料的基本方法。

二、相关知识

1. Internet、网址、网页、网站

Internet 中文名字为“因特网”或“国际互联网”。它是一个由各种不同类型和规模独立运行和管理的计算机网络组成的全球范围的信息系统。Internet 基于 TCP/IP(传输控制协议/因特网互联协议)协议运行，通过此协议，网络间可畅通无阻的互换信息。Internet 主要为我们提供如下几种服务：高级浏览 WWW 服务，电子邮件 Email 服务，远程登陆 Telnet 服务以及文件传输 FTP 服务等。

因特网中，如果要从一台计算机访问网上另一台计算机，就必须知道对方的网址。这里所说的网址实际上指两个内涵，即 IP 地址和域名地址。IP 是 Internet Protocol(网际协议)的缩写。例如，某校 WWW 服务器的 IP 地址是 115.24.160.3。然而，用数字表示的计算机网址难以记忆，所以因特网规定了一套命名机制，称为域名系统。如该校 WWW 服务器的域名地址是 www.heout.edu.cn 。

网页，是指单一的一个用网页制作语言编写的脚本，是可以用浏览器打开并解析文本内容的。比如说百度的首页，就是一个单一的网页。一个单一的网页通常的后缀名是 html、htm、asp、aspx、php、jsp 等。

网站，是指一个可以完成一系列工作，以很多的网页以及图片等元素组成的一个比较完整的系统结构。网站不单单包含许多的网页，还包含数据等元素。万维网是全球最大的连结文件网络的文库。

2. 浏览器

浏览器是显示网页服务器或档案系统内的文件，并让用户与这些文件互动的一种软件。它用来显示万维网或局域网等系统内的文字、影像及其他资讯。这些文字或影像，可以是连接其他网址的超链接，方便用户迅速及轻易地浏览各种资讯。个人电脑上常见的网页浏览器包括微软的 Internet Explorer、Opera、Mozilla 的 Firefox、Maxthon(基于 IE 内核)、MagicMaster(M2)等。有些网页是需使用特定的浏览器才能正确显示。浏览器是最经常使用到的客户端程序。

3. 超链接和超文本

超链接在本质上属于一个网页的一部分，它是一种允许当前网页同其他网页或站点之间进行连接的元素。当浏览者单击已经链接的文字或图片后，链接目标将显示在浏览器上，并且根据目标的类型来打开或运行。超文本(Hypertext)是用超链接的方法，将各种不同空间的文字信息组织在一起的网状文本，允许从当前阅读位置直接切换到超文本连结所指向的位置。超文本的格式有很多，目前最常使用的是超文本标记语言(Hyper Text Markup Language,

HTML)及富文本格式(Rich Text Format,RTF)。

4. FTP服务器

FTP的全称是File Transfer Protocol(文件传输协议),是TCP/IP网络上的计算机间专门用来传输文件的协议。FTP服务器,则是在互联网上提供存储空间的计算机,它们依照FTP提供服务。用户通过客户机程序向服务器程序发出命令,服务器程序执行用户所发出的命令,并将执行的结果返回到客户机。例如,用户发出一条命令,要求服务器向用户传送某一个文件的一份拷贝,服务器会响应这条命令,将指定文件送至用户的机器上。客户机程序代表用户接收到这个文件,将其存放在用户目录中。

三、实验示例

【例1.5】 开启Internet Explorer浏览器。

WWW浏览器一般由6部分组成:①标题栏:显示当前网页的标题。②单栏:和Windows普通窗口相同。③工具栏:显示一些上网时常用的工具。④地址栏:用来输入需要访问的URL地址。⑤网页显示区:显示当前网页中的内容。⑥状态栏:显示当前操作的状态信息。

首先,双击电脑桌面上的“Internet Explorer”图标,或者单击“开始”按钮,在“开始”菜单中选择“所有程序”找到“Internet Explorer”命令,启动IE浏览器。其次,在IE浏览器窗口的地址栏里输入要访问的网页地址。这里如果是通用的HTTP协议和WWW服务的话,可以直接输入后面的部分,如访问河北工业大学主页可以直接在地址栏里输入“www. hebut. edu. cn”,而不用输入前缀“http://”。

在Windows XP环境下启动Internet Explorer浏览器后,屏幕呈现如图1-7所示的窗口。

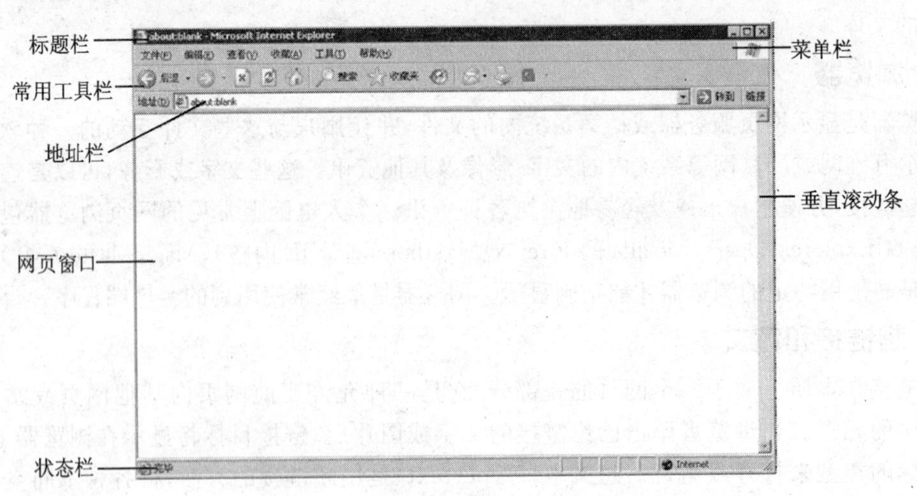

图1-7 Internet Explorer浏览器窗口

【例 1.6】 信息搜索。

现在网上有一些专门提供信息搜索服务的网站，如百度（www. baidu. com）、Google（www. google. com）、搜狐、新浪等。信息搜索网站的搜索引擎是 Internet 上的一个 WWW 服务器，它使用户在数百万计的网站中快速查找信息成为可能。目前，因特网上的搜索引擎很多，以“百度搜索”为例，进行信息搜索的方法如下：

（1）双击电脑桌面上的“Internet Explorer”图标，打开 IE 浏览器。

（2）在地址栏里输入“中国教育网”的网址 http://www. edu. cn/，此时窗口如图 1-8 所示。

（3）在图 1-8 中，单击“科研发展”链接，进入如图 1-9 所示的界面。

（4）单击“向下还原”按钮，可以显示比全屏小一些的窗口。

图 1-8　中国教育和科研计算机网网页

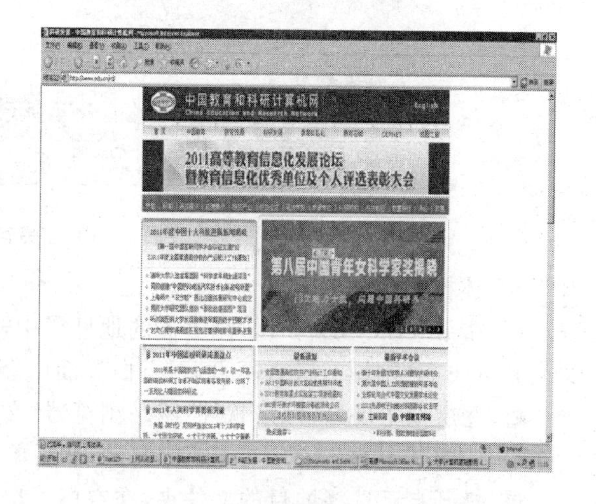

图 1-9　“科研发展”所对应的页面

【例 1.7】 下载相关资源。

具体操作如下：

① 双击电脑桌面上的“Internet Explorer”图标，打开 IE 浏览器。

② 在地址栏输入想要访问的网址，这里输入 http://www. scse. hebut. edu. cn 。单击“文化基础练习”的连接项。

③ 右键单击需要下载的内容，在弹出的快捷菜单中，选择“目标另存为”这一项，此时显示出“另存为”的对话框，如图 1-10 所示。在对话框中选择保存的路径（如 F:\lianxi）再单击“保存”按钮，就可以将需要的资源下载到计算机中。

④ 当全部下载完成后，在 F 盘中的 lianxi 文件夹中就可以找到该资源了。

【例 1.8】 从 FTP 网站上下载资源。

通常使用 FTP 服务都是在浏览器中输入 FTP 地址进行访问，FTP 地址有两种格式：“ftp://域名:FTP　命令端口/路径/文件名”或者“ftp://用户名:密码@FTP　服务器

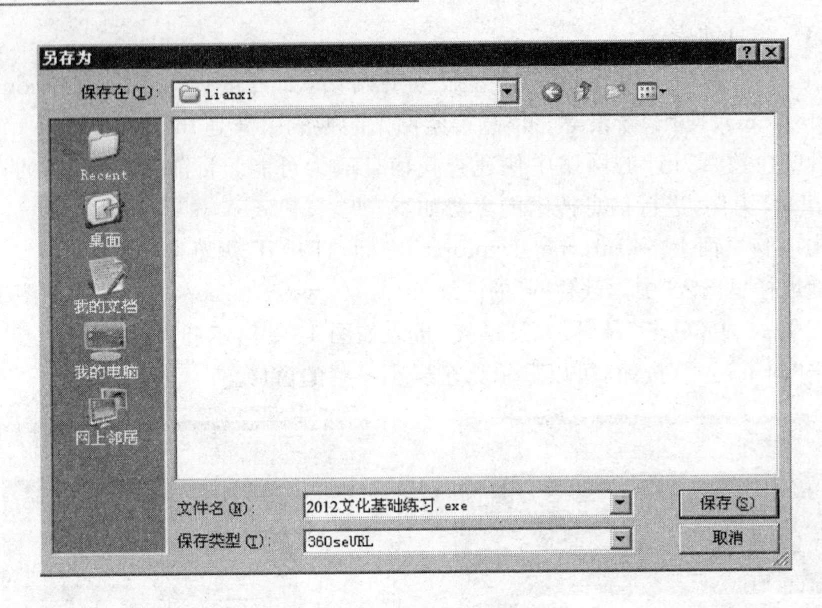

图1-10　“另存为”对话框

IP”。具体操作步骤如下：

① 在 Internet Explorer 浏览器的地址栏中输入 ftp://ftp.cec.edu.cn，按下“转到”按钮即可进入 FTP 网站。进入网页后，空白界面中会显示出最高一层的文件夹列表。

② 逐层双击展开“网络软件\网络浏览器”文件夹。

③ 选中其中的名为“ie6.zip”的文件，然后单击鼠标右键，从快捷菜单中选择“复制”。

④ 打开自己选择的目的文件夹，在空白处单击鼠标右键，从快捷菜单中选择“粘贴”，此时就完成了下载“ie6.zip”文件的工作。

实验三　学习使用电子邮件

一、实验目的

1. 掌握申请免费邮箱的操作；
2. 了解在 Internet 上收发电子邮件的方法。

二、相关知识

1. 电子邮件地址

电子邮件不同于传统上的邮件，因为电子邮件的内容可以是文字，还可以是图片，声音，视频等多媒体格式。更重要的是，电子邮件在大多数情况下都是免费的。每一个电子邮箱都有惟一的一个邮箱地址，称为电子邮箱地址（E-mail Address），它是一个我们收发邮件的地址。其地址的格式为：用户名@服务器名，如 123@qq.com。从这个地址我们可以看出该用户是腾讯邮箱的用户。所以不同网站的邮箱对应的服务器名不同。

2. 申请电子邮箱

免费电子邮件（E-mail）是 Internet 上使用最广泛、最受欢迎的一种网络服务。任何一位 Internet 的用户，只要在自己使用的计算机系统账号下设立一个电子邮箱，就能与世界各地的 Internet 用户互通电子信件（包括文字、照片，甚至声音等）。常用的邮箱有腾讯（http://mail.qq.com）、新浪（http://mail.sina.com.cn）、雅虎（http://mail、yahoo、com、cn）、网易（http://mail.163.com）等。

3. 电子邮件的附件

一般邮件就像是普通的书信。附件可以理解为在信封内又有个小信件，用来说明或者提供材料用的。电子表格、网页、数据库等是不能简单用文本形式的邮件来发送的，而且表格、网页、数据库等在邮件服务商提供的信纸界面上是显示不出来的，所以要以附件的形式发送。

4. 利用压缩文件传输多个文件

当用户需要发送多个文件时，一般是利用压缩软件先将多个文件压缩成一个文件，然后再将该压缩文件以附件的形式发送出去。接收方接收时，先要将附件下载下来，然后再利用压缩软件解压缩，此时多个文件就可以恢复为的原来的形态了。常见的压缩软件有：WinRAR、WinZip 等。

三、实验示例

【例 1.9】 申请免费的 E-mail（电子邮箱）。

在 WWW 网页上申请电子邮箱的步骤如下：

（1）打开 Internet Explorer 浏览器，假如要在新浪网（网址是 www.sina.com）申请一个免费邮箱，只要将网址中的"www"替换为"mail"就可以进入 mail.sina.com，这就是所在网站提供电子邮件服务的网页。其他网页大多类同，只要将 www 替换为 mail 就可进入相关邮箱页，如图 1-11。这里以申请新浪网的邮箱为例。

（2）进入网站提供的电子邮件服务网页，会有"邮箱"一类的文字提示。单击相关按钮，进入邮箱登陆页，如图 1-12。

（3）在 1-12 的邮箱登陆页面中点击"注册免费邮箱"，就会打开如图 1-13 所示页面，此时就开始了邮箱的申请。

（4）设置邮箱名称时，网站通常都有规定：一般是 4～16 位之间（包含 4 位及 16 位），使用小写英文字母、数字、下划线等，不能全部是数字或下划线。按照此规定设定一个比较易记且不与电子邮件服务器上的其他用户冲突的名字。这个名字就是@前的那部分内容，也就是用户在 sina. com. cn 上的账号。

(5) 然后根据提示依次设置其他的项。设置“登录密码”、“密码查询问题”。

(6) 填写验证码。先点击验证码的输入框,就会在右边出现一个随机的验证码,照此码输入后,在“我已经看过并同意《新浪网络服务使用协议》和《新浪免费邮箱服务条款》”前打勾(一般默认是打上了的)。

(7) 点击“提交”按钮之后,一个免费的电子邮箱就申请成功了。

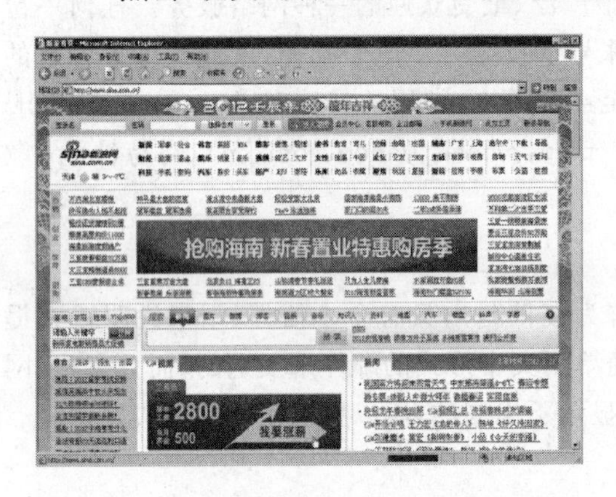

图 1-11 新浪主页

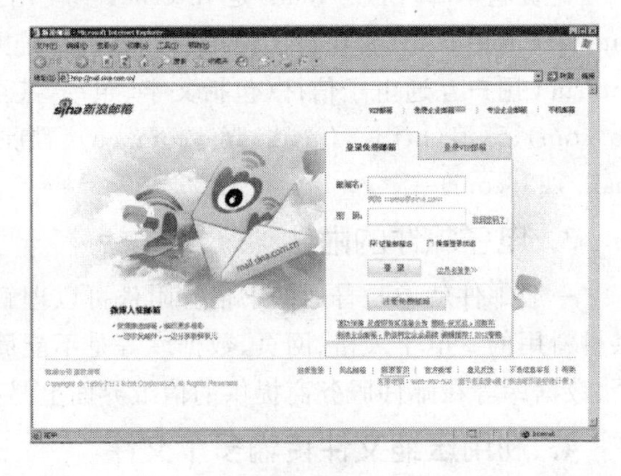

图 1-12 新浪免费邮箱的登陆页面

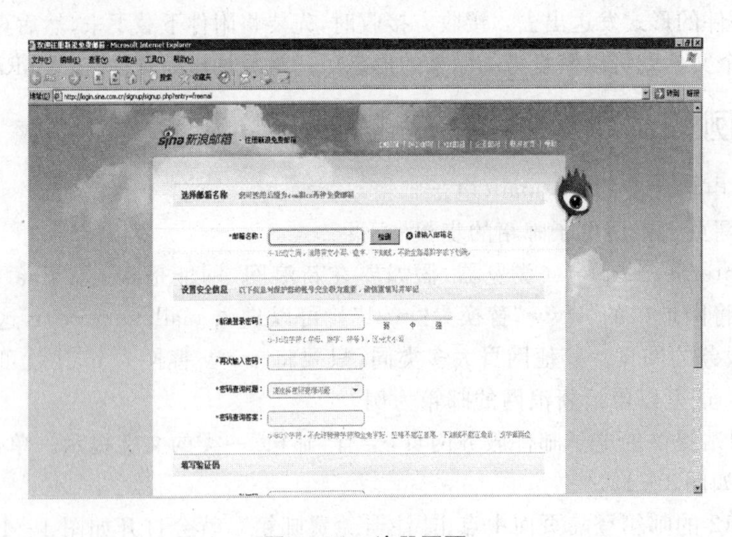

图 1-13 注册页面

【例 1.10】 电子邮件的发送。具体步骤如下:

(1) 打开 Internet Explorer 浏览器,输入地址 http://www. sina. com. cn,此时进入如图 1-11 所示的新浪主页面。

(2) 点击“邮箱”一类的文字提示。进入邮箱登陆页,如图1-12所示。

(3) 在邮箱的登陆页面的“邮箱名”和“密码”文本框中分别输入自己注册的邮箱名和设置的密码。

(4) 如果“邮箱名”和“密码”没错的话,点击“登陆”按钮后就进入了自己的邮箱,如图1-14所示。

图1-14 进入邮箱页面

(5) 在邮箱的主窗体中,点击“写信”按钮,进入写邮件页面,如图1-15所示。在发件人后显示您的昵称和新浪邮箱电子邮件地址。然后在“收件人”后填写收件人电子邮箱的地址。在“主题”栏中输入您所发出的E-mail主题,该主题将显示在收件人收件夹的“主题”区。在邮箱正文输入区内输入您要发送的内容,按“回车键”可换行。

(6) 发送附件(如果不需要发送附件,就直接进行(7)即可)。点击“上传附件”,添加邮件的附件。作为附件的文件类型不限,每次最多可以发送五个文件。在“附件”右侧的区域输入要发送的文件绝对路径和名称,或者单击“浏览”按钮查找选中。在打开的对话框中先找到发送的附件,这里是发送F:\lianxi文件夹下的“test.doc”(自己可以提前先建立一个test.doc文件),如图1-16所示。需要的话还可继续添加附件。

(7) 信写完后,点击“发送”按钮,稍等片刻就会提示“发送成功”了。

【例1.11】 将多个文件压缩为一个文件的发送方式。

当用户需要发送多个文件时,一般是利用压缩软件WinRAR(或其他压缩软件)先将各个文件压缩成一个文件,然后再将该压缩文件以附件的形式发送出去。具体操作如下:

(1) 按路径逐层打开文件夹F:\lianxi,选中需要压缩的文件,然后单击鼠标右键,选择快捷菜单中的“添加到压缩文件”,如图1-17所示。

(2) 在弹出的窗口中找到“压缩文件名”标签,然后起名为“new.rar”,如图1-18所示。

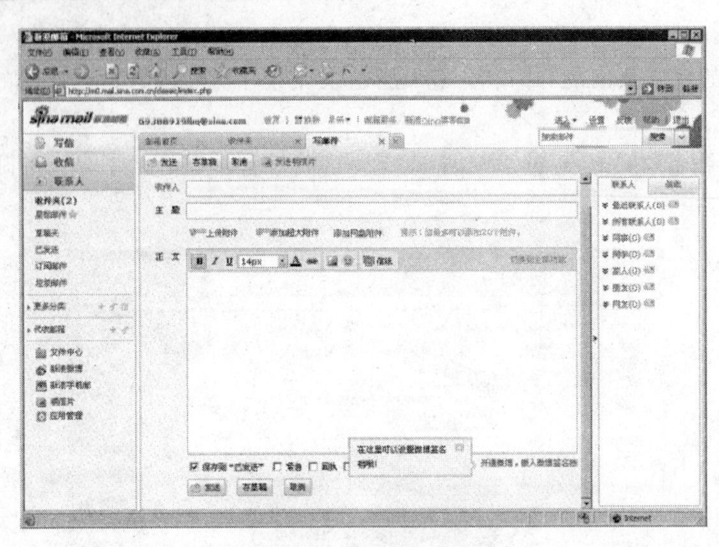

图 1－15 写邮件页面

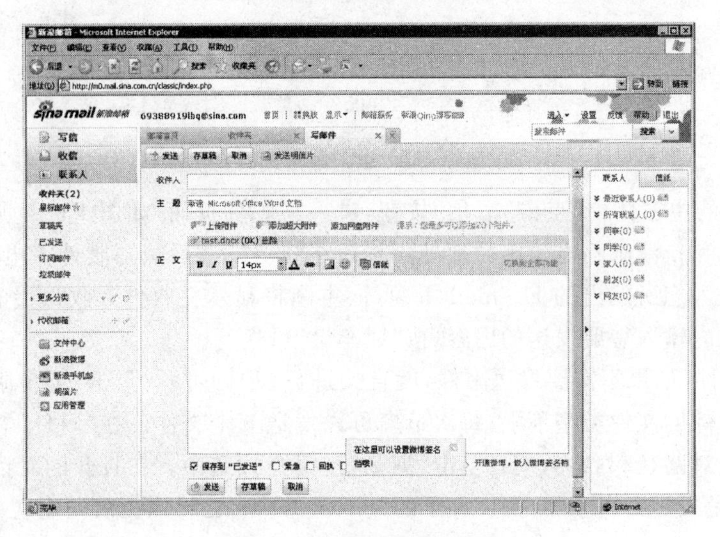

图 1－16 “发送附件”页面

(3) 此时在 lianxi 文件夹中出现了一个压缩文件 new. rar，如图 1－19 所示。

(4) 然后按照【例 1.10】发送附件 new. rar 即可。

【例 1.12】 电子邮件的接收。

具体步骤如下：

(1) 进入自己的邮箱。查看左栏的“收件箱”标签，如果有未读邮件的话会有数字提示。

(2) 点击“收件箱”，此时页面如图 1－20 所示。如果邮件后有回形针标记，说明该邮件中有附件。

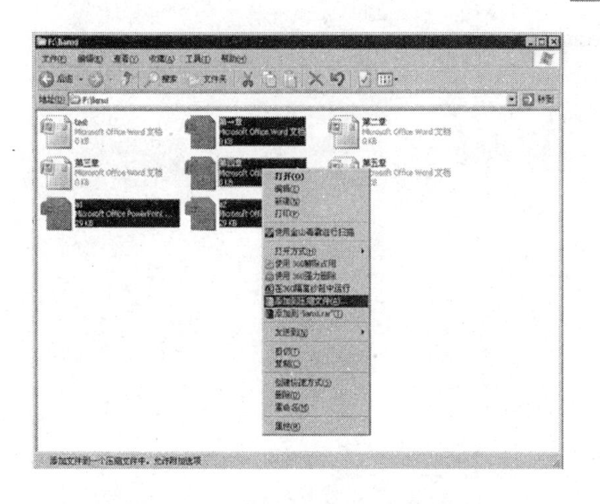

图1-17 选择“添加到压缩文件”

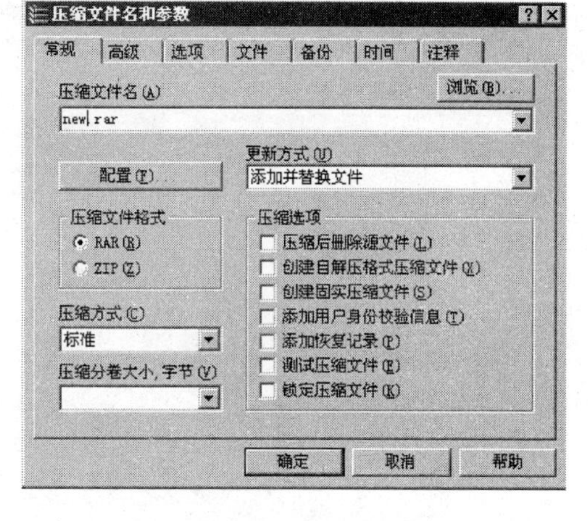

图1-18 填写“压缩文件名”

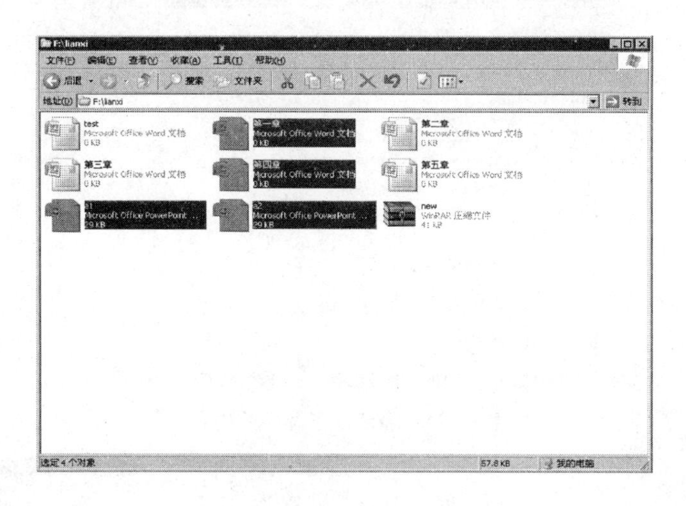

图1-19 压缩好的 new. rar 文件

(3) 点击想要阅读的邮件,此时则打开了该邮件,页面如图1-21所示。若果邮件中有附件,会在正文下显示“附件”,单击“文件下载”连接,屏幕中会弹出“文件下载”对话框,如图1-22所示,然后点击“保存”按钮,打开“另存为”对话框,如图1-23所示,在该对话框中,打开F盘的receive文件夹,文件夹名可以改变,然后点击“保存”按钮。也可以点击“查毒并下载”,然后在弹出的对话框中选择“点击下载”,然后在新弹出的对话框中通过点击“浏览”按钮来选择“存储目录”为“F:\receive\”,文件夹名可以改变,然后点击“确定”按钮。

(4) 打开F盘的receive文件夹,选中“new. rar”压缩文件,然后点击鼠标右键,在弹出的快捷菜单中,选择“解压到new\”此项,如图1-24所示。此时在receive文件夹中会出现新文件夹“new”,如图1-25所示,然后就可以使用new文件了。到此就完成了电子邮件的接收。

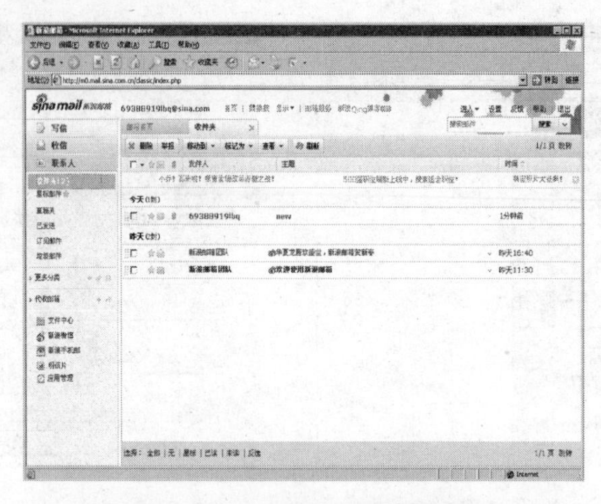

图 1－20 “收件箱”中电子邮件

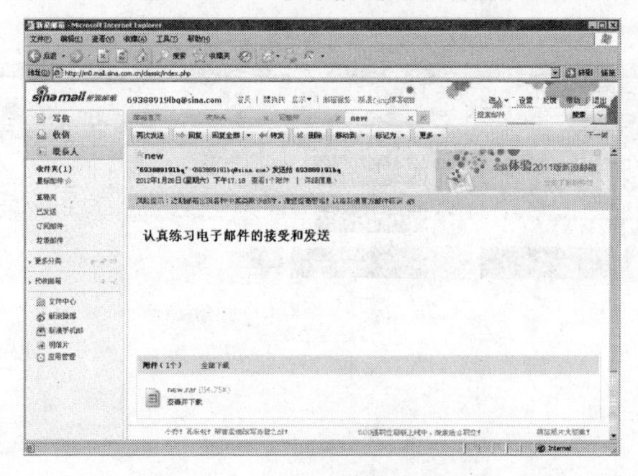

图 1－21 显示电子邮件的内容

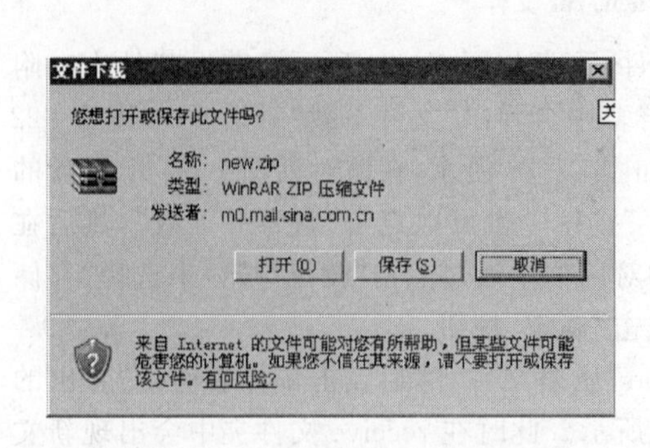

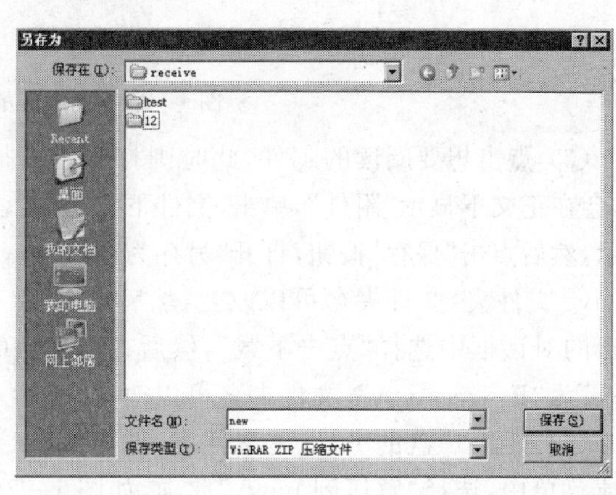

图 1－22 “文件下载”对话框

图 1－23 “另存为”对话框

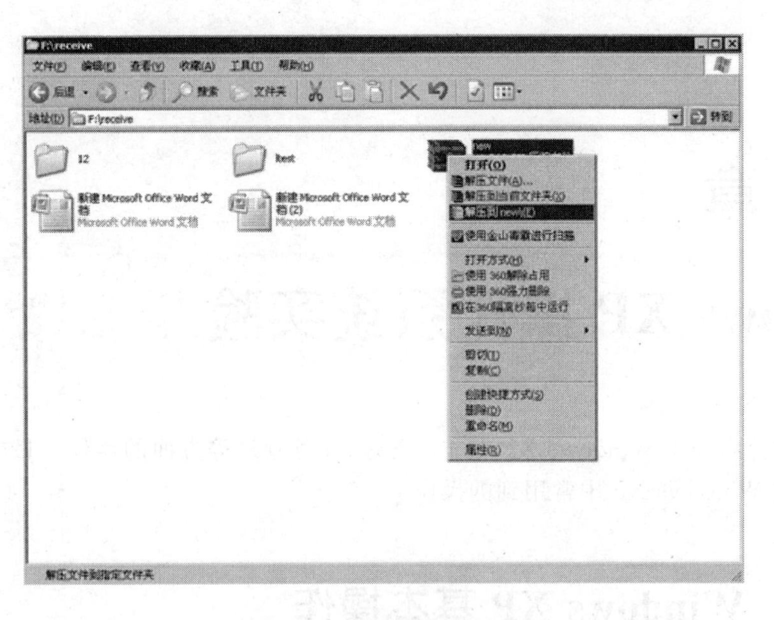

图 1－24　解压缩快捷菜单

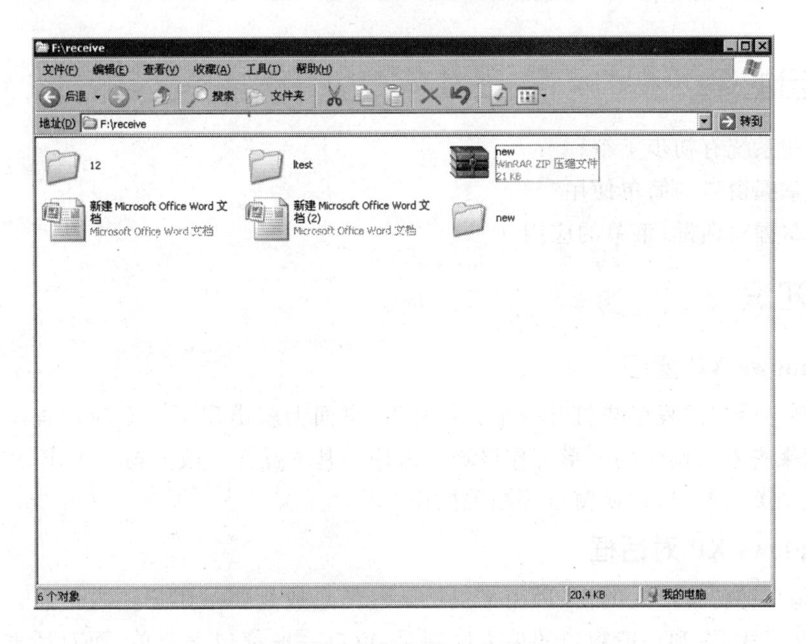

图 1－25　解压后的文件夹

第 2 章

Windows XP 操作系统实验

本章主要介绍关于 Windows XP 在文件管理、任务管理等方面的操作。目的是使学生认识并熟练掌握 Windows XP 中常用到的操作。

实验一　Windows XP 基本操作

一、实验目的

1. 对操作系统有初步了解;
2. 熟练掌握窗口的简单使用;
3. 熟练掌握对话框、菜单的应用。

二、相关知识

1. Windows XP 窗口

每当启动一个应用程序或打开一个文件夹后,桌面上就出现了这个应用程序所对应的窗口,这就是用来查看或操作的矩形工作区域。常用的基本操作有改变窗口大小、位置、最大化、最小化、还原和关闭窗口,切换窗口等相关操作。

2. Windows XP 对话框

对话框是一种特殊形式的窗口,用来提供某些信息或是要求用户输入信息。对话框是窗口的一种特殊形式,它和一般窗口的最大区别是:窗口一般都包含菜单,而对话框没有。对话框最突出的特点是具有如“确定”、“取消”、“是”、“否”、或“应用”等带有选择性的按钮。另外,对话框的大小通常不能改变,因此也没有最大化、最小化按钮。对话框中可包含各种特定的对象,如选项卡、单选按钮、复选框、文本框、列表框、下拉列表框等,通过它们可以实现用户与计算机之间的信息传递，设置完成特定的任务或命令所需要的参数。

3. Windows XP 菜单

在 Windows XP 中有四种形式的菜单：控制菜单、菜单栏级联菜单、“开始”菜单和快捷菜单。菜单就是一张命令表，用户可从中选择各种命令来完成相应的功能。

三、实验示例

【例 2.1】 用鼠标双击桌面上的“我的文档”图标，即打开了“我的文档”，然后作如下操作。

(1) 滚动窗口内容。

将鼠标指针移到窗口滚动的滚动块上，按下左键拖动滚动块，即可以滚动窗口中内容。另外，单击滚动条上的上箭头或下箭头，可以上滚或下滚窗口内容。

(2) 改变窗口的大小。

将鼠标移到窗口的边框或角上，鼠标指针自动变成双箭头形状，按下左键拖动边框，就可以改变窗口的大小。

(3) 最大化、最小化、还原和关闭窗口。

Windows 窗口右上角设有最大化、最小化、还原和关闭窗口四种按钮中的三个。窗口最小化：单击“我的文档”的“最小化”按钮，窗口在屏幕上消失，其图标以按钮的形式只出现在“任务栏”上，但此时程序未关闭。要想恢复窗口只需单击任务栏上的图标按钮即可。窗口最大化：单击“我的文档”的“最大化”按钮，窗口就会扩大到整个桌面，此时“最大化”按钮变成“还原”按钮。窗口恢复：单击“我的文档”的“还原”可以使窗口复原到原来的大小。窗口关闭：单击“我的文档”的“关闭”按钮，窗口在屏幕上消失，并且图标也从“任务栏”上消失，同时结束程序的运行。

(4) 移动窗口。

在窗口没有被“最大化”的情况下，将鼠标指向“我的文档”窗口的“标题栏”空白处按下左键拖动鼠标(此时屏幕上会出现一个虚线框)到所想到的地方，松开鼠标，窗口即被移动。

(5) 切换窗口。

切换窗口就是切换当前任务。在已打开多个窗口的情况下，若想切换到“我的文档”窗口最简单的方法是用鼠标单击“我的文档”在“任务栏”上的任务按钮，也可以在所需要的窗口还没有被完全挡住时，单击“我的文档”窗口的可见部分。

说明：

利用【Alt＋Tab】组合键，也能在不同的窗口键进行切换。如图 2－1 所示。

(6) 排列窗口。

分别双击打开桌面上的“我的文档”、“我的电脑”和“回收站”，此时桌面上展开了三个窗口，然后在任务栏的空白区域单击鼠标右键，会弹出如图 2－2 所示的快捷菜单，然后选择“纵向平铺窗口”，则三个窗口就会均匀地纵向分布于桌面上。

图 2-1 窗口切换对话框

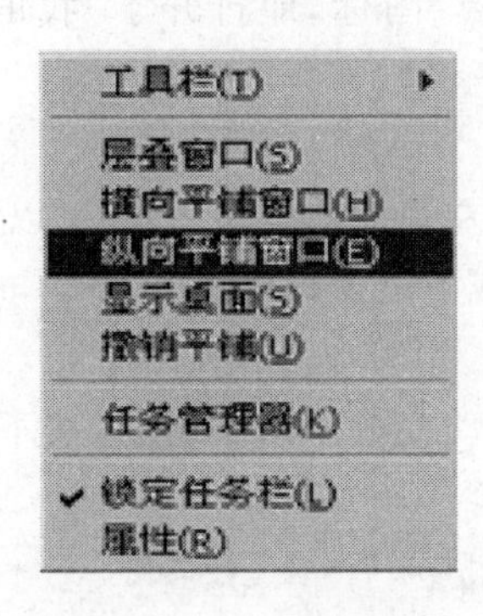

图 2-2 "任务栏"的快捷菜单　　图 2-3 "查看"菜单

【例 2.2】 Windows XP 各种菜单的基本运用。

(1) 打开下拉菜单。

① 单击"我的文档"菜单栏的"查看"按钮,弹出下拉菜单,如图 2-3 所示。

② 在下拉菜单中选择"缩略图"命令,命令被执行,观察变化。

③ 取消菜单选择。打开菜单后,若想取消菜单选择,单击菜单以外的任何地方或按 Esc 键即可取消菜单选择。

说明:

Ⅰ. 若要选择菜单中列出的一个命令,单击该命令。

Ⅱ. 若菜单命令项带有省略号"…",表示单击该菜单命令项时会弹出一个对话框。

Ⅲ. 若菜单命令项以灰色显示,则表明该菜单命令项当前不可用。

Ⅳ. 若菜单命令项带有向右的箭头,则表明单击该命令项后会打开子菜单。

(2) 快捷菜单的使用。

① 鼠标右键单击"我的文档"图标,弹出快捷菜单,选择"打开"命令。

② 鼠标右键单击"我的文档"窗口的任意位置,弹出快捷菜单,如图 2-4 所示,然后选择"查看"菜单中的"列表"命令。

③ 单击"我的文档"窗口的关闭按钮,关闭"我的文档"窗口。

【例 2.3】 设置屏幕保护程序。

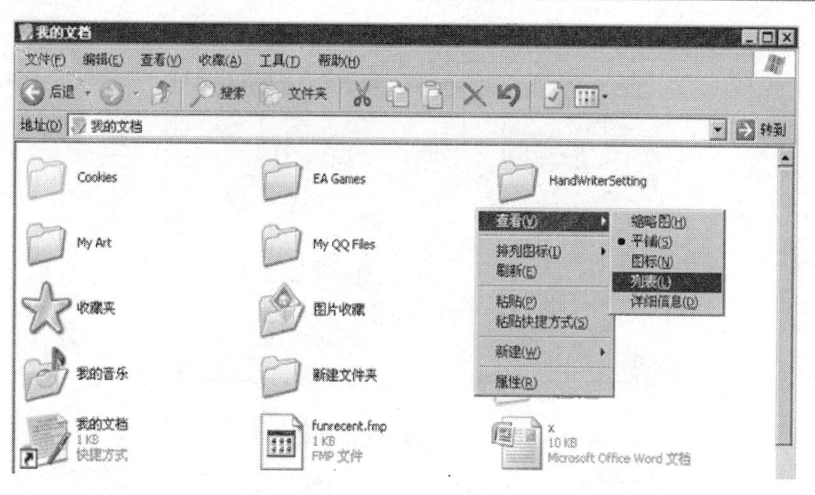

图 2-4　快捷菜单

(1) 在桌面单击鼠标右键,选择“属性”命令,弹出“显示属性”对话框如图 2-5 所示。

(2) 对话框由多个选项卡组成,各个选项卡相互重叠,以减少对话框所占空间。每个选项卡都有一个标签,每个标签代表对话框的一个功能,单击标签名可以进入标签下的相关选项卡对话框。点击“屏幕保护程序”这一标签,如图 2-6 所示。

(3) 在“屏幕保护程序”的下拉菜单中选择“夜光时钟”。

(4) 点击“设置”按钮,弹出“时钟屏幕保护程序”的对话框,点击“鼠标移动”和“按下键盘按钮”前的复选框,即选中了这两项。然后点击“关闭”按钮。退回到“显示属性”对话框。

(5) 点击“应用”按钮,然后点击“确定”按钮,最后点击“关闭”按钮。

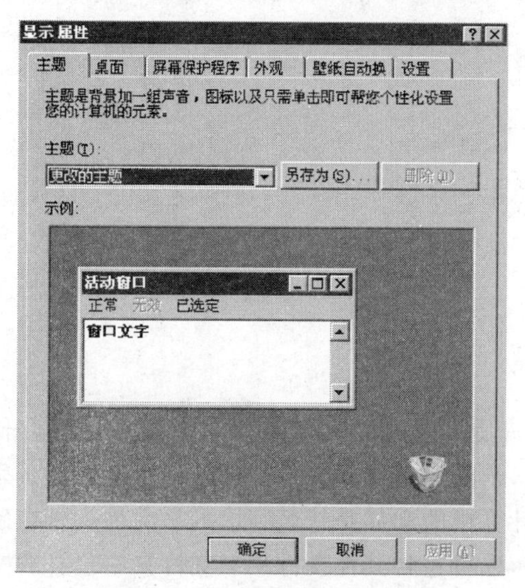

图 2-5　“显示属性”对话框

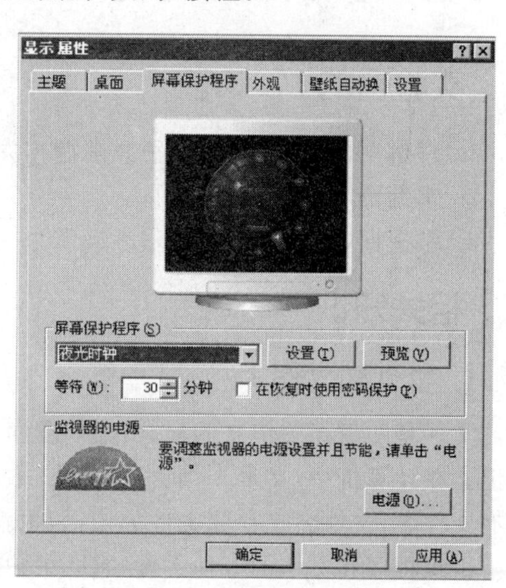

图 2-6　设置“屏幕保护程序”

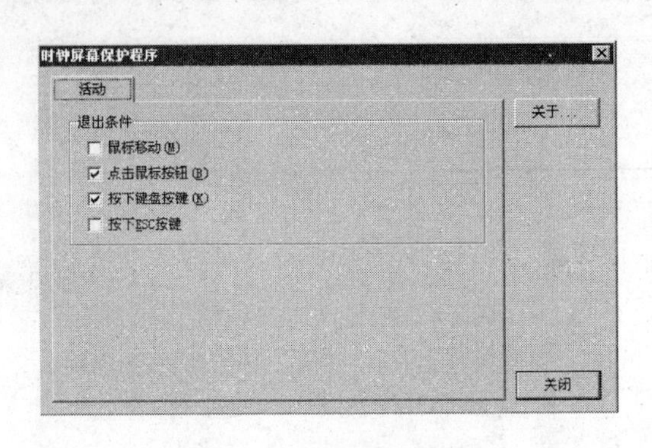

图2-7 设置"退出条件"

四、实验内容

【实验1】 打开窗口,拖动鼠标来移动窗口,改变窗口大小,在窗口间进行切换,层叠或平铺窗口。

【实验2】 对菜单栏菜单、下拉菜单和快捷菜单进行操作,掌握各种常用命令的应用。

【实验3】 了解对话框中不同选项卡的组成并熟练其应用。

实验二 文件的管理

一、实验目的

1. 理解文件、文件夹的区别并掌握相关操作;
2. 掌握资源管理器的使用;
3. 掌握回收站、剪切板的基本操作。

二、相关知识

1. 文件和文件夹

文件是一组相关信息的集合,任何程序和数据都是以文件的形式存放在计算机的外存储器上。在计算机中,文本文档、电子表格、数字图片,歌曲等都属于文件。任何一个文件都必须具有文件名,文件名是存取文件的依据,也就是说计算机的文件是按名存取的。文件夹是在磁盘上组织程序和文档的一种手段,它既可包含文件,也可包含其他文件夹。文件夹中包含的文件夹通常称为"子文件夹"。Windows XP 采用了树型结构以文件夹的形式组织和管理文件,相当于 MS－DOS 和 Windows 3.x 中的目录。

文件和文件夹的相关操作：用户可以通过文件夹窗口，资源管理其窗口等来对文件和文件夹进行查看、复制、粘贴、删除、移动、恢复、查找等操作，设置文件夹显示选项等。

2．资源管理器

Windows XP 资源管理器用于显示计算机上的文件、文件夹和驱动器的分层结构。同时显示了映射到计算机上的驱动器号和所有网络驱动器名称。使用 Windows XP 资源管理器，可以快速便捷的复制、移动、重新命名以及搜索文件和文件夹。

3．剪贴板

剪贴板是 Window XP 在传递信息时的临时存储区域。可以存放文字、图形、图像、声音等各类信息。当我们在执行“复制”、“剪切”或“粘贴”操作时，都会用到剪贴板。

4．回收站

回收站是硬盘的一部分，可以改变它的大小。回收站主要用来存放用户临时删除的资料，用好和管理好回收站、打造富有个性功能的回收站可以更加方便我们日常的文件维护工作。回收站可以临时保存一些误删的小文件，一般删除后的东西都会在回收站里，可以供我们还原，要是太大文件的话，删除后就彻底没了。

三、实验示例

【例 2.4】 利用资源管理器建立树型文件夹结构。

(1) 右键单击“开始”菜单，在弹出的快捷菜单中选择“资源管理器”命令即打开了资源管理器窗口，如图 2－8 所示。或者鼠标右击桌面上的“我的电脑”，选择快捷菜单中的“资源管理器”命令也能打开资源管理器窗口。

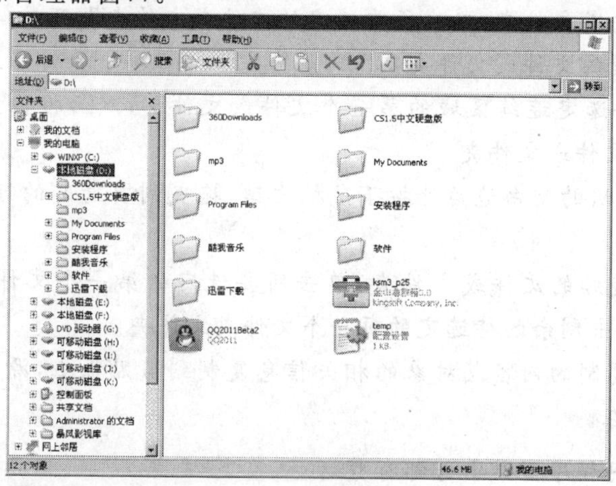

图 2－8　资源管理器窗口

(2) 点击左窗口中“本地磁盘(D:)”文件夹,右侧窗口会呈现D盘的根目录,在右侧空白处单击鼠标右键,选择快捷菜单中的“新建”命令,再选择“文件夹”一项,命名为user。

(3) 双击user文件夹打开该文件夹,采用创建user文件夹的方法分别新建user1、user2、user3文件夹。

(4) 双击user1文件夹,在右侧空白处单击鼠标右键,选择快捷菜单中的“新建”命令,再选择“Microsoft Office Word”一项,命名为word1,然后同样的方法建立PowerPoint文件,并命名为ppt1。此时创建的树型文件夹结构如图2-9所示。

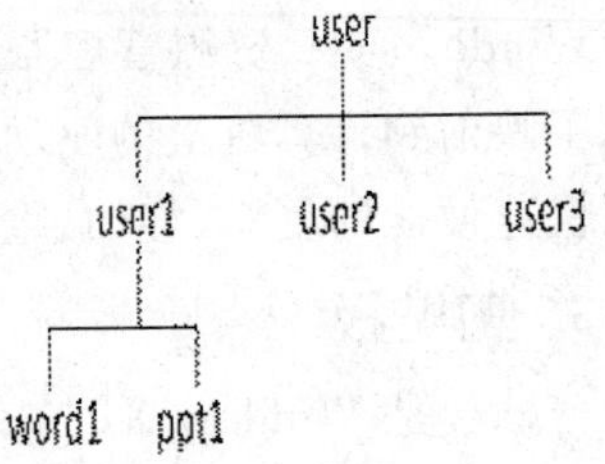

图2-9 自建的树状的文件夹结构

说明:

建立树型文件夹结构可以不用资源管理器,而直接双击“我的电脑”,然后打开D盘开始创建。

【例2.5】 对文件或文件夹进行复制、粘贴、删除、剪贴、恢复等操作。

(1) 将F盘的receive文件夹下的new.rar文件复制到D盘的user文件夹下。

具体操作如下:

① 打开资源管理器窗口,点击左窗口F盘前的“⊞”,即展开了F盘,再在F盘的展开列表中点击展开receive文件夹。

② 单击左窗口receive文件夹下的new文件夹,然后右键单击右窗口中的new.rar文件,选择快捷菜单中的“复制”命令,如图2-10所示。

③ 在左窗口中点击D盘前的“⊞”,即展开了D盘,再在F盘的展开列表中点击展开user文件夹,然后在右窗口的空白处单击鼠标右键,选择快捷菜单中的“粘贴”命令。

说明:

Ⅰ. 选定单个文件或文件夹:单击所要选定的文件或文件夹即可。

Ⅱ. 选定多个连续的文件或文件夹:

方法一:单击所要选定连续区域的第一个文件或文件夹,然后按住Shift键不放,再单击连续区域中最后一个文件或文件夹。

方法二:在连续区域的空白边角处按下鼠标左键,拖曳到要选定的连续区域的对角后,释放鼠标即可。

Ⅲ. 选择多个不连续的文件或文件夹:单击所要选定的第一个文件或文件夹,然后按住Ctrl键不放,再分别单击剩余的待选定的每一个文件或文件夹。

Ⅳ. 复制是将要复制的内容或对象的相关信息复制到剪贴板上,源内容或源对象在执行完“粘贴”操作后仍存在。

Ⅴ. 在一般的应用程序窗口中也都有剪切、复制、粘贴、工具按钮。使用它们能更方便、更快捷地完成剪切、复制和粘贴操作。

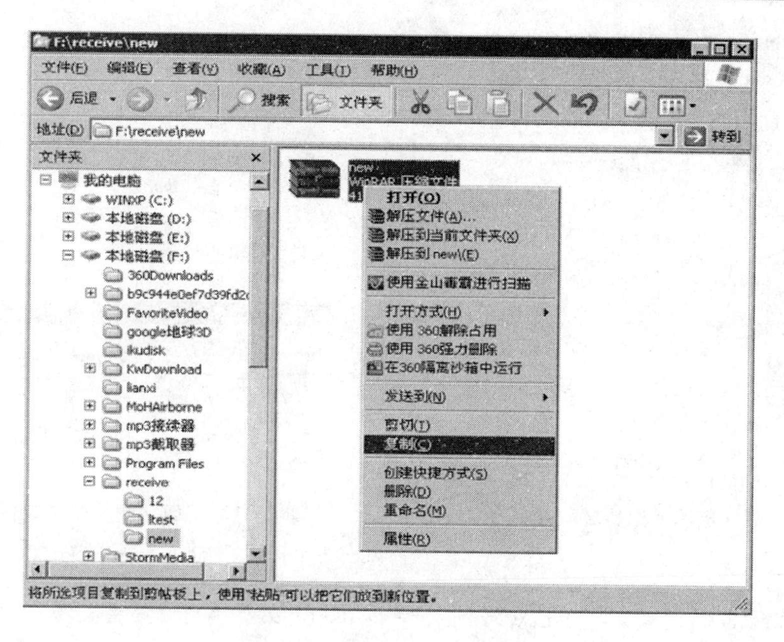

图 2-10　复制 new. rar 文件

Ⅵ. “剪切”、“复制”、“粘贴”操作分别对应【Ctrl＋X】、【Ctrl＋C】、【Ctrl＋V】的快捷键操作。

(2) 移动文件夹操作。

具体操作如下：

① 在D盘的根目录下新建一个文件夹，命名为 user4。选中 user4 后，按下快捷键【Ctrl+X】。

② 打开资源管理器窗口，点击左窗口 F 盘前的“⊞”展开 F 盘，再在 F 盘的展开列表中点击展开 receive 文件夹。在右侧窗口的空白处按下快捷键【Ctrl+V】。

说明：

不用快捷键来完成剪切：先选定 user4 文件夹，单击工具栏中“编辑”按钮，选择下拉菜单“剪切”命令，或者在 user4 上右击，在弹出的快捷菜单中选择“剪切”命令。然后在 receive 文件夹中，单击工具栏中“编辑”按钮，选择下拉菜单“粘贴”命令，或者在 receive 工作区的空白区域上右击，在其快捷菜单中选择“粘贴”命令。

(3) 将 F 盘中 user4 文件夹和 new. rar 文件删除。

具体操作如下：

① 双击桌面上的“我的电脑”图标，然后展开至 F 盘的 receive 文件夹。

② 选中 user4 文件夹，然后按住【Ctrl】键再选中 new 压缩文件。在二者中任意一个图标上单击鼠标右键，弹出快捷菜单，选择“删除”命令如图 2-11 所示，弹出对话框如图 2-12 所示。点击“是”按钮，则这两个文件都被删除(即被放入了回收站了)。

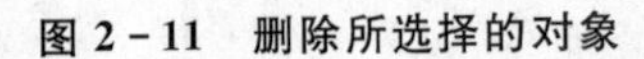
图 2-11 删除所选择的对象

图 2-12 “确认删除多个文件”的对话框

说明：

删除对象的其他方式，选中 new. rar 文件和 user4 文件夹后，点击菜单栏中的“文件”按钮，再选择“删除”命令。或者直接单击常用工具栏中的“删除”工具按钮“ ”，或者按一下键盘上的【Delete】键，此时会弹出对话框如图 2-12 所示。选择“是”按钮，则这两个文件夹都被删除(即被放入了回收站了)。

(4) 从回收站中恢复删除了的 user4 文件夹，并彻底删除 new 文件。

具体操作如下：

① 双击桌面上的“回收站”图标，如图 2-13 所示。

② 点击选中 user4 文件夹，然后点击菜单栏中的“文件”按钮，再选择“还原”命令。则 user4 就又回到了 F 盘的 receive 文件夹中。

③ 鼠标右键单击选中 new. rar 文件，选择快捷菜单中的“删除”命令，弹出对话框如图 2-14 所示，点击“是”按钮。就可以将 new 压缩文件完全删除了。

注意：

回收站中只能保存硬盘中被删除的文件或文件夹，因此回收站也只能恢复从硬盘中删除的文件或文件夹。

说明：

彻底删除的快捷键组合是【Shift＋Delete】。当选中某些对象后，按下该快捷键，即可直接彻底删除，而不经过“回收站”。但不提倡这么使用，万一以后还需要该文件的话，就无法恢复了。

(5) 查找 user2 文件夹，并将其属性设为“只读”。

当要查找一个文件或文件夹时，可以选择“开始”→“搜索”命令，或使用“Windows 资源管

图 2－13　“回收站”窗口

图 2－14　彻底删除的对话框

理器”、“我的电脑”窗口中的“搜索”工具按钮。然后设置搜索条件，操作方法如下：

① 选择“开始”→“搜索”命令，屏幕上将弹出图 2－15 所示“搜索结果”窗口。

② 在左侧窗口中“要搜索的文件或文件夹名为”的文本框中输入待查找的文件夹名称 user2。

③ 在“搜索的范围”的下拉列表框中选择 D 盘为要搜索的范围。

④ 单击“立即搜索”按钮，系统将会把指定磁盘中指定文件夹中的文件查找出来，查到后，将在“搜索结果”窗口的右窗格中将文件或文件夹名称、所在文件夹、大小、类型及修改日期与时间显示出来，若要停止搜索，可单击“停止”按钮。搜索完后如图 2－16 所示。

⑤ 在“搜索结果”窗口的右窗格中，双击搜索后显示的文件或文件夹，可以打开该文件或文件夹，并且可以通过“搜索结果”窗口中的“文件”菜单对查到的文件或文件夹进行文件的打开、打印、发送、删除、重命名等操作。也可通过“编辑”菜单对其进行剪切、复制等操作。这里鼠标右键单击查找到的 user2 文件夹，在弹出的快捷菜单中选择“属性”项，会弹出对话框如

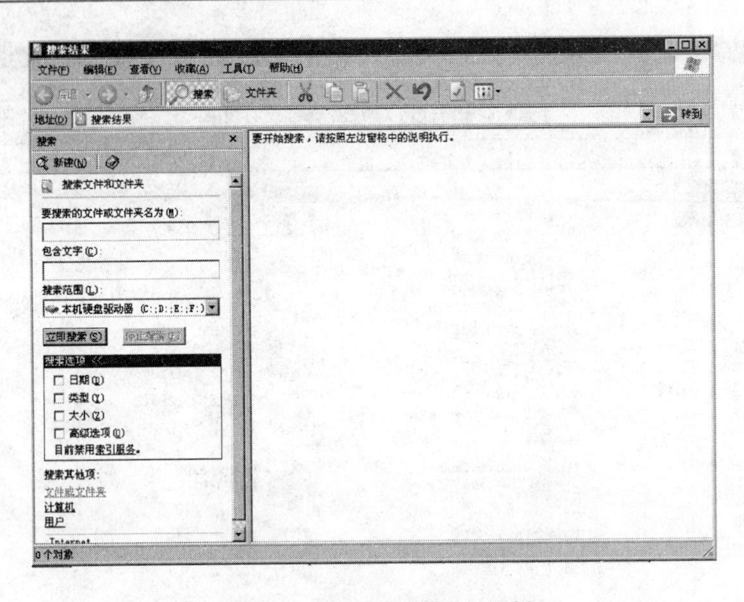

图 2-15　“搜索结果”窗口示例

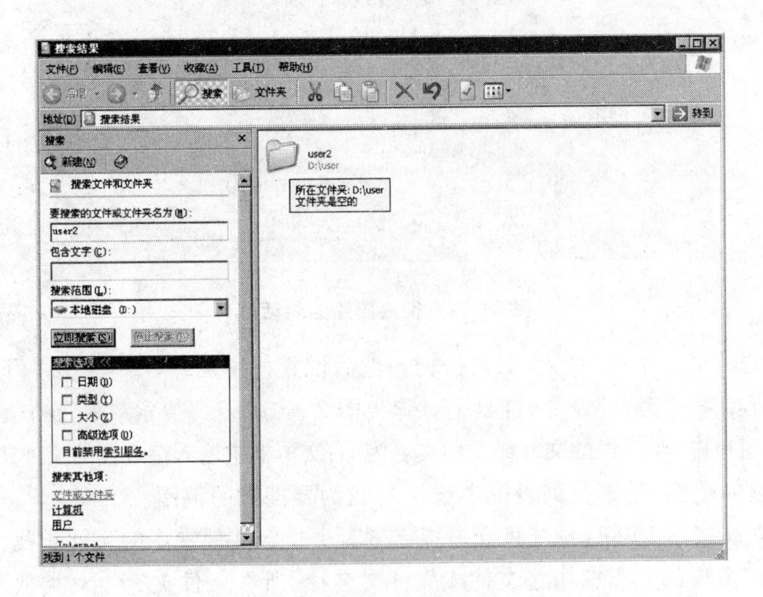

图 2-16　通过搜索查找到的 user2 文件夹

图 2-17所示。

⑥ 选择选项卡“常规”，在“属性”栏的复选框中，只选择“隐藏”。

⑦ 点击“应用”按钮，再点击“确定”按钮。

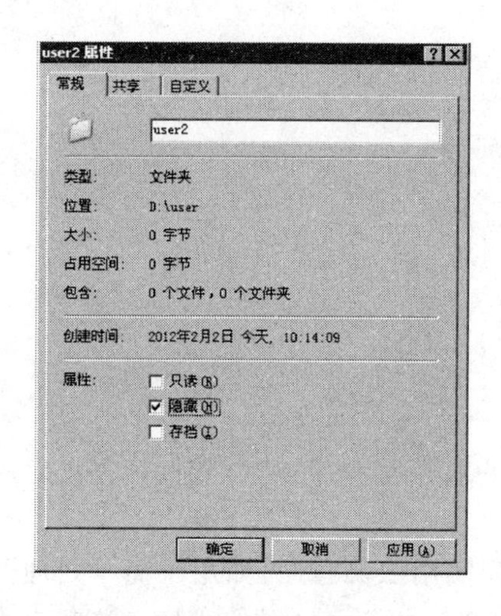

图 2－17　"user2 属性"对话框

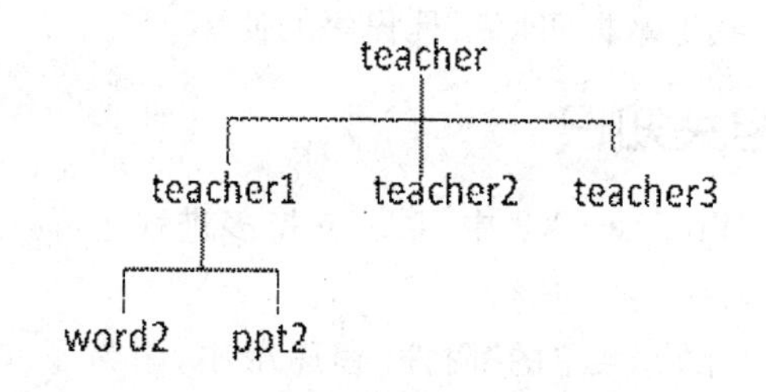

图 2－18　建立的树形文件夹结构

说明：

Ⅰ. 在"全部或部分文件名"的文本框中，可以指定文件的全名，也可以输入名称的一部分，还可以使用通配符"?"和"*"。

Ⅱ. "*"：代表零个或多个字符。例如：对于要查找的文件，键入字符串"*. doc"，表明要查找扩展名为". doc"的所有文件。键入字符串"a*"，则查找以 a 开头的所有文件。键入字符串"a*. doc"，查找以 a 开头并且文件扩展名为". doc"的所有文件。

Ⅲ. "?"：代表单个字符。例如，当键入"a?. doc"时，表明要查找以 a 开头、第二个字符任意、主文件名只有两个字符、扩展名为". doc"的所有文件。

Ⅳ. 查找时，如果不知道文件名或想细化搜索条件，可在"文件中的一个字或词组"框中输入需要查找的文件中所包含的字或词组。

Ⅴ. 如果对所查找的信息一无所知或者要进一步缩小搜索范围，可以在"搜索选项"中进一步选择"文件修改时间"、"大小"和"更多高级选项"等附加的搜索条件。

四、实验内容

【实验 1】 先在 D 盘查找 user3 文件夹。然后在 user3 中建立如图 2－18 所示的文件夹结构。

(1) 将 teacher3 文件夹删除。

(2) 将 teacher1 文件夹中的 word2 文件复制到 teacher2 中，将 teacher1 中的 ppt2 文件移动到 teacher2 中，并将 ppt2 的属性设为"存档"。

(3) 将 teacher1 文件夹下的 word2 文件彻底删除，将 teacher3 文件夹恢复。

实验三 实用工具程序

一、实验目的

1. 熟练掌握运行程序的方法；

2. 熟练掌握实用工具程序的使用。

二、相关知识

在 Windows XP 中，系统支持多进程运行，当用户打开某程序或文档时，就是将对应的文档调入内存，然后执行。

在"开始"菜单的"附件"程序组中，附带了一系列实用工具程序，如用于简单处理图片的"画图"、用于计算数值的"计算器"和用于查看并编辑文字的"写字板"等程序。这些应用程序都很实用而且操作简单方便。

应用程序或文档的启动方式有很多种，常用的有以下几种：

(1) 用快捷图标方式，直接双击桌面上或文件夹中的应用程序或文档图标即可直接打开该应用程序或文档。

(2) 选择"开始"菜单中的"运行"命令。在"运行"对话框中，输入程序的路径名、文件名，然后单击"确定"按钮。

(3) 在"任务管理器"的"应用程序"选项卡中单击"新任务"按钮，在创建新任务对话框中输入程序名或通过"浏览"查找应用程序。

(4) 从"开始"菜单的"所有程序"中查找并打开。

(5) 从"开始"菜单的"我最近使用的文档中"查找并打开。

(6) 通过"开始"菜单中的"搜索"命令来查找并打开。

三、实验示例

【例 2.6】 运行"画图"程序。

(1) 从"开始"菜单中运行。

① 点击"开始"菜单按钮，鼠标指向"所有程序"。

② 在新展开的级联菜单中，鼠标单击选则"附件"中的"画图"这一项，如图 2-19 所示。这样就打开了"画图"程序，如图 2-20 所示。

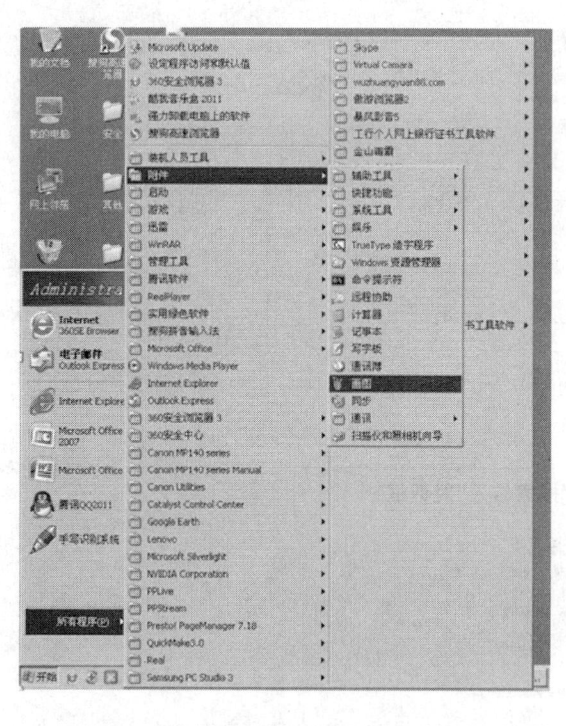

图 2-19　开始菜单中“所有程序”列表

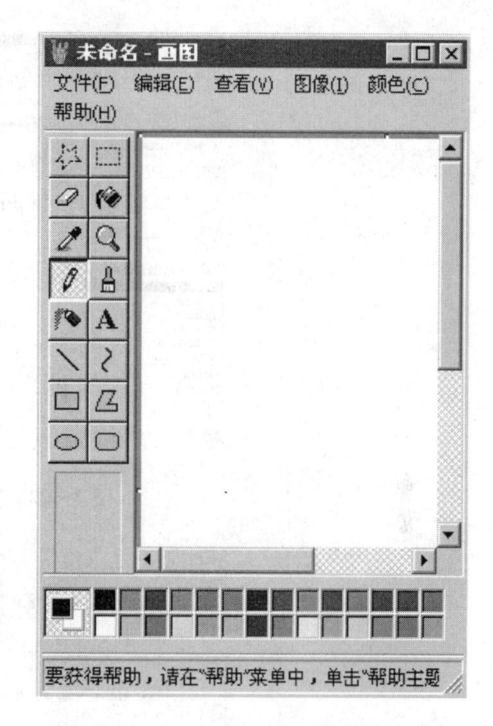

图 2-20　“画图”程序

(2) 通过“开始”菜单中的“运行”命令来打开“画图”程序。

① 点击“开始”菜单按钮。

② 选择“运行”命令。在弹出的对话框中输入“mspaint. exe”，如图 2-21 所示，然后点击“确定”按钮。

(3) 在文件夹中查找并运行“画图”程序。

① 双击桌面上的“我的电脑”图标，再打开 C 盘。

② 双击打开 C 盘根目录下的“WINDOWS”文件夹。

③ 点击常用工具栏中的“搜索”按钮，然后在“要搜索的文件或文件夹名为”的文本框中输入“mspaint. exe”，点击“立即搜索”按钮，搜索结果如图 2-22 所示。

图 2-21　“运行”对话框

④ 双击右窗口中的“画图”程序的图标既可以打开了。

【例 2.7】 在“开始”菜单中打开最近使用的文档。

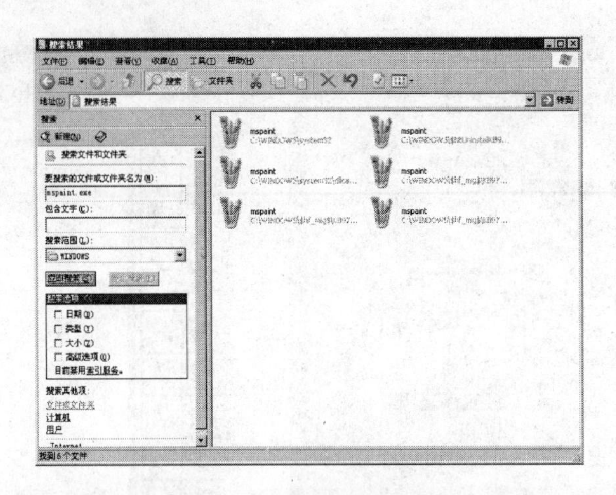

图 2-22 “搜索结果”对话框

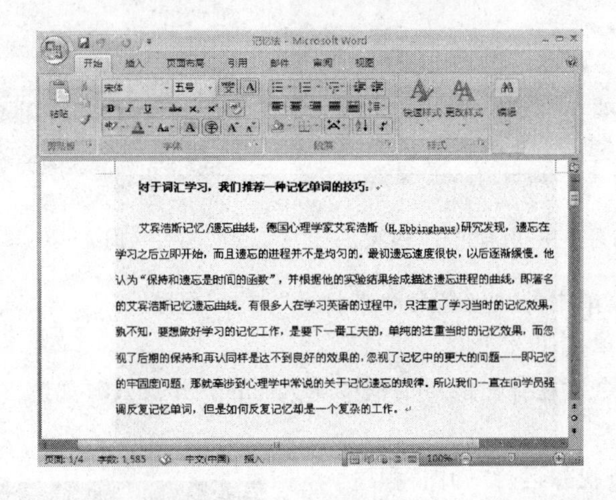

图 2-23 从“我最近的文档”中打开的 Microsoft Office Word 窗口

① 点击“开始”菜单按钮，在展开的级联菜单中选择“我最近的文档”。

② 选择打开一个最近使用的文档，比如“记忆法.doc”文件，则系统就会运行该 word 文档，如图 2-23 所示。

③ 点击该文件窗口上的“关闭”按钮，将其关闭。

说明：

也可以使用快捷方式运行程序或文档，这时双击程序或文档的快捷方式的图标即可，但前提是必须已创建了该程序的快捷方式。

四、实验内容

【实验1】 通过“开始”菜单中的“搜索”命令查找并打开“记事本”程序(notepad.exe)。

【实验2】 通过“开始”菜单中的“运行”命令运行“计算器”程序(calc.exe).

【实验3】 在“开始”菜单中打开最近使用过的一个文档。

实验四　Windows XP的环境设置和计算机管理的基本操作

一、实验目的

1. 掌握如何创建应用程序的快捷方式；
2. 掌握“任务栏”的使用；
3. 掌握如何设置桌面的背景图片；
4. 掌握“开始”菜单的基本操作；
5. 了解“任务管理器”的使用；
6. 掌握磁盘的基本操作。

二、相关知识

1. 应用程序的快捷方式

快捷方式是Windows XP操作系统的应用技巧，快捷方式使用户能够直观迅速地执行程序和文档，用户只需双击快捷方式图标便可执行相应的应用程序，而不用在“开始”菜单的多个级联菜单中去搜索查询，也不需要在文件夹里面去查找。用户可以在任何地方创建一个快捷方式。快捷方式可以和用户界面中的任意对象相连。每一个快捷方式用一个左下角带有弧形箭头的图标表示，称之为快捷图标。快捷图标是一个连接对象的图标，它不是这个对象的本身，而是指向这个对象的指针。

2. “开始”菜单

“开始”菜单用来存放操作系统或设置系统的绝大多数命令，而且还可以使用安装到当前系统里面的所有的程序。用户可以自己来设置“开始”菜单，在“开始”菜单中增加或删除某些选项。

3. “任务管理器”

“任务管理器”可以提供正在计算机上运行的程序或进程的相关信息。可以用任务管理器来快速查看正在运行的程序的状态，或者中止已停止响应的程序，或者切换程序，或者运行新的任务，还可以查看CPU和内存的使用情况的图形和数据等。有两种打开任务管理器的方法：

(1) 右键单击任务栏空白处，在快捷菜单中选择"任务管理器"命令。

(2) 利用【Ctrl+Alt+Delete】组合键。

4. 任务栏设置

在Windows XP系统中，任务栏(taskbar)就是指位于桌面最下方的小长条，主要由开始、菜单、应用程序区、语言选项带和托盘区组成。用户打开的程序或文档、网页名都会像是在任务栏上。任务栏还可以被拖动到桌面的其他位置，用户可以根据自己喜好来对任务栏进行设置。

5. 自定义工作桌面

用户可以自己改变桌面的属性，比如更改背景图片、主题、外观等。

6. 基本的磁盘操作

计算机中所有的程序和数据都是以文件的形式存放在计算机的外存储器上。磁盘是计算机中非常重要的外存储器，包括硬盘和U盘等。磁盘的维护和管理是一项非常重要的工作。常用到的磁盘操作包括查看磁盘属性、查看磁盘分区、清理磁盘、整理磁盘碎片。

三、实验示例

【例2.8】 创建应用程序的快捷方式。

(1) 在D盘根目录下创建一个Excel的快捷方式。

① 双击"我的电脑"，再打开D盘，右击D盘根目录的任意空白处，弹出快捷菜单，如图2-24所示。

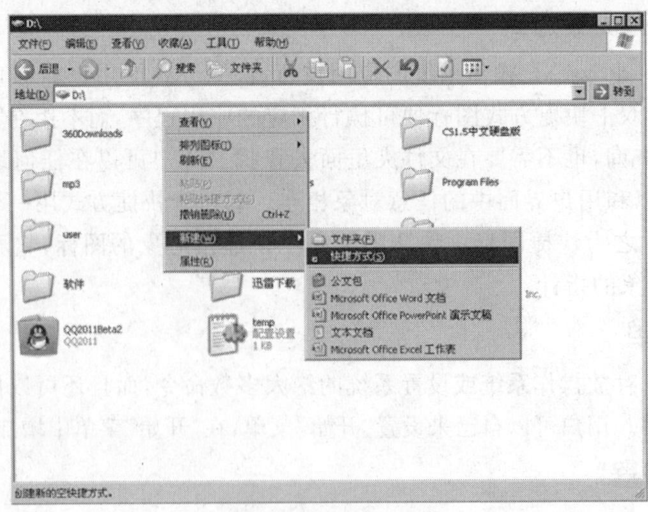

图2-24 快捷菜单

② 在快捷菜单中选择“新建”，在弹出的级联菜单中选择“快捷方式”，屏幕上立刻弹出“创建快捷方式”对话框。

③ 单击创建快捷方式对话框中“浏览”按钮，屏幕弹出“浏览文件夹”对话框，如图 2-25 所示。在此框中单击所需文件。如“C:\Program Files\Microsoft Office\OFFICE11\Excel.exe”，再单击“确定”按钮，返回到前面的“创建快捷方式”对话框。

④ 在再次出现的“创建快捷方式”对话中，单击“下一步”按钮，屏幕上弹出“选择程序标题”对话框，如图 2-26 所示。

图 2-25　“创建快捷方式”对话框

图 2-26“选择程序目标”对话框

⑤ 在“选择程序标题”对话框的“键入该快捷方式的名称”框中，输入为该快捷方式所取的名称，如“Microsoft Office Excel 2003 快捷方式”，单击“完成”按钮，即完成了快捷方式的设置。

说明：

创建快捷方式的其他方法还有：

方法一：先通过“开始”菜单中的“搜索”命令找到“Excel.exe”，然后在该图标上右击，在弹出的快捷菜单中选择“创建快捷方式”命令，如图 2-27 所示，然后将已创建的快捷方式图标移动至 D 盘根目录下即可。

方法二：在要创建快捷方式的对象上右击，从弹出的快捷菜单中选择“发送到”→“桌面快捷方式”命令，然后将已创建的快捷方式图标移动至 D 盘根目录下即可。

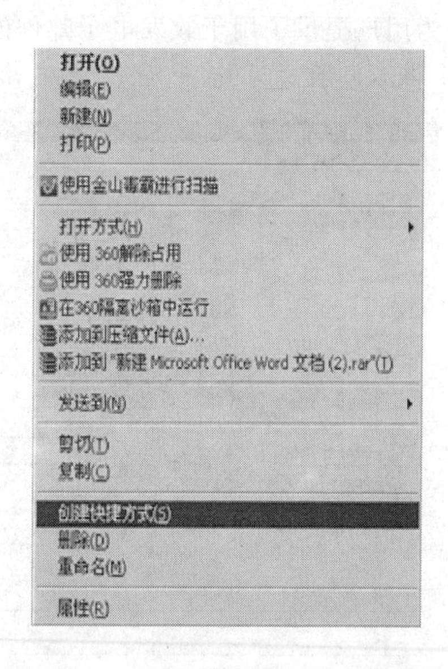

图 2-27　“创建快捷方式”的快捷菜单

(2) 通过复制“写字板”来创建其快捷方式。

① 点击“开始”菜单，选择“所有程序”中“附件”这

一项，在展开的级联菜单中找到“写字板”，右键单击“写字板”命令，在弹出的快捷菜单中点击“复制”命令。

② 在桌面的空白区域上单击鼠标右键，在弹出的快捷菜单中选择“粘贴”命令，此时桌面上就会出现“写字板”的快捷方式的图标。

【例2.9】　自定义Windows XP“开始”菜单。

(1) 设置“开始”菜单。

① 在任务栏的空白处或者在“开始”按钮上右击，然后从弹出的快捷菜单中选择“属性”命令，就可以打开“任务栏和「开始」菜单属性”对话框，在“「开始」菜单”选项卡中，用户可以选择系统默认的“开始”菜单，或者是经典的“开始”菜单，选择默认的“开始”菜单会使用户很方便地访问Internet、电子邮件和经常使用的程序，如图2-28所示。

② 在“「开始」菜单”选项卡中单击“自定义”按钮，打开“自定义「开始」菜单”对话框，如图2-29所示。在“常规”选项卡中可以自己进行设置。在“为程序选择一个图标大小”选项组中，用户可以选择在“开始”菜单显示大图标或者是小图标。在“开始”菜单中会显示用户经常使用程序的快捷方式，用户可以在“程序”选项组中定义所显示程序名称的数目。系统会自动统计使用频率最高的程序，然后在“开始”菜单中显示，这样用户在使用时可以直接单击快捷方式启动，而不用在“所有程序”菜单项中启动。如果用户不需要在“开始”菜单中显示快捷方式或者要重新定义显示数目时，可以单击“清除列表”按钮清除所有的列表，它只是清除程序的快捷方式并不会删除这些程序。在“「开始」菜单上显示”选项组中，用户可以选择浏览网页的工具和收发电子邮件的程序，在“Internet”下拉列表框中提供了浏览工具，在“电子邮件”选项组中，为用户提供了用于收发电子邮件的程序，当用户取消了这两个复选框的选择时，“开始”菜单中将不显示这两项。

图2-28　“「开始」菜单”选项卡

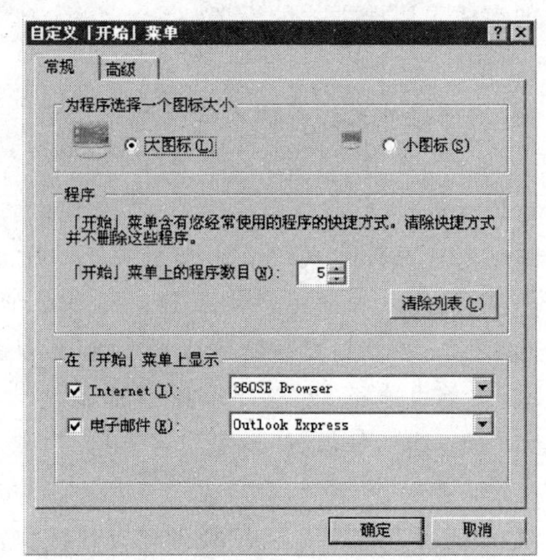

图2-29　自定义中的“常规”选项卡

③ 用户在完成常规设置后，可以切换到“高级”选项卡中进行高级设置，如图 2－30 所示。在“「开始」菜单项目”列表框中提供了常用的选项，用户可以将它们添加到“开始”菜单，在有些选项中用户可以通过单选按钮来让它显示为菜单、链接或者不显示该项目。当显示为“菜单”时，在其选项下会出现级联子菜单，而显示为“链接”时，单击该选项会打开一个链接窗口。在“最近使用的文档”选项组中，用户如果选择“列出我最近打开的文档”复选框，“开始”菜单中将显示这一菜单项，用户可以对自己最近打开的文档进行快速的再次访问。当打开的文档太多需要进行清理时，可以单击“清除列表”按钮，这时在“开始”菜单中“我最近打开的文档”选项下为空，此操作只是在“开始”菜单中清除其列表，而不会对所保存的文档产生影响。

(2) 设置经典“开始”菜单。

在中文版 Windows XP 中，用户不但可以自定义系统默认的“开始”菜单，如果用户使用的仍然是经典的“开始”菜单，也可以对它做出适当的调整。

① 在任务栏的空白处或者在“开始”按钮上右击，然后从弹出的快捷菜单中选择“属性”命令，就可以打开“任务栏和「开始」菜单属性”对话框，在“「开始」菜单”选项卡中，选择“经典「开始」菜单”。

② 用户要进行设置时，单击“自定义”按钮，会打开“自定义经典「开始」菜单”对话框，在这个对话框中用户可以通过增减项目来自定义“开始”菜单，可以删除最近访问过的文档或程序等，如图 2－31 所示。

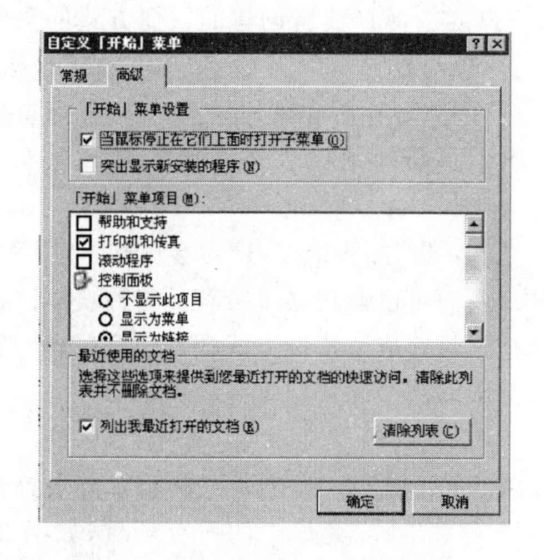

图 2－30　自定义中的“高级”选项卡

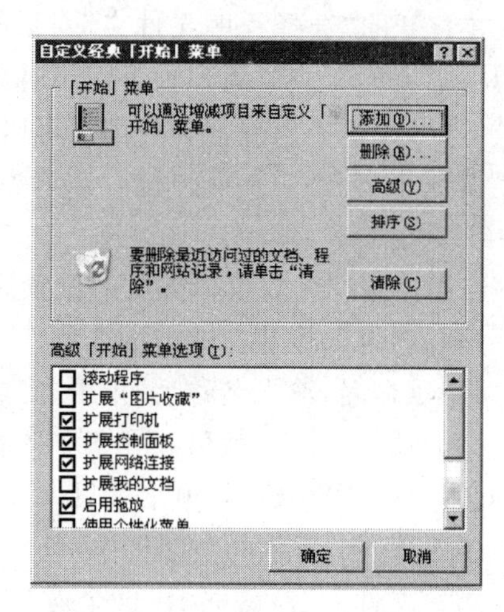

图 2－31　“自定义经典「开始」菜单”对话框

(3) 添加经典“开始”菜单项目。

① 在图 2－31 所示的对话框中，单击“「开始」菜单”选项组中“添加”按钮，会打开创建快捷方式向导，利用这个向导，用户可以创建本地或网络程序、文件、文件夹、计算机或 Internet 地址的快捷方式。

② 在“请键入项目的位置”文本框中输入所创建项目的路径，或者单击“浏览”按钮，在打开的“浏览文件夹”对话框中用户可以选择快捷方式的目标，选定目标后，单击“确定”按钮，如图2-32所示。

③ 这时在“创建快捷方式”对话框中的“请键入项目的位置”文本框中会出现用户所选项目的路径，单击如图2-33所示“下一步”按钮。

图2-32 “浏览文件夹”对话框

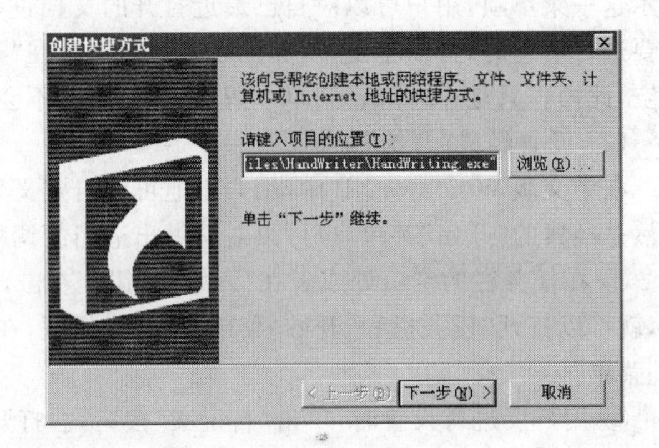

图2-33 “创建快捷方式”对话框

④ 在打开的“选择程序文件夹”对话框中，用户要选择存放所创建的快捷方式的文件夹，系统默认是“程序”选项，用户为了使用时更方便，可以考虑选择“「开始」菜单”，这样该选项会直接在“开始”菜单中出现，当然，用户可以根据自己的需要存放在其他位置，也可以单击“新建文件夹”按钮来创建一个新的位置来存放。该例中是新建了一个文件夹并命名为new，如图2-34所示。

⑤ 当用户选择存放快捷方式的位置后，单击“下一步”按钮继续，这时会出现“选择程序标题”对话框，在“键入该快捷方式的名称”文本框中，用户可以使用系统推荐的名称，也可以自己为快捷菜单项命名，输入名称后，单击“完成”按钮，这就完成了快捷方式的创建全过程，当用户再次打开“开始”菜单后，就可以在菜单中找到自己刚刚添加的快捷方式项目了。

(4) 删除经典“开始”菜单中项目。

① 在图2-31所示的对话框中，单击“「开始」菜单”选项组中“删除”按钮，系统会打开“删除快捷方式/文件夹”对话框，在这个对话框中列出了“开始”菜单中的所有项目，如图2-35所示。

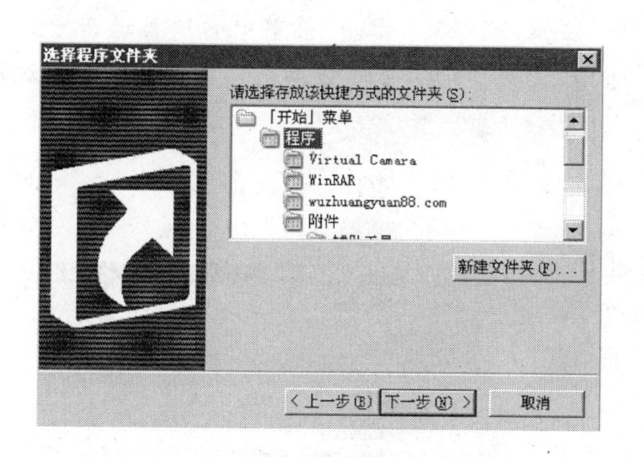

图 2-34 “选择程序文件夹”对话框

图 2-35 “删除快捷方式/文件夹”对话框

② 用户可以在对话框中选择所要删除的选项，这里选择 new 文件夹，单击“删除”按钮，这时会出现一个“确认文件删除”对话框询问用户是否将此项目放入回收站，单击“是”即可将该项目删除。

(5) 经典「开始」菜单的“高级”选项。

① 在图 2-31 所示的对话框中，单击“「开始」菜单”选项组中“高级”按钮，会弹出“「开始」菜单”窗口，如图 2-36 所示。

② 可以在“「开始」菜单”窗口中对所有的选项进行查看、添加或者是删除。

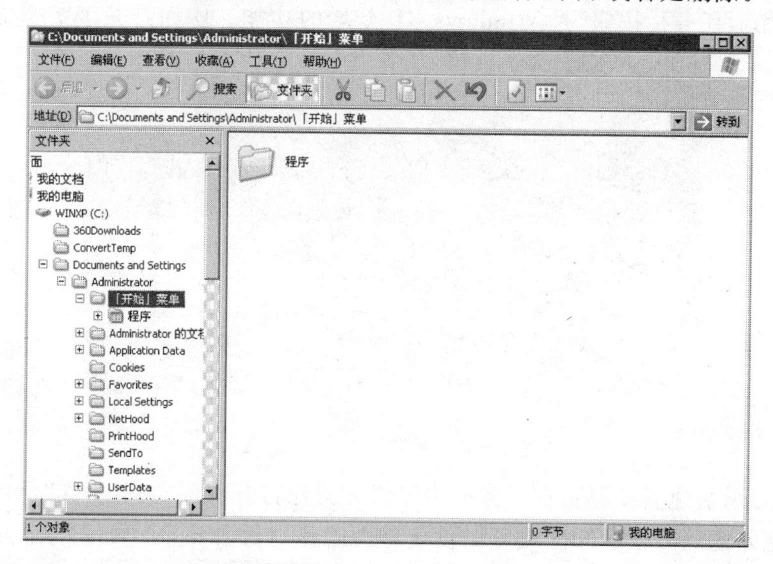

图 2-36 “「开始」菜单”窗口

说明：

在图2－31所示的对话框中，单击“排序”按钮，可以对“开始”菜单中的项目进行重新排序，使各菜单项恢复到系统中默认的位置。选择“清除”按钮，可以帮助用户删除最近访问过的文档、程序和网站记录等内容。

【例2.10】 任务栏设置。

(1) 外观设置。

① 在任务栏的空白处或者在“开始”按钮上右击，然后从弹出的快捷菜单中选择“属性”命令，就可以打开“任务栏和「开始」菜单属性”对话框，点击“任务栏”选项卡。如图2－37所示。

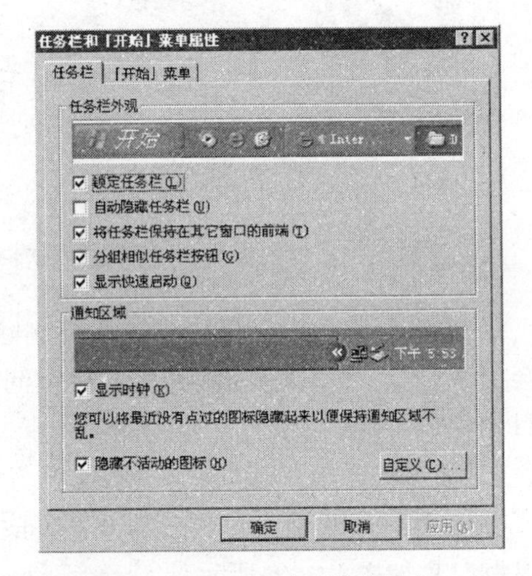

图2－37　“任务栏”选项卡

② 如果要使任务栏总是固定显示在桌面底部，就选中“锁定任务栏”一项。

③ 如果要使任务栏在不被使用时不显示出来就选中“自动隐藏任务栏”，当鼠标移动到任务栏的位置时，任务栏就会显现出。

④ 如果只有将所有窗口处于非最大化状态时才显示任务栏，其他情况下无需显示任务栏时则不要选中“将任务栏保持在其他窗口的前端”这一项。

⑤ “分组相似任务栏按钮”是Windows XP新增的功能。比如打开了7个文件夹窗口，5个Word窗口，4个Internet Explorer窗口，任务栏上显示状态如图2－38所示。

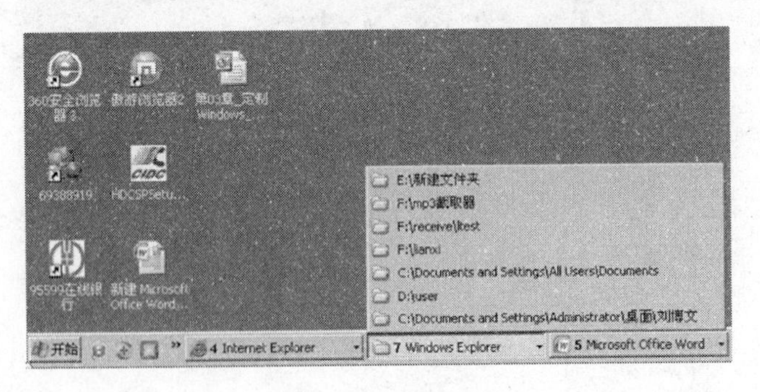

图2－38　分组相似的任务栏

⑥ 选中“显示快速启动”后，在任务栏中可以方便地打开里面的程序，如“我的电脑”等。

⑦ 设置通知区域。在通知区域可以设定是否隐藏时钟和不活动的图标。可以自定义某些图标的隐藏属性：首先选中“隐藏不活动的图标”复选框。点击“自定义”按钮，弹出“自定义

通知”对话框如图2-39所示。点击某个项目，旁边会出现下拉框，按照自己的喜好定义项目的隐藏属性即可。最后点击“确定”按钮就返回到图2-37所示的对话框了。

(2) 在“任务栏”上添加快捷图标。

可以将常用的应用程序设置成快捷图标放在任务栏上，使我们可以轻松地调出应用程序，免去从“开始”菜单上一层层打开的麻烦工作。“任务栏”中内置了四个工具栏，即“快速启动”、“地址”、“链接”和“桌面”工具栏，另外还可以“新建工具栏”。这里的具体操作如下：

① 在桌面上新建一空的文件夹，如新建文件夹命名为note。

② 然后为“记事本”应用程序创建一个快捷方式，建议命名为该应用程序的简短说明，将设置好图标拖动到“note”文件夹内。

③ 回到桌面，在任务栏的空白处单击鼠标右键，在下一级菜单中会看到许多选项，如果某一个工具栏已经显示在“任务栏”上，则在菜单选项前面有一个“√”标记。该例中选择“工具栏/新建工具栏”命令，如图2-40所示，按照提示选择“note”文件夹，如图2-41所示，然后点击“确定”按钮。

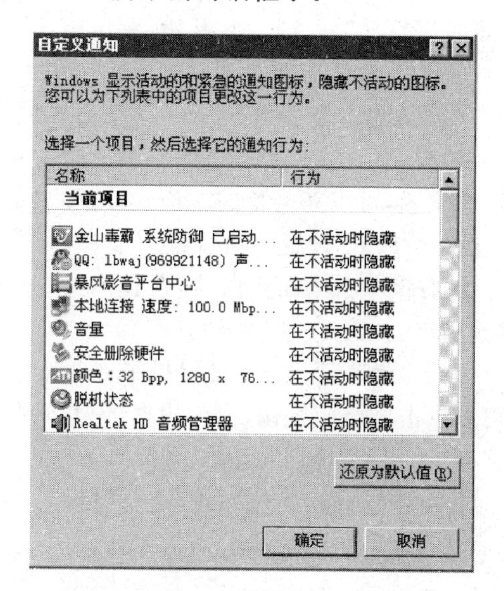

图2-39 “自定义通知”对话框

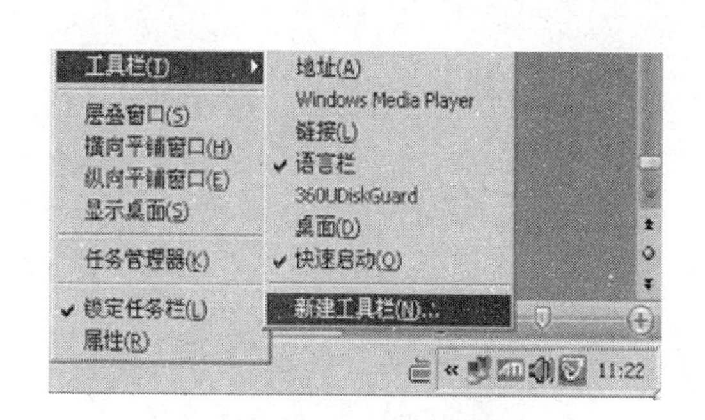

图2-40 任务栏的快捷菜单

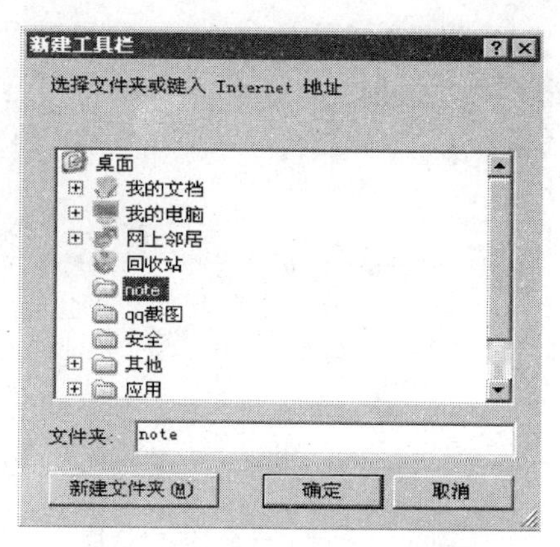

图2-41 “新建工具栏”对话框

(3) 去掉“任务栏”上的快捷图标。

用鼠标右键点击任务栏的空白处，在打开的快捷菜单中选择“工具栏/快速启动”命令，将其前面的“√”去掉便可。

(4) 移动任务栏。

① 在任务栏的空白处或者在“开始”按钮上右击，然后从弹出的快捷菜单中选择“属性”命令，就可以打开“任务栏和「开始」菜单属性”对话框，点击“任务栏”选项卡。如图 2－37 所示。

② 取消选中的“锁定任务栏”一项。

③ 用鼠标左键按住任务栏的空白区域不放，拖动鼠标，这时“任务栏”会跟着鼠标在屏幕上移动，当新的位置出现时，在屏幕的边上会出现一个阴影边框，松开鼠标，“任务栏”就会显示在新的位置，可以在屏幕的左边、右边和顶部。

【例 2.11】 设置桌面背景。

① 右键单击桌面空白处，在弹出的“显示属性”对话框中选择“属性”命令，然后点击“桌面”选项卡，如图 2－42 所示。

② 在“背景”框中，系统提供了一些背景图片的选项，用户点击任意一个都可以看到图片，也可以点击“浏览”按钮，会弹出对话框如图 2－43 所示。找到需要的图片后点击“打开”按钮就回到了“显示属性”对话框。

③ 点击“位置”下拉列表，选择“拉伸”，最后点击“确定”按钮就完成了操作。

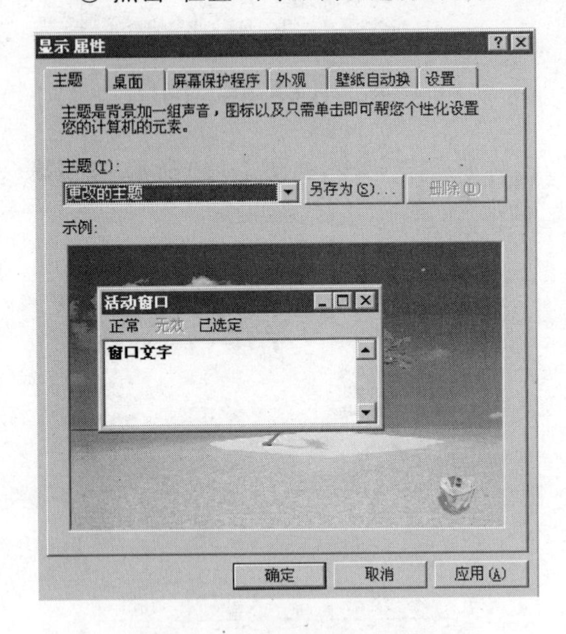

图 2－42 “显示属性”对话框

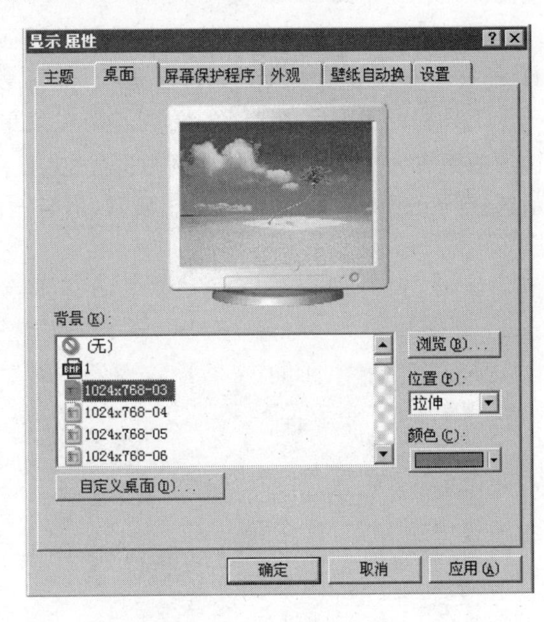

图 2－43 “桌面”选项卡

【例 2.12】 任务管理器的操作。

(1) 启动任务管理器。

最常见的方法是同时按下【Ctrl＋Alt＋Del】组合键，不过如果不小心接连按了两次键，可能会导致 Windows 系统重新启动。还可以选择一种更简单的方法，就是右键单击任务栏的空白处，然后单击选择【任务管理器】命令。或者，按下【Ctrl＋Shift＋Esc】组合键也可以打开任务管理器，如图 2－44 所示。

（2）应用程序管理。

这里显示了所有当前正在运行的应用程序，不过它只会显示当前已打开窗口的应用程序，而 QQ、MSN Messenger 等最小化至系统托盘区的应用程序则并不会显示出来。你可以在这里点击“结束任务”按钮直接关闭某个应用程序，如果需要同时结束多个任务，可以按住 Ctrl 键复选。点击“新任务”按钮，可以直接打开相应的程序、文件夹、文档或 Internet 资源，如果不知道程序的名称，可以点击“浏览”按钮进行搜索，其实这个“新任务”看起来有些类似于开始菜单中的运行命令。

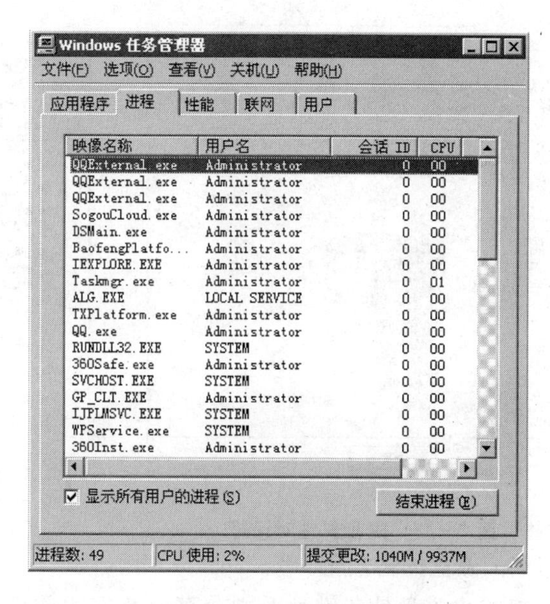

图 2－44　“任务管理器”对话框

（3）进程管理。

Windows 的任务管理器只能显示系统中当前进行的进程，包括应用程序、后台服务等，隐藏在系统底层深处运行的病毒程序或木马程序都可以在这里找到。找到需要结束的进程名，然后执行右键菜单中的“结束进程”命令，就可以强行终止，不过这种方式将丢失未保存的数据，而且如果结束的是系统服务，则系统的某些功能可能无法正常使用。

【例 2.13】　磁盘的管理。

计算机中所有的程序和数据都是以文件的形式存放在计算机的外存储器上。磁盘是计算机中非常重要的外存储器，包括硬盘和 U 盘等。磁盘的维护和管理是一项非常重要的工作。

（1）查看磁盘属性。

① 打开“我的电脑”或“资源管理器”窗口，选择要查看属性的磁盘符号（如 D:）。

② 选择菜单栏“文件”菜单中的“属性”命令（或右击，在弹出的快捷菜单中选择“属性”命令），打开“磁盘属性”对话框，如图 2－45 所示。可以在这里了解到磁盘的基本属性。

（2）磁盘分区。

新硬盘在使用时，都会碰到一个对硬盘进行分区的操作。所谓硬盘分区是指将硬盘的整体存储空间划分成多个逻辑上独立的区域，分别用来安装操作系统、安装应用程序以及存储数据文件等。

① 可以从“控制面板”的“管理工具”中，打开“计算机管理”窗口，如图 2－46 所示。

② 在左窗格选择“存储”|“磁盘管理”，右边的窗格中将显示计算机中的各种存储介质信息，包括硬盘的分区大小、文件系统类型、当前状态等。

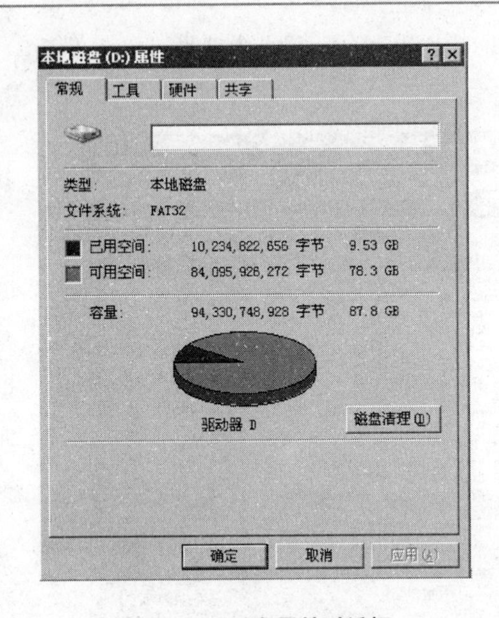

图 2-45 磁盘属性对话框

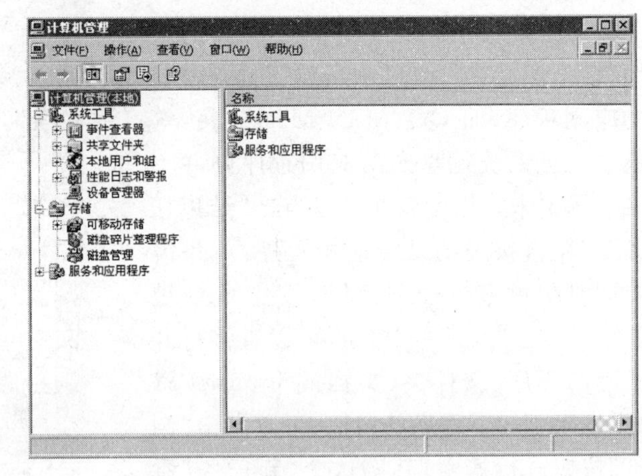

图 2-46 "计算机管理"对话框

(3) 磁盘的格式化。

格式化磁盘是在磁盘上划分存放数据的磁道和扇区，建立管理文件的数据结构。新的磁盘在使用之前一定要进行格式化，否则无法使用（除非出厂时已经进行了格式化）。也可以对已经使用过的磁盘格式化，删除磁盘上原有的信息。利用"我的电脑"或"资源管理器"可以对磁盘（硬盘或U盘）进行格式化。下面以格式化U盘为例，说明操作步骤。

① 在USB接口中插入要格式化的U盘。

② 在"我的电脑"或"资源管理器"中，右键单击"可移动磁盘(L:)"图标（注：不同计算机中盘符可能不同），在系统弹出的快捷菜单中选择"格式化"命令，系统打开"格式化可移动磁盘(L:)"对话框，如图2-47所示。

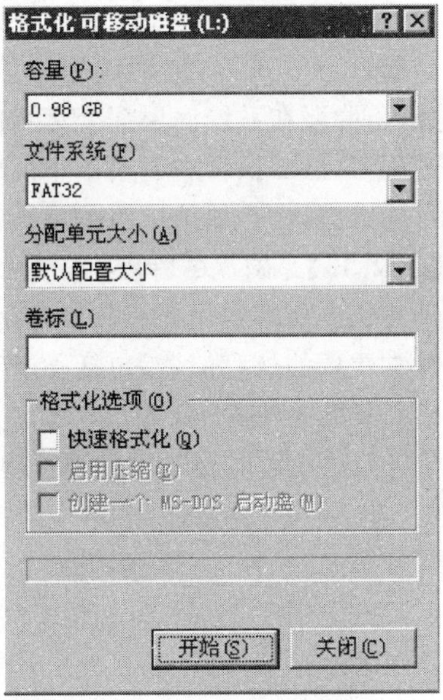

图 2-47 "格式化可移动磁盘(L:)"对话框

说明：

在"格式化可移动磁盘(L:)"对话框中，各选项的含义如下：

Ⅰ. 容量。从下拉列表中可以选定磁盘的格式化容量。

Ⅱ. 文件系统。选择使用的文件系统,如FAT32;分配单元大小,采用“默认配置大小”。

Ⅲ. 卷标。用于输入“卷标”。卷标是给磁盘起的一个名字,用于区分各个磁盘。文本框为空时表示没有定义卷标。

Ⅳ. 格式化选项。选定快速格式化复选框,格式化操作仅删除原盘内存储的所有内容,不检查盘中是否存在损坏的扇区。快速格式化只适用于曾经格式化过的磁盘并且磁盘没有损坏的情况。

③ 单击“开始”按钮,进行格式化。

(4) 磁盘清理。

在Windows操作系统工作过程中会产生许多临时文件,时间一长,这些临时文件会占用大量的磁盘空间,造成浪费。这些文件包括系统生成的临时文件、回收站内的文件和从Internet上下载的文件等。为此Windows XP提供了“磁盘清理”程序,专门用来清理无用的文件,回收硬盘空间。具体操作为:

① 单击“开始”按钮,选择“所有程序”|“附件”|“系统工具”|“磁盘清理”,则会弹出对话框“选择驱动程序”,如图2-48所示。

② 在“驱动器”下拉列表中选择要清理的硬盘,然后点击“确定”按钮。

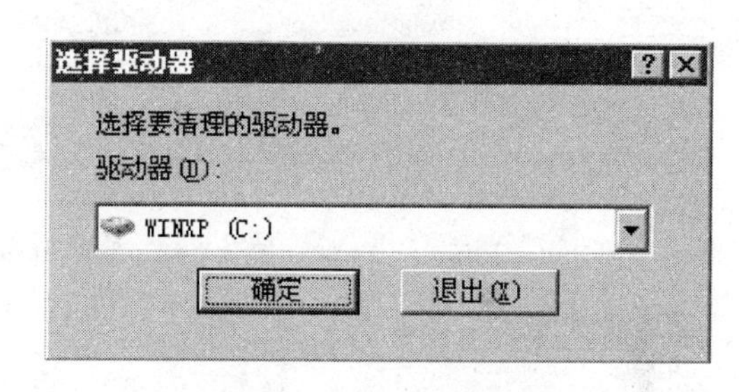

图2-48 “选择驱动器”对话框

(5) 磁盘碎片整理。

一般来说,在一个新磁盘中保存文件时,系统会使用连续的磁盘区域来保存文件的内容。但是随着用户编辑、修改文件内容,添加、删除文件等操作,会使保存文件的磁盘空间不连续,这样的磁盘空间称为磁盘碎片。大量的磁盘碎片会降低磁盘的读写速度,Windows XP提供了“磁盘碎片整理”程序,以解决这个问题,从而提高磁盘的运行效率。具体操步骤作为:

① 单击“开始”按钮,选择“所有程序”→“附件”→“系统工具”→“磁盘碎片整理程序”,则会弹出对话框如图2-49所示。

② 在“磁盘碎片整理程序”对话框中,单击要对其进行碎片整理的驱动器,然后单击“分析”按钮。分析完磁盘之后,将显示一个对话框如图2-50,会提示是否应该对所分析的驱动器进行碎片整理。注意:对卷进行碎片整理之前,应该先进行分析,以便了解碎片整理过程大概需要多长时间。

③ 要显示有关经过碎片整理的磁盘或分区的详细信息,则单击“查看报告”。

④ 要对选定的一个或多个驱动器进行碎片整理,请单击“碎片整理”按钮。完成碎片整理之后,磁盘碎片整理程序将显示整理结果。

⑤ 单击窗口标题栏上的“关闭”按钮,就关闭了磁盘碎片整理程序。

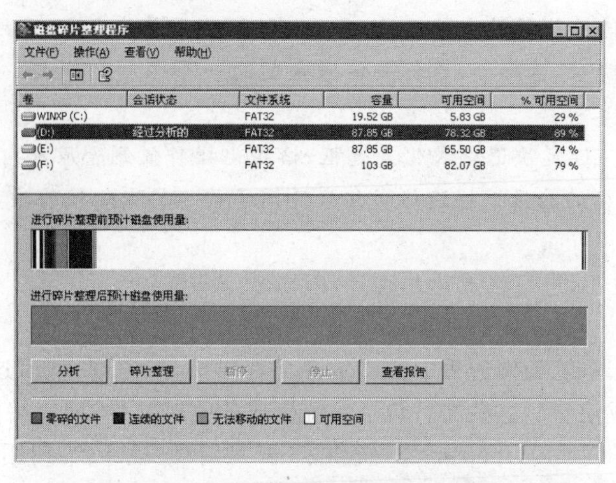

图 2－49 “磁盘碎片整理程序”对话框

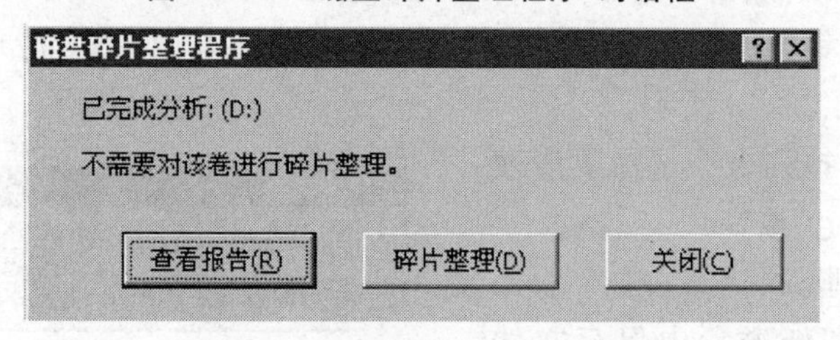

图 2－50 磁盘碎片分析的对话框

四、实验内容

【实验 1】 将任务栏拖动到桌面顶端，取消“显示快捷启动”，选择“分组相似的任务栏按钮”。

【实验 2】 桌面主题设为“Windows XP”，更改桌面背景并设置为居中。

【实验 3】 屏幕保护程序设置为“夜光时钟”。

【实验 4】 在“任务栏”上添加“Internet Explorer”的快捷图标。

【实验 5】 在桌面上添加“文本文档”的快捷方式。

实验五 Windows XP 综合练习

一、实验目的

1. 理解文件、文件夹的区别并熟练掌握相关操作；
2. 掌握资源管理器的使用；

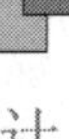

3. 掌握回收站、剪切板的基本操作；

4. 掌握如何创建快捷方式。

二、相关知识

复习实验一至实验四的相关知识。

三、实验示例

【例 2.14】 按照要求完成文件夹和文件的相关操作。

(1) 在D盘根目录下建立如图 2-51 所示的文件架结构。在E盘根目录下建立如图 2-52 所示的文件架结构。

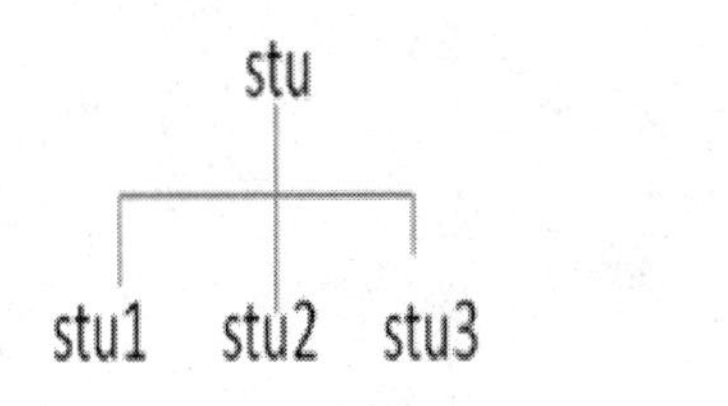

图 2-51　D盘下建立的文件夹结构

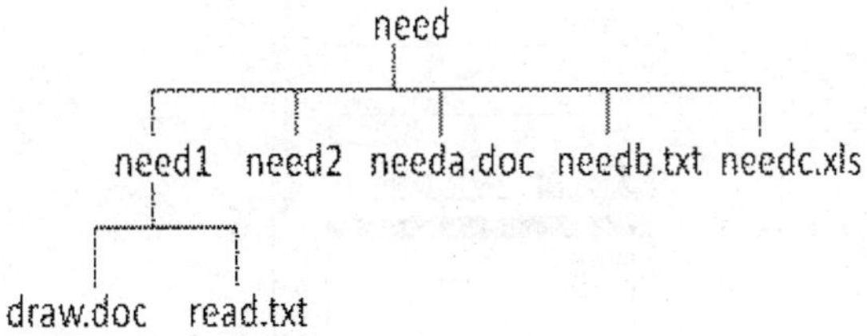

图 2-52　E盘下建立的文件夹结构

具体操作如下：

① 双击桌面上的“我的电脑”图标，然后双击“D盘”将其打开。

② 在D盘的根目录下的空白区域内点击鼠标右键，在弹出的快捷菜单中，选择“新建”→“文件夹”，命名为 stu。

③ 然后双击 stu 文件夹，按照第二步的方法依次新建文件夹 stu1、stu2、stu3。

④ 点击“常用工具栏”上的“文件夹”按钮。在左窗口中点击“我的电脑”前的“⊞”，然后点击E盘前的“⊞”即展开了E盘，然后按照第二步的方法在E盘依次新建文件夹 need1、need2 和文件 needa. doc、needb. txt、needc. xls。

⑤ 在左窗口中点击“need1”，然后在右窗口中的空白区域内点击鼠标右键，在弹出的快捷菜单中选择“新建”→“Microsoft Office Word”，命名为 draw. doc，再用同样的方式建立 read. txt。

(2) 将 need1 复制到 stu1 下。

① 鼠标右键单击“开始”菜单，在弹出的快捷菜单中，选择“资源管理器”。

② 在左窗口中，选择E盘下的 need 文件夹，在右窗口中，右键单击 need1 文件夹，在弹出的快捷菜单中选择“复制”命令，然后在左窗口中依次点击D盘、stu 文件夹和 stu1 文件夹前的“⊞”，即展开到了 stu1 文件夹，然后点击常用工具栏中的“粘贴”按钮。

(3)搜索找到 need 下所有 Excel 文件，然后将其移动到 stu2 中。

① 在资源管理器的左窗口内，点击 need 文件夹，然后点击“常用工具栏”中的“搜索”按钮。则在搜索的左窗口中，搜索范围默认为 need 了。

② 在“要搜索的文件或文件夹名为”的文本框中输入“ *. xls”，点击“立即搜索”按钮。搜索结果如图 2 - 53 所示。

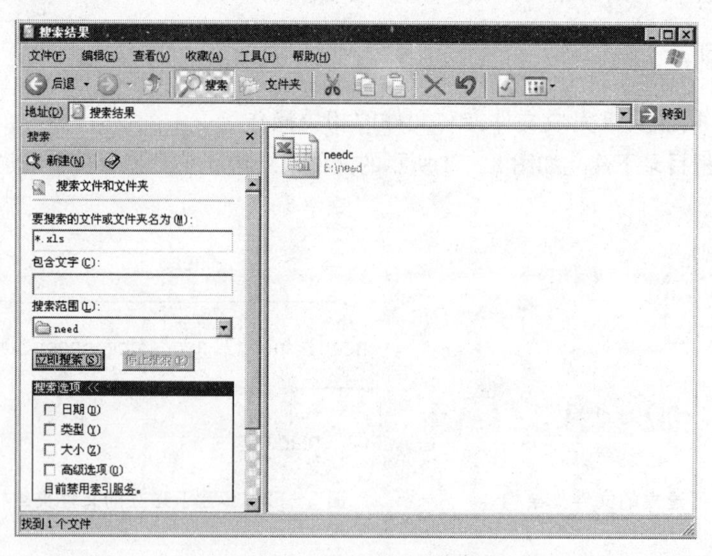

图 2 - 53　“搜索结果”对话框

③ 在右窗口的空白区域内点击一下鼠标左键，然后按下快捷键【Ctrl＋A】可以选中所有的搜索结果。再点击“常用工具栏”中的“剪切”按钮。

④ 点击“常用工具栏”中的“文件夹”按钮。在左侧的“文件夹”滚动栏中点击 stu2，然后在右窗口的空白区域内单击鼠标右键，选择快捷菜单中的“粘贴”命令。

(4) 将文件夹 need1 和 need2 删除(放入回收站)。

① 在资源管理器的左窗口内，点击 need 文件夹，选中右窗口中的 need1 文件夹，然后按住【Ctrl】键再选择 need2 文件夹。

② 在任意一个选中的图标上单击鼠标右键，在弹出的快捷菜单中选择“删除”命令。当弹出“确认文件删除”对话框后，单击“是”按钮。

说明：

当选中了要删除的对象后，点击“常用工具栏”中的“删除”按钮或者按下【Del】键都可以将其放入回收站。

(5) 还原 need1 文件夹，将 need2 文件夹彻底删除。

① 双击桌面上的“回收站”图标。

② 在回收站窗口中，右键单击 need1 文件夹，在弹出的快捷菜单中选择“还原”命令。

③ 选中 need2 文件夹，点击“常用工具栏”中的“删除”命令，在弹出的“确认文件删除”对话框中，点击“是”按钮，如图 2-54 所示。

(6) 将 need1 下的 draw. doc 文件设置为“只读”和“存档”。

① 在资源管理器的左窗口内，点击 need 文件夹中的 need1 文件夹。

② 右键单击右窗口中的 draw. doc 文件，在弹出的快捷菜单中选择“属性”命令，则弹出“draw. doc 属性”对话框，如图 2-55 所示。选择“只读”和“隐藏”两个复选框即可。

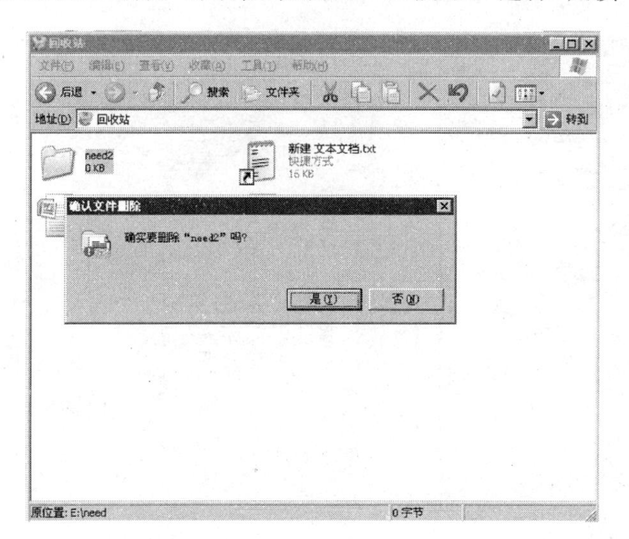

图 2-54 彻底删除 need2 文件夹

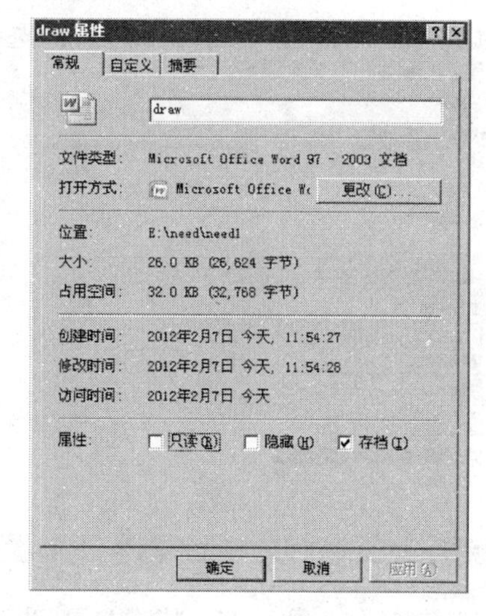

图 2-55 “draw. doc 属性”对话框

(7) 在 stu3 文件夹下建立 Excel 的快捷方式，并命名为“Excel”。

① 点击“开始”菜单按钮，然后选择“开始程序”→“Microsoft Office”，然后右键单击级联菜单中的“Microsoft Office Excel”，在弹出的快捷菜单中，选择“复制”命令。

② 打开依次双击打开“我的电脑”→“本地磁盘(D:)”→“stu”→“stu3”，则打开了 stu3 窗口，然后按下快捷键【Ctrl+V】就创建完成了。

③ 右键单击快捷方式图标，在弹出的快捷菜单中，选择“重命名”，为其命名为“Excel”。

(8) 将 need 下的所有名字中第二个字符为 e，并且后面包含字符 a 的文件复制到 stu3 文件夹中。

① 在资源管理器的左窗口内，点击 need。然后点击“常用工具栏”中的“搜索”按钮。

② 在新窗口的左栏中“要搜索的文件或文件夹名为”的文本框中输入“? e*a*. *”，点击“立即搜索”按钮。搜索结果如图 2-56 所示。

③ 按下【Ctrl+A】，即将搜索结果全选，然后点击“常用工具栏”中的“复制”按钮。

④ 点击“常用工具栏”中的“文件夹”按钮，在左侧窗口中选择 D 盘下 stu 文件夹中的

stu3，然后在右窗口空白区域内单击鼠标右键，选择快捷菜单中的"粘贴"命令。

(9) 隐藏 need 文件夹中文件的扩展名。

① 在资源管理器的左窗口内，点击 need。

② 点击"菜单栏"中的"文件夹"按钮，选择下拉菜单中的"文件夹选项"，点击选项卡"查看"，对话框如图 2－57 所示。

③ 在"高级设置"列表框中选择"隐藏已知文件类型的扩展名"。

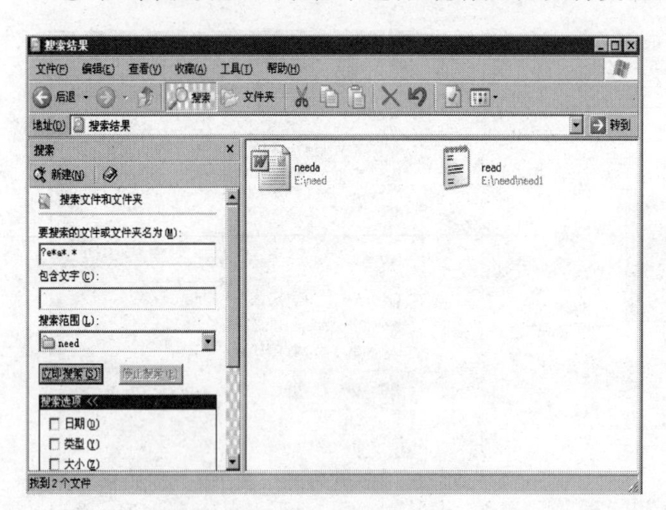

图 2－56 "搜索结果"对话框

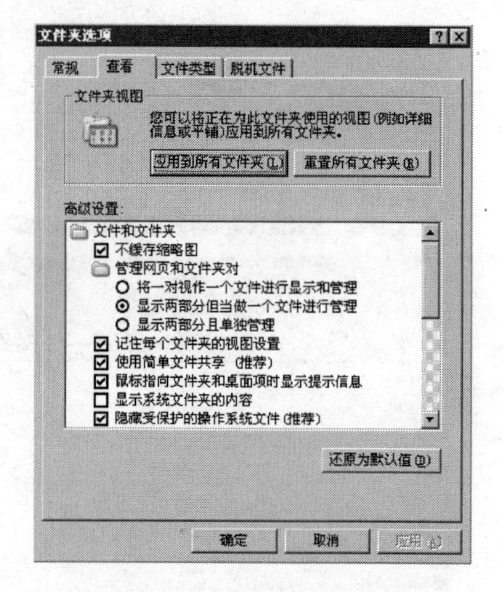

图 2－57 "文件夹选项"对话框

四、实验内容

【实验 1】 在 D 盘根目录下建立如图 2－58 所示的文件夹结构。

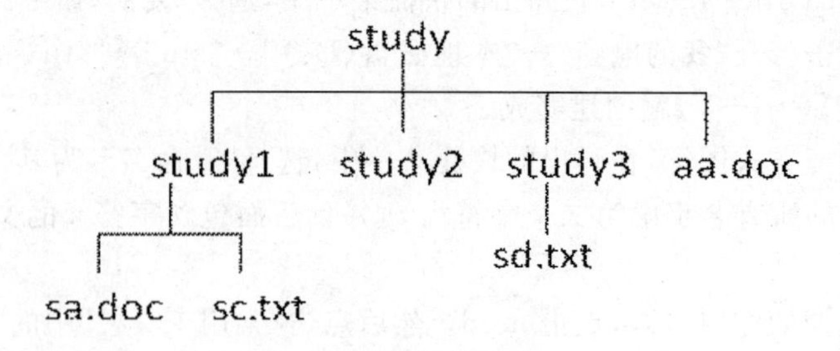

图 2－58 文件夹结构

【实验 2】 将 E 盘的 need1 中的 read. txt 文件移动到 study3 中。

【实验 3】 将 E 盘 need 文件夹中所有文件名中包含字符 e 且为. doc 类型文件复制到 study2 中。

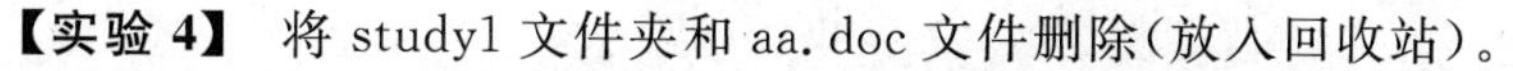

【实验 4】 将 study1 文件夹和 aa. doc 文件删除(放入回收站)。

【实验 5】 还原 study1 文件夹,将 aa. txt 文件彻底删除。

【实验 6】 在 study3 文件夹中创建“画图”程序的快捷方式。

【实验 7】 将 study2 中的文件设置为“只读”和“隐藏”。

【实验 8】 在 study 文件夹中搜索所有. txt 类型的文件,然后将其全部删除。

【实验 9】 将 study 中所有名字中第一个字符为 r,第三个字符为 a,最后一个字符为 d 的文件移动到 study 根目录下。

第3章

文字处理软件 Word 2003 实验

文字处理软件 Word 2003 具有强大的编辑功能和图文混排功能，通过本章的学习使大家能够使用 Word 录入编辑一篇漂亮的文章，掌握基本的文字排版方法，掌握表格的制作方法，能够在文章中插入一些图片，能够使用图文混排。

实验一　学会 Word 2003 的使用

一、实验目的

1. 熟悉 Word 2003 的工作环境和 Word 2003 的窗口；
2. 了解 Word 的基本操作和功能；
3. 熟练掌握 Word 的文字录入与编辑；
4. 掌握 Word 格式设置与编排；
5. 熟练掌握表格的编辑和排版操作，掌握公式的输入。

二、相关知识

1. Word 2003 的文本编辑

在 Word 2003 中，文档的基本编辑包括：文档内容的录入、修改、插入、删除。此外还有字块操作，包括字块的选定、复制、移动、删除以及字符串的查找和替换。

2. Word 2003 的排版操作

文档录入编辑完成后，需要进行排版操作。文档的排版操作包括字符格式、段落格式和页面格式等设置。页面格式化主要对文档的纸张大小、页边距等进行设置；字符格式化是对文档的文字进行字体、字形、字号、颜色、字符间距等格式进行设置；段落格式化主要对文档的段落格式进行设置，包括段落的对齐、缩进、行间距、段间距等。

三、实验示例

【例 3.1】 Word 文字格式的设置。

打开素材文件夹下的 3－1 文档，完成以下的操作。

(1) 设置字体格式。

将第 1 段文字设置为：黑体、四号、加粗、红色；第 2 段和第 3 段文字设置为楷体、小四号；其余文字中文字体为隶书，西文字体为 Times New Roman、蓝色、小四号。具体操作步骤如下：

① 选定“3－1”文档中的第 1 段文本。

② 单击“格式”菜单中的“字体”命令，在打开的“字体”对话框中，单击“字体”选项卡，从字体、字形、字号区域中，分别选择字体为“黑体”，字号为“四号”、字形为“加粗”、颜色为“红色”，如图 3－1 所示。

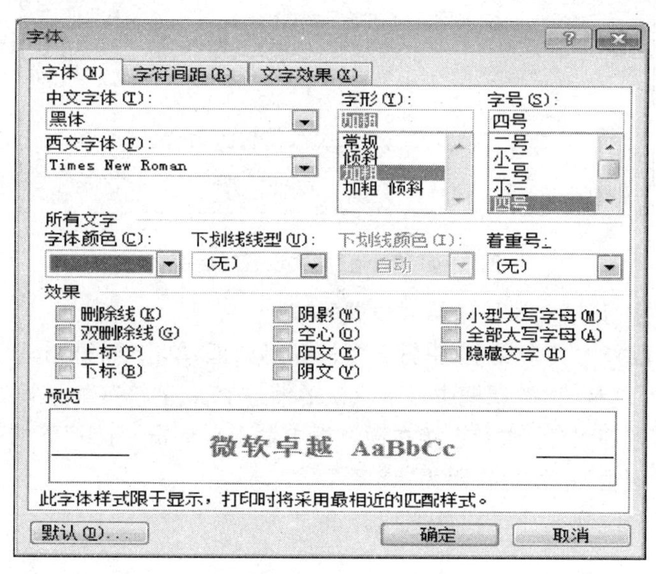

图 3－1 “字体”对话框

③ 用同样的方法设置其余文字的格式。

说明：

还可以利用“格式”工具栏设置文字的格式，例如文字的字体、字号、字形、字符缩放及颜色等。

(2) 设置段落格式。

将文档第 1 段居中；段前、段后间距均为 0.5 行，其余段落首行缩进 2 个字符，行距为固定值 18 磅。

具体操作步骤如下：

① 将插入点定位到第 1 段任意位置，单击格式工具栏上的“水平居中”按钮。

② 单击“格式”菜单中的“段落”命令，打开“段落”对话框，单击对话框中的“缩进和间距”选项卡，在“间距”栏中设置“段前”和“段后”为 0.5 行，如图 3－2 所示。

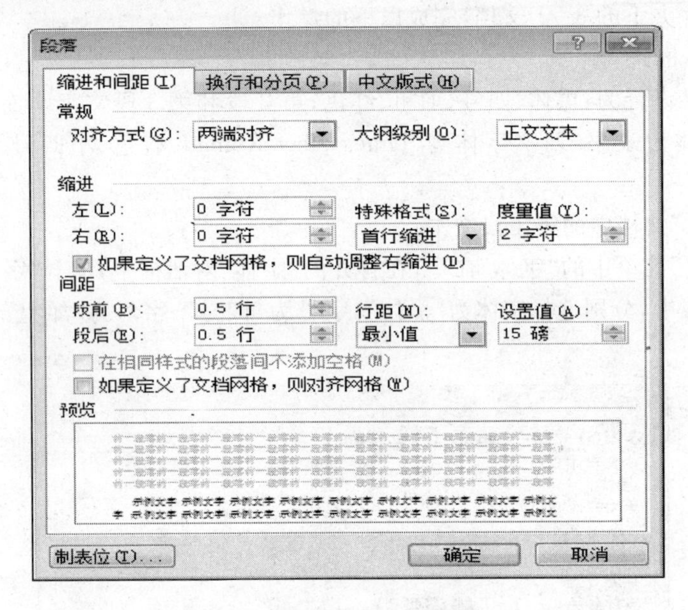

图 3－2 “段落”格式设置对话框

③ 单击“确定”按钮，第 1 段段落格式设置完成。

④ 选中除第 1 段外的其余文字，单打开“段落”对话框，单击“特殊格式”下拉列表框，选择“首行缩进”，右边的“度量值”微调框中显示默认的缩进值“2 字符”(如果设置的缩进值和默认值不同，可利用微调按钮设置，或者直接在微调框中输入)；单击“行距”下拉列表框，选择“固定值”，并在右边的“设置值”中设置行距为“18 磅”。

⑤单击“确定”按钮，所选中的段落完成。

说明：

将插入点定位到某一段中，则所设置的格式仅应用于当前段落；如需要对多个连续段落设置格式，应先选中多个段落；如需对不连续的段落设置格式，可先设置一个段落的格式，然后双击“常用”工具栏上的“格式刷”按钮，在要设置格式的段落文本上拖动即可。

(3) 段落的移动。

将文档“3－1”中第 4 段移动到第 5 段后。具体操作步骤如下：

① 选中第 4 段。

② 单击工具栏上的“剪切”按钮，或按组合键 Ctrl＋X。

③ 将插入点定位到第 5 段后，单击工具栏上的“粘贴”按钮，或按组合键 Ctrl＋V 完成移动操作。

说明：

利用剪切和粘贴命令相结合可以在任意范围内移动文本：选定文本后，单击“剪切”按钮清除文本，将鼠标移到插入点（可以在不同的文档中），单击“粘贴”按钮完成移动。

(4)“查找与替换”的使用。

将“3－1”文档中的文本“电脑”全部替换为“计算机”。具体操作步骤如下：

① 单击“编辑”菜单，选择“替换”命令，打开“查找与替换”对话框之“替换”选项卡。

② 在“查找内容”下拉列表框中输入“电脑”，在“替换为”下拉列表框中输入“计算机”，如图 3－3 所示。

③ 要逐个查找，可单击“查找下一处”按钮，找到匹配文本后如要替换，可单击“替换”按钮，如不替换，单击“查找下一处”按钮，要全部替换，则单击“全部替换”按钮，系统会给出查找替换的结果。

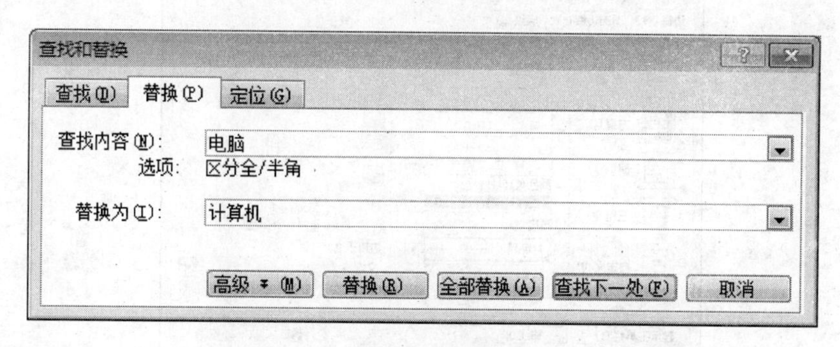

图 3－3　“查找和替换”对话框

(5) 设置段落的边框和底纹。

为第 1 段文本填充“灰色－15％”底纹，第 2、3 段文本加上 1.5 磅粗红色实线边框。

具体操作步骤如下：

① 选定“3－1”文档第 1 段文本。

② 单击“格式”菜单下的“边框和底纹”命令，打开“边框和底纹”对话框。

③ 单击“底纹”选项卡，在“填充”区域的颜色列表中选择填充颜色，在这里选择“灰色－15％”，如图 3－4 所示，单击“确定”按钮。

④ 选定第 2、3 段，单击“格式”菜单下的“边框和底纹”命令，在打开的“边框和底纹”对话框中单击“边框”选项卡，在左边的“设置”栏中选择一种方式，如“方框”，在右边的“线型”列表中选择一种线型，如“单实线”，在“颜色”下拉列表中选择“红色”，在“宽度”下拉列表中选择“1.5磅”，如图 3－5 所示。

⑤ 单击“确定”按钮，设置完成。

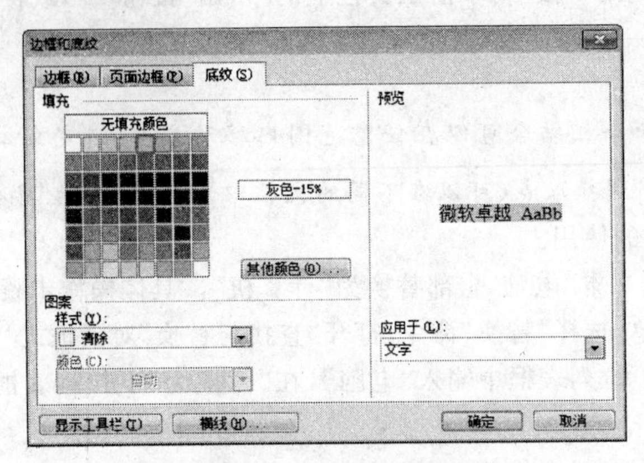

图 3-4 “底纹”选项卡

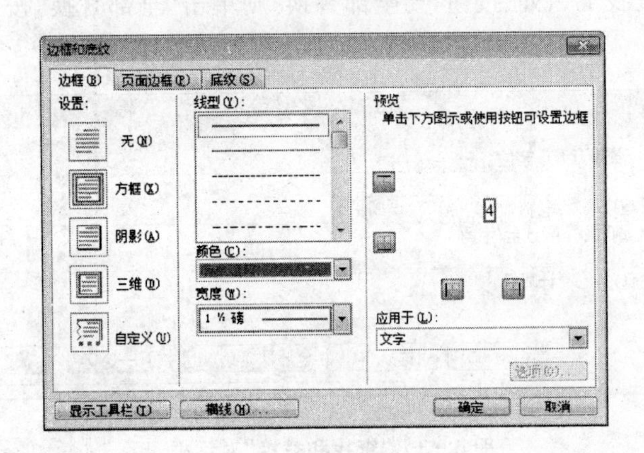

3-5 “边框”选项卡

(6) 将编辑好的文档存盘。

具体操作步骤如下：由于在实验的一开始文件已经存在，所以这里只要单击常用工具栏中的“保存”按钮，或选择“文件”菜单中的“保存”命令，或直接单击标题栏中的“关闭”按钮，在打开的提示“是否保存”对话框中单击“是”按钮，均能完成文档的存盘。

【例 3.2】 Word 页面格式设置。

(1) 页面格式设置。

继续对 3-1 文档进行操作。页边距设置页面格式为“纸型”为 16 开；“页边距”上、下、左、右均为 3 厘米。具体操作步骤如下：

① 单击“文件”菜单下的“页面设置”命令，打开“页面设置”对话框，单击“纸型”选项卡，单击“纸型”下拉列表，在纸型列表中选择“16 开(18.4×26 厘米)”，如图 3-6 所示。

② 在“页面设置”对话框中单击“页边距”选项卡，设置“上”、“下”、“左”、“右”为 3 厘米，，单击“确定”按钮，如图 3－7 所示。

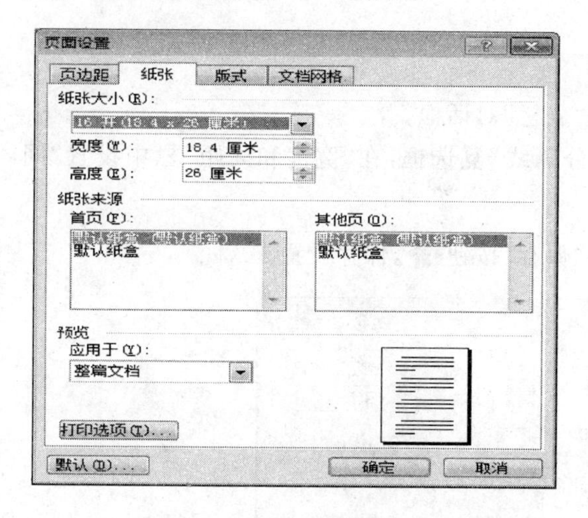

图 3－6　“纸张”选项卡

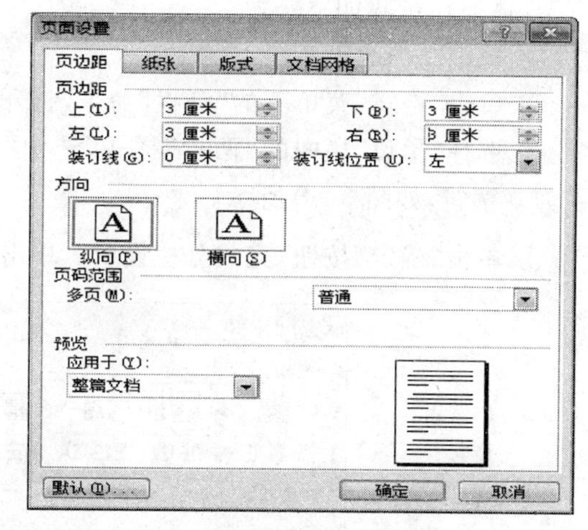

图 3－7　“页边距”选项卡

（2）设置页眉和页脚。

在“3－1”文档中，设置页眉为“家用电脑”，黑体、小五、右对齐，在页脚处插入当前日期，居中。

具体操作步骤如下：

① 单击“视图”菜单下的“页眉和页脚”命令，打开“页眉和页脚”工具栏。插入点定位于页眉处。

② 输入文字“家用电脑”，选中该输入文本，设置其字符格式为黑体、小五，对齐方式为右对齐。

③ 单击“页眉和页脚切换”按钮 ，切换到页脚处，单击插入日期按钮，当前日期插入到页脚处，单击“格式”工具栏上的“居中”按钮 。

④ 单击“页眉和页脚”工具栏上的“关闭”按钮，关闭“页眉和页脚”工具栏。单击“保存”按钮 ，保存设置。

说明：

创建页眉和页脚后，只要双击页眉和页脚区域，就可以打开“页眉和页脚”工具栏重新编辑页眉和页脚。要删除页眉和页脚，只需要清除其内容即可。在“页面设置”的“版式”选项卡中选中“奇偶页不同”和“首页不同”复选框，还可以对文档首页及奇、偶页设置不同的页眉和页脚。

（3）文档分栏。

对文档“3-1”进行分栏，将文档的第4段分为等宽的两栏，栏间距为0字符，栏间加分隔线。

具体操作步骤如下：

① 选中文档的第4段。

② 单击“格式”菜单下的“分栏”命令，打开“分栏”对话框。

③ 选择“预设”栏中的“两栏”样式，选中“分隔线”复选框，在“宽度和间距”栏中设置“间距”为0字符，如图3-8所示。

④ 单击“确定”按钮，完成分栏设置。单击“保存”按钮，保存设置。

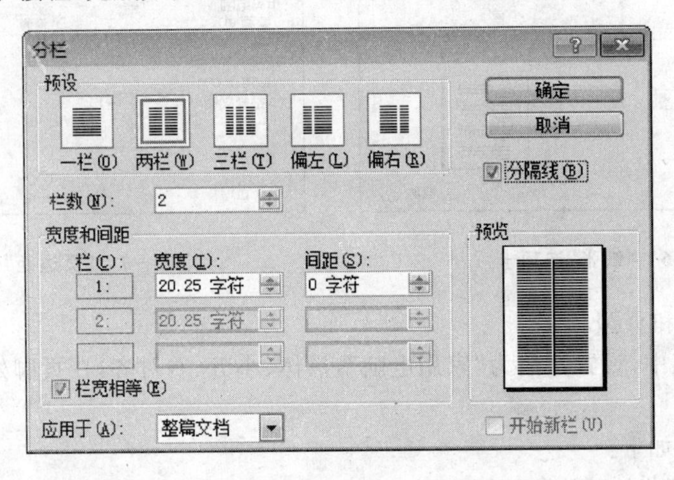

图3-8 “分栏”对话框

说明：

Ⅰ. 利用水平标尺可以调整栏宽或栏间距，操作步骤为将鼠标指针置于水平标尺的分栏标记上，此时鼠标指针变成一个双向箭头，按住鼠标左键不放，向左或向右拖动分栏标记，即可改变栏宽和栏间距。

Ⅱ. 利用“分栏”对话框也可以改变栏宽与栏间距，方法是在“分栏”对话框的“宽度”和“间距”微调框中指定或输入合适的数值。

(4) 插入页码。

为文档插入页码，“位置”为“纵向内侧”，“对齐方式”为“右侧”，起始页码为“10”。

具体操作步骤如下：

① 单击“插入”菜单下的“页码”命令，打开“页码”对话框。

② 在“位置”下拉列表中选择“纵向内侧”，“对齐方式”下拉列表中选择“右侧”，如图3-9所示。

③ 单击“格式”按钮，打开“页码格式”对话框，在“页码编排”区域选中“起始页码”单选按

钮，并在右边微调框输入“10”，如图 3－10 所示。

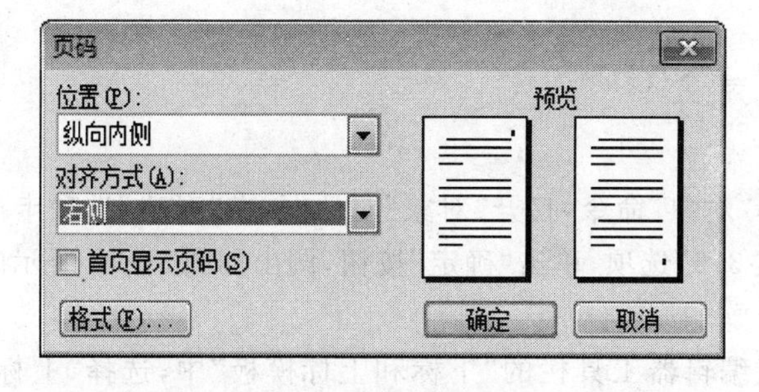

图 3－9　“页码”对话框

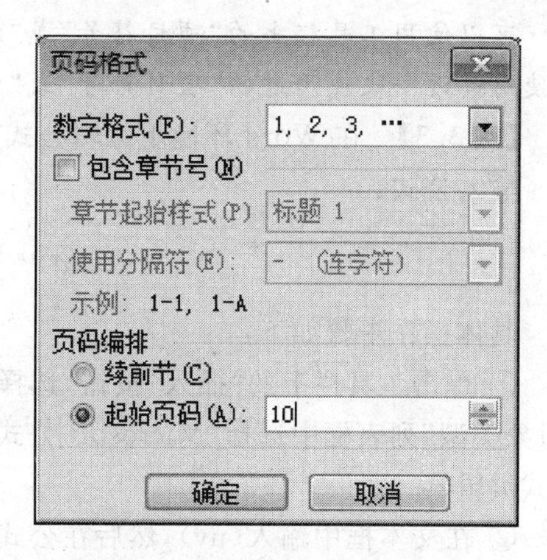

图 3－10　“页码格式”对话框

(5) 添加项目符号和段落编号。

为文档第 4～7 段加上项目符号“◆”。

具体操作步骤如下：

① 选定“3－1”文档中的第 4～7 段。

② 单击“格式”菜单下的“项目符号和编号”命令，打开“项目符号和编号”对话框。

③ 单击“项目符号”选项卡，双击对话框的第一行第四列，如图 3－11 所示。单击“保存”按钮，保存设置。

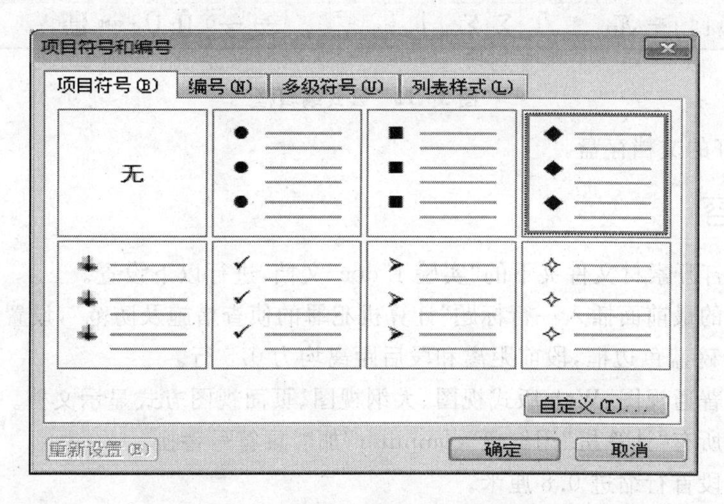

图 3－11　“项目符号与编号”对话框

说明：

可以使用工具栏上的“项目符号”或“编号”按钮来快速的添加项目符号或段落编号，但只能使用最近一次使用过的“项目符号”或“编号”。

【例 3.3】 在 Word 环境下编辑公式。

输入公式：

$$(uv)^{(n)} = \sum_{k=0}^{n} C_n^k u^{(n-k)} v^{(k)}$$

具体操作步骤如下：

① 单击工具栏上的“插入”按钮，选择“对象”命令，打开“对象”对话框，在“新建”选项卡的“对象类型”列表框中选择“Microsoft 公式 3.0”选项，单击“确定”按钮，调出如图 3-12 所示的公式编辑器。

② 在文本框中输入(uv)，然后在公式编辑器工具栏的“下标和上标模板”中，选择“上标”选项，这时(uv)的右侧出现上标框，在其中输入(n)；单击公式右侧结束处，将光标定位到公式右侧位置(也可以直接按键盘上向右的方向键)，然后输入“=”；单击工具栏上的“求和模板”，在打开的对话框中单击上下带虚框的“求和符号”按钮，然后将光标置于相应的位置框中，分别输入“k=0”、“n”；使光标置于右侧，选择“下标和上标模板”中的同时带上下标的选项，在相应的位置输入“C”、“k”、“n”；用同样的方式输入公式的其余项。

③ 单击公式编辑器外的任意位置，退出公式编辑环境，返回到 Word。

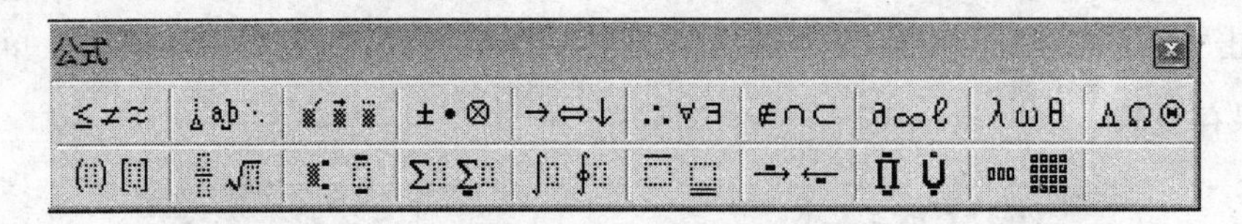

图 3-12　公式编辑框

④ 将编辑好的文档存盘。

四、实验内容

【实验 1】 打开素材文件夹下的“实验 1.doc”文档，进行以下设置。

(1) 在文本的最前面插入一行标题“计算机犯罪的侦查措施及防范”，设置位置居中，三号字，并添加 0.75 磅蓝色边框，段前距离和段后距离均为 0.5 行。

(2) 分别以普通视图、Web 版式视图、大纲视图、页面视图方式显示文档。

(3) 将文中所有“计算机”用红色“computer”加着重符号替换。

(4) 各自然段首行缩进 0.8 厘米。

(5) 所有正文部分一律使用宋体小四号字，设置为首行缩进 2 个字符，两端对齐，固定行距18磅。

(6) 将文档以“计算机犯罪的侦查措施及防范”为名另存到自己的文件夹中。

【实验 2】 打开素材文件夹下的“实验 2. doc”文档，进行一下设置。

(1) 将段间距设置为最小值12磅，将第一段的第一个字设置为首字下沉3行。

(2) 将第二段复制，粘贴到文件的最后，然后为新复制的这段内容添加边框，线形选择点划线，再为其加15%的底纹。

(3) 将第四段分成3栏，要求栏宽4厘米，间距为0.63厘米。

(4) 选定第二段，添加项目符号，项目符号选用星号。

(5) 为第一段的第一句加20%底纹，然后加波浪线下划线，之后用格式刷将这种格式复制到第二段的第二句上。

(6) 将页面设置为B5，每页25行，每行20个字，页边距分别为上2.15厘米、下2.15厘米、左2.0厘米、右1.95厘米，页眉和页脚距边界1.5厘米。

(7) 设置页眉页脚，页眉为“国家游泳中心主钢结构支撑体系卸载成功”，在奇数页将页码显示在左下脚，偶数页码显示在右下脚。

【实验 3】 在 Word 环境下输入如下数学公式

$$y=\sum_{n=1}^{\infty}\frac{1}{n+1}+\sqrt[3]{(x+y)}$$

实验二　Word 2003 中的表格设计

一、实验目的

1. 熟练掌握表格创建的几种方法；
2. 熟练掌握表格的编辑；
3. 学会在表格和文本之间的转换。

二、相关知识

1. 创建表格的方法

表格创建有多种方法，可以通过菜单栏中的命令来创建一表格，也可以通过常用工具栏中的插入表格按钮来插入一个表格，另外，也可以手动绘制一个表格。

2. 编辑表格

表格的编辑包括表格中行、列的删除，调整表格的行高列宽，合并拆分单元格，绘制表头斜线，在表格中输入文字的同时设置文字的格式及对其方式，设置表格的边框及表格的填充效果。

3. 格与文本间转换

表格和文本之间可以相互转换，我们可以将表格转换成文本，也可以将文本转换成表格。

三、实验示例

在新建的 Word 文档中编辑如图 3－13 所示的表格。

日期 / 时间		星期一		星期二		星期三		星期四		星期五	
		科目	教师	科目	教师	科目	教师	科目	教师	科目	教师
上午	第一节										
	第二节										
下午	第三节										
	第四节										

图 3－13　实验表格

【例 3.4】 创建表格。

创建一个 7 行 7 列的空白表格。

具体操作步骤如下：

① 将光标定位 Word 文档中将要插入表格的位置。

② 选择菜单栏中"表格"下的"插入—表格"命令，打开"插入表格"对话框，如图 3－14 所示。

③ 在"插入表格"对话框的"列数"微调框中输入 7，在对话框的"行数"微调框中输入 7。

④ 单击"确定"按钮后，页面即插入了一个 7 行 7 列的空白表格。

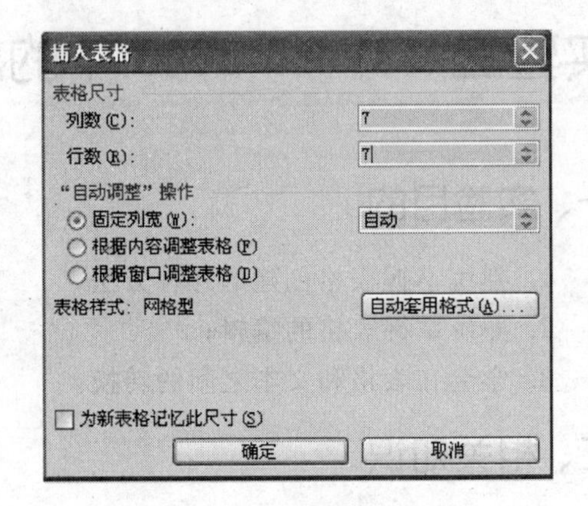

图 3－14　"插入表格"对话框

说明：

Ⅰ. 创建一个表格有多种方法，除了上述方法之外，还有两种方法：

方法一：使用"常用"工具栏中的"插入表格"按钮 ，在出现的表格选择框中拖动以选定所需行数和列数，松开鼠标按钮后即可，得到所需要的表格。但是这种方法适合于创建行数和列数比较少的表格。

方法二：手动绘制表格。这种方法是使用"表格"菜单中的"绘制表格"命令，弹出如

图 3-15所示的“表格和边框”工具栏。选中此工具栏上的“绘制表格”按钮，鼠标在文档的指定区域拖曳出表格的外边框到适当位置，松开鼠标，画出表格的外边框；然后在所画出的边框中拖动鼠标画出 6 条横线、6 条竖线，注意要从起始边框拖到相对的另一条边框，最后形成 7 行 7 列的表格。

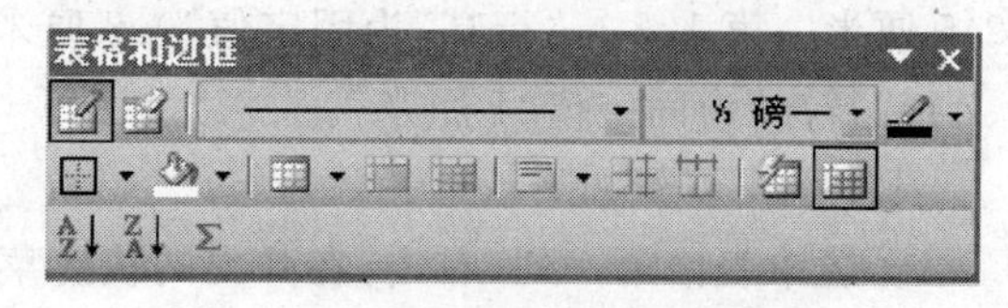

图 3-15　“表格和边框”工具栏

Ⅱ. 清除某条表线。单击“表格和边框”工具栏中的“擦除”图标，鼠标指针会变为橡皮状。然后移动鼠标指针到表格某条边线上，拖动鼠标，在这条线上出现一条粗线，松开鼠标将清除该线。

Ⅲ. 插入表格后，光标会自动移到第一行第一列的单元格中，这是输入文字的位置。要移动光标只要按上、下、左、右键即可。

【例 3.5】　编辑表格。

在【例 3.4】所建立的表格中继续进行编辑表格操作：

(1) 行列的添加和删除。

在第七行的下边添加一行，然后再删除新添加的这一行。

具体操作步骤如下：

① 将光标移到表格中第七行，拖动鼠标选中第七行。

② 选择菜单栏中的“表格”下的“插入”菜单项，在“插入”菜单项的字菜单中选择“行(在下方)”，将在第七的行的下方添加新行。

③ 将光标移动到要删除的行(第 8 行)中的任何一个单元格上或选定该行。

④ 右击，在弹出的快捷菜单中选择“删除单元格”命令，将弹出“删除单元格”对话框，如图 3-16 所示。

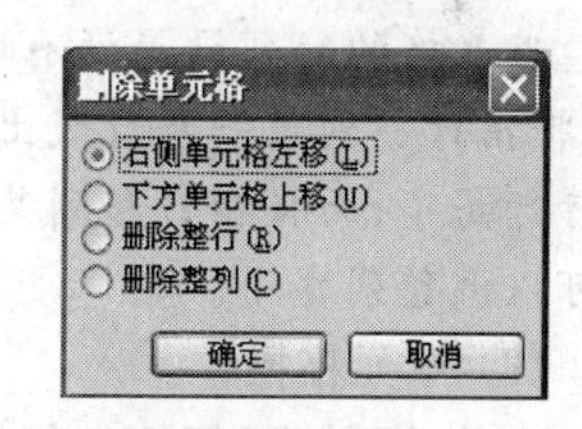

图 3-16　“删除单元格”对话框

⑤ 选择“整行删除”，然后单击“确定”按钮。

说明：

Ⅰ. 插入列的方法与插入行类似，即选中某列，然后选择“表格”菜单的“插入”菜单项，在其中选择“列(在左侧)”或“列(在右侧)”，这样将在当前列的左侧或右侧添加新列。

Ⅱ. 删除列的方法与删除行类似。

Ⅲ. 若想删除整个表格，则可将光标移到要删除的表格中的任何单元格中，然后选择“表格”菜单的“删除”命令，在弹出的子菜单上单击“表格”命令，将可删除当前光标所在的表格。

(2) 设置行高、列宽、单元格宽度。

设置第 1 列“列宽”为“1 厘米”，第 2 列“列宽”为“1.5 厘米”，第 3、4、5、6、7 列的“列宽”为

“2.5 厘米”;第 1、2 行“行高”为固定值“0.8 厘米”,第 5 行“行高”为固定值“0.2 厘米”,第 3、4、6、7 行“行高”为固定值“1 厘米”。

具体操作步骤如下:

① 选中表格第一列,右击,在弹出的快捷菜单中选择“表格属性”命令,弹出“表格属性”对话框,如图 3-17 所示。

② 选择“列”选项卡,在此选项卡下选中“指定高度”复选框,设置“列宽”为“0.8 厘米”,单击“后一列”按钮,修改第 2 列的列宽为“1.5 厘米”,然后单击“确定按钮”。这样 1、2 列的列宽设置完成。

③ 选中 3、4、5、6、7 列,然后重复步骤①的操作,在“表格属性”对话框中,选择“列”选项卡,设置 3、4、5、6、7 列的列宽为“2.5 厘米”,单击“确定”按钮。

④ 选中 1、2 行,重复步骤①的操作,在“表格属性”对话框中,选择“行”选项卡,设置“指定高度”为“0.8 厘米”,“行高值”是“固定值”,单击“确定”按钮。然后用同样的方法设置 3、4、5、6、7 行的行高。

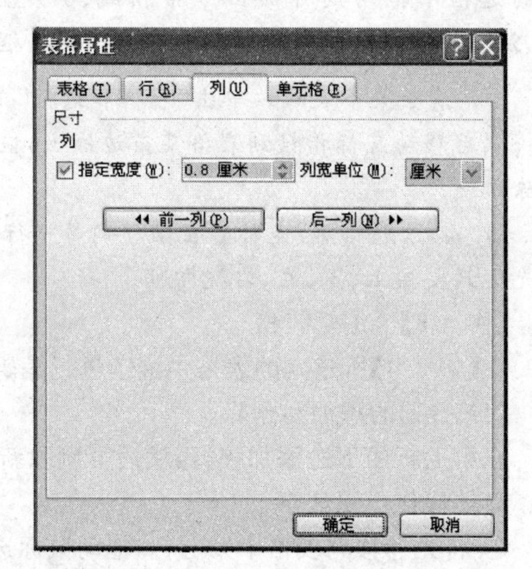

图 3-17 “表格属性”对话框

说明:

当表格的行列设置没有明确数值时,可以选择拖动法,设置表格的行高和列宽。具体操作是:将指针移到某一条行线上,当指针变成上下箭头的形状时,按住鼠标上下拉动就可以调整该行行高了;而将指针移到某一条列线上,这时指针就会变成左右箭头的形状,此时左右拉动就可以调整列宽了。

(3) 单元格操作。

合并单元格。把第 5 行的单元格以及要输入“上午、下午、星期、时间”这些文字的单元格分别进行合并。

具体操作步骤如下:

① 选定第 5 行的单元格

② 单击右键,在弹出的快捷菜单中选择“合并单元格”;或选择“表格”菜单栏下的“合并单元格”命令。这样便将第 5 行的 7 个单元格合并为一个单元格。

③ 用同样的方法,合并要输入“上午、下午、星期、时间”这些文字的单元格

拆分单元格。分别将表格第 2,3,4,6,7 行的第 3、4、5、6、7 个单元格拆分为两列。

具体操作步骤如下:

① 选定要拆分的单元格(第 2 行第 3 个单元格)。

② 选择“表格”菜单的“拆分单元格”命令，或选择“表格”菜单栏下的“拆分单元格”命令。弹出“拆分单元格”对话框，如图 3-18 所示。

③ 输入要拆分成的行数“1”和列数“2”，单击"确定"完成拆分。

④ 用同样的方法，拆分第 2 行的第 4、5、6、7 单元格。

说明：

下面介绍一下选定单元格的一些知识点：

Ⅰ. 选定一个单元格。把光标移到该单元格的左侧，光标变成右向的黑色实心箭头，单击鼠标即可选定。

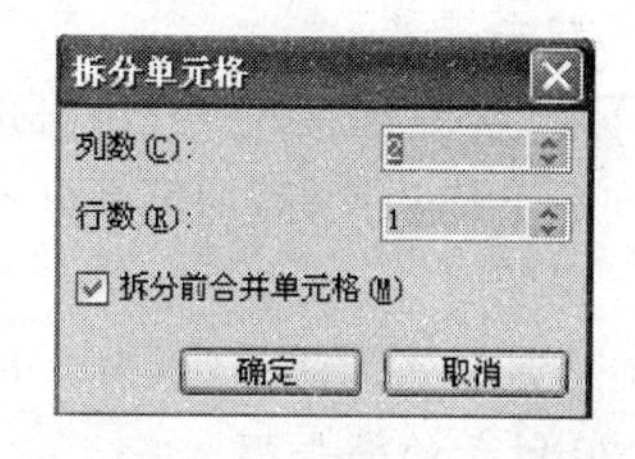

图 3-18 “拆分单元格”对话框

Ⅱ. 选定一行单元格。A、把光标移到该行的左侧，光标变成右向的空心箭头，单击鼠标即可选定。B、把光标移到该行某个单元格的左侧，光标变成右向的黑色实心箭头，双击鼠标即可选定。

Ⅲ. 选定一列单元格。把光标移到该列的上界，光标变成右下的黑色实心箭头，单击鼠标即可选定。

Ⅳ. 选定部分单元格。选定要选择的最左上角的单元格，按住鼠标左键拖动到要选择的最右下角的单元格。

(4) 绘制斜线表头。

在将经过单元格合并后的表格的第 1 行第 1 列中绘制斜线表头，并设置行标题为“星期”，列标题为“时间”，宋体，5 号字。绘制表格斜线有三种方法，各种方法的具体操作步骤如下。

方法一：

① 将光标移至表格的第一个单元格，选择菜单栏中“表格”下的“绘制斜线表头”命令，弹出“绘制斜线表头”对话框，如图 3-19 所示。

② 在“表头样式”的下拉列表框中选择“样式一”，在“字体大小”下拉列表中选择“五号”，在“行标题”文本框中输入“日期”，在“列标题”文本框中输入“时间”。

③ 单击“确定”按钮，即绘制了斜线表头。

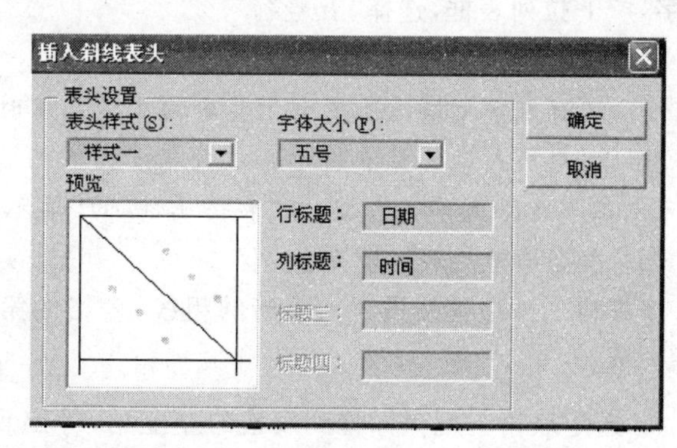

图 3-19 “绘制斜线表头”对话框

方法二：

① 选择菜单栏中“表格”下的“绘制表格”命令，弹出“表格和边框”工具栏，如图 3-15 所示。

② 单击工具栏最左边的“绘制表格”按钮，此时鼠标变成一支铅笔的形状，在第一个单元

格中从左上向右下拖动鼠标,即画好了斜线。画好后再单击一下"绘制表格"按钮,把绘制表格的功能取消了。

方法三:

在"绘图"工具栏中,单击选择"直线"按钮,此时鼠标变成十字形,在第一个单元格中从左上向右下拖动鼠标,即可画好这条斜线。

说明:

Ⅰ. 利用方法一时,插入斜线的单元格太小或者单元格的标题的内容过多,都会弹出如图3-20所示的警告框。

Ⅱ. 绘制的斜线,两端会出现两个控制点,拖动这两个控制点可以调整直线的长度;当鼠标变成十字形箭头(✥)时,拖动鼠标也可以调整直线的位置。

(5) 表格中文字格式。

按照样表提供的信息在相应的单元格中添加文字,文字格式为,宋体,五号,单元格中文字的对齐方式是"水平居中垂直居中"。

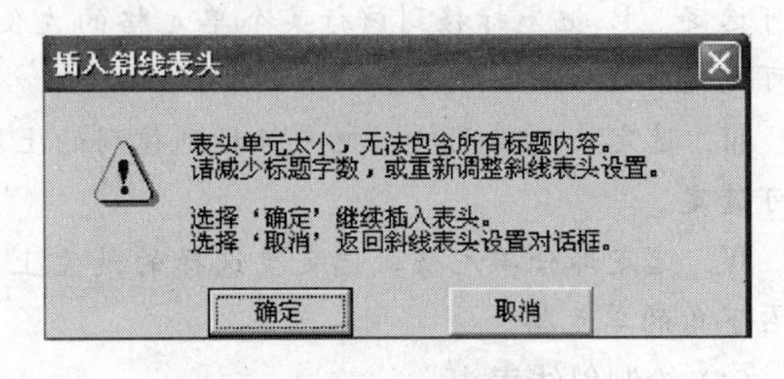

图3-20 警告框

具体操作步骤如下:

① 将光标移动到要求输入文字的单元格中,按照样表提供的信息,依次在相应的单元格中输入相应的文字。

② 选中表格中除了斜线表头中的标题文字外的所有文字,右击,在弹出的快捷菜单中选择"单元格对齐方式"命令,在其出现的级联菜单中选择"水平居中垂直居中"按钮(☰)。

③ 继续选中这些文字,在常用工具栏中,单击展开"字体"下拉列表,选择"宋体",单击展开"字号"下拉列表框,选择"五号"。

说明:

Ⅰ. 只有当单元格的高度大于其中的文本高度时"垂直对齐"效果才能体现出来。

Ⅱ. 利用格式工具栏中的对齐方式能设置单元格内文字的水平对齐方式,要设置"垂直对齐"可以在单元格上单击右键,在"表格属性"的"单元格"标签中设置。

(6) 表格边框及表格填充色。

将表格的外边框线设置为3磅的粗线,表格的第五行填充色为"灰色-20%"。具体操作步骤如下:

① 选定表格。把鼠标移到表格的左上角,等出现一个十字形箭头(⊞)的时候,单击鼠标左键,就便可以把这张表格选中了。

② 在"表格和边框"工具栏中,在线型下拉列表中选择适合的线形,在"粗细"下拉列表中选择"3磅",边框线选择"外部框线"⊞。如图3-21所示。这样表格的边框线就设置好了。

③ 选中表格的第五行，选择“格式”菜单中的“边框和底纹”命令，弹出“边框和底纹”对话框，然后选择“底纹”选项卡，在“填充”颜色列表框中选择“灰色-20”。如图 3-22 所示。

④ 单击“确定”按钮，完成设置。

图 3-21 边框线设置

说明：

设置表格边框时，选中表格后，也可以在如图 3-22 所示的“边框和底纹”对话框的“边框”选项卡下设置。

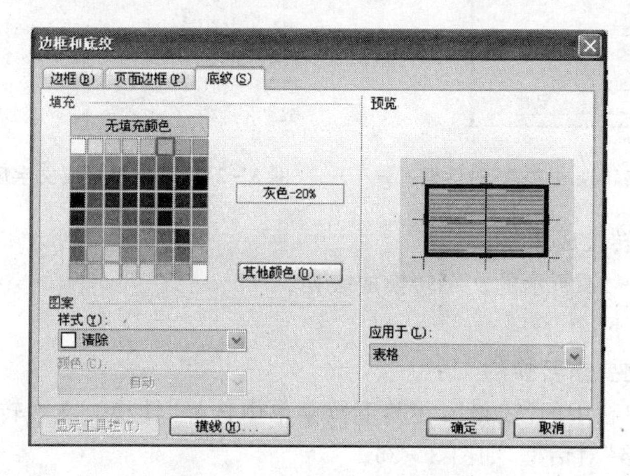

图 3-22 “边框和底纹”对话框

【例 3.6】 表格与文字间的转换。

将下列表格转换为文字，然后再将转换成的文字转换为表格。

成绩单					
姓名	数学	英语	语文	物理	化学
张红	89	84	85	90	87
李磊	91	80	83	80	75
赵丽	84	91	80	83	80
李梅	80	84	91	79	78
郑欢	92	83	84	85	91

(1) 将表格转换成文字。

具体操作步骤如下：

① 将鼠标移动到表格上，然后单击表格左上角出现的的十字图标（✥），选中整个表格。

② 单击选中菜单栏中的“表格”，在其下拉菜单中选择“转换—表格转换成文本”命令，弹出“表格转换成文本”对话框，如图 3-23。

③ 在“文本分隔符”对话框中选择“制表符”选项。

④ 单击“确定”按钮。转换成的文字效果，如图 3-24 所示。

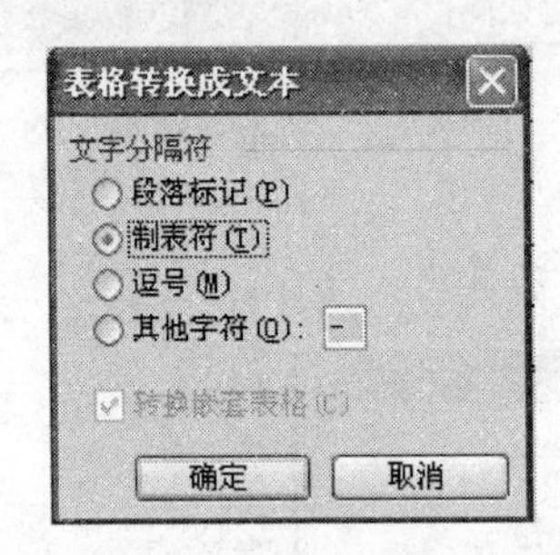

图 3-23 “表格转换成文本”对话框

成绩单

姓名	数学	英语	语文	物理	化学
张红	89	84	85	90	87
李磊	91	80	83	80	75
赵丽	84	91	80	83	80
李梅	80	84	91	79	78
郑欢	92	83	84	85	91

图 3-24 表格转换成文字后效果图

(2) 将已有文字转换成表格。

将得到的如图 3-24 所示的文字转换成表格。

具体操作步骤如下：

① 选定上述例题要求转换的文字。

② 单击选中菜单栏中的“表格”，在其下拉菜单中选择“转换—文本转换成表格”命令，弹出“将文字转换成表格”对话框，如图 3-25。

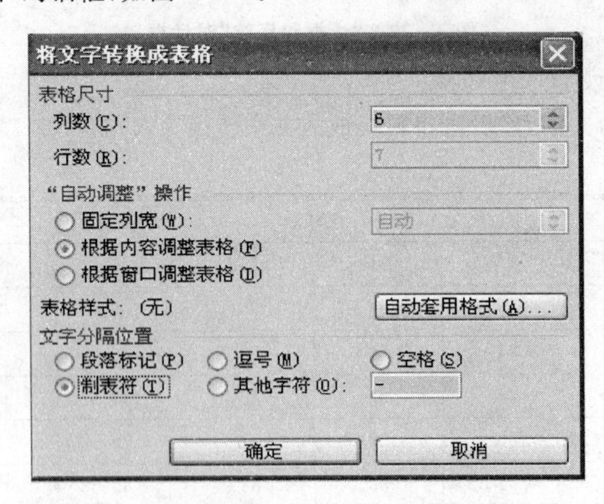

图 3-25 “将文字转换成表格”对话框

③ 在“表格尺寸”的“列数”微调框中输入 6，在“自动调整操作”的列表框中选择“根据内容调整表格”，在“文字分隔符位置”的列表框中选择“制表符”，如图 3-25 所示。

④ 单击“确定”按钮，转换成的表格效果，如图 3－26 所示。

成绩单					
姓名	数学	英语	语文	物理	化学
张红	89	84	85	90	87
李磊	91	80	83	80	75
赵丽	84	91	80	83	80
李梅	80	84	91	79	78
郑欢	92	83	84	85	91

图 3－26 文字转换成的表格

【例 3.7】 综合练习。

参照图 3－27 制作一个表格，要求如下：

(1) 制作一个 5 行 5 列的表格。

(2) 设置表格第 1 行行高为固定值 2 厘米，其余各行行高为固定值 0.8 厘米，第一列的列宽为 3 厘米，其余列的列宽为 2 厘米。

(3) 合并单元格。

(4) 绘制斜线表头，并按照样表添加相应的文字。

(5) 设置表格自动套用格式，彩色型 2 样式，设置表格中文字水平且垂直居中对齐。

(6) 设置表格的外边框线为 3 磅的粗线，内边框线为 1.5 磅的虚线。

	08 届毕业生		*09 届毕业生*	
所学专业	计算机	电子商务	计算机	电子商务
企业单位				
事业单位				
人才市场				

图 3－27 练习参照图

(1) 制作表格。

制作一个 5 行 5 列的表格，具体操作步骤如下：

① 选择菜单栏中“表格”下的“插入—表格”命令，打开“插入表格”对话框，如图 3－14 所示。

② 在“插入表格”对话框的“列数”微调框中输入 5,在对话框的“行数”微调框中输入 5。

③ 单击“确定”按钮,完成插入表格操作。

(2) 设置行高列宽。

设置表格第 1 行行高为固定值 2 厘米,其余各行行高为固定值 0.8 厘米,第一列的列宽为 3 厘米,其余列的列宽为 2 厘米。具体操作步骤如下:

① 选中表格的第一行,右击,在弹出的快捷菜单中选择“表格属性”命令,弹出“表格属性”对话框,如图 3-17 所示。

② 选择“行”选项卡,设置“指定高度”为“2 厘米”,“行高值”是“固定值”。

③ 单击“下一行”按钮,设置第 2 行的“指定高度”为“0.8 厘米”,“行高值”是“固定值”。用同样的方法设置 3、4、5 行的行高。

④ 选择“列”选项卡,单击“后一列”按钮,设置第列的列宽为“3 厘米”。

⑤ 单击“下一列”按钮,设置第 2 列的列宽为“2 厘米”。重复此操作,设置 3、4、5 列的列宽。

⑥ 单击“确定”按钮。成功设置表格的行高列宽。

(3) 合并单元格。

合并单元格具体操作步骤如下:

① 选中表格的第一行中的第 2、3 单元格,单击右键,在弹出的快捷菜单中单击选择“合并单元格”。

② 用同样的方法合并第一行的第 4、5 单元格。

(4) 绘制斜线表头。

绘制斜线表头,并按照样表添加相应的文字。具体操作步骤如下:

① 将光标移至表格的第一个单元格,选择菜单栏中“表格”下的“绘制斜线表头”命令,弹出“绘制斜线表头”对话框,参照图 3-19。

② 在“表头样式”的下拉列表框中选择“样式三”,在“字体大小”下拉列表中选择“小五”,在“行标题一”文本框中输入“年级”,在“行标题二”文本框中输入“班级”,在“列标题”文本框中输入“类别”。如图 3-28 所示。

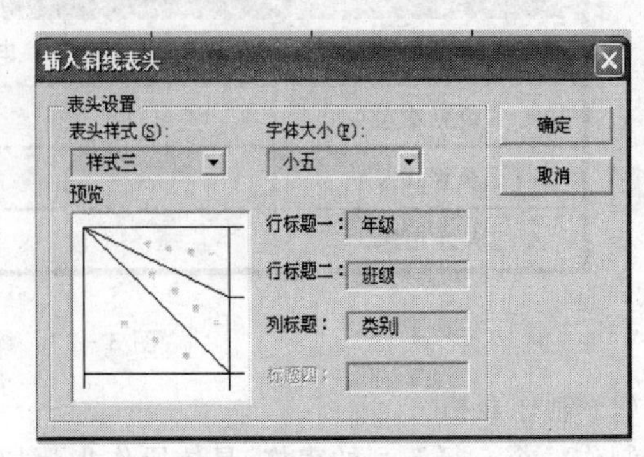

图 3-28　斜线表头设置

③ 单击“确定”按钮,表头绘制成功。

④ 按照样图中的信息,依次输入单元格中的文字。例如,将光标移动到第 1 行第 2 个单元格,输入文字“08 届毕业生”。

(5) 自动套用格式。

设置表格自动套用格式，彩色型 2 样式，设置表格中文字水平且垂直居中对齐。具体操作步骤如下：

① 单击表格左上角出现的的十字图标（ ）或用鼠标直接拖动，选中整个表格。

② 右击，在弹出的快捷菜单中选择“表格自动套用格式”命令，弹出“表格自动套用格式”对话框，如图 3－29 所示。

③ 在“表格样式”列表框中选择“彩色型 2”，单击“应用”按钮。

④ 选中表格中除了斜线表头外的所有文字，右击，在弹出的快捷菜单中选择“单元格对齐方式”下的“水平居中垂直居中”，即成功设置单元格中文字的对齐方式。

（6）边框设置。

设置表格的外边框线为 3 磅的粗线，内边框线为 1.5 磅的虚线。具体操作步骤如下：

① 单击表格左上角出现的的十字图标（ ）或用鼠标直接拖动，选中整个表格。

② 选择“表格”菜单中的“绘制表格”命令，弹出“表格和边框”工具栏。在“表格和边框”工具栏的线型下拉列表中选择“细线”，在“粗细”下拉列表中选择“3 磅”，边框线下拉列表中选择“外部框线”（ ）。如图 3－29 所示。这样表格的外边框线就设置好了。

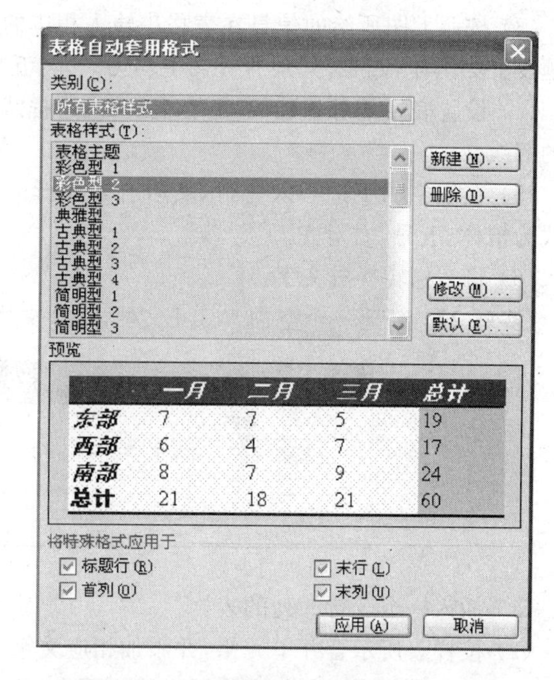

图 3－29　“表格自动套用格式”对话框

③ 继续使用“表格和边框”工具栏，在“表格和边框”工具栏的线型下拉列表中选择符合条件的“虚线”，在“粗细”下拉列表中选择“1.5 磅”，边框线下拉列表中选择“内侧框线”（ ），这样表格的内部框线就设置好了。

四、实验内容

【实验 1】 创建一个 5 行 7 列的表格，按如下要求操作，样表如下：

（1）设置表格第 1、5、6 列的列宽为 2 厘米，其余各列的列宽为 1.6 厘米；设置第 1 行的行高为固定值 1.2 厘米，其余各行的行高为 0.6 厘米。

（2）按照样表合并单元格。

太阳花幼儿园教务处资产明细卡						
物品名称	**牌号**	**数量**	**型号**	**购入单价**	**购置日期**	**负责人**
电　脑	联想	5	-	5000.00	2011-5-7	太阳花
办公桌	双虎	5	-	800.00	2011-5-7	
办公椅	双虎	10	-	150.00	2011-5-7	

(3) 按照上图所给的信息在表格中输入相应的文字，将第1、2行中的文字加粗；第一行的标题设置为黑体，四号；其余所有文字均为宋体，五号；单元格对齐方式是，水平居中垂直居中。

(4) 设置表格的外框线为，3磅粗线，内边框线为1磅的细线，第一行的下边框线为0.75磅的双线。

(5) 在表格的下边插入一行，然后合并此行的单元格，在其中输入文字当前的日期，文字格式为楷体，五号，右对齐。

(6) 将表格转换成文字。

【实验2】 新建一个空白Word文档，在新文档中进行如下操作，样表如下：

水电费清单				
电费		水费		总计
上半月	下半月	上半月	下半月	

(1) 插入一个5行5列的表格。

(2) 按样表所示合并单元格，并添加相应文字。

(3) 设置表格第1行行高为固定值1厘米，其余各行行高为固定值0.8坦米；整个表格水平居中。

(4) 设置表格自动套用格式，彩色型2样式。

(5) 设置表格中文字水平且垂直居中对齐。

(6) 最后将此文档以文件名“bga.doc”另存到Wordkt文件夹中。

实验三 Word 2003中的图文操作

一、实验目的

1. 学习图文混和排版的基本知识，并掌握制作图文混排文档的基本操作；
2. 掌握艺术字的插入与编辑方法；

3. 掌握在 Word 2003 文档中插入图片及设置图片格式的方法；

4. 掌握绘制图形的方法，以及如何进行图形编辑；

5. 掌握文本框的插入与编辑方法。

二、相关知识

1. 插入艺术字

在编辑文档的时候，有时为了表达特殊的效果，需要对文字进行一些修饰处理。利用 Word 的“艺术字”选项，我们可以将文字设置成艺术字的效果，如：弯曲、倾斜、旋转、扭曲、阴影等。

2. 插入图形或图片

插入图片时，在要插入图片的位置定位好光标，选择“插入”菜单中的“图片”命令，然后选择“剪贴画”或“来自文件”，找到需要的图片插入即可。图片插入后，我们还要根据需要编辑图片，设置图片的格式，例如调整图片大小，设置文字环绕方式等。

3. 插入文本框

所谓文本框就是把图形或文字用横框或竖框框起来，使用文本框可以突出显示框的内容，可以使版面更加活跃。有时，也需要在一个存在的段落、页边距等限制的页面内自由移动文本，文本框将承担这项功能。

三、实验示例

【例 3.8】 使用艺术字。

(1) 插入艺术字。

在 Word 中插入艺术字，并对其进行编辑，效果如图 3－30 所示。

具体操作步骤如下：

图 3－30　效果图

① 单击“绘图”工具栏上的“插入艺术字”按钮 ，弹出“艺术字库”对话框，如图 3－31 所示。

② 单击所需的艺术字图形对象类型，这里选择第五行六列的艺术字样式。

③ 单击“确定”按钮，打开“编辑‘艺术字’文字”对话框。在“编辑‘艺术字’文字”对话框中，键入要设置为“艺术字”格式的文字为“诗情画意”，字体设置为“华文新魏”、字号为“40”、加粗，单击“确定”按钮，如图 3－32 所示。

(2) 编辑艺术字。

图 3-31 “艺术字库”对话框

图 3-32 “编辑‘艺术字’文字”对话框

① 单击“艺术字”，打开“艺术字”工具栏，如图 3-33 所示。然后单击“艺术字”工具条上的“设置艺术字格式”按钮 ，弹出“设置艺术字格式”对话框。选择“大小”选项卡，设置高度为“1.5 厘米”、宽度为“5 厘米”，如图 3-34 所示；选择“版式”选项卡，在其列表框中选择文字环绕方式为“四周型”，单击“确定”，如图 3-35 所示。

图 3-33 “艺术字”工具条

② 单击“艺术字”工具栏上的“艺术字形状”按钮 ，选择“双波形 1”。

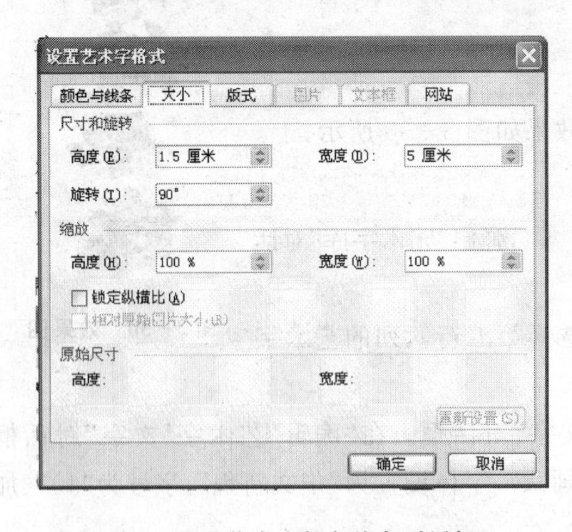

图 3-34 艺术字颜色线条对话框

图 3-35 艺术字板式对话框

说明：

选中艺术字后，右击，在弹出的快捷菜单中选择“设置艺术字”格式，也可以弹出上

图 3 - 34所示的“设置艺术字格式”对话框。在此对话框中，可以设置艺术字的“颜色与线条”、“大小”、“版式”等。

【例 3.9】 插入图片。

(1) 插入“剪辑库”中的图片。

继续在上述 Word 文档中操作，插入图片，并编辑图片。

具体操作步骤如下：

① 单击要插入剪贴画或图片的位置。

② 单击“绘图”工具栏中的“插入剪贴画”按钮，出现“剪贴画”任务窗格，在“搜索文字”文本框中输入“音乐”，找到与音乐有关的剪贴画，单击所需图片插入到文档中。

说明：

也可以选择“插入”菜单中的“图片”命令，在出现的级联菜单中选择“剪贴画”。

(2) 插入来自另一文件的图片。

具体操作步骤如下：

① 单击要插入图片的位置，选择“插入”菜单中的“图片”命令，在出现的级联菜单中选择“来自文件”，弹出“插入图片”对话框，如图 3 - 36 所示。

② 找到要插入的图片(例如插入“实验三素材”文件中的图片“繁星.jpg”)，单击选中，然后单击“插入”按钮。成功在文档中插入文件中的图片。

图 3 - 36　“插入图片”对话框

(3) 编辑图片和图形。

具体操作步骤如下：

① 选中图片，右击，在弹出的快捷菜单中选择“设置图片格式”选项，弹出“设置图片格式”对话框，如图 3 - 37 所示。(双击插入的图片，也可以弹出“设置图片格式”对话框。)

② 在“设置图片格式”对话框中，选择“颜色与线条”选项卡可以设置图片的颜色和线条；选择“大小”选项卡可以设置图片大小，调整图片的缩放比例等；选择“图片”选项卡可以对图片

进行裁剪。

③ 在“设置图片格式”对话框中，选择“版式”选项卡可以设置文档中文字与图片的环绕方式，在此选项卡中，点击“高级”，进入“高级版式”对话框，如图 3－38 所示。在“高级版式”对话框中，可以选择更多的文字环绕方式。

图 3－37 “设置图片格式”对话框

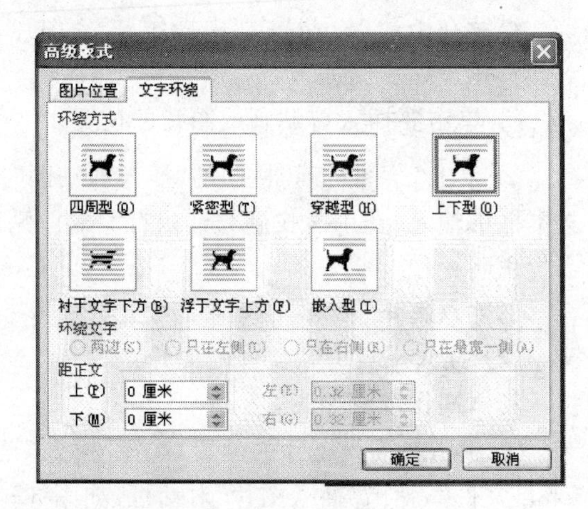

图 3－38 “高级版式”对话框

说明：

插入剪贴画或文件中的图片后，均可以通过选中相应的图形或图片对象，右击，在弹出的快捷菜单中选择“设置自选图形格式”或“设置图片格式”，对图形或图片进行编辑。例如，插入一剪贴画后，选中此剪贴画，右击，在弹出的快捷菜单中选择“设置自选图形格式”，会弹出如图 3－39所示的“设置自选图形格式”对话框。

【例 3.10】 插入文本框。

(1) 创建文本框。

创建一个新文本框，继续在上述文档中操作，在文档的第一行插入如图 3－40 所示的文本框样例。具体操作步骤如下：

① 单击“绘图”工具栏中的“文本框”按钮( )。(也可以单击竖排文本框按钮 ，插入竖排文本框。)

② 这时鼠标变成十字形状，然后按住鼠标左键拖动到适当的大小后释放鼠标，这样成功绘制一横排的文本框。

③ 按照上图 3－40 所示的文本框样例，在新插入的文本框中输入相应的文字。

说明：

Ⅰ. 向文本框输入文字(如果在创建文本框时选取横排方式，则录入的文字为横排字符串，否则录入的是竖排字符串)。

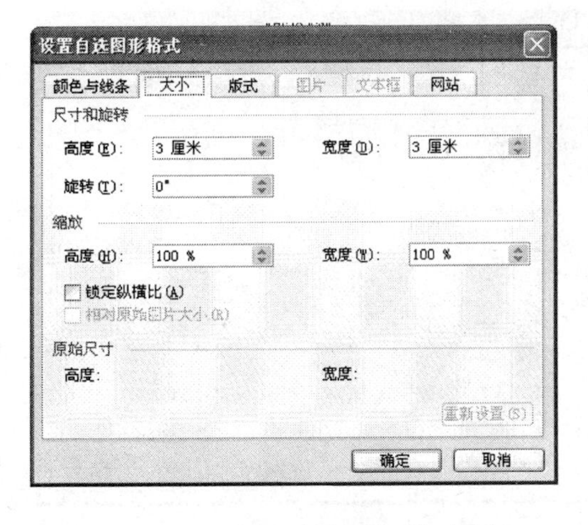

图 3－39　“设置自选图形格式”对话框

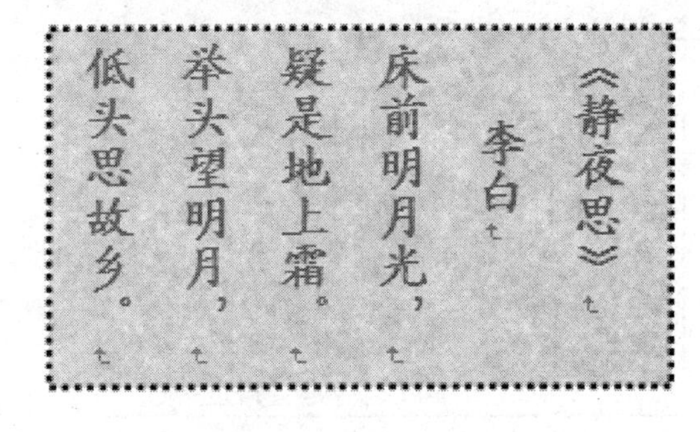

图 3－40　文本框样例

Ⅱ. 我们也可以选择“插入”菜单中的“文本框”命令，在其级联菜单中选择“横排”或“竖排”文本框，插入到文档中。

Ⅲ. 我们也可以把文档中已有的一些内容按需要放置在文本框中，步骤如下：选定要放入文本框中的文本，然后单击“插入”菜单中的“文本框”中的“横排”或“竖排“命令，这时我们所选定的内容将会被一个文本框所环绕。

(2) 调整文本框中的文字。

具体操作步骤如下：

① 将光标置于需调整文字方向的文本框中，或先选定文本框内容。

② 单击“格式”菜单中的“文字方向”命令，弹出“文字方向—文本框”对话框，如图 3－41 所示。

③ 在对话框中选择需要的文字方向，单击“确定”按钮。

④ 选中文本框中的文字，在格式工具栏中设置文字格式为“楷体，三号，加粗，红色”。

(3) 设置文本框格式。

具体操作步骤如下：

① 选中文本框，右击，在弹出的快捷菜单中选择“设置文本框格式”选项，弹出“设置文本框格式”对话框，如图 3－42 所示。

② 选择“颜色与线条”选项卡，在“颜色”下拉列表框中选择“填充效果”，弹出“填充效果”对话框，如图 3－43(a)所示，选择“纹理”选项卡下的“花束”类型，然后单击“确定”按钮，返回“设置文本框格式”对话框的“颜色与线条”选项卡下，在此选项卡下设置线条的效果，如图 3－43(b)所示。

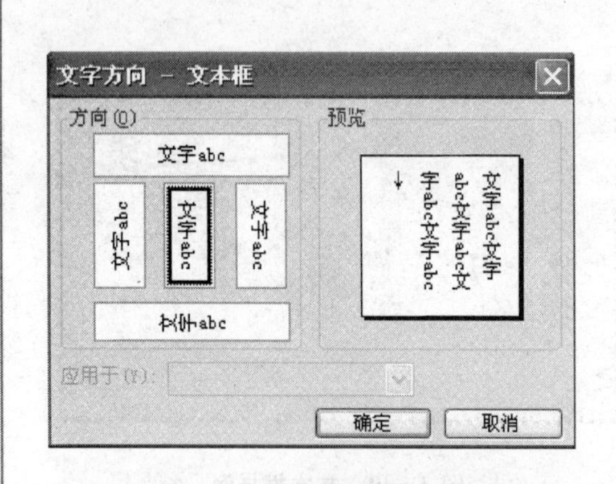

图 3－41　“文字方向—文本框”对话框

图 3－42　“设置文本框格式”对话框

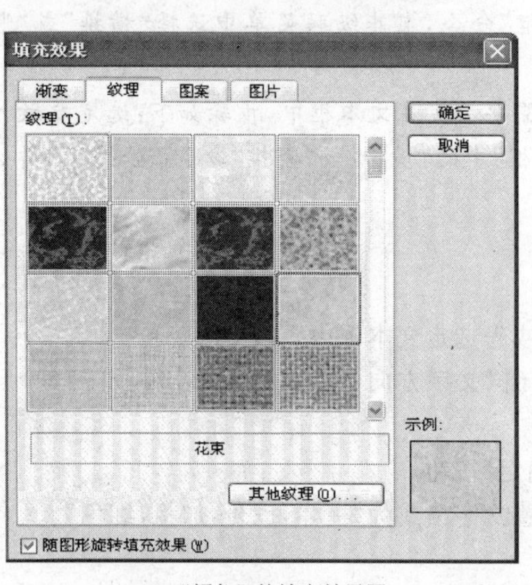

(a) “颜色”的填充效果图

(b) “颜色与线条”选项卡

图 3－43　“设置文本框格式”一颜色与线条

③ 选择“大小”选项卡，在“高度”微调框中输入“4 厘米”，在“宽度”微调框中输入“7 厘米”，如图 3－44 所示。

④ 选择“版式”选项卡，单击该选项卡的右下角的“高级”按钮，弹出“高级版式”对话框，设置图片位置，文字环绕方式，如图 3－45 所示。然后单击“确定”按钮。

⑤ 选择“文本框选项卡”，设置文本框内部边距，如图 3－46 所示。

⑥ 最后，在“设置文本框格式”对话框中单击“确定”按钮。这样成功设置文本框格式。

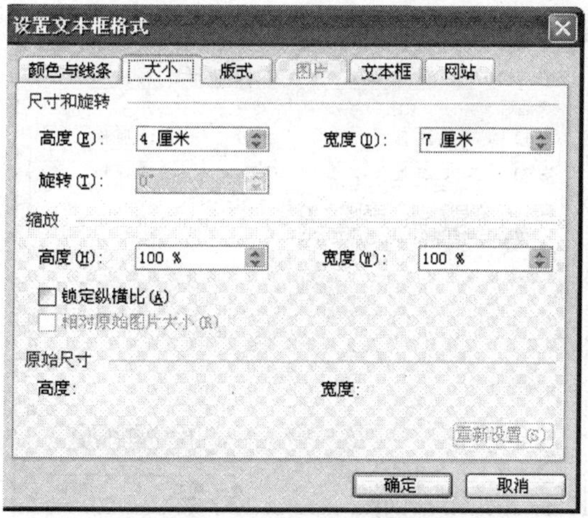

图 3-44 设置文本框大小

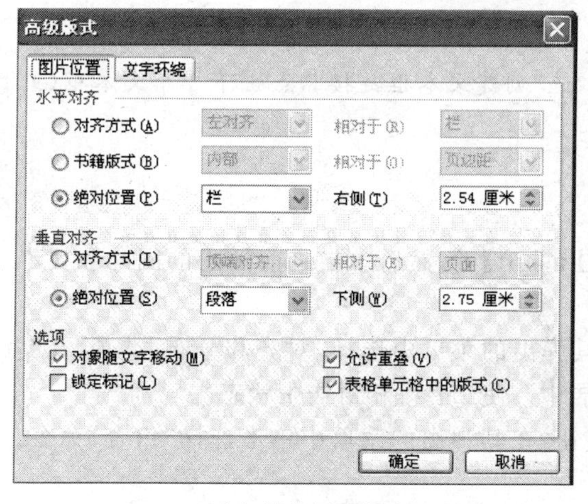

(a) 高级版式-图片位置

(b) 高级版式-文字环绕

图 3-45 "高级版式"对话框

说明：

Ⅰ. 调整文本框大小，也可以单击要调整大小的图文框，加以选定，然后按住鼠标的左键拖动到所需的大小。

Ⅱ. 调整文本框位置，也可以单击所要操作的文本框，此时文本框的四周会出现8个控制点，当鼠标指针形状变成十字箭头形时，拖动鼠标可修改文本框的位置。

Ⅲ. 文本框边框和颜色、底纹、三维效果、阴影和背景，均可以通过"设置文本框格式"对话框的设置"颜色和线条"命令来完成。

Ⅳ. 单击"绘图"工具栏中的"阴影样式"按钮( )、"三维效果样式"按钮( )，可以设

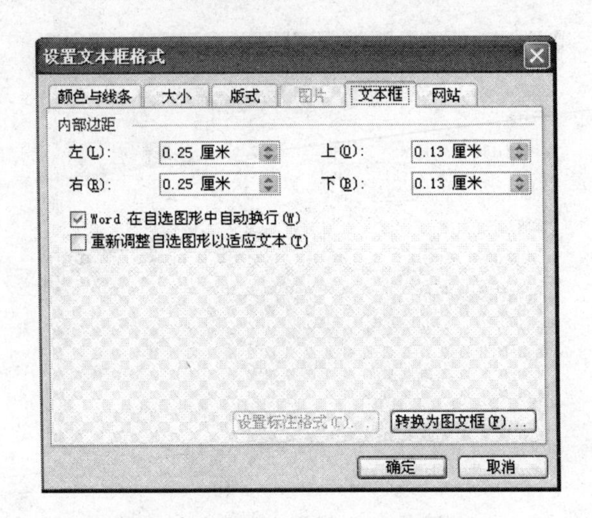

图 3-46　设置"文本框"内部边距

置文本框的阴影和三维效果。

Ⅴ. 文本框链接。选中第一个文本框，右击，选"创建文本框链接"，点击下一个文本框(此文本框必须是空的，且类型要与前一个相同)

(4) 图文组合。

下面介绍图文组合及编辑的一般步骤：

① 适当调整图片和文本框之间的位置，按住【shift】键，然后单击之前插入的图片和文本框，选二者。

② 单击"绘图"工具栏中的"绘图"按钮，在其弹出的菜单中选择"对齐和分布"选项，在其级联菜单中选择对齐分布方式(例如选择"水平居中"，使二者呈相对居中状态)。

③ 再选择单击"绘图"工具栏中的"绘图"按钮，在其弹出的菜单中单击选择"组合"命令。这样二者组合在一起，成为一个对象。

④ 选中组合后的新对象，右击，在弹出的快捷菜单中选择"设置对象格式"命令，弹出"设置对象格式"对话框，如图 3-47 所示。与设置图片格式类似，在此对话框中可以设置对象的"颜色与线条"、"大小"、"版式"等。

【例 3.11】　综合练习。

打开"实验三素材"文件夹下的素材文档"兔子与萝卜 1.doc"，完成下列操作：

(1) 将标题文字设置为"兔子与萝卜"艺术字：第 2 行第 4 列样式，字体楷体_GB2312、48 号、加粗，艺术字形状为波形 1，艺术字高度 1.23cm，宽度 12cm。

(2) 在文档的空白处插入一个文本框，文本框填充颜色为【填充效果——渐变——预设】中的"碧海青天"，边框颜色为黑色、2 磅粗细；文本框高度 2cm，宽度 15cm。

(3) 将艺术字和文本框都设置为：浮于文字上方，将艺术字放入文本框的上面，将二者水

图 3－47　“设置对象格式”对话框

平、垂直居中对齐，然后组合，再以嵌入方式放到标题位置。

（4）参照样图在文中插入“兔子”类型剪贴画，并设置剪贴画的大小为 4.58×2.98 厘米、环绕方式为紧密型环绕，右对齐。在文档中，插入“实验三素材中的‘兔子与萝卜 2’”文档中的“兔子背景”图片，版式为衬于文字下方。最后，以原文件名保存。

具体操作步骤如下：

（1）艺术字。

将标题文字设置为“兔子与萝卜”艺术字：第 2 行第 4 列样式，字体楷体_GB2312、48 号、加粗，艺术字高度 1.23cm，宽度 12cm，艺术字形状为波形 1。

操作步骤如下：

① 选中标题文字“兔子与萝卜”，然后单击“绘图”工具栏上的“插入艺术字”按钮，弹出“艺术字库”对话框，参照图 3－31 所示。

② 单击选择第 2 行 4 列的艺术字样式，然后单击“确定”按钮，打开“编辑‘艺术字’文字”对话框。在“编辑‘艺术字’文字”对话框中，标题文字的文字格式设置为楷体_GB2312、48 号、加粗，然后单击“确定”按钮。

③ 单击“艺术字”工具条上的“设置艺术字格式”按钮，弹出“设置艺术字格式”对话框。选择“大小”选项卡，设置高度为“高度 1.23 厘米”、宽度为“12 厘米”，然后单击“确定”按钮。

④ 单击“艺术字”工具栏上的“艺术字形状”按钮，选择“波形 1”。

（2）文本框。

在文档的空白处插入一个文本框，文本框填充颜色为【填充效果——渐变——预设】中的

"碧海青天",边框颜色为黑色、2磅粗细;文本框高度2cm,宽度15cm。

操作步骤如下:

① 将光标定位在文档中的空白处,然后选择"插入"菜单中的"文本框"命令,在其级联菜单中选择"横排"文本框,插入到文档中。

② 选中文本框,右击,在弹出的快捷菜单中选择"设置文本框格式"选项,弹出"设置文本框格式"对话框,参照图3-42所示。

③ 在此对话框中,选择"颜色与线条"选项卡,在"颜色"下拉列表框中选择"填充效果",弹出"填充效果"对话框,在"渐变"选项卡下,选中"预设"单选框,在"预设颜色"下拉列表中选择"碧海青天",如图3-48所示。然后单击"确定"按钮,返回"设置文本框格式"对话框的"颜色与线条"选项卡下。在此选项卡下选择线条"颜色"为黑色,在"虚实"下拉列表中选择实线,在"粗细"微调框中输入2磅,如图3-43(b)所示。

④ 继续在"设置文本框格式"对话框中操作,选择"大小"选项卡,在"高度"微调框中输入"2厘米",在"宽度"微调框中输入"15厘米"。

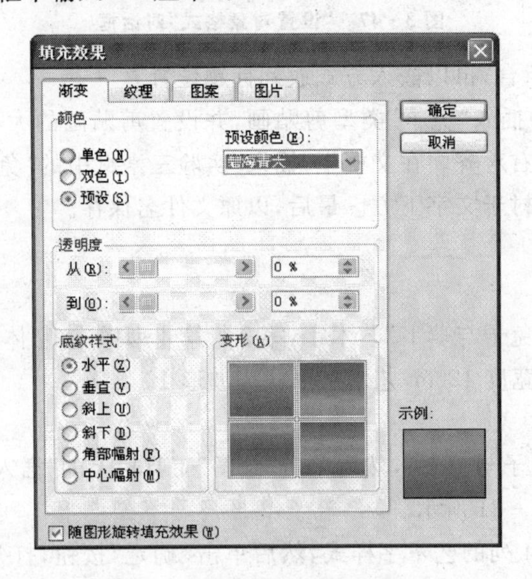

图3-48　"填充效果"对话框

(3) 图文组合。

将艺术字和文本框都设置为:浮于文字上方,将艺术字放入文本框的上面,将二者水平居中对齐,然后将二者组合呈一个对象,再以上下型方式放到文档中的标题位置。

操作步骤如下:

① 选中艺术字,右击,在弹出的快捷菜单中选择"设置艺术字格式",弹出设置"艺术字格式"对话框,选择"版式"选项卡,单击选中"浮于文字上方"这一版式,然后单击"确定"按钮。

② 用类似的方法，在“设置文本框格式”对话框中设置文本框的环绕方式为“浮于文字上方”。

③ 将艺术字移到文本框中，按住【shift】键，选中艺术字和文本框，单击“绘图”工具栏中的“绘图”按钮，在其弹出的菜单中选择“对齐和分布”选项，在其级联菜单中选择“对齐分布方式”为“水平居中”，使二者呈相对居中状态。

④ 再选择单击“绘图”工具栏中的“绘图”按钮，在其弹出的菜单中单击选择“组合”命令。这样二者组合在一起，成为一个对象。

⑤ 选中组合的对象，右击，在弹出的快捷菜单中选择“设置对象格式”命令，弹出“设置对象格式”对话框，选择“版式”选项卡，单击其下侧的“高级”按钮，进入“高级版式”对话框，在其“文字环绕”选项卡下选择“上下型”，单击“确定”。

⑥ 将组合后的对象移动到标题的适当位置。

说明：

刚插入的图片或剪贴画的版式为嵌入式，这种情况下，它不能与其他图片对象一起被选中。因此，要进行图文组合，必须先更改相关对象的环绕方式。

(4) 插入剪贴画和图片。

参照样图在文中插入“兔子”类型剪贴画，并设置剪贴画大小为 4.58×2.98 厘米、环绕方式为紧密型环绕，右对齐。在文档中，插入 Wordkt 文件夹中的“兔子背景”图片，版式为衬于文字下方。操作步骤如下：

① 将光标定位到要插入剪贴画的位置，单击“绘图”工具栏中的“插入剪贴画”按钮，出现“剪贴画”任务窗格，在“搜索文字”文本框中输入“兔子”，找到与兔子有关的剪贴画，单击所需图片插入到文档中。

② 选中图片，右击，在弹出的快捷菜单中选择“设置图片格式”，弹出“设置图片格式”对话框，选择“大小”选项卡，在“高度”微调框中输入“4.58 厘米”，在“宽度”微调框中输入“2.98 厘米”；选择“版式”选项卡，设置文字环绕方式为“紧密型”、“右对齐”，然后单击“确定”按钮。

③ 单击常用工具栏中的“保存”按钮，存盘。

四、实验内容

【实验 1】 打开“实验三素材”文件夹中的 WordA.doc，按图 3-49 所示的样图操作：

(1) 在文章中插入“实验三素材”文件夹下的图片文件“A1.Jpg”，将其图片宽度和高度设置为原始尺寸的 80%。

(2) 在图片下面添加图注(使用文本框)“项目质量管理”，文本框高 0.8 厘米，宽 3 厘米，内部边距均为 0 厘米，无填充颜色，无线条色；图注的字体为宋体，小五号字，文字水平居中。

(3) 将图片和图注水平居中对齐并组合。将组合后的对象环绕方式设置为“四周型”，图片位置：水平相对页边距右侧 3 厘米。

【实验 2】 打开“实验三素材”文件夹下的 WordB.doc 文件，参照图 3-50 所示的样图

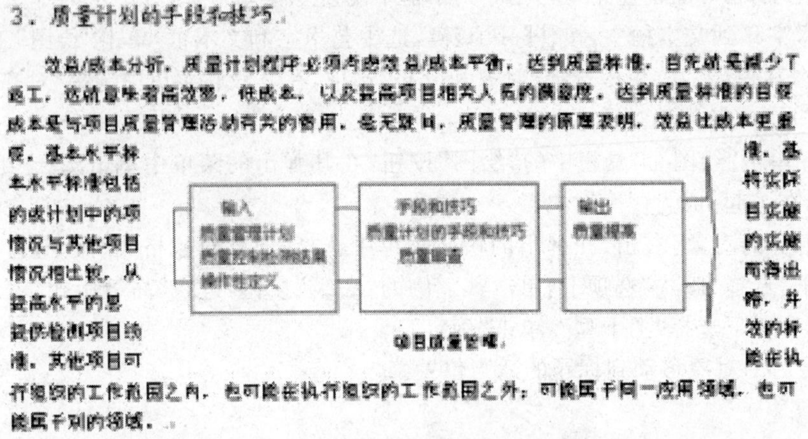

3．质量计划的手段和技巧

效益/成本分析，质量计划程序必须考虑效益/成本平衡，达到质量标准，首先就是减少了返工，这就意味着高效率，低成本，以及提高项目相关人员的满意度。达到质量标准的目的成本是与项目质量管理活动有关的费用，毫无疑问，质量管理的原理表明，效益比成本更重要。基本水平标准，基本水平标准包括将实际的或计划中的项目实施情况与其他项目的实施情况相比较，从而得出提高水平的思路，并提供检测项目绩效的标准。其他项目可能在执行组织的工作范围之内，也可能在执行组织的工作范围之外；可能属于同一应用领域，也可能属于别的领域。

项目质量管理

图 3－49 【实验 1】样图

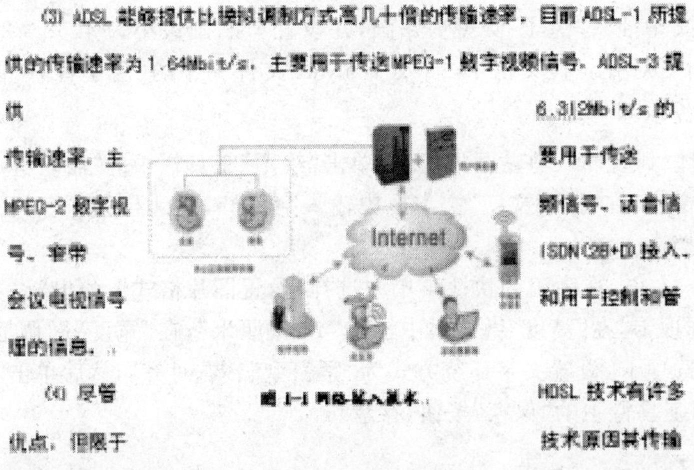

(3) ADSL 能够提供比模拟调制方式高几十倍的传输速率。目前 ADSL-1 所提供的传输速率为 1.64Mbit/s，主要用于传送 MPEG-1 数字视频信号。ADSL-3 提供 6.312Mbit/s 的传输速率，主要用于传送 MPEG-2 数字视频信号、话音信号、窄带 ISDN(2B+D)接入、会议电视信号和用于控制和管理的信息。

图 1-1 网络接入技术

(4) 尽管 HDSL 技术有许多优点，但限于技术原因其传输距离只能在 5-10km 范围内，而且不能传送 2M 以上信号。当加大传输距离时需使用有源中继器，这就引出了 HDSL 中继器的供电问题。一般的解决方式是由局端实现远程供电。

图 3－50 【实验 2】样图

操作：

(1) 在文章中插入“实验三素材”文件夹下的图片文件“B1.jpg”，将图片高度设置为 5 厘米，宽度为 8 厘米。

（2）在图片的下面添加图注（使用文本框）“图 1－1 网络接入技术”，图注文字为楷体_GB2312、五号、加粗，水平居中，设置文本框高 0.6 厘米，宽 5 厘米，内部边距全部为 0 厘米，文本框无线条颜色，无填充颜色。

（3）将图片和其图注组合。将组合后的对象环绕方式设置为“四周型”，图片的位置为水平相对页边距右侧 3 厘米。

实验四　Word 2003 综合练习

一、实验目的

1. 熟练掌握 Word 2003 文档的的基本编辑操作，文本的查找与替换；
2. 字体格式、段落格式、页面格式和设置等文档编排的基本操作；
3. 熟练掌握图形、图像、艺术字、文本框等对象的编辑和使用；
4. Word 中的表格基本功能，表格的创建，表格中数据的输入与编辑。

二、相关知识

复习实验一至实验三的相关知识。

三、实验示例

【例 3.12】 将 Word 2003 实验素材库文件夹中的“实验 4. doc”调出，完成以下操作。

（1）将标题“第 3 节数据分析协同”段后距设置为 1 行。

具体操作步骤如下。

选中“第 3 节 数据分析协同”，单击工具栏上的“格式”命令，选择“段落”，打开“段落”对话框，设置“段后”间距为 1 行。如图 3－51 所示。

（2）将正文的第三段“美国哥伦比亚大学……”与第四段“传统数据挖掘技术……”的位置互相调换。

具体操作步骤如下：

① 将光标置于要选择内容处，按下鼠标左键并拖动，选中“美国哥伦比亚大学……”整段内容，按【Ctrl＋X】组合键，将其放在剪贴板中。

② 将光标置于文档的最后，按【Ctrl＋V】组合键，将剪贴板中的内容粘贴到当前位置。

（3）将文中的“监测”全部替换为“检测”。

具体操作步骤如下：

① 将光标置于正文开始处。

② 选择“编辑”菜单中的“查找”命令打开“查找和替换”对话框，打开“替换”对话框，在“查

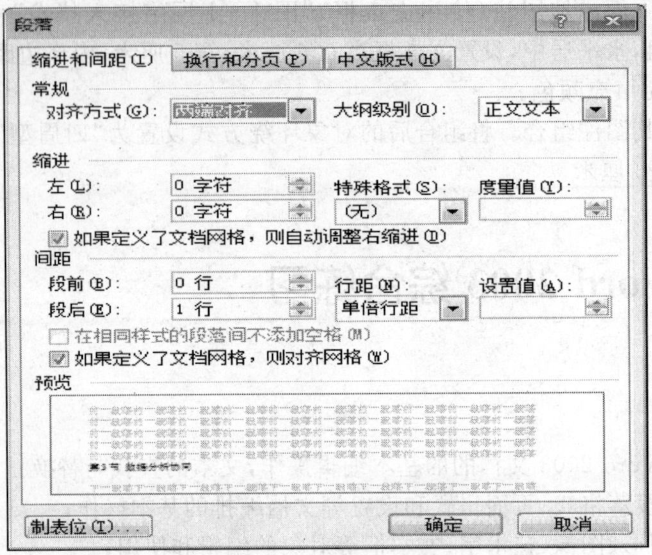

图 3-51 段落对话框

找内容”和“替换为”下拉列表框中分别输入“监测”和“检测”如图 3-52 所示。

③ 单击“全部替换“按钮，关闭“查找和替换”对话框。

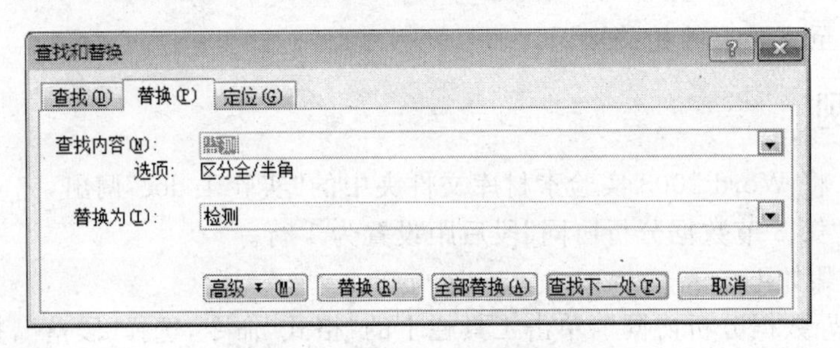

图 3-52 “查找和替换”对话框

(4) 设置纸张大小为自定义大小(21×27 厘米)。页边距：上、下、左、右均为 2.5 厘米；页眉、页脚距边界均为 1.5 厘米。

具体操作步骤如下：

① 选择“文件”菜单下的“页面设置”命令，打开“页面设置”对话框。

② 在“页边距”选项卡下，在“上”、“下”、“左”、“右”微调框中都输入 2.5 厘米。如图 3-53(a) 所示。

③ 选择“版式”选项卡，在“距边界”下的“页眉”和“页脚”微调框中分别输入 1.5 厘米。如图 3-53(b)所示。

④ 在“纸张”选项卡下选择自定义大小，在宽度和高度框中分别输入 21 和 27 厘米。

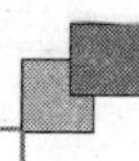

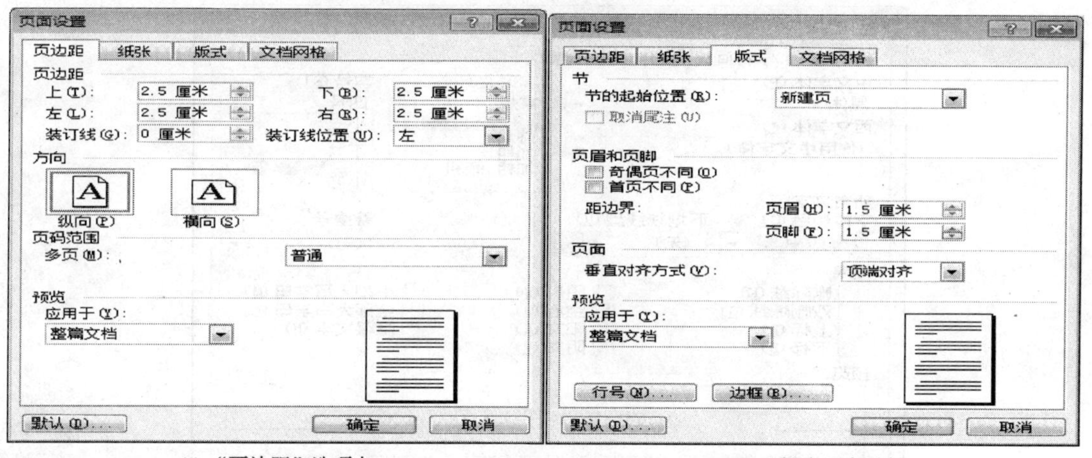

(a) "页边距" 选项卡　　　　(b) "版式" 选项卡

图 3－53　"页边距"和"版式"选项卡

(5) 将页眉设置为："入侵检测系统"，楷体_GB2312、五号、居中。

具体操作步骤如下：

① 单击菜单栏上的"视图"选项，选择"页眉和页脚"命令。

② 在出现页眉的位置输入"入侵检测系统"，单击"关闭"按钮。

③ 设置字体格式为楷体_GB2312、五号、居中。

(6) 将文章标题"第 3 节 数据分析协同"设置为水平居中，黑体，四号字，红色，段前距 0.5 行。将文章的其余部分(除标题外的部分)设置为首行缩进 2 字符，段后距 0.5 行，两端对齐，宋体，五号字。

具体操作步骤如下：

① 选中第"3 节数据分析协同"，单击常用工具栏上的 按钮，将标题居中。

② 选中"格式"菜单中"字体"命令，在打开的对话框中设置中文字体、字形、字号分别为黑体、四号字、红色。如图 3－54 所示。

③ 选择"格式"菜单中"段落"命令，将段前距设为 0.5 行。

④ 用同样的方式设置文章其余部分字体的格式。

(7) 将文章最后一段分为两栏，并将这一段的首字下沉 4 行。

具体操作步骤如下：

① 选中最后一段的内容。

② 选择"格式"菜单中的"分栏"命令，在打开的对话框中，在"预设"选项组中选择"两栏"选项，单击"确定"按钮。

③ 移动光标到最后一段，选择"格式"菜单中的"首字下沉"命令，在打开的"首字下沉"对

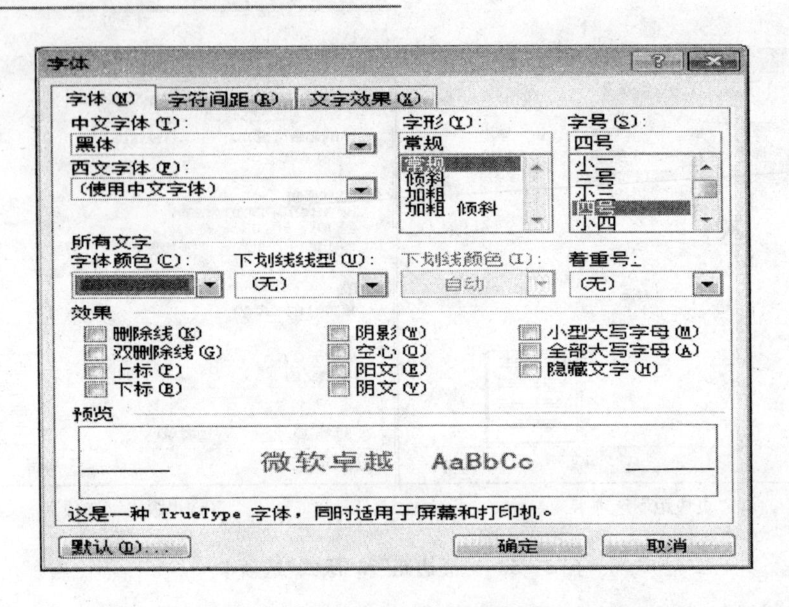

图 3－54　“格式”对话框

话框的“位置”选项组选择“下沉”选项，下沉行数设为 4 行，单击“确定”按钮。如图 3－55 所示。

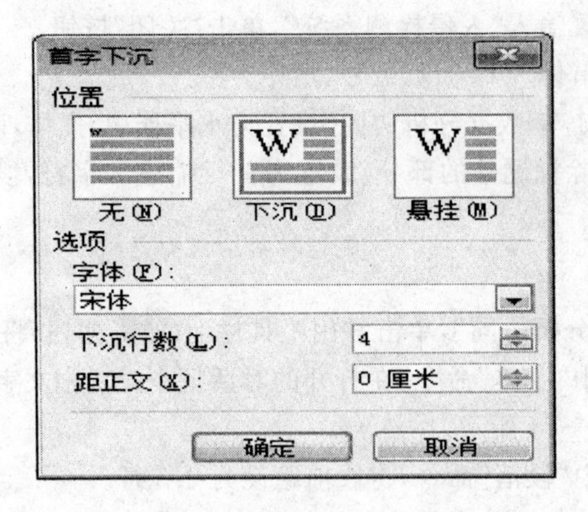

图 3－55　“首字下沉”对话框

【例 3.13】　参照图 3－56 样表制作表格。要求如下：

(1) 创建一个四行五列的表格，在第五列的右边分别插入两列。

(2) 为表格添加斜线表头，表头样式为“样式一”，行标题为“存款”，列标题为“账户”，表头标题为五号字。

(3) 按照样表提供的信息，向表格中添加文字。设置表格第一行文字的格式为宋体，小四

存款 账户	存款金额	存入日	期限	到期日	利率	※利息
2011001						
2011002						
2011003						

图 3-56 【例 3.13】样表

号字,加粗,深蓝色。并设置表格的单元格对齐方式为水平居中垂直居中。在最后一列的“利息”前面加入特殊符号“※”。

(4) 将第一行的行高设置为固定值 2.2 厘米,其余行的行高设置为固定值 0.8 厘米,所具有列的列宽均为 2 厘米。

(5) 设置表格的外边框为双线,1.5 磅,橙色;内边框线为虚线(虚线第 5 种),1.5 磅,橙色,第一行为金色底纹,然后将第一列的左边框线删除,最后一列的右边框线删除。

具体操作步骤如下:

(1) 表格创建。

创建一个四行五列的表格,在第五列的右边分别插入两列。

具体操作步骤如下:

① 将光标定位 Word 文档中将要插入表格的位置。

② 单击选择“常用”工具栏中的“插入表格”按钮,在出现的表格选择框中拖动以选定所需行数和列数(4 行 5 列),松开鼠标按钮后,得到一个 4 行 5 列的表格。

③ 选中表格的第 5 列,然后选择“表格”菜单中的“插入”,在其级联选项中选择“列(在右侧)”,这样成功插入一列(第 6 列)。用同样的方法添加表格的第 7 列。

(2) 添加斜线表头。

为表格添加斜线表头,表头样式为“样式一”,行标题为“存款”,列标题为“账户”。

具体操作步骤如下:

① 将光标移至表格的第一个单元格,选择菜单栏中“表格”下的“绘制斜线表头”命令,弹出“绘制斜线表头”对话框,参照图 3-19 所示。

② 在“表头样式”的下拉列表框中选择“样式一”,在“字体大小”下拉列表中选择“五号”,在“行标题”文本框中输入“存款”,在“列标题”文本框中输入“账户”。

③ 单击“确定”按钮,即成功绘制斜线表头。

(3) 添加文字。

按照样表提供的信息,向表格中添加文字。并设置表格的单元格对齐方式为水平居中垂直居中。设置表格第一行文字的格式为宋体,小四号字,加粗,深蓝色。在最后一列的“利息”

前面加入特殊符号“※”。

具体操作步骤如下：

① 将光标移动到要求输入文字的单元格中，按照样表提供的信息，依次在相应的单元格中输入相应的文字。

② 选中表格中除了斜线表头中的标题文字外的所有文字，右击，在弹出的快捷菜单中选择“单元格对齐方式”命令，在其出现的级联菜单中选择“水平居中垂直居中”按钮（）。

③ 继续选中这些文字，在格式工具栏中，单击展开“字体”下拉列表，选择“宋体”，单击展开“字号”下拉列表框，选择“小四”，单击展开“字体颜色”下拉列表，选择“深蓝”（），单击加粗按钮“B”将第一行文字加粗。

④ 将光标移动到表格中文字“利息”的前面，然后选择“插入”菜单中的“特殊符号选项”，弹出“插入特殊符号”对话框，如图 3－57 所示。

⑤ 在对话框中选择“特殊符号”选项卡，然后选择特殊符号“※”，单击“确定”按钮。成功插入特殊符号。

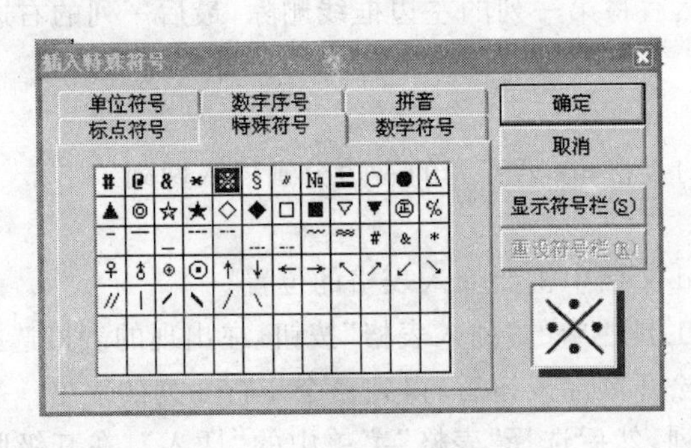

图 3－57 “插入特殊符号”对话框

（4）设置行高列宽。

将第一行的行高设置为固定值 2.2 厘米，其余行的行高设置为固定值 0.8 厘米，所有列的列宽均为 2 厘米。

具体操作步骤如下：

① 选中第一行，右击，在弹出的快捷菜单中选择“表格属性”命令，弹出“表格属性”对话框，参照图 3－17 所示。

② 在“表格属性”对话框中，选择“行”选项卡，设置“指定高度”为“2.2 厘米”，“行高值”是“固定值”。

③ 单击“后一行”按钮，设置第 2 行的“指定高度”为“0.8 厘米”，“行高值”是“固定值”。重复此操作设置 3、4 行的行高。

④ 选择“列”选项卡，在此选项卡下选中“指定高度”复选框，设置“列宽”为“2 厘米”。

⑤ 单击“确定”按钮。成功设置表格的行高列宽

(5) 边框底纹。

设置表格的外边框为双线，1.5 磅，橙色；内边框线为虚线（虚线第 5 种），1.5 磅，橙色，第一行为金色底纹，然后将第一列的左边框线删除，最后一列的右边框线删除。

具体操作步骤如下：

① 把鼠标移到表格的左上角，等出现一个十字形箭头（ ）的时候，单击鼠标左键，即可选中此表。

② 在“表格和边框”工具栏中，在线型下拉列表中选择“双线”，在“粗细”下拉列表中选择“1.5 磅”，在“边框颜色”下拉列表中选择“橙色”，边框线选择“外部框线” 。如图 3-58 所示。成功设置表格的外边框线。

图 3-58　“表格和边框”对话框

③ 在“表格和边框”工具栏中，在线型下拉列表中选择“虚线”（虚线第 5 种），在“粗细”下拉列表中选择“1.5 磅”，在“边框颜色”下拉列表中选择“橙色”，边框线选择“内部框线” 。成功设置表格的内框线。

④ 选中表格第 1 行，在“表格和边框”工具栏中，在“底纹颜色 ”下拉列表中选择“金色”。成功设置第一行为金色底纹。

⑤ 在“表格和边框”工具栏中，单击“擦除”按钮 ，光标变成橡皮形状，将表格中的左右边框画一遍，即可取消表格的左右边框。

⑥ 单击“确定”按钮，完成设置。

【例 3.14】　创建新文档，并参照图 3-59 所示样图操作。

(1) 插入文本框在位置任意，高度为 1 厘米，宽度为 5 厘米，内部边距均为 0，填充颜色为浅黄，线条颜色为黑色，选择第一个虚线，3 磅粗细。在文本框中输入文本“体育运动”，字体为“楷体，小二号字，红色，水平居中”。

图 3-59　样图

(2) 插入剪贴画图片，选择“运动”类别中的棒球图片，位置任意，锁定纵横比，高度为5厘米。

(3) 绘制圆形，图形直径为5厘米，填充颜色为浅黄色，无线条颜色。

(4) 将文本框置于顶层，圆形置于底层，3个对象在水平与垂直方向相互居中，然后进行组合。调整组合后对象的位置，选择上下型版式。最后将此文档以“例3.14.doc”为文件名保存。

具体操作步骤如下：

(1) 插入文本框。

插入文本框在位置任意，高度1厘米，宽度为5厘米，内部边距均为0，填充颜色为浅黄，线条颜色为黑色，选择第一个虚线，3磅粗细。在文本框中输入文本“体育运动”，字体为“楷体，小二号字，红色，水平居中”。

操作步骤如下：

① 将光标定位在文档中的第一行，选择“插入”菜单中的“文本框”命令，在其级联选项中选择“横排”文本框，此时光标变为十字形，拖动鼠标，画出一横排文本框。

② 选中此文本框，右击，在弹出的快捷菜单中，选择“设置文本框格式”命令，弹出“设置文本框格式”对话框。

③ 在此对话框中进行如下操作：选择“大小”选项卡，在“高度”微调框中输入“1厘米”，在“宽度”微调框中输入“5厘米”；选择“文本框”选项卡，在内部边距列表框中的“左”、“右”、“上”、“下”四个微调框中，均输入“0厘米”；选择“颜色与线条”选项卡，在填充列表框的“颜色”下拉列表中选择“浅黄色”。在线条列表框的“颜色”下拉列表中选择“黑色”，“线条”下拉列表框中选择“虚线”(第一种)，“粗细”微调框中输入“3磅”。

④ 将光标定位到文本框中，输入文字“体育运动”。选中这些文字，在格式工具栏中将文字设置为“楷体，小二号字，红色，水平居中”

(2) 插入剪贴画。

插入剪贴画图片，选择“运动”类别中的棒球图片，位置任意，锁定纵横比，高度为5厘米。操作步骤如下：

① 单击“绘图”工具栏中的“插入剪贴画”按钮，出现“剪贴画”任务窗格，在“搜索文字”文本框中输入“运动”，找到与运动类别有关的剪贴画，单击其中的棒球图片，将图片插入到文档中。

② 选中图片，右击，在弹出的快捷菜单中选择“设置图片格式”，弹出“设置图片格式”对话框，选择“大小”选项卡，在“高度”微调框中输入“5厘米”，宽度为默认值，选择“锁定纵横比”复选框，然后单击“确定”按钮。

(3) 绘制图形。

绘制圆形，图形直径为5厘米，填充颜色为浅黄色，无线条颜色。

操作步骤如下：

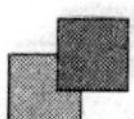

① 单击“绘图”工具栏中的“椭圆”按钮，当光标变为十字形时，拖动鼠标，绘制圆形。

② 选中系图形，右击，在弹出的快捷菜单中选择“设置自选图形格式”命令，弹出“设置自选图形格式”对话框，选择“颜色与线条”选项卡。

③ 在此选项卡中，设置“填充颜色”为“浅黄色”，设置“线条颜色”为“无”。

④ 单击“确定”按钮。

(4) 图文组合。

将圆形置于底层，剪贴画和文本框的版式为“浮于文字上方”将 3 个对象进行组合。调整位置，选择上下型版式。最后将此文档以“例 3.14.doc”为文件名保存。

操作步骤如下：

① 选中圆形，右击，在弹出的快捷的快捷菜单中选择“设置自选图形格式”，选择“版式”选项卡，然后选择“衬于文字下方”版式，单击确定按钮。

② 用同样的方式，设置剪贴画的版式为“浮于文字上方”，然后单击“确定”按钮。

③ 用同样的方式，设置文本框的版式为“浮于文字上方”，然后单击“确定”按钮。

④ 按住【shift】键，选中三个图形，然后单击绘图工具栏中的“绘图”按钮，在其级联菜单中单击选择“组合”命令。这样将三个图形组合成一个对象。

⑤ 选中这个对象，右击，在弹出的快捷菜单中选择“版式”选项卡，单击“高级”按钮，进入“高级版式”对话框，选择“上下型”版式，单击“确定”。

四、实验内容

【实验 1】 打开素材文件夹下的“实验 1.doc”文档，按如下要求进行编辑、排版：

(1) 删除文中所有的空行。

(2) 将文中“(2)分布式网络”与“(1)微微网”两部分内容互换位置(包括标题及内容)。

(3) 将文中的符号“●”全部替换为特殊符号“◆”。

【实验 2】 继续对“实验 1.doc”文档操作，进行如下设置：

(1) 纸张大小为 16 开。

(2) 页边距：上、下为 2.5 厘米；左、右为 2 厘米；页眉、页脚距边界均为 1.5 厘米。

(3) 页眉为：“蓝牙技术基础”，字体为隶书、五号字、红色、右对齐。

(4) 将文章标题“第 3 节 蓝牙的技术内容”设置为黑体，三号字，水平居中，段前距 0.5 行，段后距 0.5 行。

(5) 小标题((1)微微网(2)分布式网络)设置为悬挂缩进 2 字符，左对齐，1.5 倍行距，楷体_GB2312、蓝色、小四号字，加粗。

(6) 将文章的其余部分(除上面标题及小标题以外的部分)设置为首行缩进 2 字符，两端对齐，宋体，五号字。

【实验 3】

(1) 文本操作。

打开"实验五素材"文件夹下的 WordB. doc 文件,按如下要求进行编辑、排版:

① 将文章中所有的手动换行符"↓",替换为段落标记""。删除文章中所有的空行。

② 将文中"(3)尽管 HDSL 技术有许多优点"与"(4)ADSL 能够提供"两部分内容互换位置,并更改序号。

③ 页边距:上、下为 2.5 厘米,左、右为 3 厘米,装订线左侧 0.5 厘米;页眉、页脚距边界均为 1.5 厘米;纸张大小为 A4。

④ 将文章标题"广域网与接入网技术"设置为华文彩云、二号、深绿色,文字效果为"礼花绽放",水平居中,段前距 0.5 行、段后距 0.5 行。

⑤ 设置文章中所有文字(除大标题以外的部分)为黑体、小四号字,左对齐,首行缩进 2 字符,行距为固定值 28 磅。

⑥ 将文章第一段文字分成等宽的两栏,有分隔线。

⑦ 在页面底端(页脚)插入页码,对齐方式为右侧。

(2) 图文操作。(样文参见"实验五素材"文件夹下的"样文 B.jpg")

① 在文章中插入"实验五素材"文件夹下的图片文件"B1.jpg",将图片高度设置为 5 厘米,宽度为 8 厘米;并在图片的下面添加图注(使用文本框)"图 1-1 网络接入技术",图注文字为楷体_GB2312、五号、加粗,水平居中,设置文本框高 0.6 厘米,宽 5 厘米,内部边距全部为 0 厘米,文本框无线条颜色,无填充颜色。

② 将图片和其图注组合。将组合后的对象环绕方式设置为"四周型",图片的位置为水平相对页边距右侧 3 厘米。将排版后的文件以原文件名存盘。

(3) 表格操作。

打开"实验五素材"文件夹下的 bgb. doc 文件,并按如下要求调整表格(样表参见"实验五素材"文件夹下的"bgb. jpg"):

① 参照样表为表格添加斜线表头,并将表格第四行合并单元格。

② 设置行高:第 1 行为固定值 2 厘米,第 4 行为固定值 0.2 厘米,其余各行均为固定值 1 厘米;整个表格水平居中;表格中文字水平且垂直居中对齐。

③ 设置表格的边框为橙色,外边框为 2.25 磅实线,内边框为 1 磅实线。设置表格第一行为"玫瑰红"色底纹。最后将此文档以原名保存在原文件夹中。

【实验 4】 根据下图中的素材,在 Word 中进行表格的相关操作。要求如下:

① 将素材提供的五行五列的文字转换成表格。

② 将单元格中的文字垂直对齐方式设置为"底端对齐"、水平对齐方式设置为"居中对齐"。

③ 将表格的所有行的行高设置为最小值 16 磅,所有列的列宽设置为 1.7 厘米。

星期一	星期二	星期三	星期四	星期五
数学	英语	数学	语文	英语
英语	数学	英语	数学	语文
手工	体育	地理	历史	体育
语文	常识	语文	英语	数学

④ 在表格第一行上面插入一行，合并这行中的单元格，将这一行的行高设置为最小值 20 磅，在新插入的一行中输入文本“课程表”，字体格式设置为黑体，小四，加粗，居中。

⑤ 设置表格外边框为 1.5 磅粗线，内框线为 0.75 磅细线，第 1 行的下线为 0.75 磅的双线，然后对第一行添加 15%的底纹。

实验五　上机练习系统典型试题讲解

一、实验目的

1. 掌握上机练习系统中 Word 2003 操作典型问题的解决方法；
2. 熟悉 Word 2003 操作中各种综合应用的操作技巧。

二、相关知识

Word 2003 的综合运用。

三、实验示例

【例 3.15】　综合练习 1

1. 编辑、排版操作

打开素材文件夹下的 WordD. doc 文件，按如下要求进行编辑排版。

(1) 插入空行。

在文章第一段前插入一个空行。操作步骤如下：

将光标置于文章开头，按【Enter】键，插入空行操作完成。

(2) 查找替换设置。

将文章中所有的“Modem”替换为“调制解调器”。操作步骤如下：

① 选中全文(查找替换的区域为全文)。

② 单击“编辑”菜单下的“查找”命令，打开“查找和替换”对话框。

③ 在“查找内容”和“替换为”下拉列表框中分别输入“Modem”和“调制解调器”。

④ 点击“高级”下拉菜单，选择搜索选项为“全部”，如图 3-60 所示。

⑤ 单击“全部替换”按钮，关闭“查找和替换”对话框。

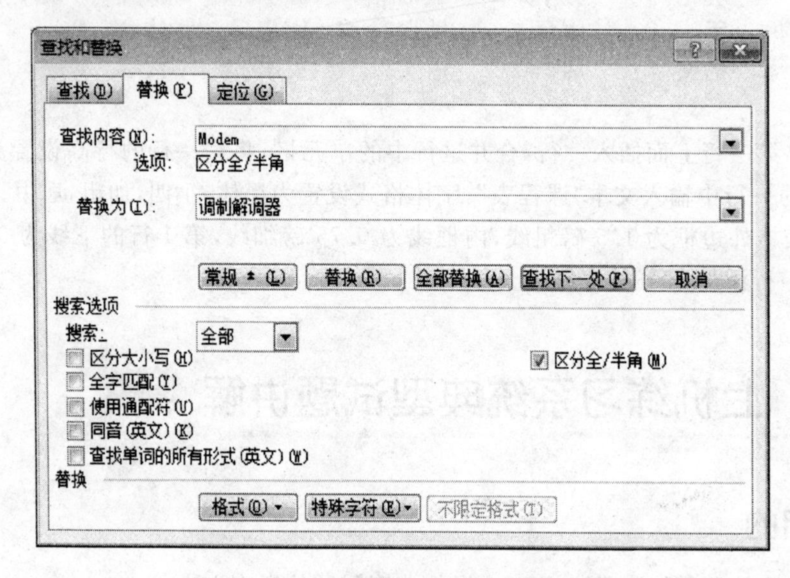

图 3-60 “查找和替换”对话框

(3) 格式设置。

将文章标题“笔记本无线上网”设为华文彩云、蓝色、加粗、一号字，字符间距加宽 1.5 磅；水平居中对齐。文章其余部分文字设置为宋体、五号字，左对齐，首行缩进 2 字符，行距为固定值 20 磅。设置文章第一段文字悬挂缩进 2 字符。操作步骤如下：

① 选中标题“笔记本无线上网”，打开“格式”下的“字体”设置对话框，在字体、颜色、字形和字号下拉框中分别选中“华文彩云”、“蓝色”、“加粗”、“一号字”。

② 点开“字符间距”选项卡，选择“加宽”、“1.5 磅”，单击常用工具栏上的 按钮。

③ 选中除标题外的所有文字，打开“格式”下的“字体”设置对话框，在字体、字号下拉框中分别选中“宋体”、“五号字”。打开“段落”对话框，选择“对齐方式”为“左对齐”，在“特殊格式”下拉列表框中选择“首行缩进”，“度量值”选择“2 字符”，在“行距”下拉列表框中选择“固定行距”，设置值为 20 磅。选中第一段文字，打开“段落”对话框，在“特殊格式”下选择“悬挂缩进”，度量值为“2 字符”。

(4) 页面设置。

页边距：上、下、左、右均为 3 厘米，装订线位置在“上”侧，纸张方向为“横向”；纸张大小为 16 开。操作步骤如下：

① 打开“文件”菜单下的“页面设置”菜单项，弹出“页面设置”对话框。

② 在“页边距”选项卡上设置上、下、左、右的页边距。装订线位置选择“上侧”，纸张方向为“横向”。如图 3-61 所示。

③ 打开“纸张”选项卡，选择纸张大小为 16 开。

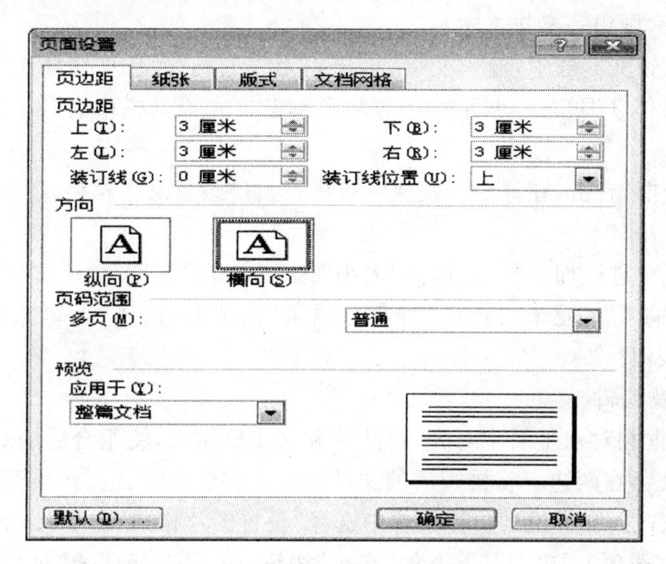

图 3-61　“页面设置”对话框

(5) 页眉页脚设置。

在文章中插入页脚“笔记本无线接入”，水平居中对齐。操作步骤如下：

打开“视图”菜单下的“页眉和页脚”选项，打开“页眉和页脚”工具栏，单击在页眉和页脚间切换按钮，转到页脚位置，输入“笔记本无线接入”，单击常用工具栏上的按钮。

说明：

“页面设置”对话框还可设置纸张方向、装订线距离和位置及自定义纸张大小。

2. 图文操作(样文参见素材文件夹下的“样文 D.jpg”)

(1) 插入图片并编辑。

在文章中插入素材文件夹下的图片文件“Dl.jpg”，将图片高度设置为 5 厘米、宽度为 8 厘米。操作步骤如下：

① 将光标定位在文档中的某处，选择“插入”菜单中的“图片”命令，在其级联选项中选择“来自文件”，弹出“插入”对话框，在相应的位置选择图片“Dl.jpg”，然后单击“插入”按钮。

② 选中图片，右击，在弹出的快捷菜单中选择“设置图片格式”，弹出“设置图片格式”对话框，选择“大小”选项卡，在“高度”微调框中输入“5 厘米”，在“宽度”微调框中输入“8 厘米”，然后单击“确定”按钮。

(2) 添加图注并编辑。

为图片添加图注(使用文本框)“笔记本无线上网”,文本框高 0.8 厘米,宽 3 厘米,无填充颜色,无线条颜色。图注的字体为楷体_GB2312、小五号字,文字水平居中。操作步骤如下：

① 选择“插入”菜单中的“文本框”命令,在其级联选项中选择“横排”文本框,此时光标变为十字形,拖动鼠标,画出一横排文本框。

② 将光标定位到文本框中,输入文字“笔记本无线上网”。选中这些文字,在格式工具栏中将文字设置为“楷体_GB2312、小五号字”,然后单击格式工具栏中的居中按钮,将文字设置为水平居中。

③ 选中此文本框,右击,在弹出的快捷菜单中,选择“设置文本框格式”命令,弹出“设置文本框格式”对话框。

④ 在此对话框中进行如下操作:选择“大小”选项卡,在“高度”微调框中输入“0.8 厘米”,在“宽度”微调框中输入“3 厘米”;选择“颜色与线条”选项卡,选择“无填充颜色”,“无线条颜色”。单击“确定”按钮。

(3) 图文组合及编辑。

将图片和文本框相对水平居中对齐,将图片和文本框组合,将组合后的对象环绕方式设置为“四周型”,环绕文字在两边。将排版后的文件以原文件名存盘。操作步骤如下：

① 选中图片,右击,在弹出的快捷菜单中选择“设置图片格式”命令,弹出“设置图片格式”对话框,选择“版式”选项卡,单击其下方的“高级”按钮,进入“高级版式”对话框,在此对话框中选择“文字环绕”选项,然后单击选择“上下型”版式,单击“确定”。

② 用同样的方法,设置文本框的版式为“上下型”。

③ 适当调整图片和文本框之间的位置,按住【shift】键,然后单击图片和文本框,选中二者。

④ 单击“绘图”工具栏中的“绘图”按钮,在其弹出的菜单中选择“对齐和分布”选项,在其级联菜单中选择对齐分布方式为“水平居中”,使二者呈相对居中状态。

⑤ 选择单击“绘图”工具栏中的“绘图”按钮,在其弹出的菜单中单击选择“组合”命令。这样二者组合在一起,成为一个对象。

⑥ 选中组合后的新对象,右击,在弹出的快捷菜单中选择“设置对象格式”命令,弹出“设置对象格式”对话框,参照图 3-47 所示,选择“版式”选项卡,在其中选择“四周型”版式,然后单击“确定”按钮。

3. 表格操作

新建一个空白 Word 文档,在新文档中进行操作,样表如下：

(1) 插入表格。

插入一个 5 行 5 列的表格,操作步骤如下：

① 将光标定位 Word 文档中将要插入表格的位置。

② 选择菜单栏中“表格”下的“插入—表格”命令,打开“插入表格”对话框,参照图 3-14

学费缴纳清单				
学号	应缴学费	应缴住宿费	实收金额	欠缴费
总计				

所示。

③ 在“插入表格”对话框的“列数”微调框中输入5，在对话框的“行数”微调框中输入5。

④ 单击“确定”按钮后，页面即插入了一个5行5列的空白表格。

(2) 设置行高、列宽。

设置表格第一行行高为固定值1厘米，其余各行均为固定值0.6厘米，各列列宽为2.5厘米。操作步骤如下：

① 选中第一行，右击，在弹出的快捷菜单中选择“表格属性”命令，弹出“表格属性”对话框，参照图3-17所示。

② 在“表格属性”对话框中，选择“行”选项卡，设置“指定高度”为“1厘米”，“行高值”是“固定值”。

③ 单击“后一行”按钮，设置第2行的“指定高度”为“0.6厘米”，“行高值”是“固定值”。重复此操作，设置3、4、5行的行高。

④ 选择“列”选项卡，在此选项卡下选中“指定高度”复选框，设置“列宽”为“2.5厘米”。

⑤ 单击“确定”按钮。成功设置表格的行高列宽。

(3) 单元格操作。

按样表所示合并单元格，并添加相应文字。操作步骤如下：

① 选中表格的第1行。

② 选择菜单栏中“表格”下的“合并单元格”命令。这样便将第1行的5个单元格合并为一个单元格。

③ 将光标移动到要求输入文字的单元格中，按照样表提供的信息，依次在相应的单元格中输入相应的文字。

(4) 自动套用格式。

设置表格自动套用格式，简明型1样式，并将表格中所有文字水平且垂直居中，表格相对于页面水平居中对齐。操作步骤如下：

① 单击表格左上角出现的的十字图标(⊞)，选中整个表格。

② 右击，在弹出的快捷菜单中选择“表格自动套用格式”命令，弹出“表格自动套用格式”对话框，参照图3-29所示。

③ 在“表格样式”列表框中选择“简明型 1”,单击“应用”按钮。

④ 选中表格中除了斜线表头外的所有文字,右击,在弹出的快捷菜单中选择“单元格对齐方式”下的“水平居中垂直居中”,即成功设置单元格中文字的对齐方式。

⑤ 选中表格,然后单击格式工具栏中的“居中”按钮。实现表格相对于页面水平居中对齐。

(5) 表格文本格式。

设置表格的第一行文字为楷体_GB2313、四号、加粗、绿色字,表格其他文字为宋体、五号、绿色字。操作步骤如下:

① 选中表格的第一行文字,在格式工具栏中,单击展开“字体”下拉列表,选择“楷体_GB2313”,单击展开“字号”下拉列表框,选择“四号”,单击展开“字体颜色”下拉列表,选择“绿色”(A),单击加粗按钮“B”将第一行文字加粗。

② 用同样的方法设置表格中的其他文字的格式。

③ 选择“文件”菜单下的“另存为”,弹出“另存为”对话框,在“文件名”文本框中输入“bgd.doc”,单击“保存”按钮。

【例 3.16】 综合练习 2。

1. 编辑、排版操作

打开素材文件夹下的 WordE.doc 文件,按如下要求进行编辑排版。

(1) 位置互换。

将文章中“2、药用芦荟”和“3、翠叶芦荟”两段互换位置,并修改编号。操作步骤如下:

① 选中“2、药用芦荟”及整段内容,按【Ctrl+X】组合键,将其放在剪贴板中。

② 将光标置于“3、翠叶芦荟”整段末尾,按【Ctrl+V】组合键,将剪贴板中的内容粘贴到当前位置。并修改编号“2、→3、”,“3、→2、”。

(2) 查找替换。

将文章中所有的英文括号“( )”替换为中括号“【 】”。删除第一段前的空行。操作步骤如下:

① 选中全文。

② 单击“编辑”菜单下的“查找”选项,打开“编辑和查找”对话框,在“查找内容”下拉列表框中输入英文状态下的“( )”在“替换为”下拉列表框中输入中文状态下的【 】,如图 3-62 所示。

③ 单击“全部替换”按钮完成替换。

④ 将光标置于第一段前空行的起始处,按键盘上的【Del】键即可删除。

(3) 格式设置。

将文章标题“芦荟的功效”设为黑体、小初号、加粗、绿色字,水平居中对齐,段前、段后各

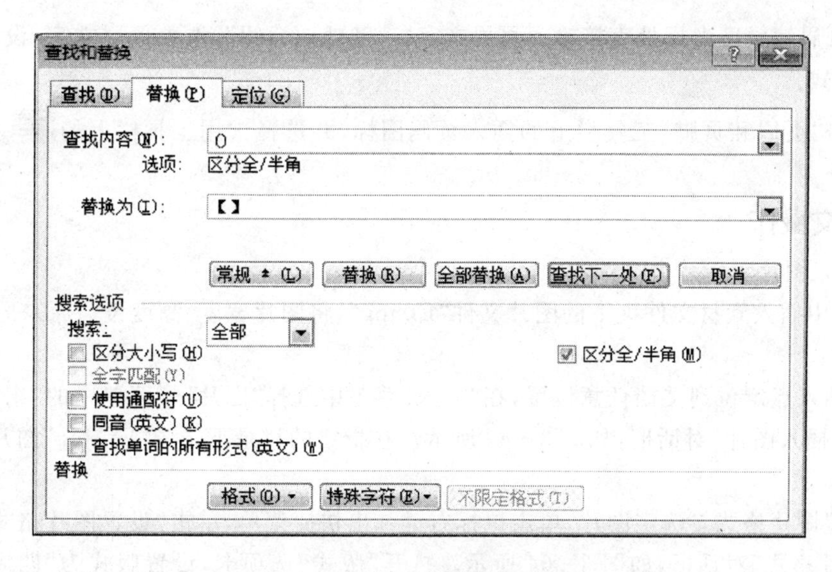

图 3-62 “查找和替换”对话框

0.5 行。将文章小标题(1.1 芦荟的功效、1.2 品种选择)设为黑体、四号字,左对齐,段前 0.5 行。文章其余部分文字(除标题和小标题以外)设置为楷体_GB2312、小四号字。操作步骤如下:

① 选中文章标题,单击“格式”菜单下的“字体”命令,打开“字体”设置对话框,在其中设置黑体、小初号、加粗、绿色。单击工具栏上的 按钮。

② 打开“段落”对话框,设置段前、段后各 0.5 行。

③ 选中小标题“1.1 芦荟的功效”。选择“格式”菜单中的“字体”菜单项,打开“字体”对话框,在其中设置黑体、四号字。选择“格式”菜单中的“段落”菜单项,打开“段落”对话框,在其中设置左对齐,段前 0.5 行。

④ 选中已完成设置的小标题“1.1 芦荟的功效”,双击常用工具栏中的格式刷按钮 ,使其生效。待光标变为“”形状后,按下鼠标左键,选择小标题 2,通过格式刷把小标题 1 中的格式应用于小标题 2,而光标始终保持刷子状,然后单击格式刷按钮“”,使其失效。

⑤ 选中文章其余部分文字,选择“格式”菜单中的“字体”菜单项,打开“字体”对话框,在其中设置楷体_GB2312、小四号字。

(4) 页眉页脚设置。

在文章中插入页眉“芦荟功效介绍”,宋体、五号字,水平居中对齐。在页脚插入页码,右对齐。操作步骤如下:

① 选择“视图”菜单中的“页眉和页脚”菜单项,光标停在页眉编辑区,同时弹出“页眉和页脚”工具栏。

② 在页眉编辑区光标处直接输入页眉文字“芦荟功效介绍”，选中页眉文字，设置字体、字号和对齐方式。

③ 单击“页眉和页脚”工具栏上的插入页码图标，并选择常用工具栏上的 按钮，页码插入完毕。

2. 图文操作

(1) 插入图片。

在文章中插入素材文件夹下的图片文件“El.jpg”，将图片宽度、高度设为原来的80%。操作步骤如下：

① 将插入点定位到文档任意位置，在“插入”菜单中选择“图片”子菜单中的“来自文件”菜单项，打开“插入图片”对话框，如图3-63所示。在指定的目录下选中“E1.jpg”图片，单击“插入”按钮。

② 设置图片格式。选定图片，单击鼠标右键弹出快捷菜单，单击“设置图片格式”命令，打开“设置图片格式”对话框，如图3-64所示。打开“版式”选项卡，设置版式为“四周型”；打开“大小”选项卡，选择“锁定纵横比”选项，缩放高度输入“80%”，宽度自动变为“80%”。单击确定按钮。

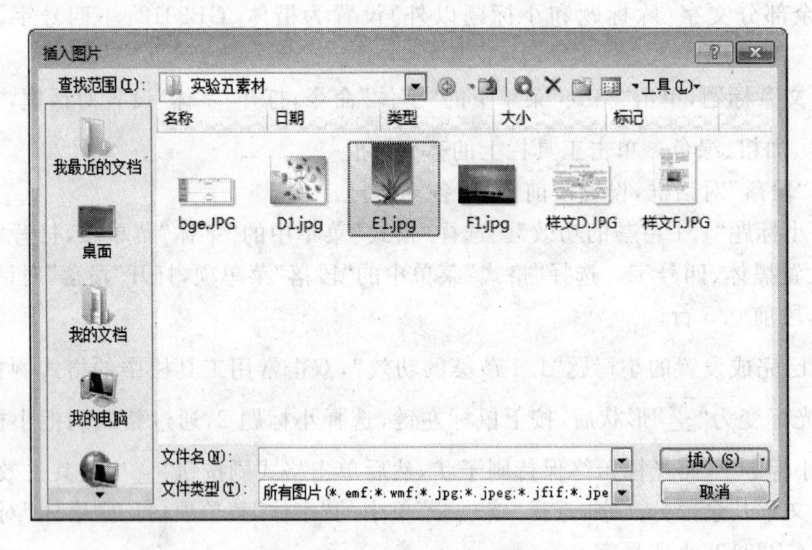

图3-63 “插入图片”对话框

(2) 插入文本框。

为图片添加图注(使用文本框)“图1芦荟的特殊作用”，文本框高0.7厘米，宽4厘米，无填充颜色，无线条颜色，内部边距均为0厘米。图注文字的字体为楷体_GB2312、加粗、小五号字，文字水平居中对齐。具体操作步骤如下：

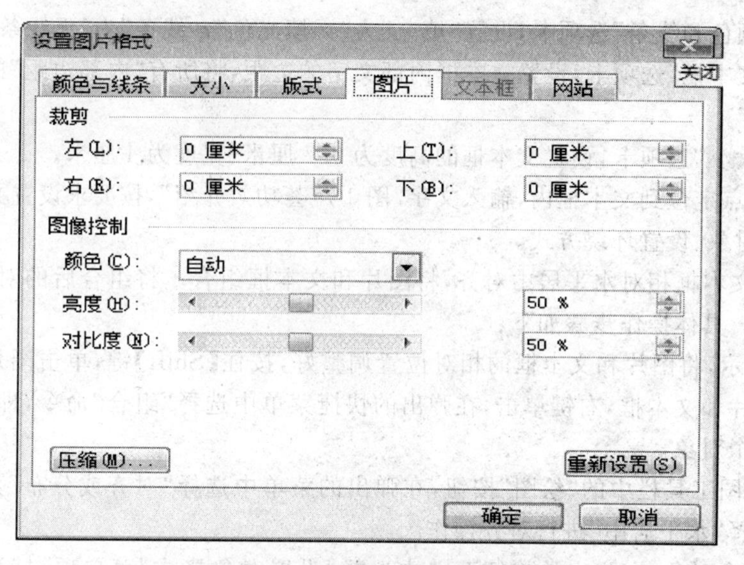

图 3-64　"设置图片格式"对话框

① 单击"绘图"工具栏中的"文本框"按钮，或者单击"插入"菜单下的"文本框"下的子菜单"横排"命令。

② 将插入点定位到合适位置。

③ 拖动鼠标画出一个适当大小的文本框。

④ 鼠标右击文本框的边框，选择快捷菜单中的"设置文本框格式"命令，或者单击"格式"菜单下的"文本框"命令，打开"设置文本框格式"对话框，如图 3-65 所示。

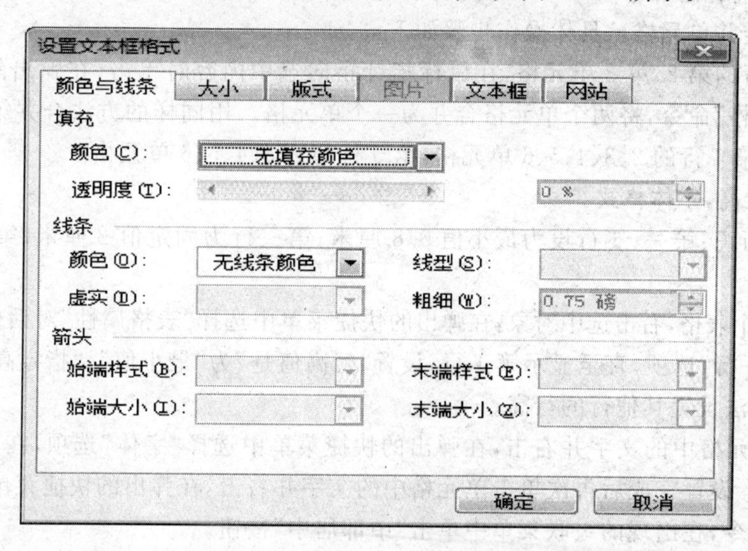

图 3-65　"设置文本框格式"对话框

⑤ 单击“颜色和线条”选项卡，设置“填充”为“无填充色”；“线条”为“无线条色”。

⑥ 单击“文本框”选项卡，设置文本框内部文字的边距，将所有“内部边距”的上、下、左、右均设置为“0cm”。

⑦ 单击“大小”选项卡，设置文本框的高度为 0.7 厘米、宽度为 4 厘米。

⑧ 将插入点定位到文本框内，输入文字“图 1 芦荟功效介绍”，按要求设置文字的格式。

(3) 组合对象、设置环绕方式。

将图片和文本框相对水平居中对齐，将图片和文本框组合。将组合后的对象环绕方式设置为“四周型”。具体操作步骤如下：

① 参考图示，将图片和文本框的相对位置调整好，按住【Shift】键，单击图片和文本框，即可同时选中图片和文本框，右键单击，在弹出的快捷菜单中选择“组合”命令，即可将图片和文本框组合成一个对象。

② 单击绘图工具栏中的“绘图”按钮，在弹出的菜单中选择“对齐或分布”菜单，从其级联菜单中分别选择“水平居中”进行对齐操作。

③ 右击组合对象，在弹出的快捷菜单中选择“设置对象格式”菜单项，打开“设置对象格式”对话框，选择“版式”选项卡，单击“版式”选项卡上的“高级”按钮，打开“高级版式”对话框，在“文字环绕”选项卡中设置环绕方式为“四周型”。

3. 表格操作

打开素材文件夹下的 bge.doc 文件，并按如下步骤调整表格(样表参见素材文件夹下的“bge.jpg”)。

(1) 合并单元格。

参见样表合并单元格。具体操作步骤如下：

选中第 2 行的第 2、第 3 单元格，在鼠标指针指向选中内容时单击，在弹出的快捷菜单中选择“合并单元格”命令，将两个单元格合并为一个单元格。用同样的方法合并第 3 行的 2、3、4、5、6 单元格，第 4 行的 2、3、4、5、6 单元格，第 5 行的 2、3、4、5、6 单元格。

(2) 设置行高，字体格式。

设置表格行高：第一、二行设为最小值 0.8 厘米；第三行为固定值 2 厘米；第四、五行为固定值 1.2 厘米。

① 选中整个表格，右击选中对象，在弹出的快捷菜单中选择“表格属性”对话框，如图 3－66 所示，单击“上一行”选项，直至显示第 1 行，设置“行高值是”为“最小值”，“指定高度”为 0.8 厘米，用同样的方法设置其他行的行高。

② 选中单元格中的文字并右击，在弹出的快捷菜单中选择“字体”选项，在其中设置文字的字体和字形。设置完成后再次单击单元格中的文字并右击，在弹出的快捷菜单中选择“单元格对齐方式”命令，在出现的级联菜单中单击“中部居中”按钮。

(3) 设置表格框线、底纹。

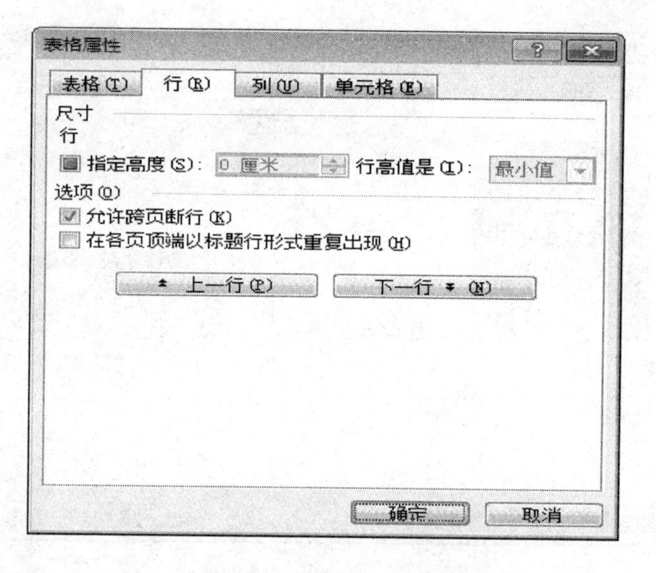

图 3-66 “表格属性”对话框

设置表格中所有文字为黑体、小四号字，文字水平且垂直居中对齐。设置表格外边框为蓝色、2.25 磅、实线，内边框为浅蓝色、0.5 磅、实线，并设置表格第一列右边线为紫罗兰色、1.5 磅、虚线(虚线第一种)。设置表格第一列为淡紫色底纹。

具体操作步骤如下：

① 选中整个表格，调用“表格和边框”工具栏，如图 3-67 所示。

② 在“表格和边框”工具栏中首先选择线型下拉列表框中的实线，粗细下拉列表框中选择 2 ¼ 磅，边框颜色为“蓝色”，点击“▦”右侧的下拉按钮，选择“外侧框线”，完成外边框设置。

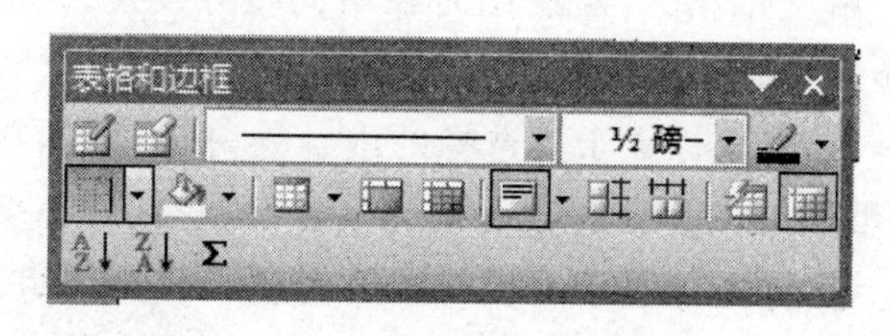

图 3-67 “表格和边框”对话框

③ 在“表格和边框”工具栏中首先选择线型下拉列表框中的实线，粗细下拉列表框中选择 ½ 磅，边框颜色为“浅蓝色”，点击“▦”右侧的下拉按钮，选择“内侧框线”，完成内边框设置。

④ 选中表格第一列，在“表格和边框”工具栏中首先选择线型下拉列表框中的虚线(虚线第一种)，粗细下拉列表框中选择1 ½ 磅，边框颜色为“紫罗兰色”，点击“▦”右侧的下拉按钮，选择“右框线”，完成右边线设置。

⑤ 选中表格第一列，点击“格式”菜单下的“边框和底纹”选项卡，打开“底纹”选项卡，选择“淡紫色”完成设置。如图 3-68 所示。

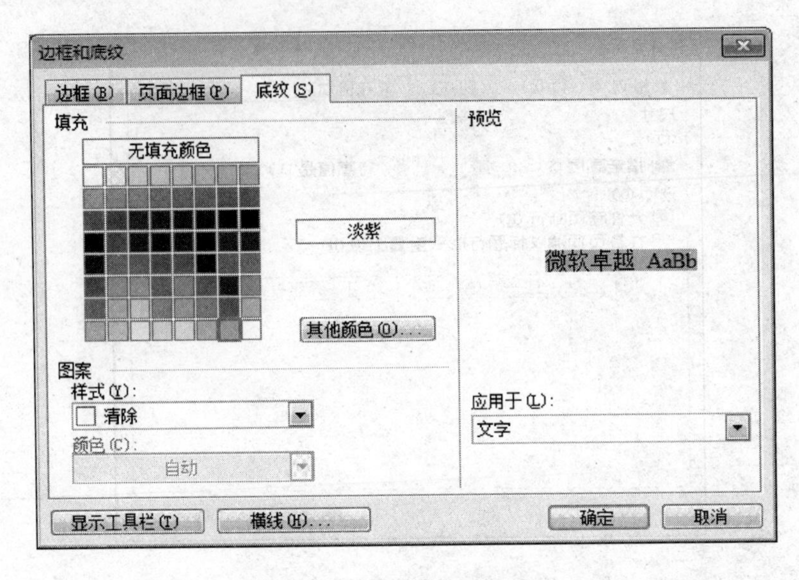

图 3-68 “边框和底纹”工具栏

【例 3.17】 综合练习 3。

1. 编辑和排版

打开素材文件夹下的 WordF.doc 文件,按要求进行编辑、排版。

(1) 两段内容交换。

将文章第二段“唐朝时在中国北方发现…”和第三段“历史上的丝绸之路…”互换位置。操作步骤如下:

① 将光标置于要选择的内容处,按下鼠标左键拖动,选中第二段“唐朝时在中国北方发现…”整段的内容,按【Ctrl+X】组合键,将其放在剪贴板中。

② 将光标置于文档的最后,按【Ctrl+V】组合键,将剪贴板中的内容粘贴到当前位置。

(2) 查找替换设置。

将正文所有的“中国”替换为蓝色的“CHINA”。操作步骤如下:

① 选中全文(查找替换的区域为全文)。

② 单击“编辑”菜单下的“查找”命令,打开“查找和替换”对话框。

③ 在“查找内容”和“替换为”下拉列表框中分别输入“中国”和“CHINA”。

④ 点击“高级”下拉菜单,选择搜索选项为“全部”,参照图 3-60 所示。

⑤ 单击“全部替换”按钮,然后关闭“查找和替换”对话框。成功将正文所有的“中国”替换为蓝色的“CHINA”。

(3) 页面设置。

页边距:上、下为 2.5 厘米;左、右为 3 厘米;页眉、页脚距边界均为 1.5 厘米;纸张大小为

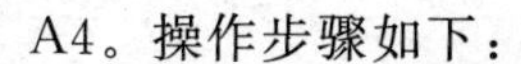

A4。操作步骤如下：

① 打开“文件”菜单下的“页面设置”菜单项，弹出“页面设置”对话框。

② 在“页边距”选项卡上设置上、下、左、右的页边距。参照图 3-61 所示。

③ 打开“版式”选项卡，在其“距边界”的列表框中，在“页眉”微调框中输入“1.5 厘米”，在“页脚”微调框中输入“1.5 厘米”，

④ 打开“纸张”选项卡，选择“纸张大小”为“A4”。

（4）艺术字操作。

将文章标题“丝绸之路”设置为艺术字，选择艺术字库第三行、第一列样式。“上下型”环绕。操作步骤如下：

① 选中文章标题文字“丝绸之路”，选择“插入”菜单中的“图片”命令，在出现的级联菜单中选择“艺术字”命令，打开“艺术字”对话框，选择第三行第一列的样式，单击“确定”按钮。进入“编辑‘艺术字’文字”对话框。字体字号均为默认值，然后单击“确定”。

② 选中艺术字文字，右击，在弹出的快捷菜单中选择“设置艺术字格式”命令，在弹出的“设置艺术字格式”对话框中，选择“版式”选项卡，然后单击“高级”按钮，在打开的“高级版式”对话框中，设置文字环绕方式为“上下型”。如图 3-69 所示。

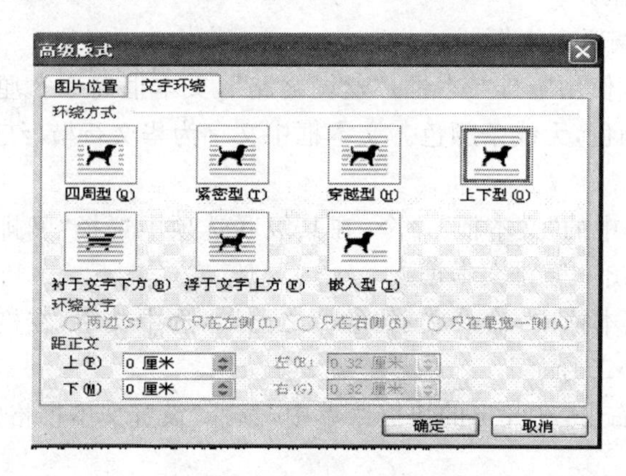

图 3-69 “设置艺术字格式”对话框

（5）字体段落设置。

将文章其余部分（除标题以外的部分）设置为黑体、五号字，悬挂缩进 2 字符、左对齐、1.5 倍行距。操作步骤如下：

① 选中文章正文部分（除标题以外的部分），选择“格式”菜单中的“字体”命令，在打开的对话框中将字体设置为“黑体”、“五号”字。

② 选择“格式”菜单中的“段落”命令，打开“段落”对话框，在“对齐方式”下拉列表框中选择“左对齐”选项，在“特殊格式”下拉列表框中选择“悬挂缩进”选项，在“度量值”微调框中将值设置为“2 字符”，在“行距”下拉列表框中选择“1.5 倍行距”。

(6) 分栏。

将文章第一段分成等宽的两栏，栏宽为 19.78 字符。操作步骤如下：

① 选中第一段文字，然后选择“格式”菜单中的“分栏”命令，打开“分栏”对话框。

② 在“预设”列表框中选择“两栏”，“栏数”微调框变为“2”。

③ 在“宽度”微调框调整为“19.78 字符”，然后选中“栏宽相等”复选框。

④ 单击“确定”按钮。

2. 图文操作(样文参见素材文件夹下的“样文 F.jpg”)

(1) 插入图片及编辑。

在文章中插入素材文件夹下的图片文件“F1.jpg”，设置图片，高度为 4.5 厘米，宽度为6.7 厘米。操作步骤如下：

① 将光标定位在文档中的某处，选择“插入”菜单中的“图片”命令，在其级联选项中选择“来自文件”，弹出“插入”对话框，在相应的位置选择图片“Fl.jpg”，然后单击“插入”按钮。

② 选中图片，右击，在弹出的快捷菜单中选择“设置图片格式”，弹出“设置图片格式”对话框，选择“大小”选项卡，在“高度”微调框中输入“4.5 厘米”，在“宽度”微调框中输入“6.7 厘米”，然后单击“确定”按钮。

(2) 添加文本框和编辑文本框。

在图片中添加文字(使用竖排文本框)“丝绸之路”，文本框高 3.8 厘米，宽 2 厘米，内部边距均为 0 厘米，无填充颜色，无线条颜色。文本框中文字为华文行楷、红色、小二号字。操作步骤如下：

① 选择“插入”菜单中的“文本框”命令，在其级联选项中选择“竖排”文本框，此时光标变为十字形，拖动鼠标，画出一竖排文本框。

② 将光标定位到文本框中，输入文字“丝绸之路”。选中文字，在格式工具栏中将文字设置为“华文行楷、红色、小二号字”。

③ 选中此文本框，右击，在弹出的快捷菜单中，选择“设置文本框格式”命令，弹出“设置文本框格式”对话框。

④ 在此对话框中进行如下操作：选择“大小”选项卡，在“高度”微调框中输入“3.8 厘米”，在“宽度”微调框中输入“2 厘米”。

⑤ 选择“文本框”选项卡，在“内部边距”列表框中的“左”“右”“上”“下”微调框中分别输入“0 厘米”，单击“确定”按钮。

⑥ 选择“颜色与线条”选项卡，选择“无填充颜色”，“线条颜色”，单击“确定”按钮。

(3) 图文组合。

将图片和文本框组合。将组合后的对象环绕方式设置为“四周型”，组合后的对象位置：相对于页边距水平居中对齐。最后将排版后的文件以原文件名存盘。操作步骤如下：

① 参考图示，适当调整图片和文本框之间的位置，按住【shift】键，然后单击图片和文本

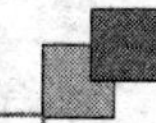

框，选中二者。

② 单击“绘图”工具栏中的“绘图”按钮，在其弹出的菜单中选择“对齐和分布”选项，在其级联菜单中选择对齐分布方式为“水平居中”，使二者呈相对居中状态。

③ 选择单击“绘图”工具栏中的“绘图”按钮，在其弹出的菜单中单击选择“组合”命令。这样二者组合在一起，成为一个对象。

④ 选中组合后的新对象，右击，在弹出的快捷菜单中选择“设置对象格式”命令，弹出“设置对象格式”对话框，参照图 3 - 47 所示，选择“版式”选项卡，在其中选择“四周型”版式，在“水平对齐方式”列表框中选择“居中”，然后单击“确定”按钮

3. 表格操作

新建一个空白 Word 文档，在新文档中进行操作，建立表格。如图所示：

季度 销售量 商品名	**第一季度**	**第一季度**	**第一季度**
合计			

(1) 表格插入。

插入一个五行四列的表格，操作步骤如下：

① 将光标定位 Word 文档中将要插入表格的位置。

② 选择菜单栏中“表格”下的“插入—表格”命令，打开“插入表格”对话框，参照图 3 - 14 所示。

③ 在“插入表格”对话框的“列数”微调框中输入 5，在对话框的“行数”微调框中输入 4。

④ 单击“确定”按钮后，页面即插入了一个 5 行 4 列的空白表格。

(2) 合并单元格，文字添加。

按样表所示合并单元格，添加相应文字。操作步骤如下：

① 拖动鼠标选中表格第 5 行的 2、3、4 单元格，右击，在弹出的快捷菜单中选择“合并单元格”。

② 将光标移动到要求输入文字的单元格中，按照样表提供的信息，依次在相应的单元格中输入相应的文字。注意表头文字暂时不用输入。

(3) 设置文字格式。

设置表格中文字为黑体、加粗、五号字，表格中文字水平且垂直居中对齐。操作步骤如下：

① 选中表格中除了斜线表头中的标题文字外的所有文字，右击，在弹出的快捷菜单中选

择“单元格对齐方式”命令，在其出现的级联菜单中选择“水平居中垂直居中”按钮（）。

② 继续选中这些文字，在格式工具栏中，单击展开“字体”下拉列表，选择“黑体”，单击展开“字号”下拉列表框，选择“五号”，单击加粗按钮“B”，将表中所有文字加粗。

（4）绘制斜线表头。

参照样表，绘制斜线表头，表头样式为“样式二”，小六号字，行标题为“季度”，列标题为“商品名”，数据标题为“销售量”。操作步骤如下：

① 将指针移到第1行的下边框线上，当指针变成上下箭头的形状时，按住鼠标向下拉动调整第1行的行高到适当的高度。

② 将光标移至表格的第一个单元格，选择菜单栏中“表格”下的“绘制斜线表头”命令，弹出“绘制斜线表头”对话框，参照图3-19。

③ 在“表头样式”的下拉列表框中选择“样式二”，在“字体大小”下拉列表中选择“小六”，在“行标题”文本框中输入“季度”，在“数据标题”文本框中输入“销售量”，在“列标题”文本框中输入“商品名”。参照图3-28所示。

④ 单击“确定”按钮，表头绘制成功。

（5）边框设置。

设置表格外边框为橙色、1.5磅、实线，内边框为橙色、0.5磅、实线。最后将此文档以文件名“bgf.doc”另存到素材文件夹中。操作步骤如下：

① 把鼠标移到表格的左上角，等出现一个十字形箭头（）的时候，单击鼠标左键，即可选中此表。

② 单击选择“表格”菜单中的“绘制表格”命令，弹出“表格和边框”对话框。

③ 在“表格和边框”工具栏中，在线型下拉列表中选择“实线”，在“粗细”下拉列表中选择“1.5磅”，在“边框颜色”下拉列表中选择“橙色”，边框线选择“外部框线”。这样成功设置表格的外边框线。

④ 在“表格和边框”工具栏中，在线型下拉列表中选择“实线”（虚线第5种），在“粗细”下拉列表中选择“0.5磅”，在“边框颜色”下拉列表中选择“橙色”，边框线选择“内部框线”。成功设置表格的内框线。

⑤ 选择“文件”菜单下的“另存为”，弹出“另存为”对话框，在“文件名”文本框中输入“bgf.doc”，单击“保存”按钮。

第4章

电子表格处理软件 Excel 2003 实验

Excel 2003 是微软公司办公软件 Office 2003 中的重要组件之一，它所处理的对象主要是电子表格。电子表格是利用计算机进行表格类数据计算、分析的有力工具，Excel 能非常容易地实现对电子表格中的数据记录进行计算、统计、分析、排序、筛选等操作，并可由电子表格中的数据生成各种直观的数据图表，它所处理的数据类型不只是数值型，而且可以是字符、变量、公式、图像和声音等数据。

实验一　Excel 2003 基本操作

一、实验目的

1. 熟悉 Excel 2003 的启动和退出方法，了解 Excel 2003 的窗口组成；
2. 掌握工作簿的建立、保存、打开和关闭的方法；
3. 掌握编辑工作表和格式化工作表的基本方法；
4. 掌握工作表中公式与常用函数的使用方法。

二、相关知识

Excel 不仅具备传统电子表格软件的一般功能，例如建立报表、填充数据、打印报表等，而且还具有较强的文字处理、图表绘制、数据库管理、决策支持分析等功能。Excel 的主要特点有：

1. 工作于 Windows 操作平台，具有与 Microsoft 应用程序相一致的操作界面，并且设有工具栏和快捷菜单，输入工具可同时使用鼠标和键盘，操作非常简便。对于熟悉 Windows 操作的用户，很快就能操作自如。

2. 能以表格的形式进行数据处理，可方便地建立、编辑表格，数据处理功能极强。

3. 强大的制图功能。能绘制多种多样的平面图形和立体图形，曲线平滑，质量较高，并能将图形与文字、表格混排，制作出图文并茂、艳丽多彩的数据分析报告。

4. 灵活的打印格式设计功能。能根据实际需要设计页眉、页脚及页面的格式，能缩小或放大打印图表。

5. 几个基本概念

工作簿：由 Excel 2003 所创建的文件叫工作簿文件，简称工作簿，默认的扩展名为. xls。

工作表：是由 256 列×65536 行构成的二维电子表格。在默认情况下，每个工作簿有 3 张工作表，标签名分别以 sheet1、sheet2、sheet3 命名。一个工作簿内最多可以包含 255 个工作表。

单元格：是存储数据的基本单元。它以行号、列标作为标识名，称为单元格地址，如 A1 表示 A 列第 1 行的单元格。

三、实验示例

【例 4.1】 创建工作薄“工资明细表”，统计员工的工资，并对工作薄的格式进行设置。

(1) 创建工作薄。

创建一个新的工作薄，命名为“工资明细表. xls”，并在 Sheet1 工作表中输入以下信息。具体操作步骤如下：

① 启动 Excel 程序，创建一个新的工作薄。单击常用工具栏中“保存”按钮，将其以“工资明细表. xls”为文件名保存到自己所建立的文件夹中。

② 在 Sheet1 工作表的第一行输入表头内容：工资明细表。

③ 将光标放在 A2 单元格，输入姓名，按【Tab】键，光标移至 A3 单元格，输入“崔姗姗”，并依次输入如图 4-1 所示的全部数据。

④单击常用工具栏中的“保存”按钮，将刚刚输入的内容存盘。

说明：

启动 Excel 2003 后，使用“常用”工具栏中的“新建”按钮“ ”或单击“文件”菜单下的“新建”命令也可以创建一个新工作簿。

(2) 使用函数计算。

在 Sheet1 工作表中增加一列，列标题为“奖金”，用公式或函数计算每个员工的奖金(基本工资小于 700 的，奖金为 500，基本工资大于 700 的奖金为 800)。具体操作步骤如下：

① 将光标移动到 D2 单元格，输入“奖金”。

② 将光标定位到 D3 单元格，选择“插入”菜单中的“插入函数”命令，打开“插入函数”对话框，如图 4-2 所示，在“或选择类别”下拉列表框中选择“常用函数”选项，在“选择函数”列表框中选择“IF”，单击“确定”按钮，打开如图 4-3 所示的“函数参数”对话框。

③ 在“函数参数”对话框中有三个输入，第一个输入是条件判断，第二个输入是条件判断

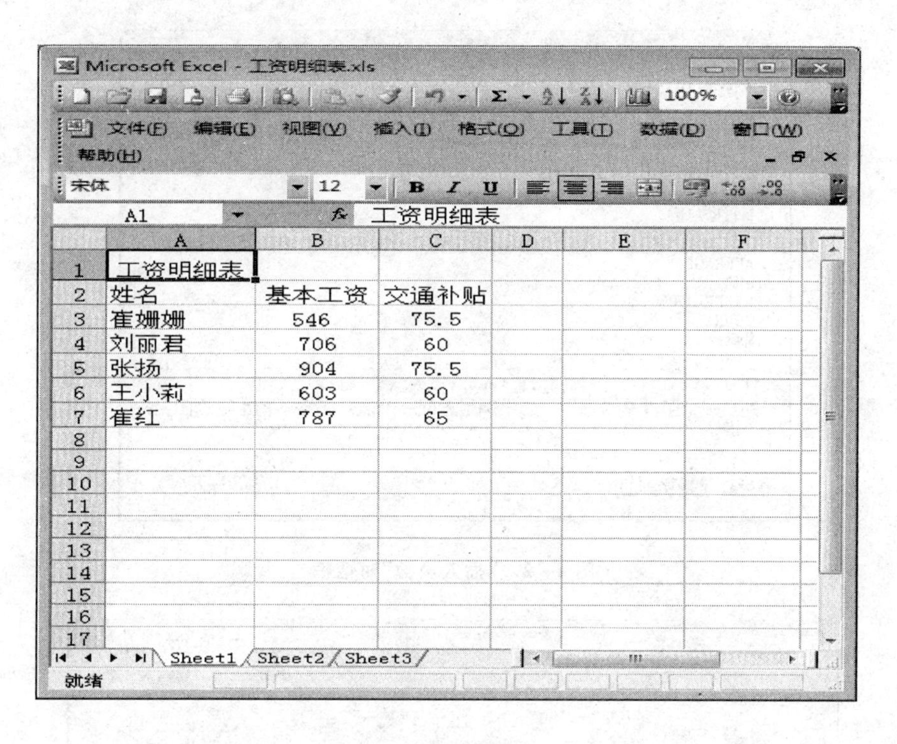

图 4-1　插入实验数据

为真时的返回值，第三个输入是条件判断为假时的返回值。在第一个框中输入“B3>700”，在二个框中输入“800”，在第三个框中输入“500”。

④ 单击“确定”按钮，完成奖金的计算，将光标移动到拖动柄处向下滑动，完成对所有员工奖金的计算。

(3) 工作表中增加列。

在 Sheet1 工作表中增加一列，列标题为“应发工资”，计算每个员工的实发工资。具体操作步骤如下：

① 将光标移动到 E2 单元格中，输入“应发工资”。

② 将光标定位到 E3 单元格中并双击，使 E3 单元格变成可编辑状态，输入“=(”，单击 B3 单元格，输入“+”，单击 C3 单元格，输入“+”，单击 D3 单元格，输入“)”，按【Enter】键，在 E3 单元格中计算出一个员工的实发工资。

③ 单击 E3 单元格，将光标移到拖动柄处向下拖动，即可产生所有员工的实发工资。

(4) 合并单元格。

合并第一行前五个单元格，使标题“工资明细表”数据居中。具体操作步骤如下：

① 选中工作表第一行的前五个单元格并右击，在弹出的快捷菜单中选择“设置单元格格

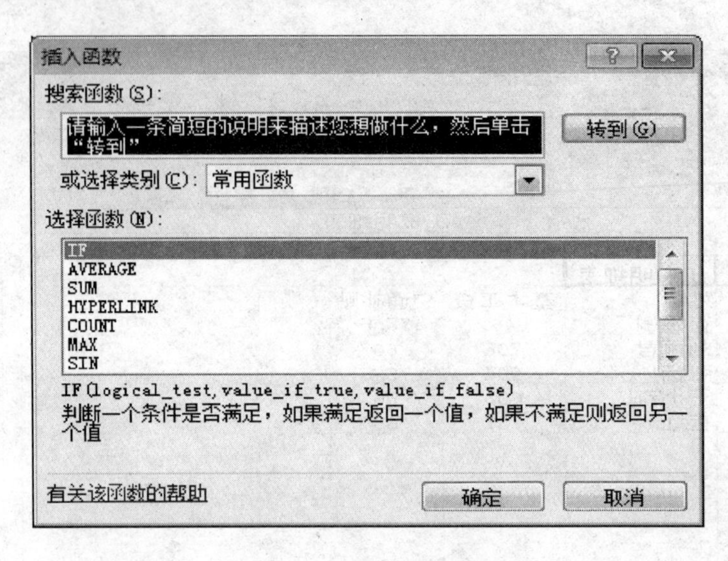

图 4-2　"插入函数"对话框

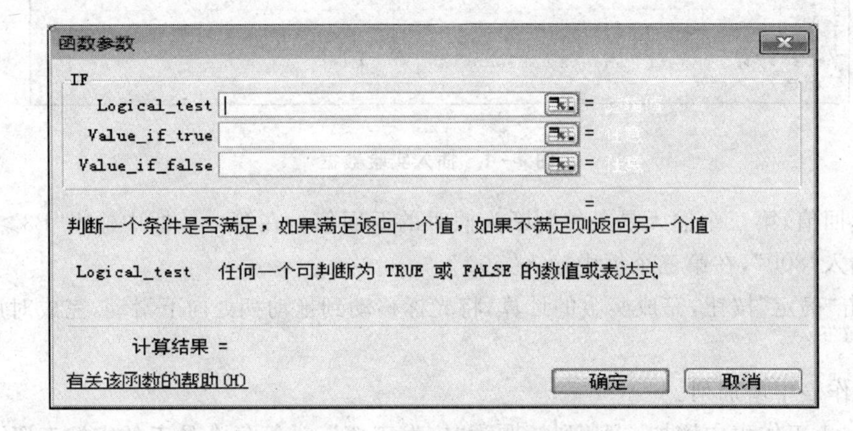

图 4-3　"函数参数"对话框

式"命令，打开如图 4-4 所示的对话框，在"对齐"选项卡中选中"合并单元格"复选框，将 5 个单元格合并。

② 单击常用工具栏中的居中按钮，完成标题的居中显示。

(5) 工作表格式设置。

设置第一列列宽为 10 磅，其余列列宽为最合适列宽。具体操作步骤如下：

① 将光标置于第一列顶部并单击，选中第一列，选择"格式"菜单中的"列"命令，在出现的级联菜单中选择"列宽"命令，在打开的"列宽"对话框中输入数值 10，完成第一列列宽的设置。

② 在列的顶部拖动鼠标选中其余各列，选择"列"菜单中的"最适合的列宽"命令。

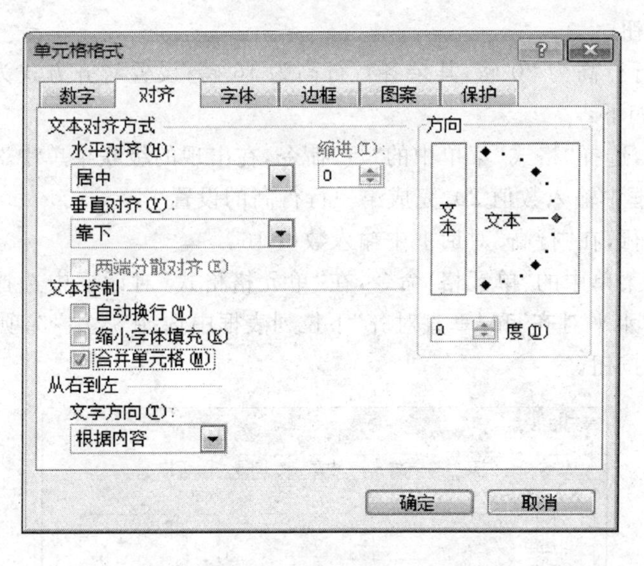

图 4-4　“单元格格式”对话框

(6) 设置除第一列外其余各列中数据居中，应发工资列中的数据格式为数值型，负数选择第 4 项，小数保留 2 位。具体操作步骤如下：

① 拖动鼠标选中 B:E 列，单击常用工具栏中的“居中”按钮。

② 选中 E 列，选择“格式”菜单中的“单元格”命令，在如图 4-5 所示的“单元格格式”对话框中选择“数字”选项卡，在“分类”列表框中选择“数值”选项，在“负数”列表框选择第 4 项，“小数位数”设置为“2”。

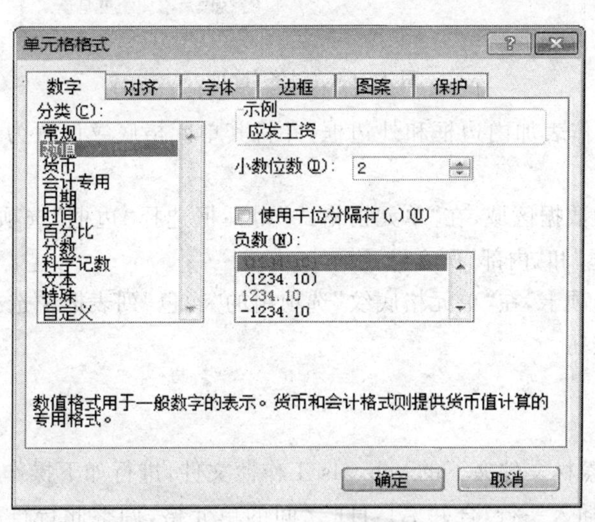

图 4-5　“数字”选项卡

③ 单击确定按钮。

(7) 设置第一行行高为 20 磅，其余各行行高为 16 磅；设置对齐方式为水平居中、垂直居中。具体操作步骤如下：

① 选中第一行，选择“格式”菜单中的“行”命令，在出现的级联菜单中选择“行高”命令，在打开的“行高”对话框中输入数值 20，完成第一行行高的设置。

② 选中其余各行，在“行高”对话框中输入数值 16。

③ 选择“格式”菜单中的“单元格”命令，在“单元格格式”对话框中选择“对齐”选项卡，参照图 4-6 所示，在“水平对齐”和“垂直对齐”下拉列表框中选择“居中”选项。

④ 单击“确定”按钮。

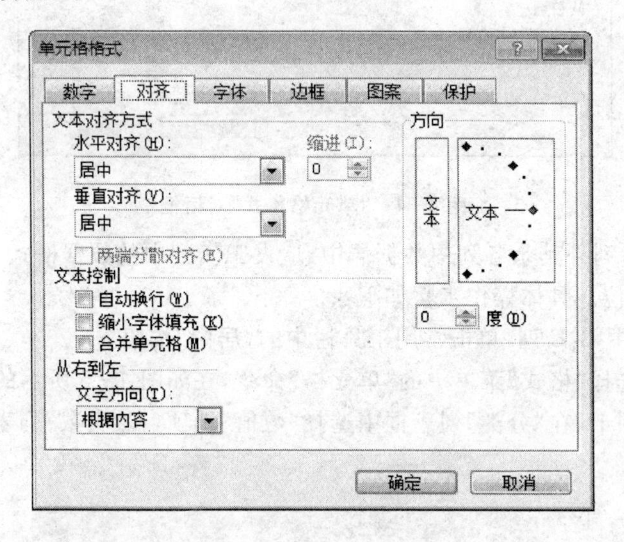

图 4-6　“对齐”选项卡

(8) 给 Sheet1 工作表加内边框和外边框，并将其单元格底纹设置为黄色。具体操作步骤如下：

① 选中工作表的数据区域，在“单元格格式”对话框选择“边框”选项卡，在“预置”选项组中选中其中的“外边框”和“内部”两个选项。

② 选择“图案”选项卡，在“单元格底纹”选项组的“颜色”列表框中选择“黄色”选项。

③ 单击“确定”按钮。

四、实验内容

【实验 1】 打开素材文件夹下的 gzb. xls 工作薄文件，进行如下操作。

(1) 在第 1 行前插入一行，合并 A1:H1 之间的单元格，调整此行行高为 26 磅。输入“工学院教师一月份工资”。字体为黑体、20 号；字体颜色为绿色；水平居中对齐；

(2) 选中第 2 行,对文字进行“加粗”并“居中”;

(3) 运用公式,在第 E 列计算每个老师的工龄津贴(工龄津贴=20□工龄);

(4) 运用公式,在第 H 列计算每个老师的应发工资(应发工资=工龄津贴+工资+奖金)。

工学院教师一月份工资							
部门	姓名	职称	工龄	工龄津贴	工资	奖金	应发工资
计算机系	张良	讲师	6	120	2500	200	2820
计算机系	田亚军	副教授	12	240	3000	200	3440
电子系	李丽	助教	3	60	2000	200	2260
电子系	邢子浩	教授	21	420	3500	200	4120
电子系	王林	副教授	8	160	3000	200	3360
建筑系	徐亚娟	讲师	5	100	2500	200	2800
建筑系	刘威	助教	4	80	2000	200	2280
化学系	杨小红	副教授	13	260	3000	200	3460
化学系	郑天	教授	15	300	3500	200	4000

图 4-7 【实验 1】结果样例

【实验 2】 打开素材文件夹下的 cgqk. xls 工作薄文件,进行如下操作。

(1) 调整工作表结构及格式设置。

① 在第 1 行上方插入 1 行,调整此行行高为 25 磅。

② 合并及居中 A1:F1 单元格,输入文本“采购情况表”,并将字体设置为隶书,颜色为红色,字号为 20 号,加粗格式,文本对齐方式设置为水平居中、垂直居中。

③ 将 A2:F2 字体设置为黑体、13 磅、加粗,文字设置为蓝色。

④ 将 A2:F2 列设置为最适合列宽。

(2) 填充数据。自动填充“金额”列,金额=单价 * 数量。

(3) 边框设置。为 Sheet 工作表添加内边框和外边框,并将其单元格底纹设置为浅青绿色。

(4) 将 Sheet1 工作表重命名为“采购情况表”。完成后的工作表如图 4-8 所示。

(5) 将工作簿保存为“采购情况表. xls”并提交。

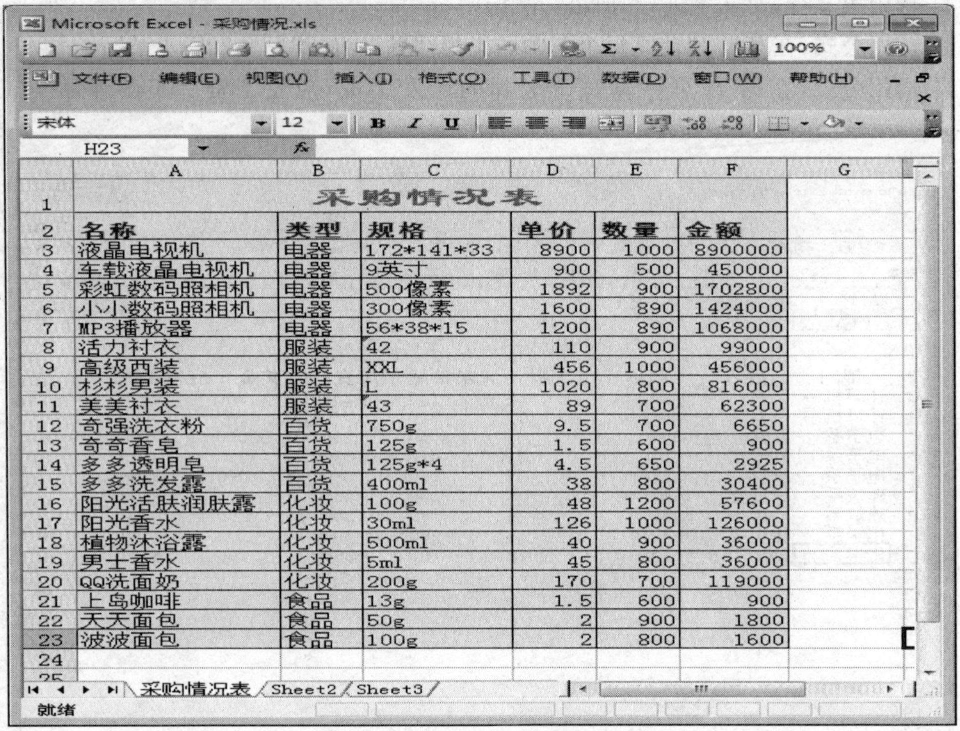

Microsoft Excel - 采购情况.xls

	A	B	C	D	E	F
1	采购情况表					
2	名称	类型	规格	单价	数量	金额
3	液晶电视机	电器	172*141*33	8900	1000	8900000
4	车载液晶电视机	电器	9英寸	900	500	450000
5	彩虹数码照相机	电器	500像素	1892	900	1702800
6	小小数码照相机	电器	300像素	1600	890	1424000
7	MP3播放器	电器	56*38*15	1200	890	1068000
8	活力衬衣	服装	42	110	900	99000
9	高级西装	服装	XXL	456	1000	456000
10	杉杉男装	服装	L	1020	800	816000
11	美美衬衣	服装	43	89	700	62300
12	奇强洗衣粉	百货	750g	9.5	700	6650
13	奇奇香皂	百货	125g	1.5	600	900
14	多多透明皂	百货	125g*4	4.5	650	2925
15	多多洗发露	百货	400ml	38	800	30400
16	阳光活肤润肤露	化妆	100g	48	1200	57600
17	阳光香水	化妆	30ml	126	1000	126000
18	植物沐浴露	化妆	500ml	40	900	36000
19	男士香水	化妆	5ml	45	800	36000
20	QQ洗面奶	化妆	200g	170	700	119000
21	上岛咖啡	食品	13g	1.5	600	900
22	天天面包	食品	50g	2	900	1800
23	波波面包	食品	100g	2	800	1600

图 4-8　【实验 2】结果样例

实验二　Excel 2003 数据图表操作

一、实验目的

1. 了解 Excel 常用图表的类型；
2. 掌握图表的制作过程；
3. 掌握图表的修改方法；
4. 掌握图表的格式化操作。

二、相关知识

Excel 的图表功能并不逊色于一些专业的图表软件，它不但可以创建条形图、折线图、饼图这样的标准图形，还可以生成较复杂的三维立体图表。Excel 提供了许多工具，用户运用它们可以修饰、美化图表，如设置图表标题，修改图表背景色，加入自定义符号，设置字体、字型等。利用 Excel 的图表向导可以快捷建立各种类型的图表。

1. 图表组成

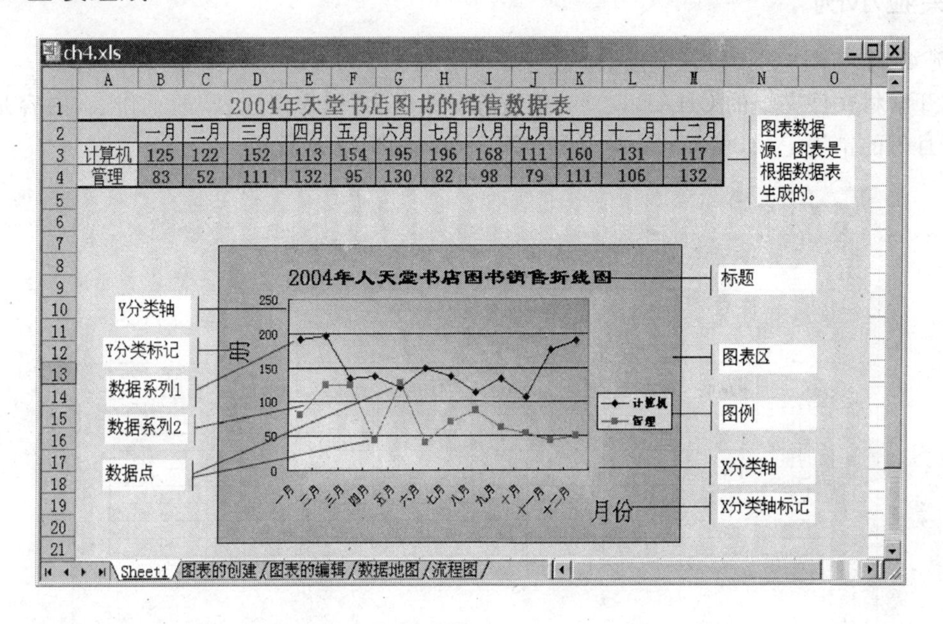

2. 图表术语

数据点:一个数据点是一个单元格的数值的图形表示。

数据系列:一组相关数据点就是一个数据系列。

网格线:有助于查看数据的可添加至图表的线条。

轴:图表中进行度量作为绘图区一侧边界的直线(分类轴和数值轴)。

图例:标识图表中为数据系列或分类所指定的图案或颜色。

图表中的标题:表明图表或分类的内容。

3. 图表类型

(1) 嵌入式图表和图表工作表。

嵌入式图表:是把图表直接插入到数据所在的工作表中,主要用于说明数据与工作表的关系,用图表来说明和解释工作表中的数据。

图表工作表:图表与源数据表分开存放,图表放在一个独立的工作表中,图表中的数据存在于另一个独立的工作表中。

(2) Excel 的图表类型。

从大类上讲,分为标准类型和自定义类型。

标准类型:提供包括直线图、面积图、折线图、柱形图等图形种类,大约 14 种类型。

自定义类型:有对数图、折线图、饼图、蜡笔图等,不少于 20 种类型。

三、实验示例

【例 4.2】 制作和设置柱形图。

打开素材文件夹下的 CHART.xls，里面有一张名为“销售情况表”的工作表，内容是某超市 5 个月份的销售记录，相关的数据已经计算完毕，如图 4－9 所示。

Microsoft Excel - CHART.xls

文件(F)　编辑(E)　视图(V)　插入(I)　格式(O)　工具(T)　数据(D)　窗口(W)　帮助(H)

宋体　12　100%

A13

销售情况表

月份	水果类	蔬菜类	奶类	电器类	日用品类	食品类	办公用品类	单月合计
								单位：千元
一月份	33.6	23.5	17.7	56.9	23.4	14.7	15.5	185.3
二月份	41.7	55.3	27.3	56.5	34.4	15.6	11.4	242.2
三月份	36.5	23.6	33.4	44.2	15.8	11.5	7.8	172.8
四月份	32.5	32.5	14.8	38.5	23.7	13	16.3	171.3
五月份	38.4	31.4	32.5	34.7	22.3	12.5	14.5	186.3
月合计	182.7	166.3	125.7	230.8	119.6	67.3	65.5	
							营业额：	957.9
							成本：	700
							利润：	57.9

Sheet1 / Sheet2 / Sheet3

就绪　数字

图 4－9　素材文件 CHART.xls 中的原始数据

（1）制作簇状柱形图。

比较每个月的水果类、蔬菜类及奶类的销售情况。具体操作步骤如下：

① 拖动鼠标选中 A4:D9 区域，单击常用工具栏中的“图表向导”按钮 。

② 默认的图表类型即为簇状柱形图，直接单击“下一步”按钮。

③ 图表源数据已经事先由第①步选择，直接单击“下一步”按钮。

④ 图表选项全取默认值，直接单击“下一步”按钮。

⑤ 选中“作为新工作表插入”单选按钮，并设置表名为“单项销售比较”，单击“完成”按钮。完成后的图表如图 4－10 所示。

（2）设置图表区和绘图区背景。

具体操作步骤如下：

① 在图表区右击，在弹出的快捷菜单中选择“图表区格式”命令，在打开的对话框右侧选择浅青绿色，如图 4－11 所示。

② 在绘图区右击，在弹出的快捷菜单中选择“绘图区格式”命令，在打开的对话框右侧选择黄色（“绘图区格式”对话框与“图表区格式”对话框类似）。

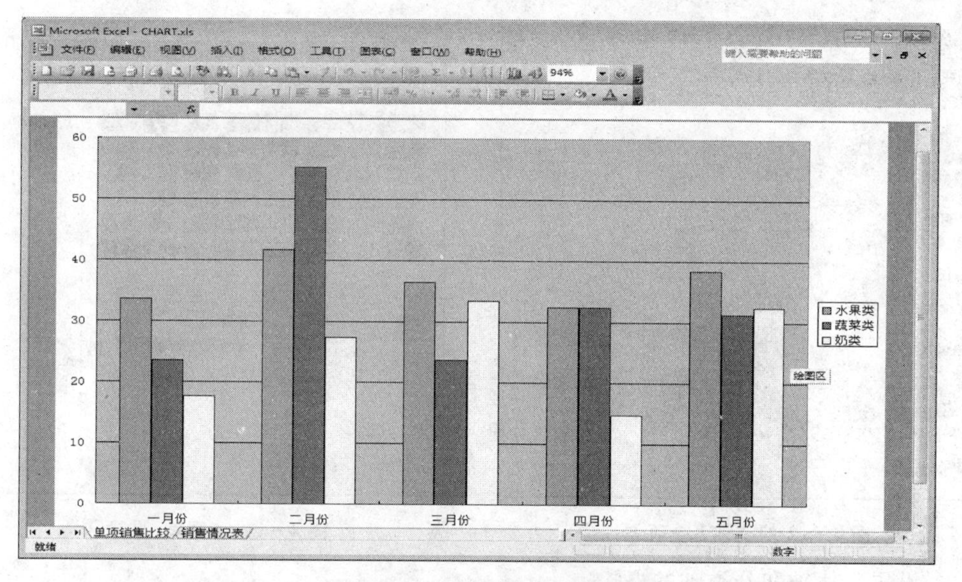

图 4-10　默认效果的柱状图

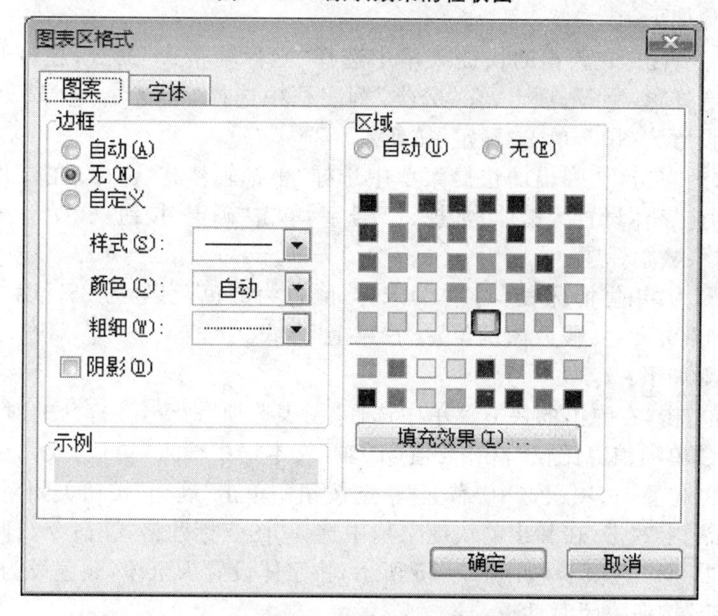

图 4-11　“图表区格式”对话框

说明：

除了可以选择单色外，还可以单击“填充效果”按钮，打开“填充效果”对话框，然后选择“渐变”、“纹理”、“图案”和“图片”选项卡，设置为其他效果。“渐变”和“图案”的选项卡如图 4-12 和图 4-13 所示。

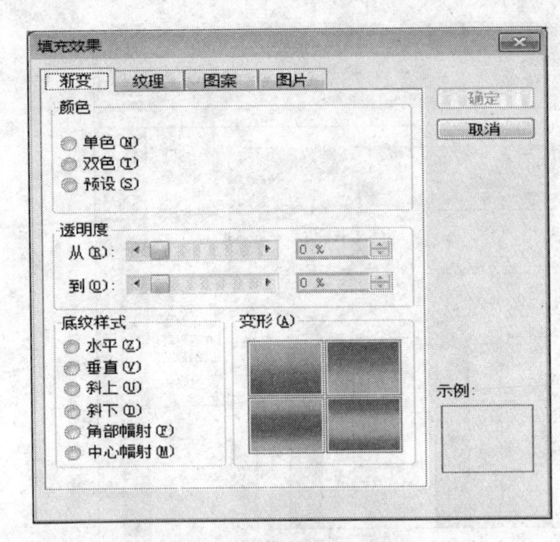

图 4 - 12　“渐变”选项卡

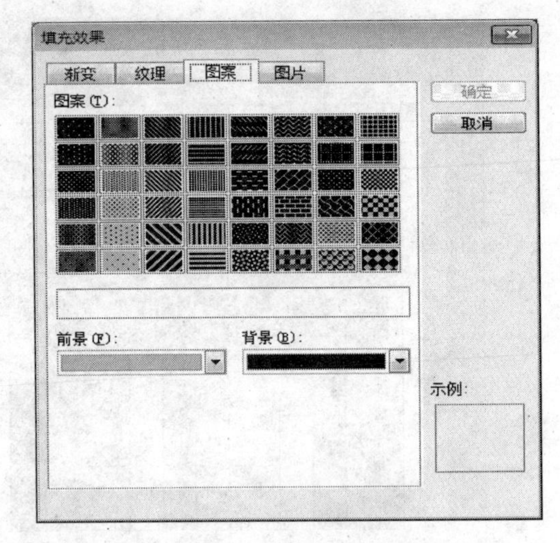

图 4 - 13　“图案”选项卡

(3) 设置数值轴和分类轴的格式。

具体操作步骤如下:

① 在数值轴上右击,在弹出的快捷菜单中选择“坐标轴格式”命令,在打开的如图 4 - 14 所示的对话框中选择“数字”选项卡,在“分类”列表框中选择“常规”。选择“刻度”选项卡,将“主要刻度单位”设置为“10”,单击“确定”按钮。

② 在分类轴上右击,在弹出的快捷菜单中选择“坐标轴格式“命令,在打开的对话框中选择“字体”选项卡,将字体设置为楷体、常规、12 号字,单击“确定”按钮。

(4) 设置图标、数轴标题。

设置图标标题为“销售情况表”,字体为宋体,颜色为红色,字号为 25 号字,增加数值轴标题“单位:人民币(千元)”,并修改图例位置为“靠上”方式。

具体操作步骤如下:

① 在图表区右击,在弹出的快捷菜单中选择“图表选项”命令,在打开的对话框的“图表标题”文本框中输入“单项销售比较”,在“数值(Y)轴”文本框中输入“单位:人民币(千元)”,选择“图例”选项卡,在“位置”选项组选中“靠上”单选按钮。单击“确定”按钮关闭对话框。

② 在图表标题上右击,在弹出的快捷菜单中选择“图表标题格式”命令,打开“图表标题格式”对话框,选择“字体”选项卡,如图 4 - 15 所示,将字体设置为宋体,颜色设为红色,字体设为 25 号。单击“确定”按钮关闭对话框。

(5) 设置数据系列的格式。

具体操作步骤如下:

① 选中“水果类”数据系列,并在其上右击,在弹出的快捷菜单中选择“数据系列格式”命令,打开“数据系列格式”对话框,在“图案”选项卡中单击“填充效果”按钮,打开“填充效果”对话框,在该对话框中设置效果为“预设颜色”中的“孔雀开屏”,底纹样式为“水平”。

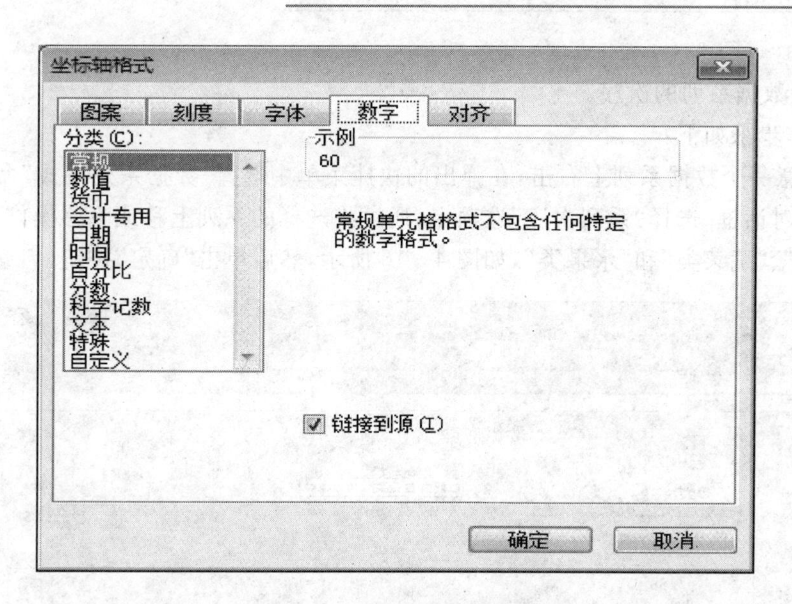

图 4-14　“数字”选项卡

图 4-15　“字体”选项卡

② 选中“蔬菜类”数据系列，按与上步的方法将其图案改为填充效果中“纹理”中的“沙滩”图案。

③ 选中“奶类”数据系列，按与上步的方法将其图案改为填充效果中“图案”中的“小纸屑”

图案。

(6) 设置数据系列的次序。

具体操作步骤如下：

① 在任意一个数据系列上右击，在弹出的快捷菜单中选择“数据系列格式”命令，打开“数据系列格式”对话框，选择“系列次序”选项卡，通过将选择的系列上移或下移操作，将系列次序调整为“奶类”、“蔬菜类”和“水果类”，如图 4－16 所示，然后单击“确定”按钮。

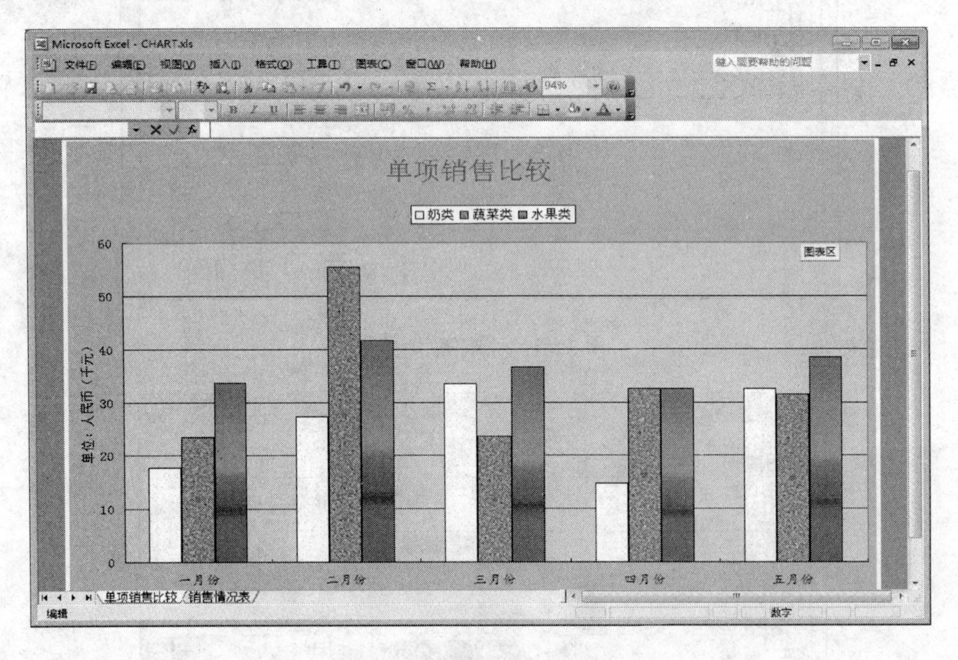

图 4－16　设置后的效果图

(7) 去掉图例的外边框。

具体操作步骤如下：

在图例上右击，在弹出的快捷菜单中选择“图例格式”命令，在打开的“图例格式”对话框的“边框”选项组中选中“无”单选按钮，并在右侧选择青绿色填充图例，如图 4－17 所示。单击“确定”按钮，完成后的图表如图 4－18 所示。

【例 4.3】 制作和设置折线图。

打开素材文件夹下的 xscj. xls 文件，里面有一张名为成绩单的工作表。

(1) 制作折线图。

打开此工作表，比较前四位同学四门课程的成绩。具体操作步骤如下：

① 选中 A1:E5 单元格，单击常用工具栏上的图表向导按钮，在打开的“图表向导—4 步骤之 1—图表类型”对话框中选择“折线图”选项，子图表类型默认为“数据点折线图”，单击

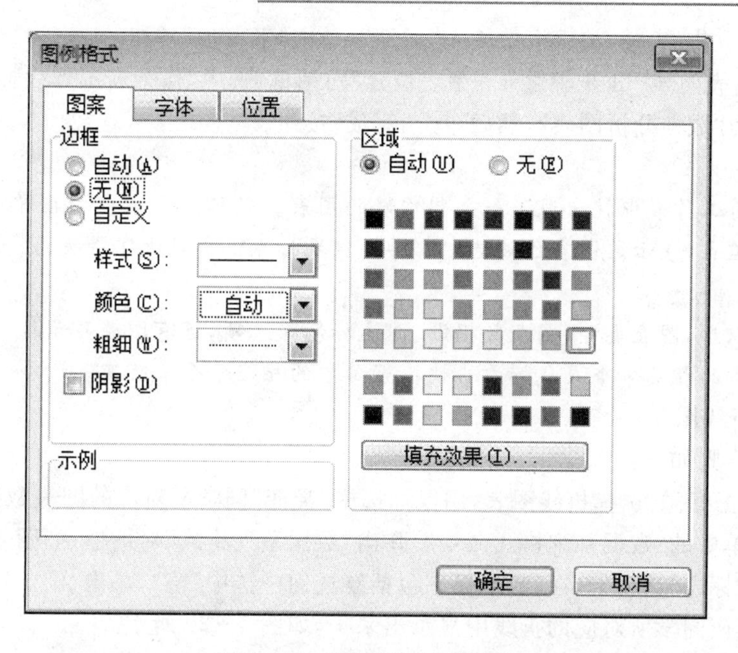

图 4－17　"图例格式"对话框

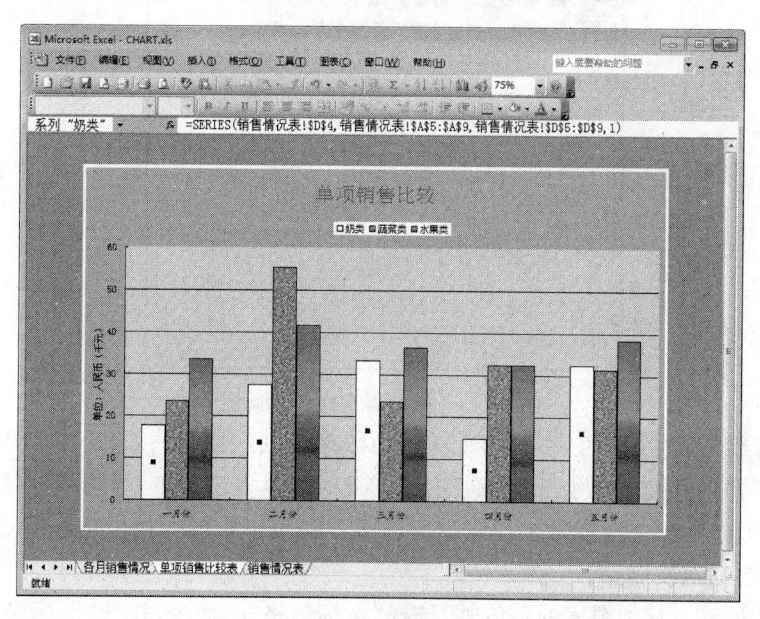

图 4－18　经过格式化后的柱形图

"下一步"按钮，打开"图表向导—4 步骤之 2—图表源数据"对话框。

② 保持默认选择，单击"下一步"按钮，打开"图表向导—4 步骤之 3—图表选项"对话框。

③ 选择"标题"选项，在"图表标题"文本框中输入"成绩分析表"，在分类(X 轴)编辑框中

输入“姓名”,在数值(Y 轴)编辑框中输入“成绩”,单击“下一步”按钮。

④ 打开“图表向导—4 步骤之 4—图表位置”对话框,选中“作为新工作表插入”单选按钮,并将表名指定为“成绩分析图表”,然后单击“完成”按钮。

说明:

此时在当前工作表中就出现了一个制作好的图表。鼠标在图表空白区单击一下,图表四围会出现八个控点,表示该图表已被选中。再按住鼠标左键出现十字箭头,则可拖动图表改变图表位置。

图表生成以后,图表类型、图表数据源、图表标题等选项,还有图表显示位置等都可以通过执行图表菜单中的相关命令或鼠标右击快捷菜单中的相应命令来改变。

(2) 编辑折线图。

具体操作步骤如下:

① 添加数据标志:选择折线图表,用鼠标选中“吴菲”同学所对应的图表数据系列,然后鼠标右击快捷菜单中的“数据系列格式命令”,弹出“数据系列格式”对话框,如图 4-19 所示。选择其中的“数据标志”选项卡,在“数据标签包括复选钮中选中”值“,单击“确定”按钮,数据标志就在吴菲、张天庆同学所对应的折线中显示出来了,如图 4-20 所示。

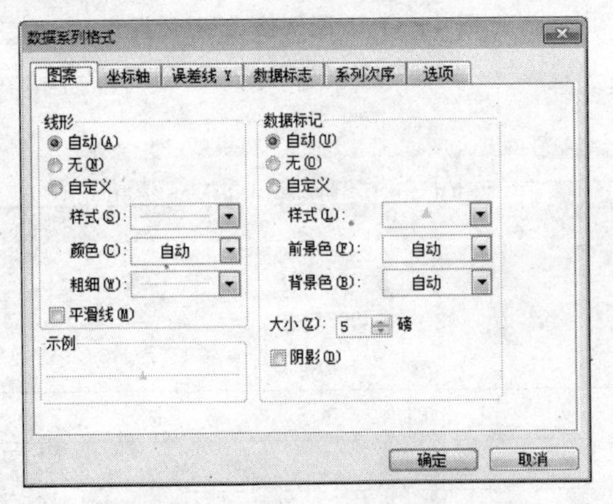

图 4-19 数据系列格式对话框

② 删除折线图表中“孙丽倩”同学所对应的数据系列。鼠标右击“孙丽倩”同学所对应的数据系列,在弹出的快捷菜单上选“清除”命令。此时可以发现图表中的数据虽然被删除了,但“成绩单”中的原始数据并没有发生任何改变。而若将表格中的原始数据删除了,则图表中的对应数据就会自动地被删除。

③ 坐标轴设置。双击图表的数值轴,选择“坐标轴格式”命令,打开“坐标轴格式”对话框,选择其中的“刻度”选项卡,如图 4-21 所示,将“主要刻度单位”改成 20。再双击图表的分类轴,打开“坐标轴格式”对话框,选择其中的“字体”选项卡,将字号改为 14 号。形成如图 4-22 所示的图表。

成绩分析表
120
100
80
60
40
20
0
96
93
绘图区
82
90
成绩
孙丽倩
孙瑜
吴菲
肖超
英语
计算机
高数
政治
姓名

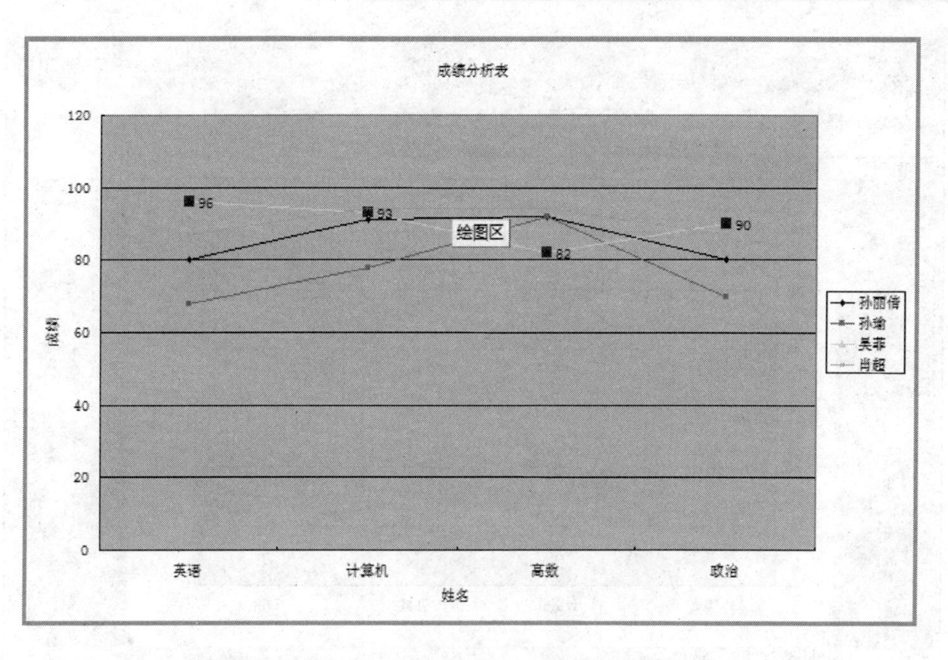

图 4－20　添加数据标志后的图表

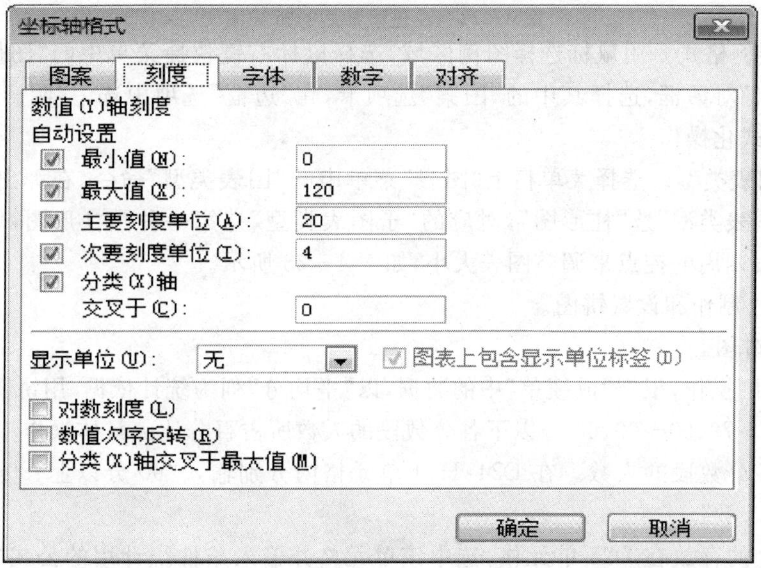

坐标轴格式
图案
刻度
字体
数字
对齐
数值(Y)轴刻度
自动设置
最小值(N):
0
最大值(X):
120
主要刻度单位(A):
20
次要刻度单位(I):
4
分类(X)轴
交叉于(C):
0
显示单位(U):
无
图表上包含显示单位标签(D)
对数刻度(L)
数值次序反转(R)
分类(X)轴交叉于最大值(M)
确定
取消

图 4－21　刻度选项卡

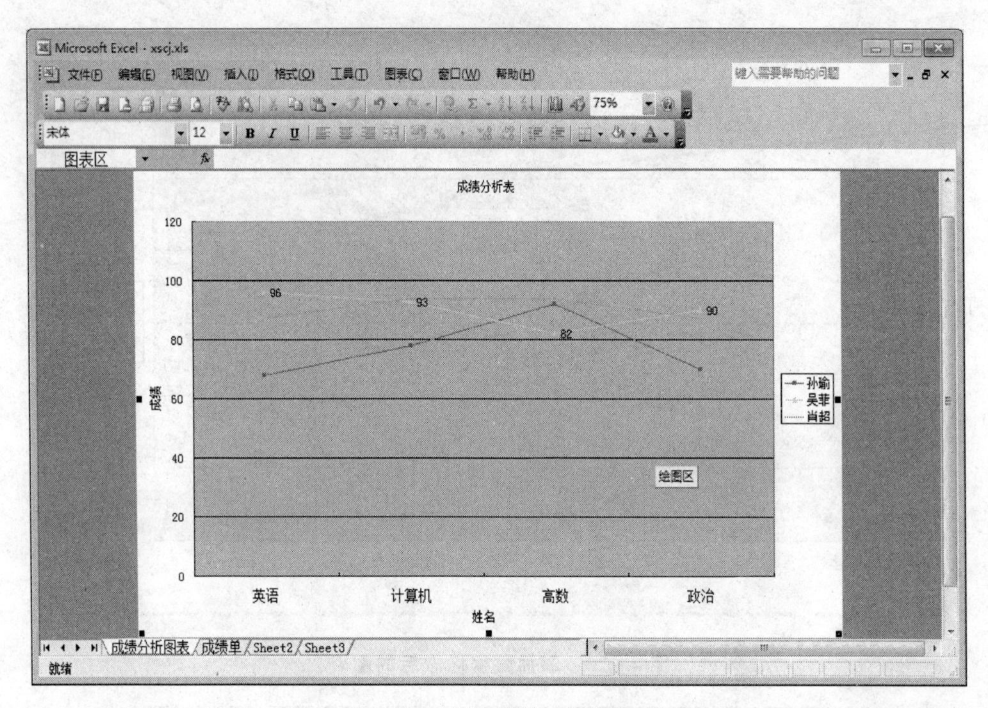

图 4-22　经过修饰后的折线图

④ 设置图例格式。用鼠标选择图例区域，选择鼠标右键快捷菜单中的“图例格式”命令，出现“图例格式”对话框，选择其中的“图案”选项卡，在“边框”选项中选中“阴影(D)”复选钮，完成图例的格式化操作。

⑤ 改变图表类型。选择菜单栏上“图表”菜单中的“图表类型”命令，在弹出的“图表类型“对话框中，“图表类型”选“柱形图”，对应的“子图表类型”选第一种圆柱形图，单击“确定”按钮，再通过图表四周的控点来调整图表大小，如图 4-23 所示。

【例 4.4】 制作和设置饼图。

(1) 制作饼图。

继续上例的操作，根据“成绩单”中的数据，以“平均分”列为统计依据，用饼图显示 90 分以上、80～89、70～79、60～69、60 分以下各分数段的人数所占百分比。具体操作步骤如下：

① 填充各分数段的人数。在 D24：H24 单元格内分别输入“90 分以上、80～89、70～79、60～69、60 分以下”。

90 分以上的存放在 D25 单元格，选中该单元格并输入条件统计用的公式“＝COUNTIF(G2：G22,"＞＝90")”并按【Enter】键，出现结果“2”。

选中 E25 单元格，输入公式“＝COUNTIF(G2：G22,"＞＝80")－COUNTIF(G2：G22,"＞＝90")”(意思是所有 80 分以上的人数减去 90 分以上的人数)并按【Enter】键，得到 80～90

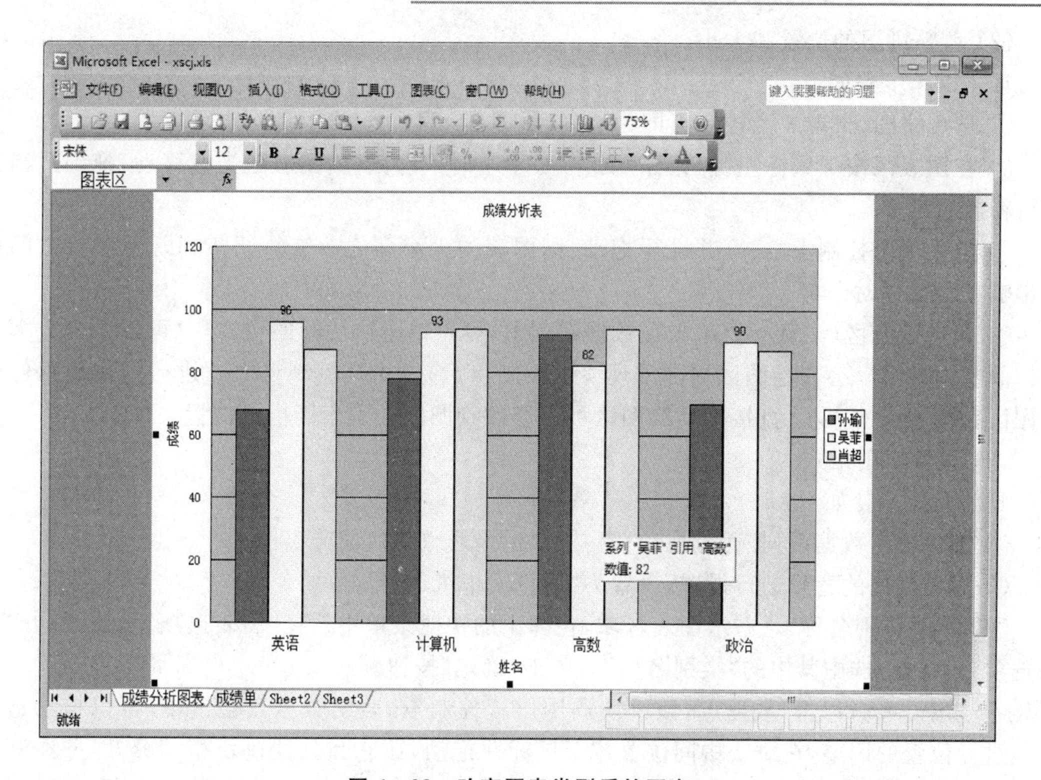

图 4-23 改变图表类型后的图表

之间的人数。

在 F25 单元格中输入公式“=COUNTIF(G2:G22,"<=80")-COUNTIF(G2:G22,"<=70")”(意思是 80 分以下的人数减去 70 分以下的人数)并按【Enter】键，这样就得到了 70～80分(包括 70 但不包括 80)的人数。

在 G25 单元格中输入公式“=COUNTIF(G2:G22,"<=70")-COUNTIF(G2:G22,"<=60")”(意思是所有 70 分以下的人数减去 60 分以下的人数)并按【Enter】键，得到 60～70 之间的人数(包括 60 但是不包括 70)的人数。

选中 H25 单元格并输入“=COUNTIF(G2:G22,"<=60")”填充 60 分以下的人数，这个公式比较简单。

② 选中 D24:H25 单元格，然后单击“图表向导”按钮 ，在“向导 1”的对话框中选择“饼图”选项，子图表类型选择“分离型饼图”选项，然后单击“下一步”按钮。

③ 再单击“下一步”按钮，进入“向导 3”的“图表选项”对话框。

④ 选择“图例”选项卡，取消选中“显示图例”复选框，设置成不显示图例。选择“数据标志”选项卡，选中“百分比”复选框，选中“显示引导线”复选框，然后单击“下一步”按钮。

⑤ 图表位置不做修改，默认是按销售情况表的对象插入，直接单击“完成”按钮。

(2) 调整饼图的位置和大小。

具体操作步骤如下:

① 选中饼图(出现 8 个控制点即为选中,见图 4-24)。

② 在图表区按下鼠标左键,光标变成空心十字时拖动鼠标,图表随光标移动,拖到适当位置后释放鼠标。

③ 选中 8 个控制点之一,并进行拖动,则图表的大小随之改变。调整到既不浪费空间也不影响其他数据时即可。

④ 单击绘图区(注意不要单击在数据系列上,可以单击饼块间的空隙,也可以单击方框与圆饼的空白地带),会在绘图区周围出现 4 个控制点,选中 4 个控制点之一进行拖动可以修改绘图区在图表区的大小,直接拖动绘图区可以修改绘图区在图表区内的位置。

(3) 设置饼图格式。

具体操作步骤如下:

① 选中饼图数据系列,通过拖动任一饼块适当调整饼块的分离度。

② 对图表区的背景进行设置,设置为"蓝色面巾纸"效果。

③ 添加"类别名称"。右击图表区域,在弹出的快捷菜单中选择"图表选项"命令,打开"图表选项"对话框,选中其中的"类别名称"后单击"确定"按钮。

④ 选中"90 分以上"数据点,该饼块周围出现控制点,表明数据点被选中,可以拖动这个饼块进行位置的调整,在饼块中间位置按下鼠标并拖动,让它和其他饼块稍稍分开,并在其上右击可以对数据点的格式进行设置,将此数据点格式设置为填充效果中的"水滴"图案。用同样的方法,将"80~89"数据点的背景设置为"画布"图案,将"70~79"数据点的背景设置为"白色大理石"图案,将"60~69"数据点的背景设置为"斜纹布"图案,将"60 分以下"数据点的背景设置为"编织物"图案。

⑤ 右击图表区,在弹出的快捷菜单中选择"图表选项"命令,在打开的对话框中选择"标题"选项卡,输入图表标题为"成绩统计图表"。单击"确定"按钮关闭对话框。

⑥ 在数据系列上右击,在弹出的快捷菜单中选择"数据系列格式"命令,打开"数据系列格式"对话框,选择"选项"选项卡,将"第一扇区起始角度"设置为 70 度。

⑦ 在图表标题上右击,在在弹出的快捷菜单中选择"图表标题格式"命令,在打开的对话框中将"字体"部分的设置修改为宋体、14 号字,然后单击"确定"按钮。

⑧ 单击某个数据标志一次或者两次,其四周会出现 8 个小黑点,表示被选中,然后可以通过拖动的方法修改位置。将所有数据标志分别拖动到适当的位置。格式设置完成,最后的结果如图 4-25 所示。

四、实验内容

【实验 1】 制作柱形图。

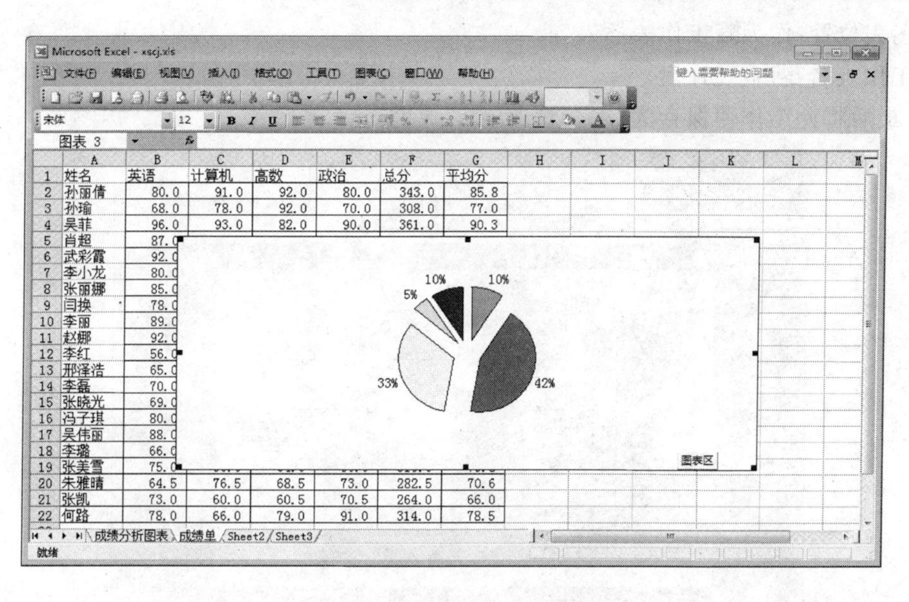

图 4－24　默认效果的饼图

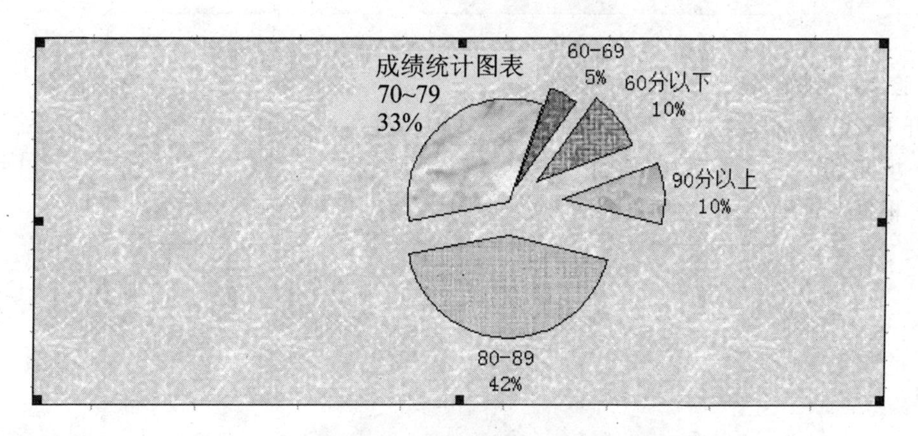

图 4－25　最终完成的饼图

打开 Excel 素材文件夹下的 xjgl. xls 工作薄文件夹，进行如下操作。

(1)根据“工资情况”工作表中的数据，在 Sheet2 中建立高工、工程师、技术员基本工资和奖金平均值的工作表。

(2)根据 Sheet2 中的数据生成工资统计图表，如图 4－26 所示。

① 分类轴为“职称”，数值轴为不同职称的“基本工资”、“奖金”的平均值。

② 图表类型：簇状柱形图。

③ 图表标题：薪金统计表。

④ 图例：靠右。

⑤ 图表位置:作为新工作表插入。

⑥ 工作表名:薪金统计表。

(3) 最后将此工作薄保存为“薪金管理.xls”并提交。

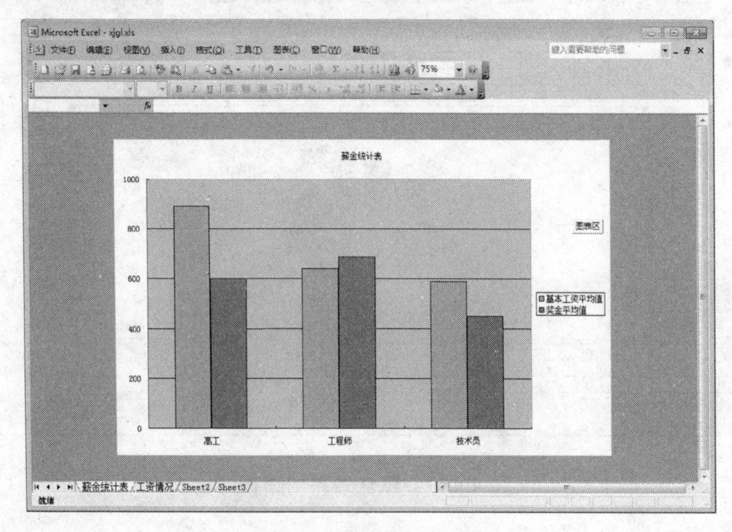

图 4-26 薪金统计图表

【实验 2】 制作饼图。

打开 Excel 素材库文件夹下的 sjgl. xls 工作薄文件,进行如下操作。

(1) 填充 Sheet1 工作表中“合计”行的数值。

(2) 根据 Sheet1 工作表中的数据,建立如图 4-27 所示的图表工作表。

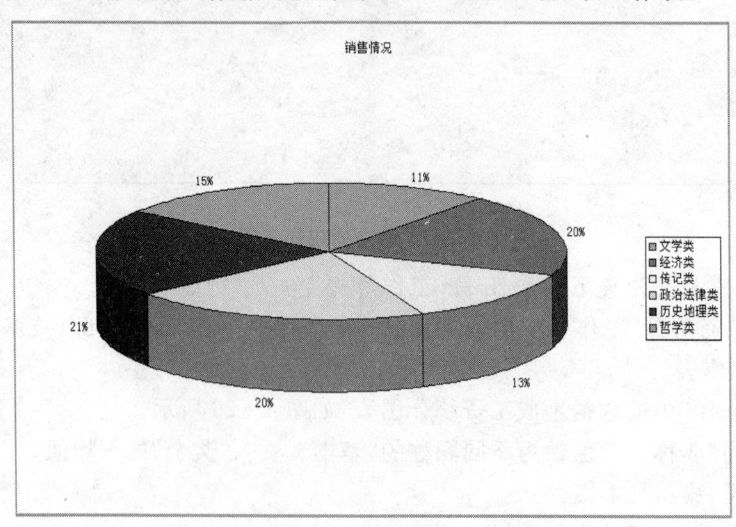

图 4-27 销售情况图表

① 图表分类轴为“书籍分类”,数值轴为各书籍收入的“合计”。

② 图表类型:三维饼图。

③ 添加标题:销售情况。

④ 图例:靠右。

⑤ 数据标志:显示百分比。

⑥ 图表位置:作为新工作表插入。

⑦ 工作表名:销售情况表。

(3) 完成后将工作薄保存为“销售情况. xls“并提交。

【实验 3】 制作折线图。

打开 Excel 素材文件夹下的 sjgl. xls 工作薄文件,根据 Sheet1 工作表中的数据建立如图 4-28 所示的折线图工作表。

① 图表分类轴为书籍分类,数值轴为“北京”、“天津”、“上海”、“杭州”、“合计”各分类书籍的收入。

② 图表类型:数据点折线图。

③ 添加标题:营业收入分析。

④ 图例:靠右。

⑤ 图表位置:作为新工作表插入。

⑥ 工作表名:营业收入图表。

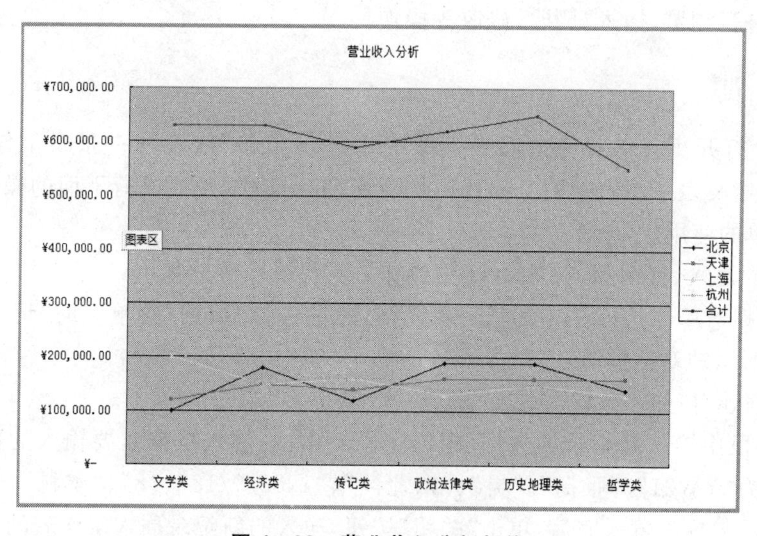

图 4-28　营业收入分析折线

实验三 Excel 2003 数据管理操作

一、实验目的

1. 掌握记录单的使用；
2. 掌握数据的分类汇总；
3. 掌握数据透视表的操作；
4. 掌握数据列表的排序、筛选。

二、相关知识

关系数据库中数据的结构方式是一个二维表格，Excel 2003 对工作表中的数据是按数据库的方式进行管理的，Excel 中的“工作表”就是数据库软件中的“数据库”文件，具有数据库的排序、检索、数据筛选、分类汇总等功能，并以记录的形式在工作表中插入、删除、修改数据。

如果把工作表作为一个数据库，则工作表的一列就是一个字段，每一列中第一个单元格的列标题叫字段名，字段名必须由文字表示，不能是数值。工作表的每一行对应数据库的一个记录，存放着相关的一组数据。数据库的字段数最多为 256，记录数最多为 65535。

对于工作表的内容，可以执行“数据”菜单中的“记录单”命令，在弹出的对话框中，以记录为单位对数据进行浏览、插入、删除、修改等操作。

三、实验示例

【例 4.5】 打开 Excel 素材文件夹下的 ryda. xls 工作薄，添加一张新工作表并命名为 Sheet1，将人员档案表工作表中的全部数据复制到 Sheet1 中，然后进行下面的操作。

(1) 记录单的使用。

包括记录的输入、查询等，在 Sheet1 中操作。具体操作步骤如下：

① 选择数据清单 A1:H21 中的任一单元格，然后选择“数据”菜单中的“记录单”命令，打开如图 4－29 所示的对话框。

② 单击“新建”按钮。

③ 在各字段中输入新纪录的数据(单击字段文本框，输入数据)，要输入的数据按各字段顺序排列分别为“YW21”、“张扬”、“男”、“东北区”、“1988/9/18”、“8”、“本科”、“496545”。一个记录中各字段数据都输入完后，单击“关闭”按钮，输入的新纪录插入工作表的尾部。

④ 用前述方法再次打开记录单。

⑤ 单击“上一条”或“下一条”按钮，逐条显示数据表中的记录。

⑥ 单击“条件”按钮，打开如图 4－30 所示的对话框。

⑦ 在“性别”右侧文本框中输入“男”，在“销售区域”右侧文本框中输入“东北区”，单击“上一条”或“下一条”按钮，显示数据表中符合条件的记录，共有 2 条。

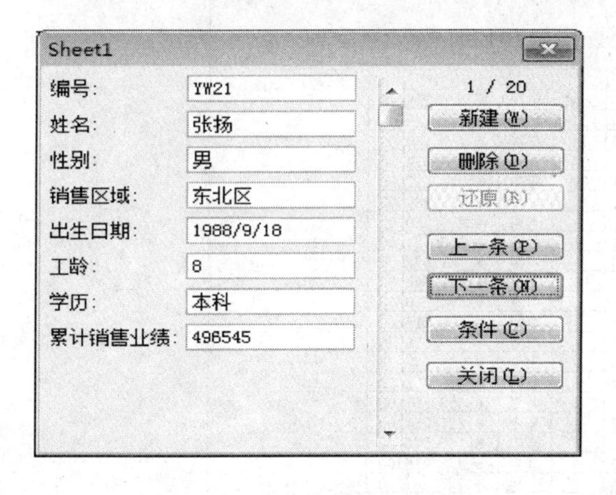

图 4－29　记录单对话框

图 4－30　记录单查询对话框

说明：

可以利用“记录单”插入、查询数据，也可直接在数据清单中直接进行插入、查询数据。

如果需要删除数据，直接删除相应行即可。

(2) 数据的排序操作。

将数据按一个条件或者多个条件进行重排，在 Sheet1 中操作。具体操作步骤如下：

① 单击“工龄”列的任一单元格(注意不要选中整列，否则只对一列进行排序，会导致数据错位)。

② 单击常用工具栏中的“降序排序”按钮“Z↓A”，查看数据清单，记录已经参加工作的时间重新进行了排列，如图 4－31 所示。将 Sheet1 改名为“按工作时间排序”。

③ 添加一张新工作表并名为“多条件排序”，将人员档案表工作表中的全部数据复制到该工作表中。单击数据清单中的任一单元格，然后选择“数据”菜单中的“排序”命令。打开“排序”对话框，工作表内的数据区域被自动选中。

④ 在与“主要关键字”、“次要关键字”和“第三关键字”对应的下拉列表中，分别选择“销售区域”、“出生日期”和“工龄”字段，前两个关键字中选中“升序”单位按钮，最后一个选中“降序”单选按钮，然后单击“确定”按钮。数据清单已经按上述定义的次序重新进行了排列，如图 4－32 所示。

说明：

当排序条件只有一个时，可以使用常用工具栏中的“升序排序”按钮“Z↓A”、“降序排序”按钮“A↓Z”来进行，当对多个字段进行复合排序时，必须使用“排序”对话框。

编号	姓名	性别	销售区域	出生日期	工龄	学历	累计销售业绩
YW12	王利利	男	华南区	1979/05/30	11	本科	¥ 264,045.00
YW17	黄学胡	男	华中区	1980/06/29	11	本科	¥ 431,166.00
YW20	张光立	男	华北区	1981/03/20	11	大专	¥ 458,834.00
YW02	赵晓娜	女	西北区	1981/10/04	10	高中	¥ 312,597.00
YW16	李晓梅	女	华中区	1957/08/11	10	大专	¥ 151,984.00
YW07	卞永辉	男	西南区	1979/03/25	9	本科	¥ 274,330.00
YW15	赵志杰	男	华南区	1980/04/24	9	大专	¥ 160,787.00
YW18	张民化	男	华中区	1980/09/03	9	中专	¥ 91,092.00
YW21	张扬	男	东北区	1988/09/18	8	本科	¥ 496,545.00
YW06	王志刚	男	西南区	1979/01/18	8	中专	¥ 364,960.00
YW09	刘宝英	女	西北区	1963/08/25	8	本科	¥ 109,817.00
YW08	马红丽	女	西南区	1969/09/07	7	中专	¥ 450,159.00
YW03	刘　绪	女	西北区	1979/09/30	6	大专	¥ 265,145.00
YW13	丁一夫	男	华南区	1979/08/04	6	本科	¥ 439,356.00
YW04	张　琪	女	华南区	1977/09/25	4	大专	¥ 458,567.00
YW19	王　立	男	华北区	1981/01/13	4	高中	¥ 311,251.00
YW05	魏翠海	女	华东区	1973/09/16	3	高中	¥ 185,970.00
YW10	王　星	女	西北区	1961/08/20	3	高中	¥ 471,415.00
YW11	邢鹏丽	女	西北区	1959/08/16	2	本科	¥ 227,267.00
YW14	洪　峰	男	华南区	1980/02/18	2	大专	¥ 259,850.00

图 4－31　按工龄降序排列的数据清单

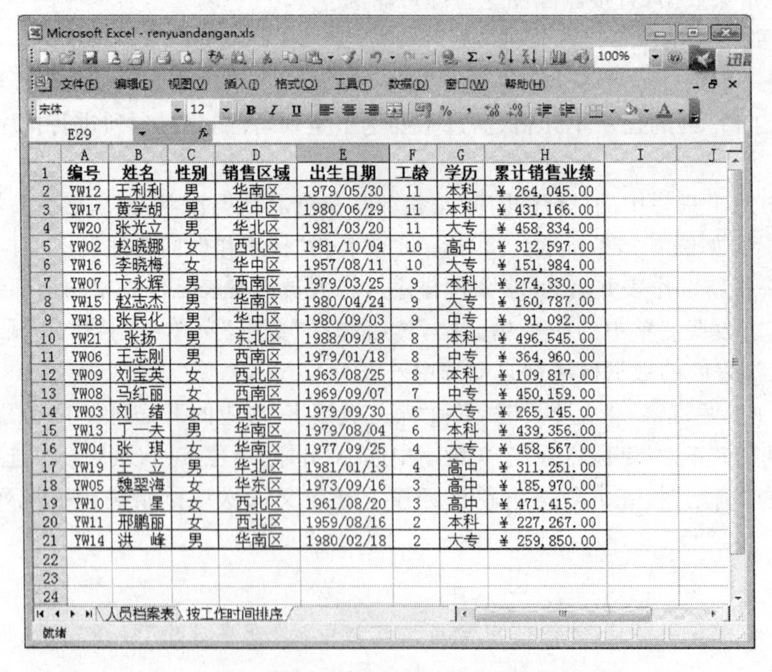

编号	姓名	性别	销售区域	出生日期	工龄	学历	累计销售业绩
YW12	王利利	男	华南区	1979/05/30	11	本科	¥ 264,045.00
YW17	黄学胡	男	华中区	1980/06/29	11	本科	¥ 431,166.00
YW20	张光立	男	华北区	1981/03/20	11	大专	¥ 458,834.00
YW02	赵晓娜	女	西北区	1981/10/04	10	高中	¥ 312,597.00
YW16	李晓梅	女	华中区	1957/08/11	10	大专	¥ 151,984.00
YW07	卞永辉	男	西南区	1979/03/25	9	本科	¥ 274,330.00
YW15	赵志杰	男	华南区	1980/04/24	9	大专	¥ 160,787.00
YW18	张民化	男	华中区	1980/09/03	9	中专	¥ 91,092.00
YW21	张扬	男	东北区	1988/09/18	8	本科	¥ 496,545.00
YW06	王志刚	男	西南区	1979/01/18	8	中专	¥ 364,960.00
YW09	刘宝英	女	西北区	1963/08/25	8	本科	¥ 109,817.00
YW08	马红丽	女	西南区	1969/09/07	7	中专	¥ 450,159.00
YW03	刘　绪	女	西北区	1979/09/30	6	大专	¥ 265,145.00
YW13	丁一夫	男	华南区	1979/08/04	6	本科	¥ 439,356.00
YW04	张　琪	女	华南区	1977/09/25	4	大专	¥ 458,567.00
YW19	王　立	男	华北区	1981/01/13	4	高中	¥ 311,251.00
YW05	魏翠海	女	华东区	1973/09/16	3	高中	¥ 185,970.00
YW10	王　星	女	西北区	1961/08/20	3	高中	¥ 471,415.00
YW11	邢鹏丽	女	西北区	1959/08/16	2	本科	¥ 227,267.00
YW14	洪　峰	男	华南区	1980/02/18	2	大专	¥ 259,850.00

图 4－32　按多个关键字进行排序后的数据清单

(3) 数据的分类汇总操作。

将“多条件排序”工作表中的数据复制到一个新工作表中，并命名新工作表名称为“多级分类汇总”，在该表中进行下面的操作。具体操作步骤如下：

① 单击数据区域中的任一单元格，然后选择“数据”菜单中的“分类汇总”命令，打开“分类汇总”对话框。“分类字段”选择“销售区域”选项，“汇总方式”选择“求和”选项，“选定工作项”选中“累计销售业绩”复选框，如图 4－33 所示。设置好后单击“确定”按钮。

② 单击数据清单左侧的分类级别 1、2、3，查看只显示累计销售业绩、显示销售区域汇总结果和显示所有明细数据的效果。

③ 再次打开“分类汇总”对话框，选择“分类字段”为“学历”，取消选中“替换当前分类汇总前的”复选框，然后单击“确定”按钮，显示出多级分类汇总的结果。可以通过左侧的控制按钮显示不同级别的汇总数据，如图 4－34 所示。

图 4－33　“分类汇总”对话框

说明：

分类汇总前需要对数据按分类字段排序。

要删除分类汇总，可以打开“分类汇总”对话框，单击其中的“全部删除”按钮。

(4) 数据的自动筛选。

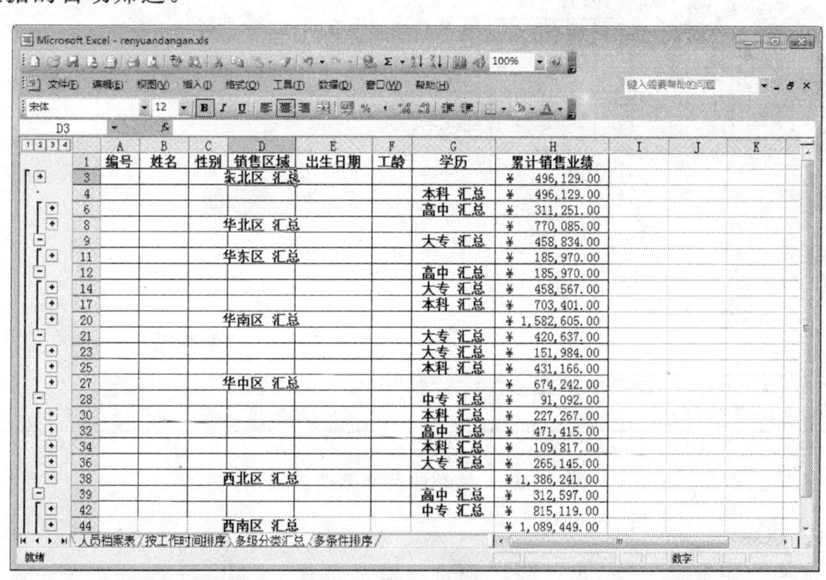

图 4－34　多级分类汇总

新建一张名叫 Sheet4 的工作表，将人员档案表工作表复制到其中然后对其进行操作。具体操作步骤如下：

① 单击数据区域中的任一单元格，然后选择“数据”菜单中的“筛选”命令，在出现的级联菜单中选择“自动筛选”命令，每个字段名右下角会出现一个小小的黑色下拉按钮。

② 单击“销售区域”字段中的下拉按钮，从下拉列表中选择“华南区”选项，则数据表中只显示“华南区”的员工数据，如图 4-35 所示。

③ 单击“出生日期”字段右边的下拉按钮，从弹出的下拉列表中选择“（自定义）”命令，打开“自定义自动筛选方式”对话框，在其左上角的下拉列表中选择“大于或等于”选项，在右面的组合框中输入“1980－3－20”，单击“确定”按钮，则只有序号为 YW15 的员工记录显示出来，实现了对条件“华南区，1980 年 3 月 20 日及以后参加工作”的员工数据的筛选操作。

④ 再次单击“销售区域”右边的下拉按钮，选择其中的“全部”选项，所有 1980 年 3 月 20 日及以后参加工作的员工记录全部显示出来了。

⑤ 再次选择“数据”菜单中的“筛选”命令，在出现的级联菜单中选择“自动筛选”命令(刚打开菜单时会发现命令前带一个对号，显示为“√”，自动筛选被取消后，所有数据显示出来。

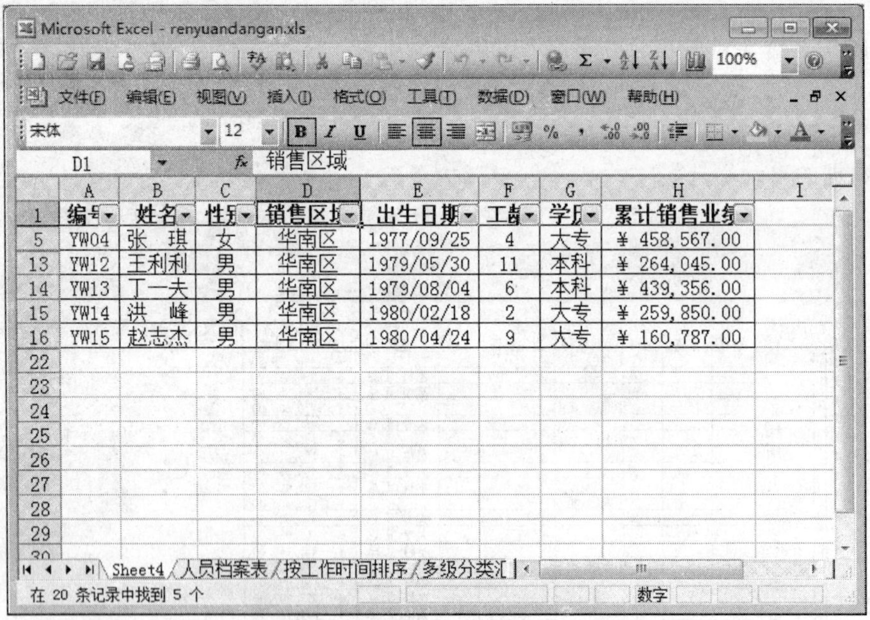

Microsoft Excel - renyuandangan.xls

D1　销售区域

	A	B	C	D	E	F	G	H
1	编号	姓名	性别	销售区域	出生日期	工龄	学历	累计销售业绩
5	YW04	张　琪	女	华南区	1977/09/25	4	大专	¥ 458,567.00
13	YW12	王利利	男	华南区	1979/05/30	11	本科	¥ 264,045.00
14	YW13	丁一夫	男	华南区	1979/08/04	6	本科	¥ 439,356.00
15	YW14	洪　峰	男	华南区	1980/02/18	2	大专	¥ 259,850.00
16	YW15	赵志杰	男	华南区	1980/04/24	9	大专	¥ 160,787.00

Sheet4 / 人员档案表 / 按工作时间排序 / 多级分类汇

在 20 条记录中找到 5 个　　数字

图 4-35　单条件自动筛选的结果

说明：

自动筛选的使用比较方便，但不能处理很复杂的条件，对同一个字段最多能有两个条件的“与”或者“或”，再复杂的筛选条件无法表示。

(5) 简单条件的数据高级筛选。

仍然在 Sheet4 中进行，筛选条件为 1980～1981 年出生的人员，即出生时间大于等于 1980 年 1 月 1 日并且小于 1981 年 12 月 31 日，这是一个复合条件，需要使用两个“出生日期”字段。具体操作步骤如下：

① 条件区域设置为 D24:E25，将“出生日期”字段名复制到 D24 和 E24 单元格中。

② 在 D25 和 E25 单元格中分别输入“＞＝1980－1－1”和“＜＝1981－12－31”。

③ 在数据清单中选择任意单元格。

④ 选择“数据”菜单中的“筛选”命令，在出现的级联菜单中选择“高级筛选”命令，打开“高级筛选”对话框。

⑤ 选中“在原有区域显示筛选结果”单选按钮。

⑥ 选择“条件区域”编辑框，输入条件区域为 D24:E25（或用鼠标直接从工作表中选择），设置好参数的对话框如图 4-36 所示。

⑦ 单击“确定”按钮，筛选后的 Sheet4 工作表改名为“简单条件的高级筛选”，如图 4-37 所示。

说明：

如果没有事先选择数据清单就打开“高级筛选”对话框，仍然可以指定数据区域，单击数据区域右面的编辑框即可输入或者直接选择数据区域。

无论是条件多么复杂的高级筛选，操作过程都是类似的，只不过条件区域和结果区域的指定各不相同。

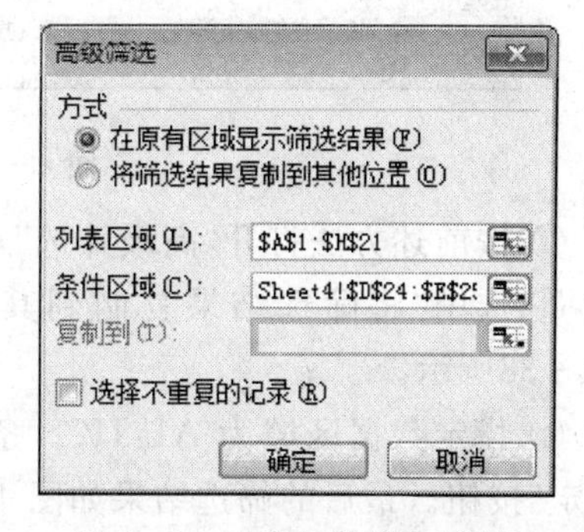

图 4-36　“高级筛选”对话框

(6) 复杂条件的数据高级筛选。

将人员档案表工作表复制到一个新工作表中，并命名新工作表为“复杂条件的高级筛选”，使用复杂条件对数据做高级筛选。筛选条件为销售区域为“西北区”或“西南区”，性别为“男”且出生日期在 1970 年以后的职工及不属于“西北区”但累计销售业绩在 3 千万以下的学历为“大专”的职工。

具体操作步骤如下：

① 将字段名“性别”、“销售区域”、“出生日期”、“学历”、“累计销售业绩”复制到 C26:G26 区域中，然后按上述要求写出筛选条件，条件的写法如表 4-1 所示。

表 4-1　高级筛选的条件

性别	销售区域	出生日期	学历	累计销售业绩
男	西北区	＞＝1970		
男	西南区	＞＝1970		
	＜＞西北区		大专	＜30000000

Microsoft Excel - renyuandangan.xls

	A	B	C	D	E	F	G	H
1	编号	姓名	性别	销售区域	出生日期	工龄	学历	累计销售业绩
3	YW02	赵晓娜	女	西北区	1981/10/04	10	高中	¥ 312,597.00
15	YW14	洪　峰	男	华南区	1980/02/18	2	大专	¥ 259,850.00
16	YW15	赵志杰	男	华南区	1980/04/24	9	大专	¥ 160,787.00
18	YW17	黄学胡	男	华中区	1980/06/29	11	本科	¥ 431,166.00
19	YW18	张民化	男	华中区	1980/09/03	9	中专	¥ 91,092.00
20	YW19	王　立	男	华北区	1981/01/13	4	高中	¥ 311,251.00
21	YW20	张光立	男	华北区	1981/03/20	11	大专	¥ 458,834.00
24				出生日期	出生日期			
25				>=1980-1-1	<=1981-12-31			

简单条件的高级筛选 / 人员档案表 / 按工作时间排序 / 多级分类汇总 / 复杂条件的高级筛选 / 多条件排序

“筛选”模式　数字

图 4－37　简单条件的高级筛选结果

② 按前述方法打开“高级筛选”对话框。

③ 选中“将筛选结果复制到其他位置”单选按钮和“选择不重复的记录”复选框，如图 4－38所示。

④ 指定数据区域为 A1:H21，条件区域为 C26:G29，复制到的文本框为 A30，然后单击“确定”按钮。最后的筛选结果如图 4－39 所示。

(7) 简单透视表。

使用数据透视表透视各销售区域不同学历的职工的累计销售业绩的平均值。新建一个 Sheet5 工作表，将人员档案表中的数据全部复制过来，以下操作在 Sheet5 中进行。具体操作步骤如下：

① 单击数据清单中的任一单元格(这是为了方便在第 2 步中省去选择数据区的麻烦)。

② 选择“数据”菜单中的“数据透视表和数据透视图”命令，打开“数据透视表和数据透视图向导－3 步骤之 1”对话框，采用其默认选择，这里不需要选择，直接单击“下一步”按钮。

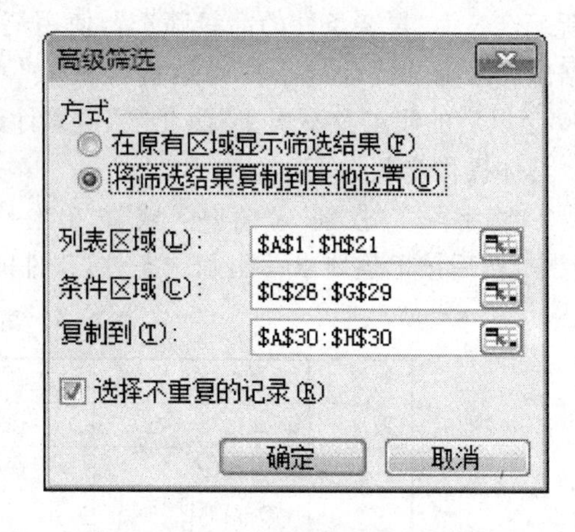

图 4－38　“高级筛选”对话框

	A	B	C	D	E	F	G	H
26			性别	销售区域	出生日期	学历	累计销售业绩	
27			男	西北区	>=1970			
28			男	西南区	>=1970			
29				<>西北区		大专	<30000000	
30	编号	姓名	性别	销售区域	出生日期	工龄	学历	累计销售业绩
31	YW04	张　琪	女	华南区	1977/09/25	4	大专	¥ 458,567.00
32	YW06	王志刚	男	西南区	1979/01/18	8	中专	¥ 364,960.00
33	YW07	卞永辉	男	西南区	1979/03/25	9	本科	¥ 274,330.00
34	YW14	洪　峰	男	华南区	1980/02/18	2	大专	¥ 259,850.00
35	YW15	赵志杰	男	华南区	1980/04/24	9	大专	¥ 160,787.00
36	YW16	李晓梅	女	华中区	1957/08/11	10	大专	¥ 151,984.00
37	YW20	张光立	男	华北区	1981/03/20	11	大专	¥ 458,834.00

图 4－39　复杂条件的高级筛选结果

③ 选择区域会自动分析填充完毕为＄A＄1：＄H＄21，这里不需要修改，如图 4－40 所示。直接单击“下一步”按钮。

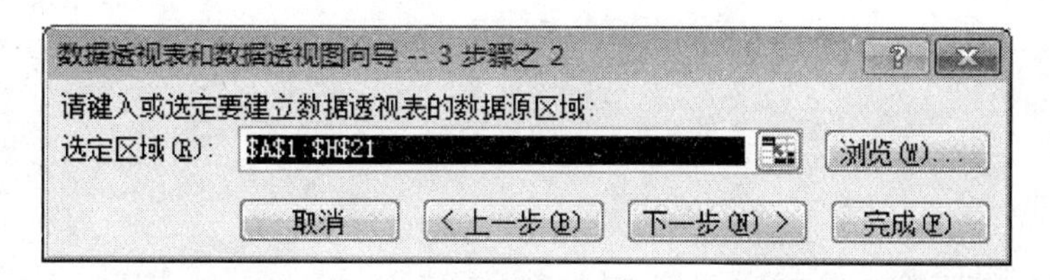

图 4－40　“数据透视表和数据透视图向导－3 步骤向导之 2”对话框

④ 在弹出的向导 3 对话框中单击“布局”按钮，打开“布局”对话框，将“销售区域”拖到行中，将“学历”拖到列中，将“累计销售业绩”拖到中间部分的数据中，单击“确定”按钮关闭“布局”对话框，再单击“完成”按钮结束向导。系统自动建立一个新工作表，名为 Sheet6。

⑤ 右击工作表 A3 单元格的“求和项：累计销售业绩”，在弹出的快捷菜单中选择“字段设置”命令。

⑥ 在打开的“透视数据表字段”对话框中，将“汇总方式”改为“平均值”方式，如图 4－41 所示，然后单击“数字”按钮，在打开的“单元格格式”对话框中将数值格式设置为 1 位小数，最后单击两次“确定”按钮，得到的透视结果如图 4－42 所示。将 Sheet6 工作表改名为“简单透视表”。

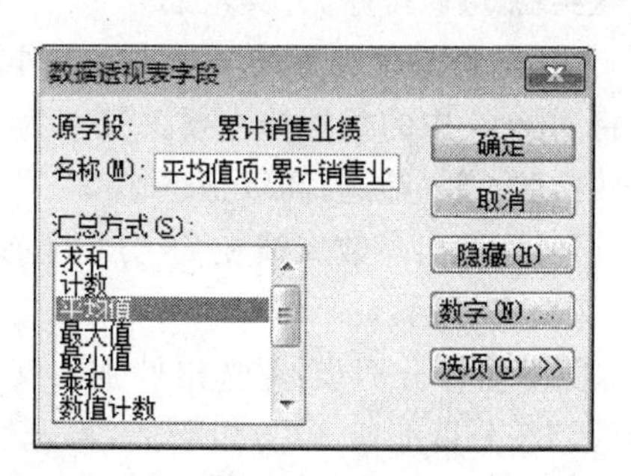

图 4－41　“数据透视表字段”对话框

说明：

当数据关系比较复杂时，可以设置页字段，如按“性别”透视结果时，可以将“性别”拖到页字段上，默认会显示所有“性别”的数据，也可以在字段右边的下拉列表框进行设置显示特定性别的数据。

可以在数据透视工作表中直接修改要透视的字段，而不需要每次运行数据透视表向导。

与分类汇总不同，透视数据前不需要进行排序操作。

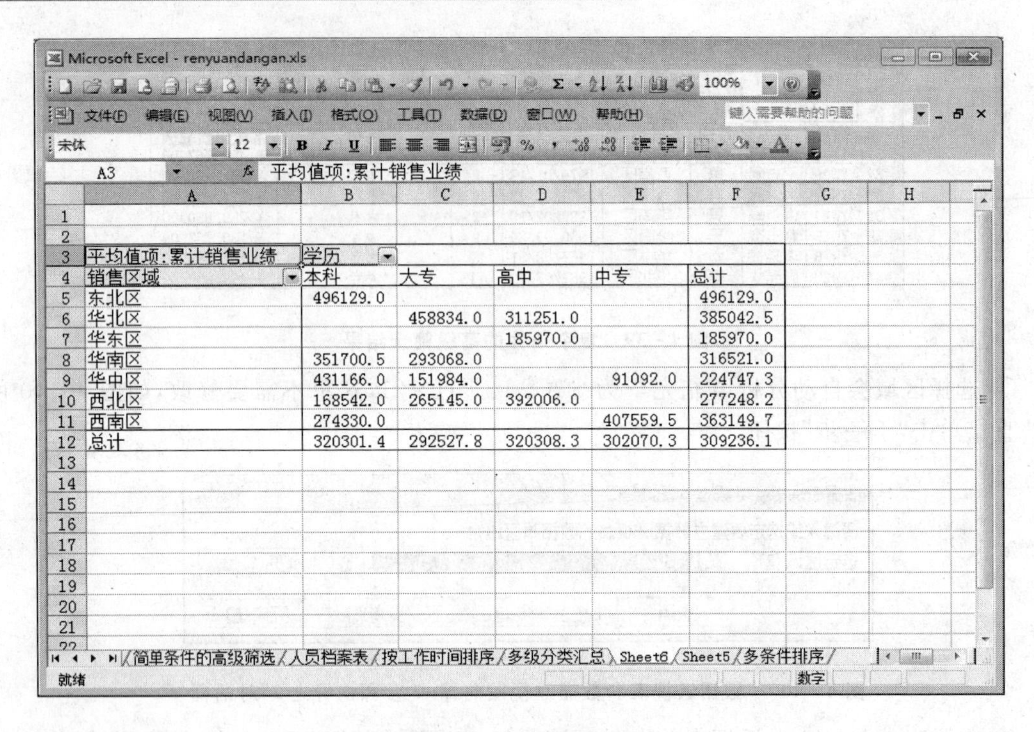

平均值项:累计销售业绩	学历				
销售区域	本科	大专	高中	中专	总计
东北区	496129.0				496129.0
华北区		458834.0	311251.0		385042.5
华东区			185970.0		185970.0
华南区	351700.5	293068.0			316521.0
华中区	431166.0	151984.0		91092.0	224747.3
西北区	168542.0	265145.0	392006.0		277248.2
西南区	274330.0			407559.5	363149.7
总计	320301.4	292527.8	320308.3	302070.3	309236.1

图4-42 数据透视结果

当直接使用现有字段不能满足透视要求时，可以使用自定义字段。

四、实验内容

【实验1】 排序、分类汇总。

打开素材文件夹下的 xscj. xls 工作薄，将 Sheet1 中的数据复制到 Sheet2 中，进行如下操作：将 sheet2 中的数据按主要关键字为“总分”降序排列，次要关键为“学号”升序排列。

【实验2】 筛选、高级筛选。

(1) 筛选出高数成绩在85分以上或60分以下的女生记录。

知识点提示：

① 本操作分两步：先选出性别为女的记录，再筛选高数85分以上或60分以下的；或先筛选高数85分以上或60分以下的，再选性别为女的记录。

② 筛选高数85分以上或60分以下的操作步骤是：对高数筛选时选择自定义，打开“自定义自动筛选方式”对话框，在其中输入两个条件用“或”逻辑。

(2) 筛选出高数成绩在80分以上或英语成绩在80分以上的所有记录，并将筛选结果放到指定的位置显示。

知识点提示：

以上筛选都仅对一门课程成绩进行筛选，同时筛选结果放在原来位置上，因此用自动筛选就能完成，本题要对两门课程成绩进行筛选，同时将筛选结果要放到指定的位置，这时就应该用高级筛选。操作步骤是：

① 在数据表下面两行外或两列外，设置筛选条件区域，先分别在两个单元格中输入“高数”和“英语”。

② 在“高数”单元格对应的下一行的单元格中输入条件“>80”。

③ 在“英语”单元格对应的下两行的单元格中输入条件“>80”。注意，因为是“或”的关系，条件不能在一行进行输入。

④ 将光标放在数据表中，执行“表格|筛选|高级筛选”命令，在打开的对话框中进行设置。

【实验3】 分类汇总。

(1) 将 Sheet1 中的数据复制到 Sheet3 中，然后对 Sheet3 中的数据进行分类汇总操作。

按性别分别求出男、女生的各门课程的平均成绩(不包括总分)，平均成绩保留1位小数。

知识点提示：

① 由于分类字段是性别，因此在进行分类汇总之前，必须先对性别字段进行排序。

② 有两门课程成绩进行汇总。

③ 汇总的方式是求平均值。

(2) 在原有分类汇总的基础上，再统计出男生、女生各有多少人。

知识点提示：

该题目是一个分类汇总嵌套使用。就是再次使用“分类汇总”命令进行统计。

【实验4】 数据透视表。

打开素材文件夹下的职工表，在该表中要统计各项目组中每种职称的人数各是多少。

知识点提示：

题目中既要按“项目组”又要按“职称”分类，这就要用数据透视表来解决。建立透视表必须分清分类字段是什么，是按行或是按列分类，汇总字段是什么，以及汇总方式等。具体操作是：

① 将光标放在数据表中。

② 通过执行“数据|数据透视表和数据透视表图”命令，在弹出的数据透视表向导对话框中点“下一步”，在其中进行设置。

③ 本题行字段用“项目组”，即将“项目组”拖到“行”；列字段用“职称”，即将“职称”拖到“列”；“姓名”拖到“数据项”位置。

实验四 Excel 2003 的综合应用-函数、统计和图表

一、实验目的

1. 掌握 Excel 输入数据时填充和自动填充的方法；
2. 掌握常用函数的使用和排序及筛选的方法；
3. 掌握利用各种类型图表图示数据的方法。

二、相关知识

1. 函数及其书写格式：函数名(参数 1,参数 2……) 其中参数可以是单元地址或区域。
2. 常用数学与三角函数：
(1) 取整函数 INT
(2) 取余函数 MOD
(3) 四舍五入函数 ROUND
3. 统计函数：
(1) 求和函数 SUM
(2) 求平均数函数 AVERAGE
(3) 计数函数 COUNT
(4) 最大值函数 MAX
(5) 最小值函数 MIN

三、实验示例

【例 4.6】 打开素材文件夹下的"学生成绩表.xls",里面有一张名称为"成绩单"的工作表。内容是某校部分学生的考试成绩。进行如下操作。

(1) 求和函数、求平均数函数。

填充总分和平均分数据列。具体操作步骤如下：

① 选中 G2 单元格,输入"＝SUM(D2:F2)"并按【Enter】键。

② 选中 H2 单元格,输入"＝Average(D2:F2)"或者输入"＝G2/4"并按【Enter】键。

③ 同时选中 H2 和 G2 单元格,然后拖动填充柄,一直拖到 H28 单元格的位置并释放鼠标,完成所有同学的总分和平均分填充。

说明：

输入函数的方法有：手工输入；使用"常用"工具栏上的"粘贴函数"按钮；使用"插入"菜单→"函数"命令粘贴函数。

(2) 最大值函数、求平均数函数、IF 函数。

计算出每个学生各科的最高分和单科平均分，小数位数为 1，再利用 IF 函数总评出优秀学生(总分＞＝270 分)。具体操作步骤如下：

① 在 C29 和 C30 单元格中分别输入“最高分”和“单科平均分”。

② 选中 D29 单元格，单击常用工具栏中的“插入”按钮，在弹出的插入函数对话框中的选择函数项中选择 MAX 选项，查看出现的数据区域是否正确，单击“确定”按钮。

③ 选中 D30 单元格，输入公式“＝Average(D2:D28)”并按【Enter】键。

④ 同时选中 D29、D30 单元格，然后拖动填充柄至 F30 单元格中，再放开，任务完成，并将小数位数设置为 1 位，结果如图 4－43 所示。

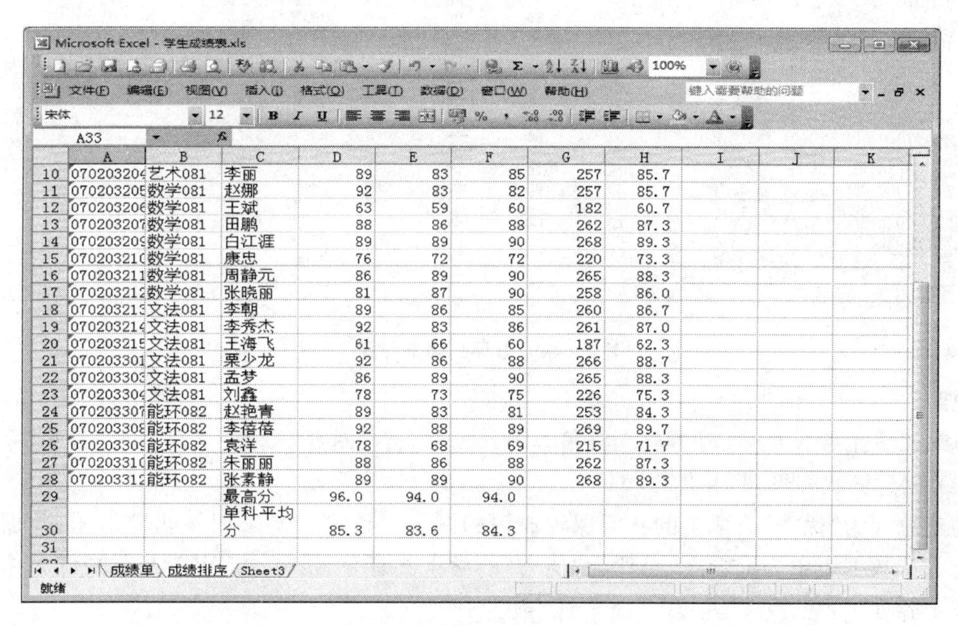

	A	B	C	D	E	F	G	H	I	J	K
10	070203204	艺术081	李丽	89	83	85	257	85.7			
11	070203205	数学081	赵娜	92	83	82	257	85.7			
12	070203206	数学081	王斌	63	59	60	182	60.7			
13	070203207	数学081	田鹏	88	86	88	262	87.3			
14	070203209	数学081	白江涯	89	89	90	268	89.3			
15	070203210	数学081	康忠	76	72	72	220	73.3			
16	070203211	数学081	周静元	86	89	90	265	88.3			
17	070203212	数学081	张晓丽	81	87	90	258	86.0			
18	070203213	文法081	李朝	89	86	85	260	86.7			
19	070203214	文法081	李秀杰	92	83	86	261	87.0			
20	070203215	文法081	王海飞	61	66	60	187	62.3			
21	070203301	文法081	栗少龙	92	86	88	266	88.7			
22	070203303	文法081	孟梦	86	89	90	265	88.3			
23	070203304	文法081	刘鑫	78	73	75	226	75.3			
24	070203307	能环082	赵艳青	89	83	81	253	84.3			
25	070203308	能环082	李蓓蓓	92	88	89	269	89.7			
26	070203309	能环082	袁洋	78	68	69	215	71.7			
27	070203310	能环082	朱丽丽	88	86	88	262	87.3			
28	070203312	能环082	张素静	89	89	90	268	89.3			
29			最高分	96.0	94.0	94.0					
30			单科平均分	85.3	83.6	84.3					
31											

图 4－43　公式填充的结果

⑤ 选中 I1 单元格，在其中输入“总评”，单击常用工具栏中的“插入”按钮，在弹出的插入函数对话框中的选择函数项中选择 IF 选项，在第一个列表框中输入“G2＞270”在第二个列表框中输入“优秀”，单击确定按钮。

⑥ 选中 G2 单元格，然后拖动填充柄至 I28 单元格，再放开，结果如图 4－44 所示。

(3) 排序。

添加一个新工作表，将“成绩表”中的数据全部复制到新工作表中，并命名该工作表为“成绩排序”。按平均分进行升序排序。具体操作步骤如下：

① 选中平均分列的任一数据单元格。

② 单击常用工具栏的 A↓Z 按钮，所有数据将按平均分由低到高的顺序排列。

Microsoft Excel - 学生成绩表.xls

J26

	A	B	C	D	E	F	G	H	I
1	学号	班级	姓名	英语	计算机	高数	总分	平均分	总评
2	070203208	数学081	孙丽倩	96	91	92	279	93.0	优秀
3	070203302	文法081	孙瑜	92	93	92	277	92.3	优秀
4	070203305	文法081	吴菲	96	93	93	282	94.0	优秀
5	070203306	文法081	肖超	87	94	94	275	91.7	优秀
6	070203311	能环082	武彩霞	92	93	92	277	92.3	优秀
7	070203201	艺术081	李小龙	80	69	71	220	73.3	FALSE
8	070203202	艺术081	张丽娜	85	91	93	269	89.7	FALSE
9	070203203	艺术081	闫换	78	87	90	255	85.0	FALSE
10	070203204	艺术081	李丽	89	83	85	257	85.7	FALSE
11	070203205	数学081	赵娜	92	83	82	257	85.7	FALSE
12	070203206	数学081	王斌	63	59	60	182	60.7	FALSE
13	070203207	数学081	田鹏	88	86	88	262	87.3	FALSE
14	070203209	数学081	白江涯	89	89	90	268	89.3	FALSE
15	070203210	数学081	康忠	76	72	72	220	73.3	FALSE
16	070203211	数学081	周静元	86	89	90	265	88.3	FALSE
17	070203212	数学081	张晓丽	81	87	90	258	86.0	FALSE
18	070203213	文法081	李朝	89	86	85	260	86.7	FALSE
19	070203214	文法081	李秀杰	92	83	86	261	87.0	FALSE
20	070203215	文法081	王海飞	61	66	60	187	62.3	FALSE
21	070203301	文法081	栗少龙	92	86	88	266	88.7	FALSE
22	070203303	文法081	孟梦	86	89	90	265	88.3	FALSE
23	070203304	文法081	刘鑫	78	73	75	226	75.3	FALSE
24	070203307	能环082	赵艳青	89	83	81	253	84.3	FALSE
25	070203308	能环082	李蓓蓓	92	88	89	269	89.7	FALSE
26	070203309	能环082	袁洋	78	68	69	215	71.7	FALSE
27	070203310	能环082	朱丽丽	88	86	88	262	87.3	FALSE
28	070203312	能环082	张素静	89	89	90	268	89.3	FALSE

成绩单 / Sheet2 / Sheet3

就绪

图 4-44 总评列填充结果

说明：

如果用多个条件排序，则不能直接用工具栏按钮，需要选择“数据”菜单中的“排序”命令。

(4) 创建簇状柱形图，并加以修饰。

创建总评为“优秀”的学生的各门课程成绩的图表工作表。要求用簇状柱形图，并加以适当修饰。从数据表中可以看出，总评为“优秀”的学生共有 5 名，将这 5 名学生的成绩选中。具体操作步骤如下：

① 同时选中 C1:F1，H1，C24:F28，H24:H28 数据区域，单击“图表向导”按钮 。

② 默认的图标类型就是簇状柱形图，直接单击“下一步”按钮。

③ 第 2 步将数据系列产生在列，再单击“下一步”按钮。

④ 将图表标题设置为“优秀生成绩”，再单击“下一步”按钮。

⑤ 选中“作为新工作表插入”单选按钮，并设置图表标题为“优秀生图表”，单击“完成”按钮。图表制作完成，下面对图表进行修饰。

⑥ 右击数值轴，在弹出的快捷菜单中选择“坐标轴格式”命令，在打开的对话框中选择“数字”选项卡，设置为不要小数(即将小数位数设置为 0)。

⑦ 右击绘图区，在弹出的快捷菜单中选择“绘图区格式”命令，打开填充效果对话框，将纹理样式设为“白色大理石”。连续两次单击“确定”按钮，呈现结果。平均分的数据夹杂在其他

数据中,效果不是很明显,下面将其设置为折线图,以区别于其他数据系列。

⑧ 选中"平均分"数据系列,并在其上右击,在弹出的快捷菜单中选择"图表类型"命令,在打开的"图表类型"对话框中选择"折线图"选项,子类型设置为"数据点"折线图,单击"确定"按钮。虽然平均分以折线形式体现出来了,但是线比较细,不够突出,下面修改线参数。

⑨ 选中"图例"中"平均分示例项"标示(即平均分右侧的标示),双击该标示,打开"图例项标示格式"对话框如图 4-45 所示。在"线形"选项组中线型的粗细设置为最粗,将"数据标志"设置为"自定义"选项,样式设置为" ","背景颜色"设置为"红色","大小"为 16 磅。单击"确定"按钮,平均分的折线变粗且加上了红色数据标记。其他数据系列的数据色彩比较单一,下面进行一些改变:选择"英语"数据系列并右击,在弹出的快捷菜单中选择"数据系列格式"命令,在打开的对话框中单击"填充效果"按钮,选择"纹理"中的"斜纹布"格式。单击两次"确定"按钮。

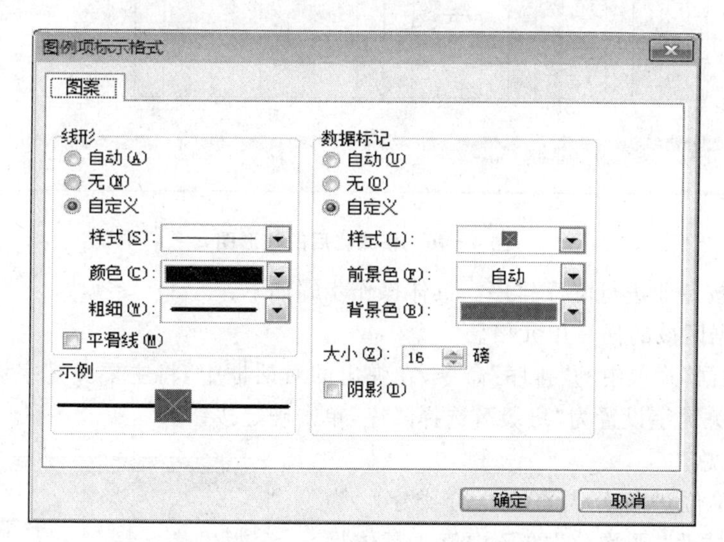

图 4-45 "图例项标示格式"对话框

⑩ 其他数据系列的图例格式可以自行进行设置,在此不再赘述。

⑪ 右击图表标题,在弹出的快捷菜单中选择"图表标题格式"命令,在打开的对话框中将"字体"部分的设置修改为宋体、20 号字,颜色设为黄色,然后单击"确定"按钮。

⑫ 选中图例(注意:只单击一次,否则可能选中数据系列),右击图例内部,在弹出的快捷菜单中选择"图例格式"命令,在打开的对话框中将"边框"设置为"无"。完成后的效果如图 4-46 所示。

(5) 建立新工作表,并排序。

将"成绩单"工作表中的数据复制到一个新工作表中,并命名为"学号专业排序"。按学号

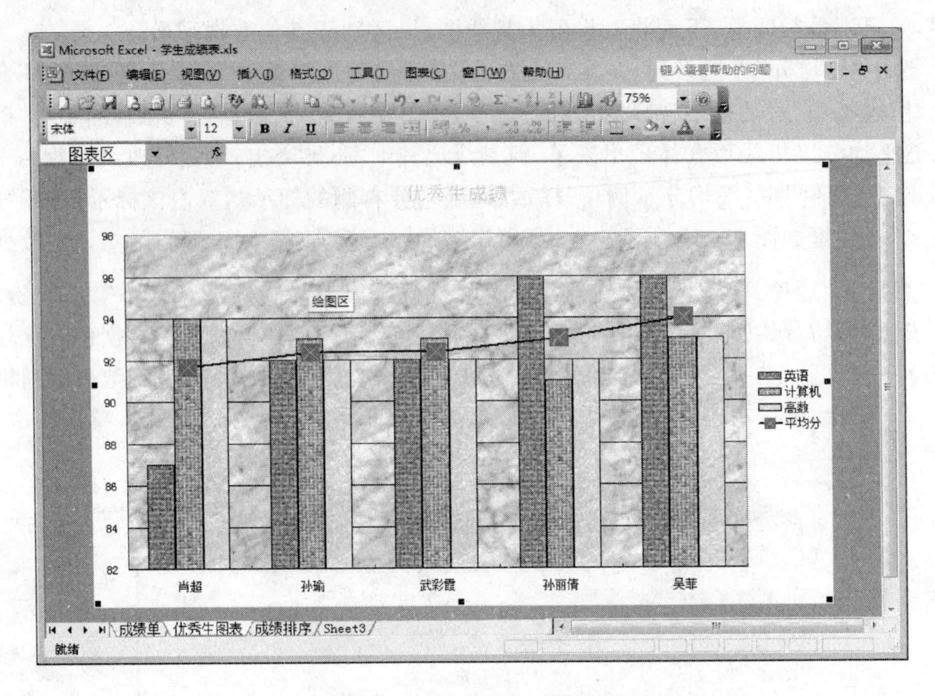

图 4 - 46　格式化后的柱形图

进行升序排序，按专业进行降序排序。具体操作步骤如下：

① 单击数据区域的任一单元格。

② 选择“数据”菜单中的“排序”命令，在弹出的对话框中，将主要关键字设置为“学号”选择“升序”，次要关键字设置为“班级”，选择降序，单击确定按钮。

(6) 分类汇总。

以班级为单位进行分类汇总。分类字段为“班级”，汇总方式为“平均分”的平均值。具体操作步骤如下：

① 单击数据区域的任一单元格。

② 选择“数据”菜单中的“分类汇总”命令，在弹出的对话框中，将分类字段设置为“班级”，“汇总方式”设置为“平均值”，“选定汇总项”设置为“平均分”其他选项不做设置，如图 4 - 47 所示。

③ 单击左边汇总级别控制中的“2”，显示 2 级汇总结果，如图 4 - 48 所示。

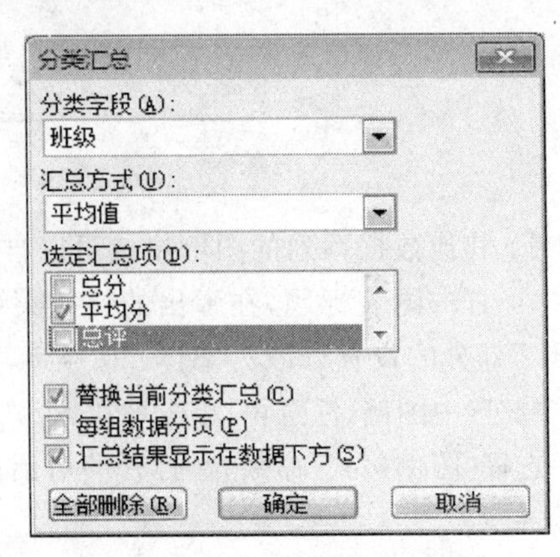

图 4 - 47　“分类汇总”对话框

(7) 筛选和高级筛选。

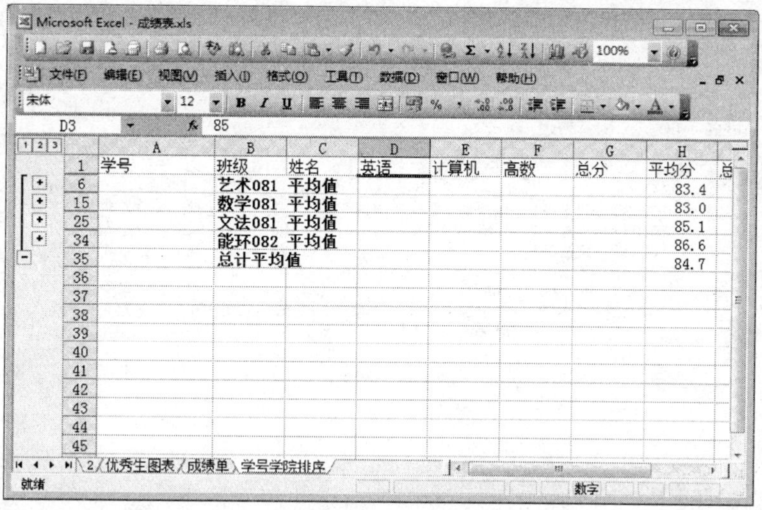

图 4-48　分类汇总结果

将“成绩单”工作表中的数据复制到一个新工作表中，并命名为“筛选”，在其中进行数据的筛选和高级筛选。具体操作步骤如下：

① 选中数据区域的任一单元格，选择“数据”菜单中的“筛选”命令，在出现的级联菜单中选择“自动筛选”命令，每个字段名上会出现一个小的黑色下拉按钮。在其中可以进行数据的自定义筛选。

② 选出“能环”和“文法”专业“英语”和“计算机”大于 85 且“平均分”大于 90 的学生记录和所有专业“计算机”成绩大于 90 的学生记录。条件区域从 B33 开始，筛选结果从 B37 开始，不要重复记录。

③ 输入筛选条件，在 B33:E36 输入筛选条件，如图 4-49 所示。

班级	英语	计算机	平均分
文法	>85	>85	>90
能环	>85	>85	>90
		>90	

图 4-49　高级筛选的条件

④ 单击数据区域内的任一单元格，选择数据菜单中的“筛选”命令，打开“高级筛选”对话框，选中其中的“将筛选结果复制到其他位置”单选按钮和“选择不重复的记录”复选框，数据区域已经自动填充为“$A$1:$I$30”，单击“条件区域”选择 B33:E36，单击“复制到”右边的选择按钮，指定 B37 为存放筛选首个记录的单元格。最后单击“确定”按钮，符合条件的记录被筛选到了指定位置。如图 4-50 所示。

(8) 数据透视表透视数据。

用数据透视表透视数据，透视各班级数学的平均分。将“成绩单”中的数据复制到一个新工作表中，并命名为“数据透视表”。具体操作步骤如下：

Microsoft Excel - 成绩表.xls

Criteria　班级

	A	B	C	D	E	F	G	H	I	
36				>90						
37		学号	班级	姓名	英语	计算机	高数	总分	平均分	总评
38		070203208	数学081	孙丽倩	96	91	92	279	93.0	优秀
39		070203302	文法081	孙瑜	92	93	92	277	92.3	优秀
40		070203305	文法081	吴菲	96	93	93	282	94.0	优秀
41		070203306	文法081	肖超	87	94	94	275	91.7	优秀
42		070203311	能环082	武彩霞	92	93	92	277	92.3	优秀
43		070203202	艺术081	张丽娜	85	91	93	269	89.7	FAI
44				最高分	96	94	94	282	94	

图 4－50　高级筛选的结果

① 单击数据区域的任一单元格，选择"数据"菜单中的"数据透视表和数据透视图"，单击"下一步"按钮。

② 在数据透视表和数据透视图向导—3 步骤之 2 的对话框中选定区域已经由系统自动填充，直接单击"下一步"按钮。

③ 指定数据透视表的创建位置，默认是新建工作表，单击"完成"按钮。这时会出现图 4－51 所示的新建工作表，可以将字段拖到相应位置来透视数据了。

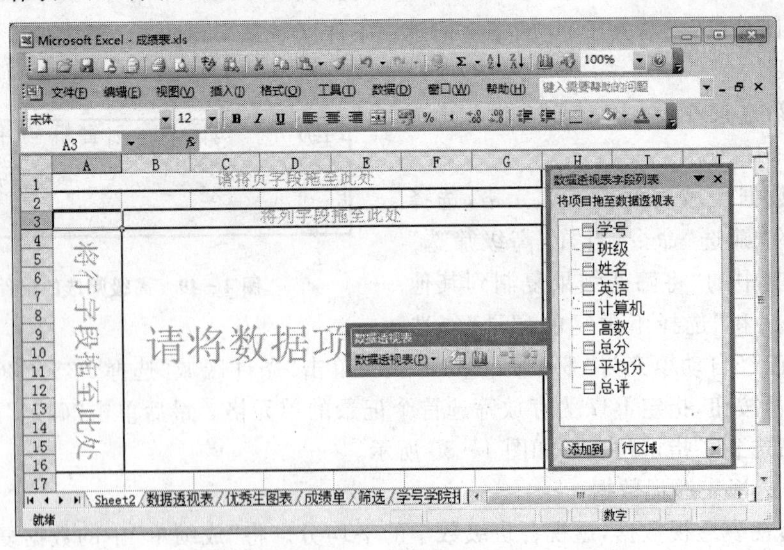

图 4－51　创建数据透视

④ 将“班级”拖到行字段处，将“高数”拖到数据项处，出现透视结果。但是结果是求和，现改为“平均值”。

⑤ 右击“求和项:数学”，在弹出的快捷菜单中选择“字段设置”命令，在打开的“数据透视表字段”的“汇总方式”列表框中选择“平均值”选项，如图 4-52 所示，单击“数字”选项，在打开的“单元格格式”对话框中，设置数值的小数位数位 1，然后单击两次“确定”按钮，结果如图 4-53所示。

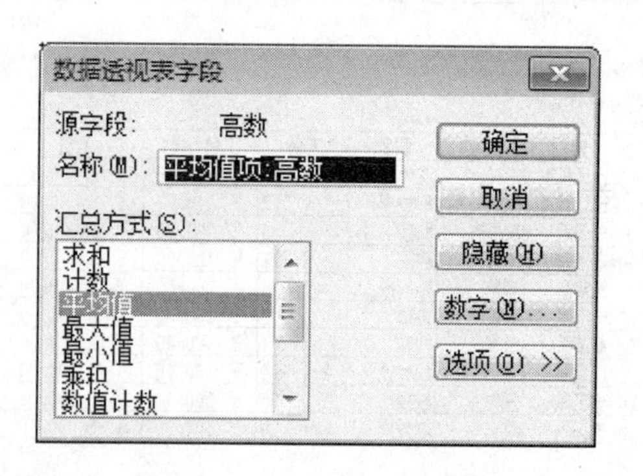

图 4-52 修改汇总方式

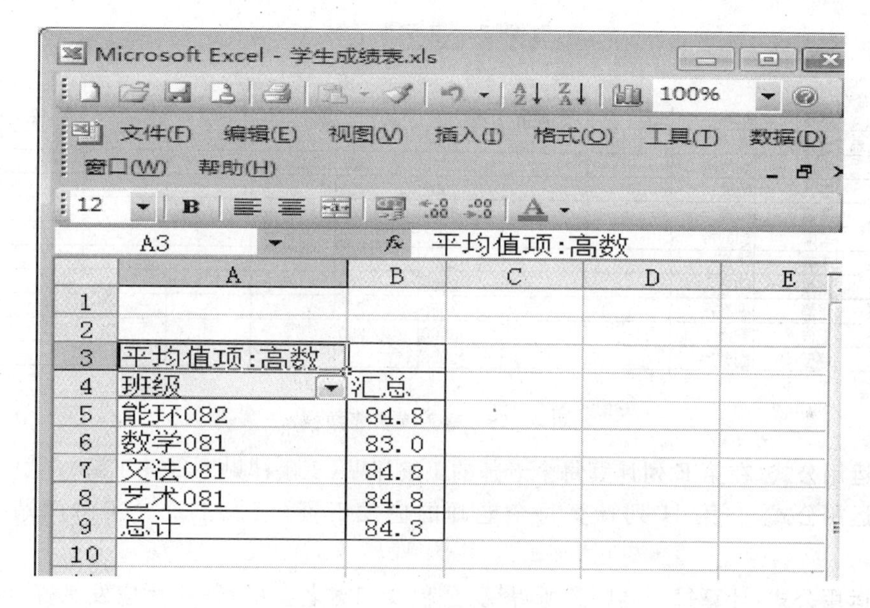

图 4-53 数据透视结果

四、实验内容

【实验 1】 利用单元格的编辑、单元格格式的设置及简单公式的计算，制作一张工资表，效果如图 4-54 所示。操作步骤如下：

(1) 启动 Excel，新建工作簿。按照图 4-55 所示，输入原始数据，建立工作表；

(2) 在第 1 行前插入一行，合并 A1:L1 之间的单元格，输入“工学院教师一月份工资”。字体为黑体、20 号；字体颜色为绿色；

(3) 选中第 2 行，对文字进行“加粗”并“居中”；

	A	B	C	D	E	F	G	H	I	J	K	L
1	工学院教师一月份工资											
2	部门	姓名	职称	工龄	工龄津贴	工资	奖金	应发工资	所得税	公积金	养老金	实发工资
3	计算机系	王良	讲师	6	￥ 120.00	￥ 2,500.00	￥ 200.00	￥ 2,820.00	￥ 282.00	￥ 125.00	￥ 200.00	￥ 2,213.00
4	计算机系	张斌	副教授	12	￥ 240.00	￥ 3,000.00	￥ 200.00	￥ 3,440.00	￥ 344.00	￥ 150.00	￥ 240.00	￥ 2,706.00
5	电子系	田书齐	助教	3	￥ 60.00	￥ 2,000.00	￥ 200.00	￥ 2,260.00	￥ 226.00	￥ 100.00	￥ 160.00	￥ 1,774.00
6	电子系	魏巍	教授	21	￥ 420.00	￥ 3,500.00	￥ 200.00	￥ 4,120.00	￥ 412.00	￥ 175.00	￥ 280.00	￥ 3,253.00
7	珠宝系	李娜	副教授	8	￥ 160.00	￥ 3,000.00	￥ 200.00	￥ 3,360.00	￥ 336.00	￥ 150.00	￥ 240.00	￥ 2,634.00
8	珠宝系	李莉	讲师	5	￥ 100.00	￥ 2,500.00	￥ 200.00	￥ 2,800.00	￥ 280.00	￥ 125.00	￥ 200.00	￥ 2,195.00
9	服装系	彭军	助教	4	￥ 80.00	￥ 2,000.00	￥ 200.00	￥ 2,280.00	￥ 228.00	￥ 100.00	￥ 160.00	￥ 1,792.00
10	服装系	张静	副教授	14	￥ 280.00	￥ 3,000.00	￥ 200.00	￥ 3,480.00	￥ 348.00	￥ 150.00	￥ 240.00	￥ 2,742.00
11	建工系	王俊龙	教授	25	￥ 500.00	￥ 3,500.00	￥ 200.00	￥ 4,200.00	￥ 420.00	￥ 175.00	￥ 280.00	￥ 3,325.00
12	建工系	赵云	副教授	20	￥ 400.00	￥ 3,000.00	￥ 200.00	￥ 3,600.00	￥ 360.00	￥ 150.00	￥ 240.00	￥ 2,850.00
13	总计											￥ 25,484.00
14	平均											￥ 2,548.40

图 4－54　工资表示例

	A	B	C	D	E	F	G	H	I	J	K	L
1	部门	姓名	职称	工龄	工龄津贴	工资	奖金	应发工资	所得税	公积金	养老金	实发工资
2	计算机系	王良	讲师	6		2500	200					
3	计算机系	张斌	副教授	12		3000	200					
4	电子系	田书齐	助教	3		2000	200					
5	电子系	魏巍	教授	21		3500	200					
6	珠宝系	李娜	副教授	8		3000	200					
7	珠宝系	李莉	讲师	5		2500	200					
8	服装系	彭军	助教	4		2000	200					
9	服装系	张静	副教授	14		3000	200					
10	建工系	王俊龙	教授	25		3500	200					
11	建工系	赵云	副教授	20		3000	200					

图 4－55　输入工资表数据

(4) 运用公式，在第 E 列计算每个老师的工龄津贴(工龄津贴＝20 * 工龄)；

(5) 运用公式，在第 H 列计算每个老师的应发工资(应发工资＝工龄津贴＋工资＋奖金)；

(6) 运用公式，计算每个老师的所得税、公积金和养老金(所得税＝应发工资×0.1，公积金＝工资 * 0.05，养老金＝工资 * 0.08)；

(7) 运用公式，在第 L 列计算每个老师的实发工资(实发工资＝应发工资－所得税－公积金－养老金)；

(8) 合并 A13:K13 之间的单元格，输入“总计”。字体为黑体、16 号；字体颜色为红色。在 L13 单元格中计算实发工资总和，并加底纹颜色为棕黄色；

(9)合并 A14:K14 之间的单元格，输入“平均值”。字体为黑体、16 号；字体颜色为蓝色。在 L14 单元格中计算每个老师实发工资的平均值，并加底纹颜色为浅绿色；

(10)将所有的金额数字加货币符号，并给表格加边框。

实验五　上机练习系统典型试题讲解

一、实验目的

1. 掌握上机练习系统中 Excel 2003 操作典型问题的方法；
2. 熟悉 Excel 2003 操作中各种综合应用的操作技巧。

二、相关知识

Excel 2003 的综合运用。

三、实验示例

【例 4.7】 在“实验五”文件夹下新建 ExcelA. xls 文件，打开 Sheet1 工作表，按如下要求进行操作。

(1) 基本编辑。

在 A1 单元格，输入标题“暑期旅游流水账单”，设置单元格格式为宋体、18 磅、加粗，且标题在 A1:I1 单元格区域内，跨列居中。在 G3 单元格中输入文本“费用总计”，楷体、12 号、加粗、右对齐。打开实验示例 1 素材文件夹下的“旅游清单. doc”文件，复制其中的内容到 Sheet1 工作表 A5 单元格处。将行标题设为宋体、12 磅、加粗，并加灰色－25％底纹。将“时间”、“有收据否”两列内容设为水平居中；“费用”列，数值型第四种，保留 2 位小数。

具体操作步骤如下：

① 打开“实验五”文件夹，在其中右键单击创建 ExcelA. xls 文件。

② 打开 Sheet1 工作表，鼠标单击 A1 单元格，输入标题“暑期旅游流水账单”，右键单击 A1 单元格，在弹出的快捷菜单中选择“设置单元格格式”对话框，在“字体”选项卡下设置“字体”、“字形”和“字号”，选中 A1:I1 单元格，右键单击选择“设置单元格格式”对话框，在“对齐”选项卡的水平对齐方式选择“跨列居中”如图 4－56 所示。单击 G3 单元格，输入文本“费用总计”，用同样的方法设置其“字体”、“字形”和“字号”，并选择水平对齐方式为“右对齐”。

③ 打开 Word 文档“旅游清单. doc”，选中所有内容，右击选中区域，在弹出的快捷菜单中选择“复制”命令，打开 ExcelA. xls 文件，在工作表 Sheet1 的 A5 单元格右击选择“粘贴”命令。

④ 选中 A5:I5 单元格，右键单击，在弹出的快捷菜单中选择“设置单元格格式”对话框，在“字体”选项卡下设置“字体”、“字形”和“字号”分别为宋体、加粗、12 磅，选择“图案”选项卡，选择颜色为灰色－25％底纹。

⑤ 选中“时间”、“有收据否”两列，单击常用工具栏上的 按钮，选中“费用”列，右键单击，在弹出的快捷菜单中选择“设置单元格格式”对话框，选择“数字”选项卡，在分类下选择“数

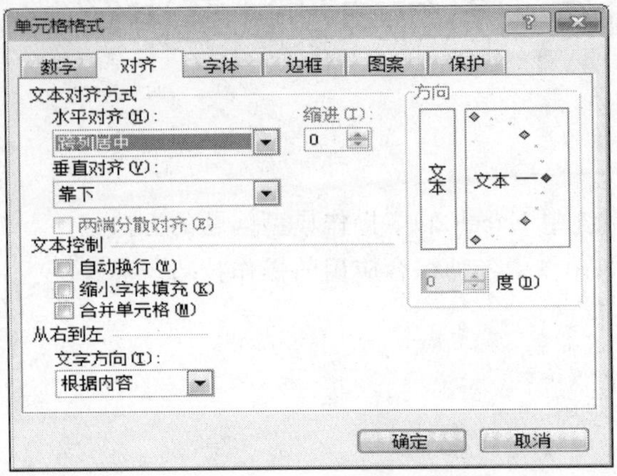

图 4－56　设置“单元格格式”对话框

值”选项，小数位数为 2，负数选择第四种。如图 4－57 所示。

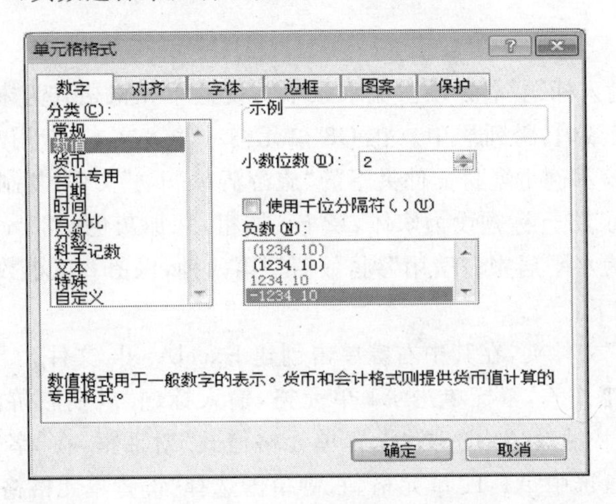

图 4－57　设置“单元格格式”对话框下的“数字”选项卡

（2）填充数据。

在 A6:A13 中输入“9 月 28 日”；A14:25 中输入“9 月 29 日”；A26:A41 中输入“9 月 30 日”；A42:A47 中输入“10 月 1 日”。统计各项“费用”之和，结果显示在 H3 单元格，货币样式。将 Sheet1 工作表数据复制到 Sheet2、Sheet3 中，重命名 Sheet1 为“消费清单”。具体操作步骤如下：

① 在 A6 单元格输入“9 月 28 日”，选中 A6:A13 单元格，单击“编辑”菜单下的“填充”子菜单，选择“向下填充”。用同样的方法在 A14:25 中输入“9 月 29 日”；A26:A41 中输入“9 月 30 日”；A42:A47 中输入“10 月 1 日”。

② 单击 H3 单元格，在其中输入公式“=SUM(C6:C47)”，单击工具栏上的按钮。

说明：

书写公式时，除字符串内部，所有的标点符号都应使用英文半角输入。

③ 将 Sheet1 工作表数据全部选中并按【Ctrl+C】复制，在 Sheet2 和 Sheet3 中分别选中 A1 单元格后按【Ctrl+V】粘贴。

④ 将 Sheet1 重命名为消费清单。

(3) 分类汇总。

继续对 ExcelA.xls 工作薄进行操作，利用 Sheet2 中的数据进行分类汇总，按“日期”类汇总每一天的支出。具体操作步骤如下：

① 打开 Sheet2 工作表，选中字段名“日期”，单击常用工具栏上的“ ”按钮，对数据记录按照“日期”进行排序。

② 选择数据区域 A5:I47，选择“数据”菜单上的分类汇总选项，弹出分类汇总对话框，在“分类字段”下拉列表框下选择“日期”，“汇总方式”下拉列表框下选择“求和”，“选定汇总项”为费用，点击“确定”按钮，完成分类汇总。

(4) 高级筛选。

利用 Sheet3 中的数据进行高级筛选，要求：

① 筛选所有以“现金”方式支付并且没有收据的记录。

② 条件区域：起始单元格定位在 K10。

③ 复制到：起始单元格定位在 K15。

具体操作步骤如下：

① 打开 Sheet3 工作表，在 K10 单元格起始位置输入如图 4-58 所示的高级筛选条件。

② 选择数据区域 A5:I47，选择“数据”菜单“筛选”子菜单下的“高级筛选”命令，打开“高级筛选”对话框，选中“将筛选结果复制到其他位置”选项，列表区域默认为 \$A\$5:\$I\$47，即刚才选中的数据区域，如果该区域不对，可重新选择。

③ 将光标放在条件区域，用鼠标选中第①步所设置的筛选条件 K10:L11，“高级筛选”对话框条件区域自动填充为“Sheet3! \$K\$10:\$L\$11”，将光标放在“复制到”区域，用鼠标选中 K15 单元格，则“复制到”区域自动填充为“Sheet3! \$K\$15”，如图 4-58 所示。

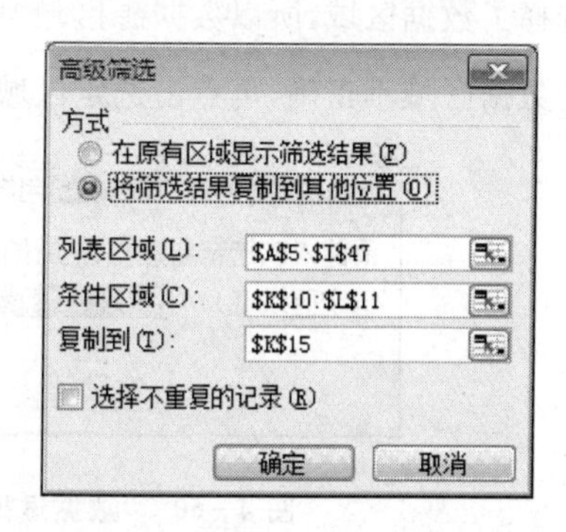

图 4-58　“高级筛选”对话框

(5) 建立数据透视表。

根据“消费清单”中的数据，建立透视表(结果参见素材文件夹下的“ExcelA 样图.jpg”）。要求：

① 行字段为“姓名”、“用途”、列字段为“付账方式”，页字段为日期，计算项为“费用”之和。

② 结果放在新建工作表中，工作表名：“个人开支统计表”。最后保存文件。

操作步骤如下：

① 打开数据清单工作表，选中数据区域 A5:I47，选择“数据”菜单中的数据透视表和数据透视图，打开数据透视表和数据透视图向导—3 步骤之 1，在“请指定待分析数据的数据源类型”下选择“Microsoft Excel Office 数据列表或数据库”；在“所需创建的报表类型”下选中“数据透视表”，如图 4－59 所示。

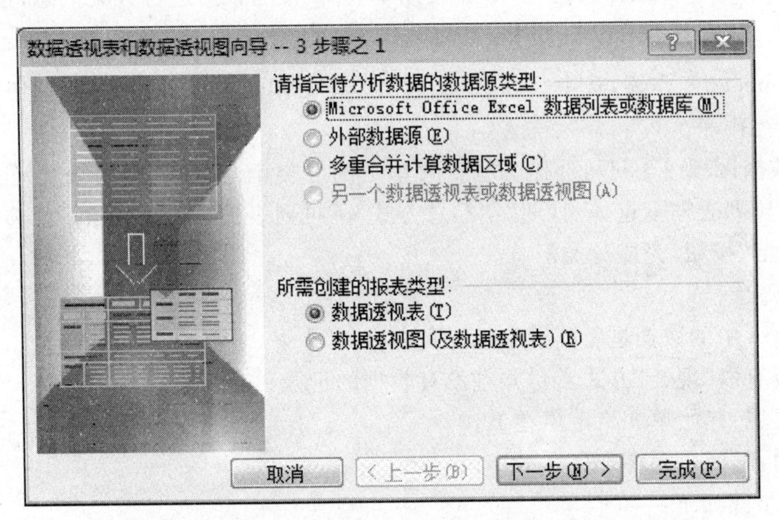

图 4－59　“数据透视表和数据透视图向导—3 步骤之 1”对话框

② 单击“下一步”按钮，打开数据透视表和数据透视图向导—3 步骤之 2 对话框，由于在①中已选择了数据区域，所以数据源区域默认为 $A$5：$I$47，如图 4－60 所示。若系统默认选中的数据区域不正确，可点击选定区域右侧的 按钮，用鼠标重新选择正确的数据区域。

图 4－60　“数据透视表和数据透视图向导—3 步骤之 2”对话框

③ 单击“下一步”按钮，打开数据透视表和数据透视图向导—3 步骤之 3 对话框，数据透视表显示位置选择“新工作表”选项。如图 4－61 所示。

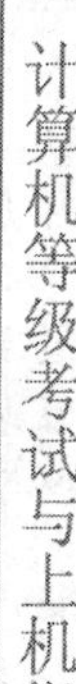

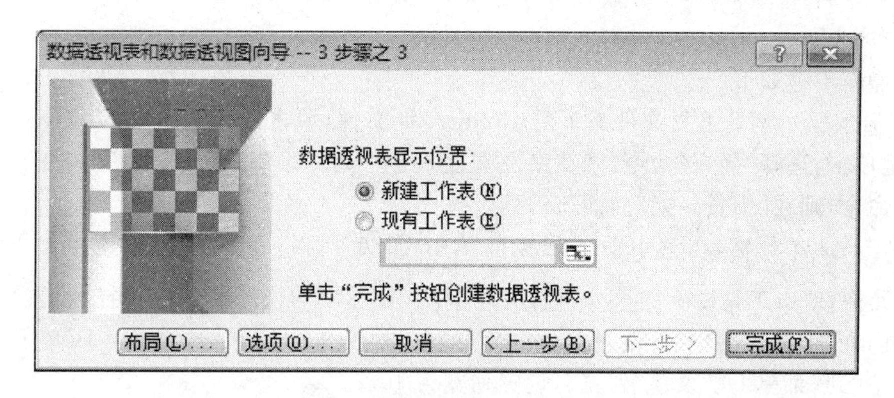

图 4-61　"数据透视表和数据透视图向导—3 步骤之 3"对话框

④ 单击"布局"按钮，打开数据透视表和数据透视图向导布局对话框，将"姓名"和"用途"拖到行区域，将"付账方式"拖到列区域，将"日期"拖到页区域，将"费用"拖到数据区域，统计方式为"求和"。如图 4-62 所示。

⑤ 最后保存文件。

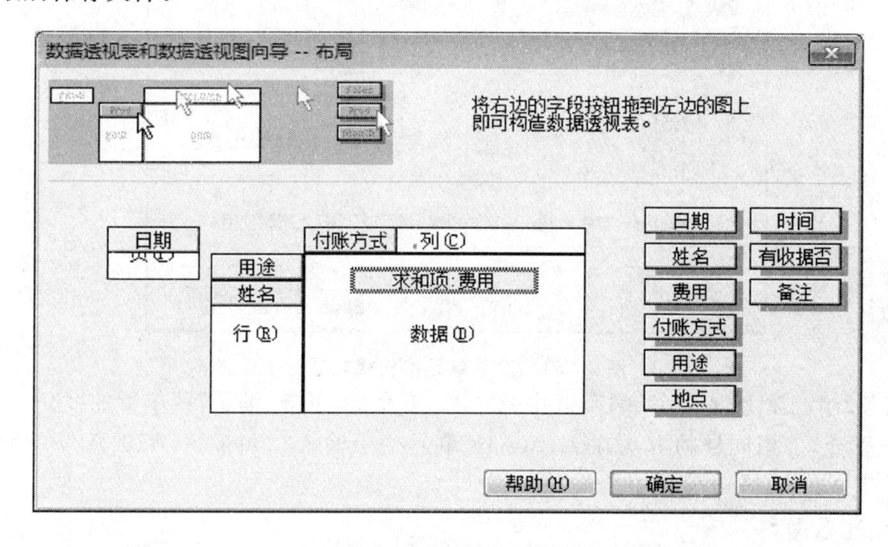

图 4-62　"数据透视表和数据透视图向导-布局"对话框

【例 4.8】　打开实验示例 2 素材文件夹下的 Credit. xls 文件，按下列要求操作：

(1) 基本编辑。

在最左端插入一列，在"借贷日期"前插入一列。在 A1 单元格输入"班级"，C1 单元格输入"是否特困"，设置 A1:I1 单元格文字为楷体、14 磅、水平居中，列宽 10。在 A2:A9 单元格中输入"200801"、A10:A18 单元格中输入"200802"、A19:A29 单元格中输入"200803"、A30:A35 单元格中输入“200804”。

具体操作步骤如下：

① 打开实验示例 2 素材文件夹下的 Credit. xls 文件，单击工作表上方的列号 A，选中第一列，右键单击，选择“插入”命令，则在最左端插入了一列。选中“借贷日期”列，右键单击，选择“插入”命令，则在“借贷日期”前插入一列。

② 单击 A1 单元格，在其中输入班级”，单击 C1 单元格，在其中输入“是否特困”，选中 A1:I1 单元格，单击工具栏上的 按钮，右键单击，在弹出的快捷菜单中选择“设置单元格格式”对话框，在“字体”选项卡下设置字体和字号，如图 4-63 所示。选中 A1:I1 单元格，选择“格式”菜单“列”菜单下子菜单“列宽”，设置列宽为 10。

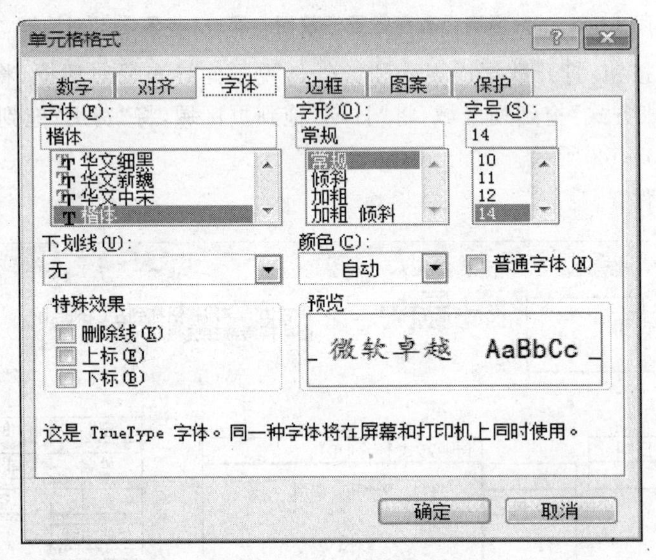

图 4-63 设置单元格格式对话框

③ 在 A2 单元格输入“200801”，选中 A2:A9 单元格，单击“编辑”菜单下的“填充”子菜单，选择“向下填充”。用同样的方法在 A10:A18 单元格中输入“200802”、A19:A29 单元格中输入“200803”、A30:A35 单元格中输入“200804”。

(2) 填充数据。

根据“借贷金额”填充“是否特困”列，借贷金额超过(不包括)35000 为特困生，其他为非特困生，特困生和非特困生用“是”、“否”标识。填充“贷款利率”列：特困生为 2.5，非特困生贷款利率＝2.5＋0.1×期限，数值型第四种，保留两位小数。填充“还贷金额”列：还贷金额＝借贷金额×(1＋贷款利率×期限/100)。在 Sheet2、Sheet3 中建立 Sheet1 的副本。

① 在 C2 单元格输入公式“＝IF(E2＞35000“是”,“否”)”。

② 鼠标指向 C2 单元格右下角，当光标的形状变为实心十字形时，按下左键拖动，将此公式复制到“是否特困”列其他单元格。

③ 在 G2 单元格输入公式"=IF(C2="是",2.5,IF(C2="否",2.5+0.1*F2))",鼠标指向 G2 单元格右下角,当光标的形状变为实心十字形时,按下左键拖动,将此公式复制到"贷款利率"列其他单元格。

④ 在 H2 单元格输入公式"=E2*(1+G2*F2/100)",鼠标指向 H2 单元格右下角,当光标的形状变为实心十字形时,按下左键拖动,将此公式复制到"还贷金额"列其他单元格。

⑤ 按住【Ctrl】键,用鼠标将 Sheet1 工作表的标签拖动到标签 Sheet1 的右侧,则生成 Sheet1 工作表的副本 Sheet1(2),用同样的方法生成副本 Sheet1(3)。

(3) 编辑 Sheet2 工作表。

根据"班级"字段,分类汇总借贷金额、还贷金额之和。重命名 Sheet2 工作表为"班级贷款统计"。将以上结果以 ExcelB.xls 为文件名,保存到实验示例 2 素材文件夹中。具体操作步骤如下:

① 打开 Sheet2 工作表,选中字段名"班级",单击常用工具栏上的"Z↓A"按钮,对数据记录按照"班级"进行排序。

② 选择数据区域 A1:H35,选择"数据"菜单上的分类汇总选项,弹出分类汇总对话框,在"分类字段"下拉别表框下选择"班级","汇总方式"下拉别表框下选择"求和","选定汇总项"为"借贷金额"、"还贷金额",点击"确定"按钮,完成分类汇总。如图 4-64 所示。

③ 右击 Sheet2 工作表标签,选择"重命名",当文字变为可编辑状态时,输入新的工作表名"班级贷款统计"。

④ 将以上结果以 ExcelB.xls 为文件名,保存到文件夹中。

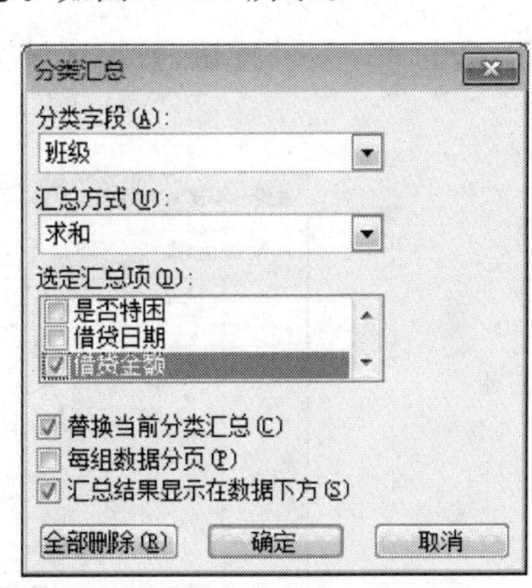

图 4-64 "分类汇总"对话框

(4) 建立图表工作表。

根据"班级贷款统计"中的分类汇总结果数据,建立图表(结果参见实验示例 2 素材文件夹下的"ExcelB 样图.jpg")。要求:

① 分类轴:"班级";数值轴:"借贷金额"之和。

② 图表类型:分离型饼图。

③ 图表标题:"各班贷款金额对比",隶书,18 磅,蓝色。

④ 图例:靠右。

⑤ 图表位置:作为新工作表插入,名字"贷款比例"。最后保存文件。

具体操作步骤如下:

① 选中建立图表工作表需要的数据区域,按住【Ctrl】键,用鼠标依次选中 A8、E8、H8、A20、E20、H20、A30、E30、H30、A39、E39、H39 共 12 个单元格,即各个班级对应货物的借贷

金额和还贷金额的汇总项。

② 单击常用工具栏中的“图表向导”按钮 。打开图表向导对话框，选择“图表类型”下的饼图，“子图表类型”下的分离型饼图，如图 4－65 所示。

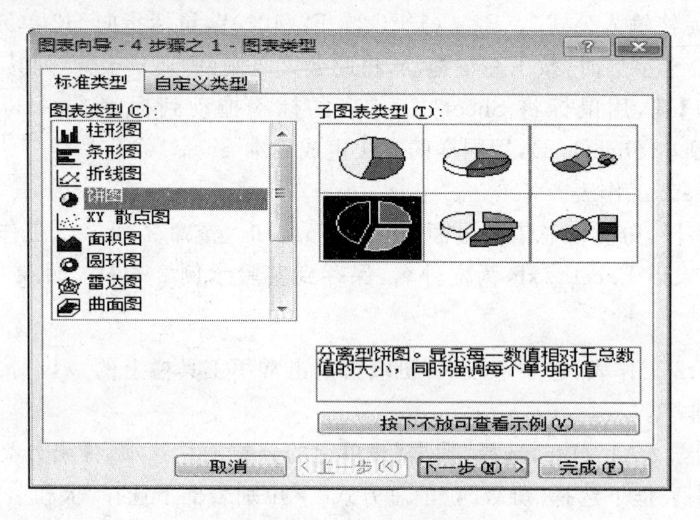

图 4－65　图表类型

③ 单击“下一步”按钮，数据区域为第①步所选择的单元格，将系列产生在列。如图 4－66 所示。

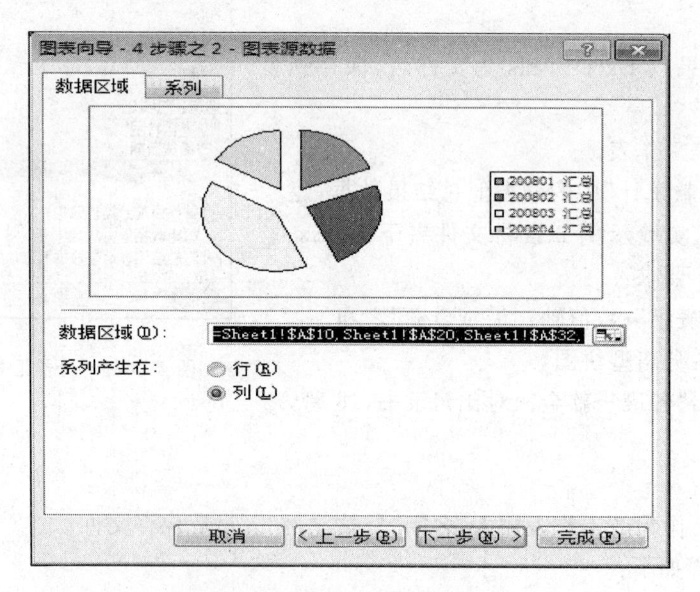

图 4－66　“数据区域”选项卡

④ 单击“下一步”按钮，在“图表标题”处输入“各班贷款金额对比”，单击“图例”选项卡，位置选择“靠右”。如图 4-67 所示。选择“数据标志”选项卡，选中百分比复选框。

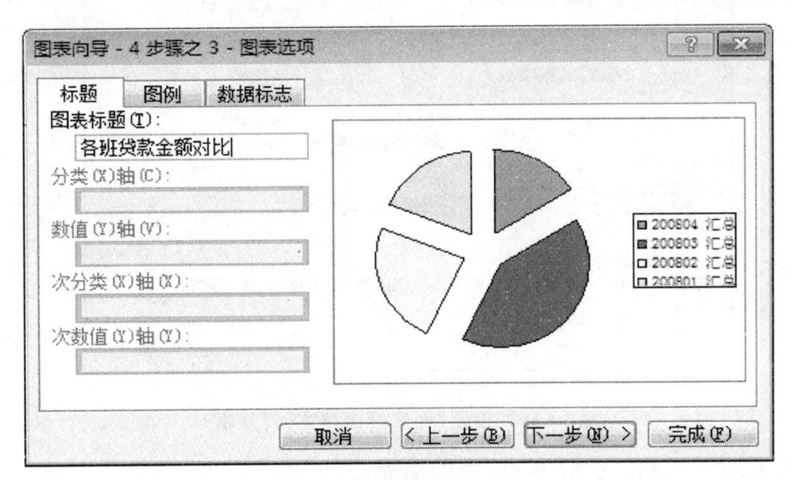

图 4-67 设置图表选项

⑤ 单击“下一步”按钮，设置图表位置，选中“作为新工作表”插入，工作表名为“贷款比例”，如图 4-68 所示，单击“完成”按钮，完成创建图表。

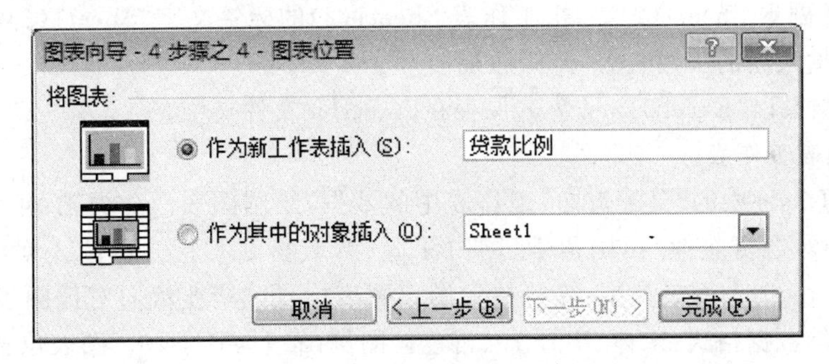

图 4-68 设置图表位置

⑥ 右击图表标题，打开“图表标题格式”对话框，在其中设置标题的字体、大小和颜色。如图 4-69 所示。

【例 4.9】 打开实验示例 3 素材文件夹下的流向.xls 文件，按下列要求操作。

(1) 基本编辑。

填充“年份”列，数值为 1996、1998、2000、2002、2004、2006、2008。公式计算每年“毕业生总数”。在 Sheet3 之前建立“分配流向”工作表的副本，并将工作表重命名为“流向透视”。将以上结果以“ExcelD.xls”为名保存在实验示例 3 素材文件夹中。具体操作步骤如下：

① 在 A4、A5 单元格分别输入 1996、1998，选中 A4、A5 单元格，当鼠标指针变为实心十字

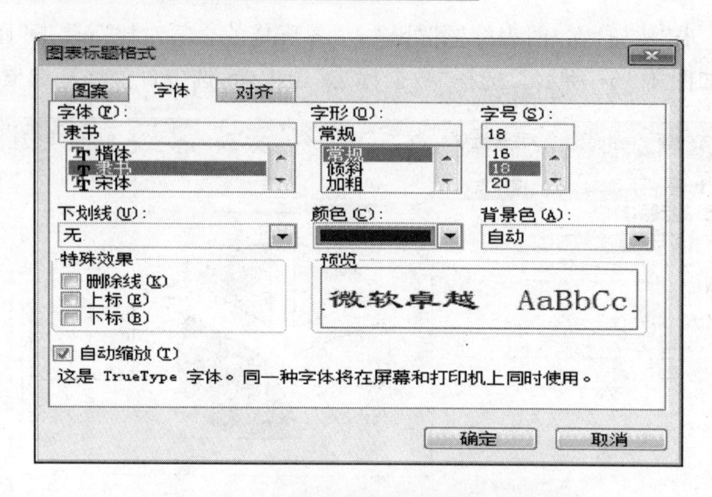

图 4-69　设置"图表标题格式"对话框

时，向下拖动到 A10 单元格，完成"年份"列的填充。

② 在 K1 单元格输入公式"=SUM(B4:J4)"，选中 K1 单元格，当鼠标指针变为实心十字时，向下拖动到 K10 单元格，完成"毕业生总数"的计算。

③ 按住【Ctrl】键，用鼠标将 Sheet1 工作表的标签拖动到标签 Sheet1 的右侧，则生成 Sheet1 工作表的副本 Sheet1(2)，双击工作表 Sheet1(2)的标签文字"Sheet1(2)"，当文字变为可编辑状态时，输入新的工作表名"流向透视"。

④ 将以上结果以"ExcelD. xls"为名保存在 ExcelKt 文件夹中。

(2) 建立图表工作表。

根据 ExcelD. xls 中的"分配流向"工作表中的数据，绘制图表。分类轴：年份；数值轴：国有企业、外资企业、合资企业、出国留学、国内深造（结果参见实验三示例 3 素材文件夹下的"ExcelD 样图 1. jpg"）。图表类型：簇状柱形图。图表标题："毕业流向对比图表"，楷体、字号 20、红色。坐标轴数据格式：宋体、字号 10、蓝色。图例：靠上、字号 10。图表位置：作为新工作表插入，工作表名为"毕业流向图表"。具体操作步骤如下：

① 选中建立图表工作表需要的数据区域，按住【Ctrl】键，用鼠标依次选中 B3:D10、G3:H10 单元格。

② 单击常用工具栏中的"图表向导"按钮 。打开图表向导对话框，选择"图表类型"下的柱形图，默认的"子图表类型"即为簇状柱形图，如图 4-70 所示。

③ 单击"下一步"按钮，数据区域为第①步所选择的单元格，单击"系列"选项卡，点击分类(X)轴标志右边的" "按钮，用鼠标选择 A4:A10 单元格，即用年份作为分类轴。

④ 单击"下一步"按钮，在"标题"选项卡下输入图表标题"毕业流向对比图表"，选择"图例"选项卡，位置选择"靠上"。

图 4-70 图表类型

⑤ 单击“下一步”按钮，设置图表位置，选择“作为新工作表插入”，工作表名为“毕业流向图表”。

⑥ 右击图例，选择“图例格式”对话框，在其中设置字号为10。

⑦ 右击图表标题“毕业流向对比图表”，在弹出的快捷菜单中选择“图表标题格式”，打开“图表标题格式”对话框，设置字体为楷体、字号20、红色。

⑧ 右击数值轴区某一位置，在弹出的快捷菜单中选择“坐标轴格式”，打开“坐标轴格式”对话框，设置字体为宋体、字号10、蓝色。用同样的方式设置分类轴字体。

(3) 建立数据透视表。

根据“流向透视”工作表数据，建立数据透视表(结果参见实验示例3素材文件夹下的“ExcelD样图2.jpg”)。要求：

① 页字段“年份”；计算项“国有企业”、“出国留学”、“国内深造”、“公务员”。

② 汇总方式：求和。

③ 结果放在新工作表中，工作表名为：“透视汇总”。最后保存文件。

具体操作步骤如下：

① 打开数据清单工作表，选中数据区域A5:I47，选择“数据”菜单中的数据透视表和数据透视图，打开数据透视表和数据透视图向导—3步骤之1，在“请指定待分析数据的数据源类型”下选择“Microsoft Excel Office数据列表或数据库”；在“所需创建的报表类型”下选中“数据透视表”。

② 单击“下一步”按钮，打开数据透视表和数据透视图向导—3步骤之2对话框，由于在①中已选择了数据区域，所以数据源区域默认为$A$3:$K$10。若系统默认选中的数据区

域不正确，可点击选定区域右侧的按钮，用鼠标重新选择正确的数据区域。

③ 单击“下一步”按钮，打开数据透视表和数据透视图向导—3 步骤之 3 对话框，数据透视表显示位置选择“新工作表”选项。

④ 单击“布局”按钮，打开数据透视表和数据透视图向导布局对话框，将“年份”拖到页区域，将“国有企业”、“出国留学”、“国内深造”、“公务员”拖到数据项区域。统计方式为“求和”。如图 4－71 所示。

⑤最后保存文件。

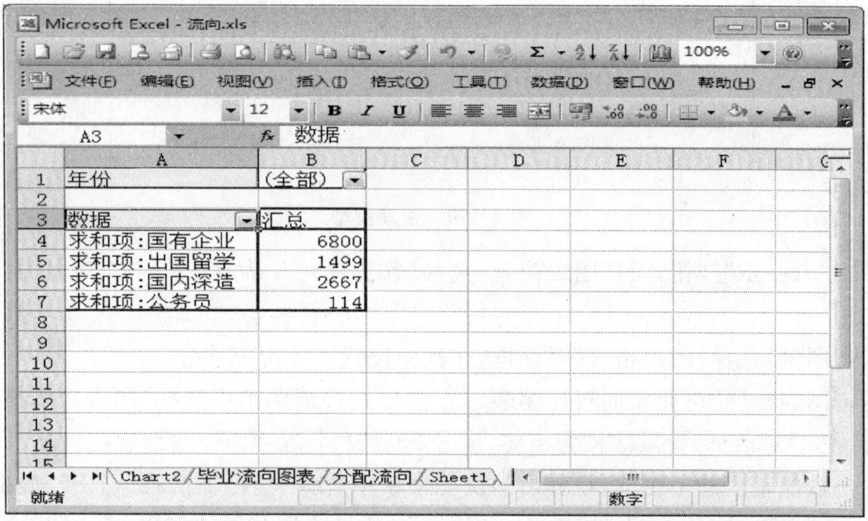

图 4－71　“数据透视表和数据透视图向导-布局”对话框

【例 4.10】　打开实验示例 4 素材文件夹下的 Student.xls 文件，按下列要求操作：

(1) 基本编辑。

设置表格的第一行为最适合的行高，第二行行高为 20，其余行行高 16。标题格式化：合并及居中 A1:G1 单元格，隶书、20 磅、深红色、并加浅绿色底纹。将 A2:G2 单元格文字设为楷体、14 磅、水平居中、设置 A 到 G 列列宽 12。将 B3:F43 中的文字设置为水平居中、数值型第四种，无小数位。并为 A2:G40 单元格添加外侧框线。具体操作步骤如下：

① 打开素材文件夹下的 Student.xls 文件，打开 Sheet1 工作表。

② 单击工作表左侧的行号 1，选中第 1 行，单击“格式”菜单下的“行”命令，在出现的级联菜单中选择“最适合的行高”命令；单击工作表左侧的行号 2，选中第 2 行，单击“格式”菜单下的“行”命令，在出现的级联菜单中选择“行高”命令，在“行高”对话框中输入数值 20；选中其余各行，在“行高”对话框中输入数值 16。

③ 选中 A1:G1 单元格，选择“格式”菜单下的“单元格”命令，打开“单元格格式”对话框，

在“对齐”选项卡上勾选“合并单元格”选项，在“水平对齐”下拉列表框中选择“居中”；在“字体”选项卡下设置字体、字形和字号和颜色；选择“图案”选项卡，“单元格底纹”下的“颜色”选择“浅绿色”，单击“确定”按钮，完成设置。

④ 选中 A2:G2 单元格，在“水平对齐”下拉列表框中选择“居中”；在“字体”选项卡下设置字体、字形和字号。选中 A:G 列，单击“格式”菜单下的“列”命令，在出现的级联菜单中选择“列宽”命令，在“列宽”对话框中输入数值 12。

⑤ 选中 B3:F43 单元格，选择“格式”菜单下的“单元格”命令，打开“单元格格式”对话框，在“水平对齐”下拉列表框中选择“居中”；在“数字”选项卡下选择“负数”第四种，小数位数为 0，如图 4-72 所示。

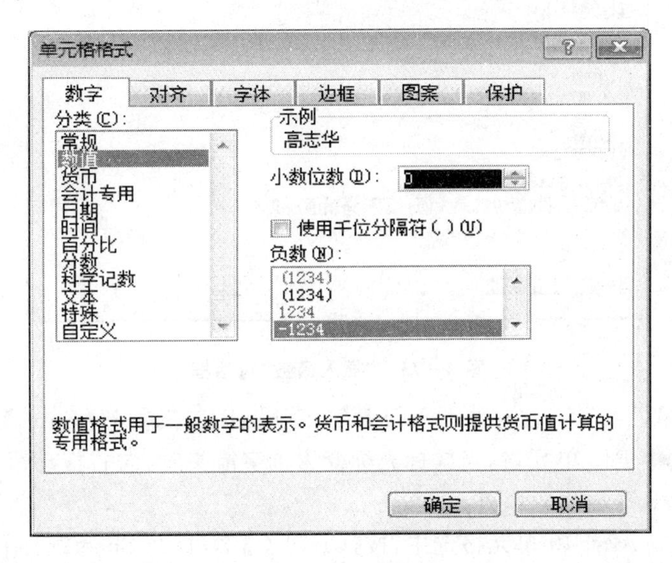

图 4-72 “数字”选项卡

⑥ 选中 A2:G40 单元格，单击“格式”菜单下的“单元格”选项，打开“单元格格式”对话框，选择“边框”选项卡，在“预置”下选择“外边框”，单击“确定”按钮，完成设置。

(2) 填充数据。

填充“总分”列，总分=高数+马哲+英语+计算机。计算每科及总分的最高分、平均分。将 Sheet1 中 A2:F40 中的数据复制到 Sheet2 工作表，起始单元格 A1，重命名将 Sheet1 工作表命名为“成绩表”。

具体操作步骤如下：

① 选中 F3 单元格，输入“=B3+C3+D3+E3”并按【Enter】键，选中 F3 单元格，当光标变为实心箭头时，拖动填充柄至 F40 单元格，完成“总分”列的填充。

② 选中 B42 单元格，选择菜单栏上的“插入”菜单下的“函数”命令，打开“插入函数”对话框

框，在“选择函数”下选择“MAX”函数。如图 4-73 所示。单击“确定”按钮，打开“函数参数”对话框，点开 Number1 后的“ ”按钮，用鼠标选择 B3:B40 单元格，单击“确定”按钮，完成“高数”列最高分的计算。选中 B42 单元格，当鼠标光标变为十字箭头时，向右拖动鼠标至 F42 单元格，完成其余各科和总分最高分的填充。

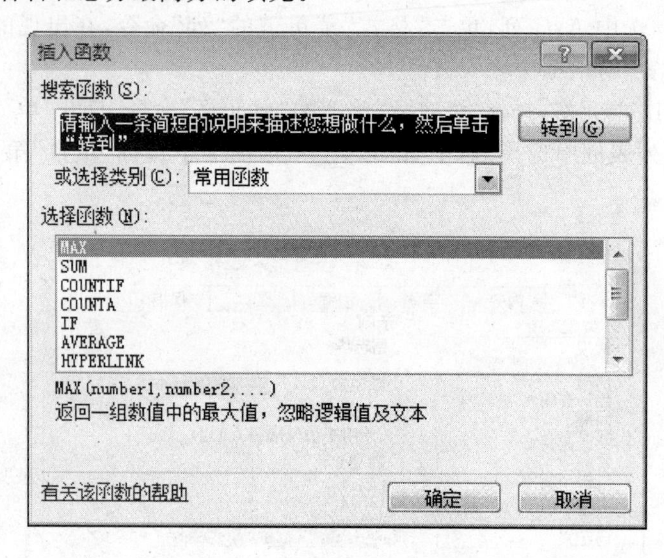

图 4-73 “插入函数”对话框

③ 选中 B43 单元格，输入公式“=AVERAGE(B3:B40)”，并按【Enter】键，完成“高数”列平均分的计算。选中 B43 单元格，当鼠标光标变为十字箭头时，向右拖动鼠标至 F43 单元格，完成其余各科和总分平均分的填充。

④ 将 Sheet1 中 A2:F40 单元格选中，按【Ctrl+C】键，打开 Sheet2 工作表，点击 A1 单元格，按【Ctrl+V】键，并将 Sheet1 工作表重命名为“成绩表”。

(3) 编辑 Sheet2 工作表。

根据“高数”列，公式统计各分数段的人数及总人数。将 Sheet2 工作表重命名为“高数分析”。将以上结果以 ExcelE.xls 为文件名，保存到素材文件夹中。具体操作步骤如下：

① 选中 I5 单元格，在其中输入公式“=COUNTIF(B2:B39,"<=59")”，并按【Enter】键，即统计高数成绩在 0～59 分之间的学生人数；选中 I6 单元格，输入“=COUNTIF(B2:B39,"<=69")-I5”在其中并按【Enter】键，即用成绩在 69 分以下的学生人数－成绩在 59 分以下的学生人数，得出的为高数成绩在 60～69 分之间的学生人数；选中 I7 单元格，在其中输入公式“=COUNTIF(B2:B39,"<=79")-I6-I5”并按【Enter】键，即用成绩在 79 分以下的学生人数－成绩在 59 分以下的学生人数－成绩在 59～69 分之间的学生人数，得出的为高数成绩在 70～79 分之间的学生人数；同理，在 I8 单元格中输入公式“=COUNTIF(B2:B39,"<=

89")- I5 - I6 - I7”,在 I9 单元格中输入“=COUNTIF(B2:B39,"<=100")- I5 - I6 - I7 - I8”则分别得出高数成绩在 80～89 分之间和 90～100 分之间的学生人数。

② 选中 M5 单元格,在其中输入公式“=COUNT(B2:B39)统计出考试总人数。

③ 将 Sheet2 工作表重命名为“高数分析”。并保存。

(4) 建立图表。

根据“高数分析”工作表中统计的结果数据,建立嵌入式图表(结果参见实验素材文件夹下的“ExcelE 样图.jpg”)。要求:

① 分类轴:“分数段”,数值轴:“人数”。

② 图表类型:簇状柱形图;无图例。

③ 图表标题:“高数成绩分布图”,隶书,20 磅,红色。

④ 数值轴标题:“人数”,宋体,12 磅,蓝色。最后保存文件。

具体操作步骤如下:

① 选中 H4:I9 单元格。

② 单击常用工具栏中的“图表向导”按钮 。打开图表向导对话框,选择“图表类型”下的柱形图,默认的“子图表类型”就是簇状柱形图。

③ 单击“下一步”按钮,数据源为第①步选中的单元格。

④ 单击“下一步”按钮,在标题选项卡下,设置图表标题为“高数成绩分布图”,在“数值(Y轴)”下输入“人数”,打开“图例”选项卡,取消“显示图例”。

⑤ 单击“下一步”按钮,选择“作为其中的对象插入”,单击“完成”按钮。

⑥ 右击图表标题,选择“图表标题格式”,打开“图表标题格式”对话框,在其中设置标题为隶书,20 磅,红色;右击“人数”,选择“数值轴标题格式”,打开“数值轴标题格式”对话框,在其中设置“人数”为宋体,12 磅,蓝色。

⑦ 保存文件。

第5章

演示文稿软件 PowerPoint 2003

随着办公自动化的普及，PowerPoint 的应用越来越广泛，而 PowerPoint 版本有 97～2010 等多种，其中 2010 是最新的，我们用得较多的是 2003 版。本章主要目的是使学生熟悉并掌握 PowerPoint 2003 版的使用，从而为以后的学习工作打下基础。本章主要内容有 PowerPoint 2003 软件的基本认识、基本操作、演示文稿的修饰等。

实验一　PowerPoint 2003 的基本认识

一、实验目的

1. 熟悉并掌握 PowerPoint 文件的相关操作；
2. 了解 PowerPoint 的工作界面；
3. 了解 PowerPoint 演示文稿的一般制作流程；
4. 学会用不同的方法创建简单的 PowerPoint 演示文稿。

二、相关知识

通常，人们把利用 PowerPoint 制作出来的各种演示材料统称为“演示文稿”，它是一个文件，演示文稿中的每一页就叫幻灯片，每张幻灯片都可以有图片、声音、视频等，这些多媒体素材是演示文稿中既相互独立又相互联系的内容。

1. PowerPoint 的文件操作

(1) PowerPoint 常用的启动方法。

① 单击开始→所有程序→Microsoft Office→Microsoft Office PowerPoint 2003，就可以打开一个 PowerPoint 演示文稿的窗口。

② 如果桌面上 Microsoft Office PowerPoint 2003 的快捷方式,可以直接用鼠标双击桌面上 Microsoft Office PowerPoint 2003 的快捷方式。

③ 用鼠标双击已经存在的后缀为.PPT 的文件,便会在启动 PowerPoint 的同时打开该文件。

(2) PowerPoint 文件的创建方法。

结合图 5-1 中右侧的"任务窗格"一栏,创建演示文稿的方法一般有四种:

① 使用"空演示文稿"创建演示文稿;

② 使用"根据设计模版"创建演示文稿;

③ 使用"根据内容提示向导"创建演示文稿;

④ 使用"根据现有文稿新建"创建演示文稿。

(3) PowerPoint 文件的保存方法。

单击菜单栏中的"文件"按钮,在其下拉菜单中选择"保存/另存为",弹出另存为对话框,实现对当前.PPT 文件的保存。

(4) PowerPoint 常用的退出方法。

① 用鼠标单击 PowerPoint 的文件菜单,然后在下拉菜单中用鼠标单击"退出"。

② 用 Alt+F 组合键打开文件下拉菜单,然后按 X 键退出 PowerPoint。

③ 在 PowerPoint 窗口中用鼠标单击窗口右上角的"关闭"按钮。

说明:

上面只是对 PowerPoint 文件的一些操作方法进行了简单介绍,其具体操作步骤将在后续章节中结合实例进行讲解。

2. PowerPoint 的工作界面

整个窗口分为三栏,左边是幻灯片的序号,中间宽大的是工作区,右边是任务属性窗格,幻灯片的相关操作主要在中间的工作区中进行,如图 5-1 所示。下面是对图 5-1 中的各个部分的相关介绍:

(1) 标题栏:显示出当前所用软件的名称(Microsoft PowerPoint)和当前文档的名称(演示文稿 1);其右侧是"最小化、最大化/还原、关闭"等常见按钮。

(2) 菜单栏:通过展开其中的每一条菜单,选择相应的命令项,完成演示文稿的所有编辑操作。其右侧也有"最小化、最大化/还原、关闭"三个按钮,不过它们是用来控制当前文档的。

(3) "常用"工具条:集中在本工具条上的,是一些最为常用的命令按钮。

(4) "格式"工具条:集中在本工具条上的,是一些用来设置演示文稿中相应对象格式的常用命令按钮。

(5) "任务窗格":利用此窗口,可完成编辑"演示文稿"一些主要工作任务。单击▼,可选择执行不同任务,单击×可以退出"任务窗格",单击"视图"→"任务窗格"又可调出"任务窗格"。

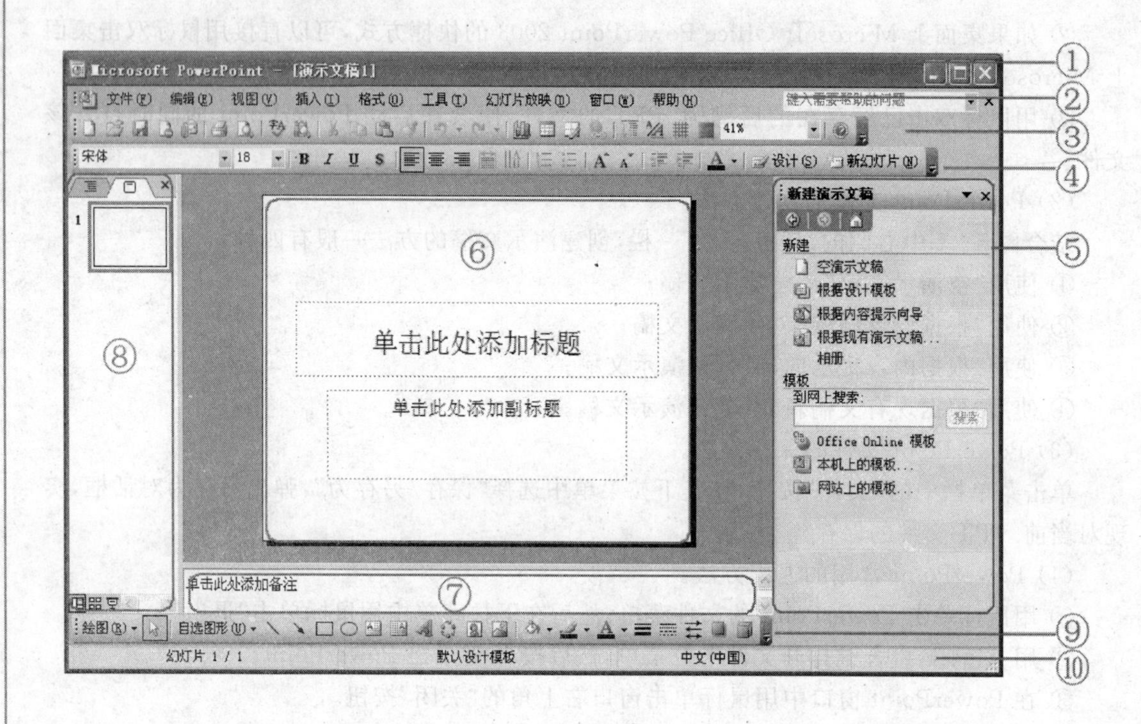

图 5-1 PowerPoint 界面

(6) 工作区:编辑幻灯片的工作区,在此进行幻灯片的制作、显示。

(7) 备注区:用于编辑演示文稿的一些“备注”文本。

(8) 大纲区:在本区中,通过“大纲视图”或“幻灯片视图”可以快速查看整个演示文稿中的任意一张幻灯片。下面有三个按钮[按钮图标],从左到右三个按钮的名称依次为:普通视图、幻灯片浏览视图、从当前幻灯片开始放映幻灯片(此功能的快捷键是:Shift+F5)。

(9) “绘图”工具栏:可以利用此工具栏上的相应按钮,在幻灯片中快速绘制出所需要的图形。

(10) 状态栏:在此处显示出当前文档相应的某些状态要素。

说明:

Ⅰ. 上图③(“常用”工具条)和④(“格式”工具条)中的按钮均为“工具栏选项按钮”,按▼可选择让这些按钮“在同一行显示/分两行显示”。

Ⅱ. 工具条的调出和取消。展开“视图→工具栏”下面的级联菜单,选定相应选项,即可为在相应的选项前面添加或清除“√”号,从而让相应的工具条显示在 PowerPoint 窗口中,方便随机调用其中的命令按钮。

3. PowerPoint 演示文稿的制作过程

演示文稿的制作，一般要经历下面几个步骤：

(1) 准备素材：主要是准备演示文稿中所需要的一些图片、声音、动画等文件。

(2) 确定方案：对演示文稿的整个构架作一个设计。

(3) 初步制作：将文本、图片等对象输入或插入到相应的幻灯片中。

(4) 装饰处理：设置幻灯片中的相关对象的要素(包括字体、大小、动画等)，对幻灯片进行装饰处理。

(5) 预演播放：设置播放过程中的一些要素，然后播放查看效果，满意后正式输出播放。

三、实验示例

1. 使用“空演示文稿”创建演示文稿。

“空演示文稿”由不带任何模版设计、但带布局格式的白底幻灯片组成。这种方法给制作者提供最大的创作自由度。制作者可以运用自己的艺术修养、审美观点和创造性，在白底的演示文稿上设计出具有鲜明个性的背景色彩、配色方案和文本格式，创建具有自己特色和风格的演示文稿。因此，创建空白演示文稿对于具有丰富创造力和想象力的用户来说，具有很大的灵活性。

【例 5.1】 使用“空演示文稿”创建一个文件名为“实验一例 5.1.ppt”的演示文稿，并将其版式设定为“标题和文本”。

具体操作步骤如下：

① 单击“开始”菜单，选择“所以程序”命令，在其出现的级联菜单中选择“Microsoft Office”，单击其级联菜单下的“Microsoft Office PowerPoint 2003”命令，就可以打开一个 PowerPoint2003 的演示文稿窗口。

② 在出现的 PowerPoint 演示文稿窗口中，单击菜单栏中的“文件”，在出现的级联菜单中单击“新建”命令。这样“新建演示文稿”任务窗格便可出现在演示文稿窗口的右侧，如图 5-2 所示。

③ 在“新建演示文稿”任务窗格中，单击“空演示文稿”选项，任务窗格变为“幻灯片版式”。在“幻灯片版式”任务窗格中，可以根据自己的需要，选择要应用到新幻灯片的版式，当鼠标停留在相应版式的时候，将弹出相关的提示文字，如图 5-3 所示。

④ 在“文字版式”列表框中，选择“标题和文本”这一版式，屏幕上会以普通视图模式显示出第一张不带模板设计的白底幻灯片，如图 5-4 所示。(备注：幻灯片默认的版式是“文字版式”列表框中的“标题幻灯片”版式。)

⑤ 单击菜单栏中的“文件”按钮，单击选择其下拉菜单下的“保存/另存为”命令，弹出“另存为”的对话框，在文件名一栏中输入“实验一例 5.1.ppt”，如图 5-5 所示，然后单击“保存”按

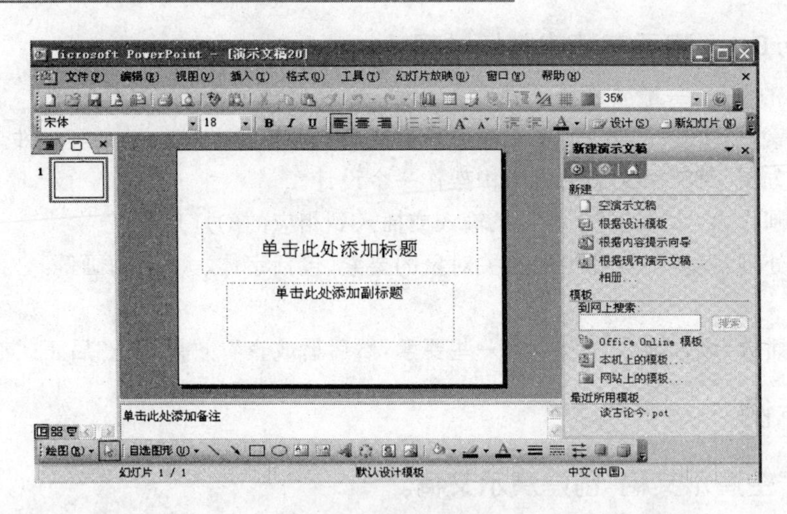

图 5-2　演示文稿窗口

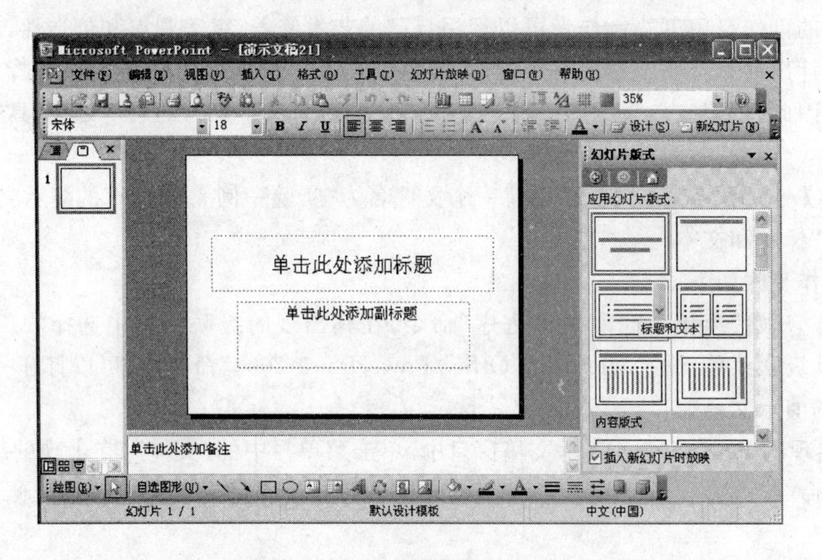

图 5-3　"幻灯片版式"任务窗格

钮。(备注:文件默认保存在"我的文档中",我们也可以自己定义文档保存的路径。)

2. 使用"根据设计模版"创建演示文稿。

所谓设计模板,指的是已经设计好的幻灯片的结构方案,包括幻灯片的背景图像、文字结构色彩方案等。PowerPoint2003 为用户提供了大量的设计模板,用户可以把设计模板应用到幻灯片的创建中,这样就可以同一演示文稿中幻灯片风格不一样的现象的出现,从而达到使幻灯片整体风格一致的效果,增强演示文稿的直观性。

【例 5.2】　利用设计模板创建一个文件名为"实验一例 5.2.ppt"的演示文稿,并将其模板

图 5-4　“标题和文本”版式

图 5-5　“另存为”的对话框

设置为“谈古论今”。

具体操作步骤如下：

① 如果桌面上有 Microsoft Office PowerPoint 2003 的快捷方式，直接用鼠标双击桌面上 Microsoft Office PowerPoint 2003 的快捷方式，这样便打开了一个 PowerPoint2003 的演示文稿窗口。(若桌面上没有 PowerPoint2003 的快捷方式，可以用例 5.1 中步骤①的方法启动演示文稿窗口。)

② 在出现的 PowerPoint 演示文稿窗口中,单击菜单栏中的"文件",在出现的级联菜单中单击"新建"命令。这样"幻灯片设计"任务窗格,便可出现在演示文稿窗口的右侧,如图 5－6 所示。

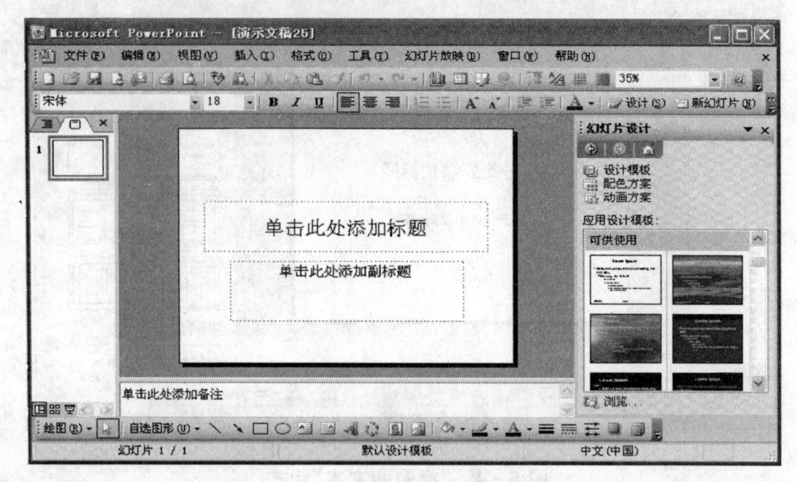

图 5－6 "幻灯片设计"任务窗格

③ 在"幻灯片设计"任务窗格中,单击要应用的设计模板"谈古论今",如图 5－7 所示。(当前幻灯片上保留的是默认标题版式,如果希望使用其他版式,选择"格式"中的"幻灯片版式"命令。)

④ 保存演示文稿。在"文件"菜单上单击"保存",再在"文件名"文本框中键入演示文稿名称"实验一例 5.2.ppt",然后单击"保存"按钮。

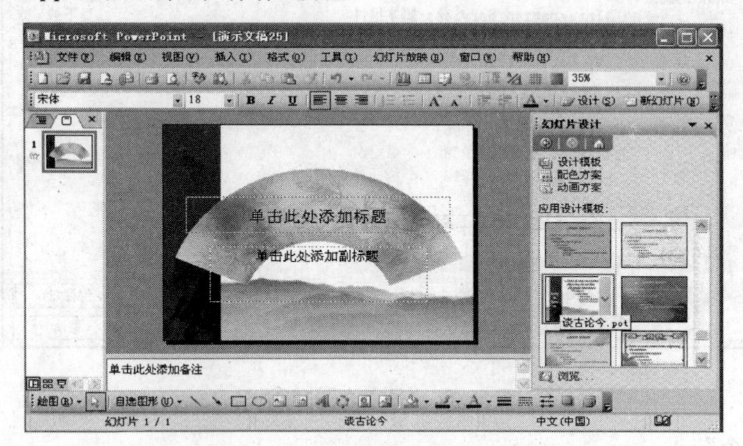

图 5－7 "谈古论今"设计模板

3. 使用"根据内容提示向导"创建演示文稿。

为了让用户可以在短时间内创建一个演示文稿,PowerPoint2003 提供了"根据内容提示向导"创建演示文稿的方式,用户即便对 PowerPoint2003 的各项功能没有深入的了解,也可以用这一功能快捷的完成文稿的创建。使用内容提示向导功能可以创建多种类别的模示文稿,其中所设计好的基本内容、版式和背景等都已经比较成熟，基本可以满足一般办公需要。因此，在使用 PowerPoint 初期，利用内容提示向导创建幻灯片可以达到事半功倍的效果。

【例 5.3】 根据内容提示向导创建一个文件名为“实验一例 5.3”演示文稿，并将演示文稿类型设置为“论文”。

具体操作步骤如下：

① 单击“开始”菜单→选择“所以程序”命令→在其出现的级联菜单中选择“Microsoft Offic”→单击其级联菜单下的“Microsoft Office PowerPoint 2003”命令，就可以打开一个 PowerPoint2003 的演示文稿窗口。

② 在出现的 PowerPoint 演示文稿窗口中，单击菜单栏中的“文件”，在出现的级联菜单中单击“新建”命令。这样“新建演示文稿”的“任务窗格”，便可出现在演示文稿窗口的右侧，如上图 5-2 所示。

③ 在“新建演示文稿”任务窗格中，单击“根据内容提示向导”链接，弹出如图 5-8 所示的“内容提示向导”之一对话框。

④ 单击“下一步”按钮，弹出如图 5-9 所示的“内容提示向导”之二对话框。

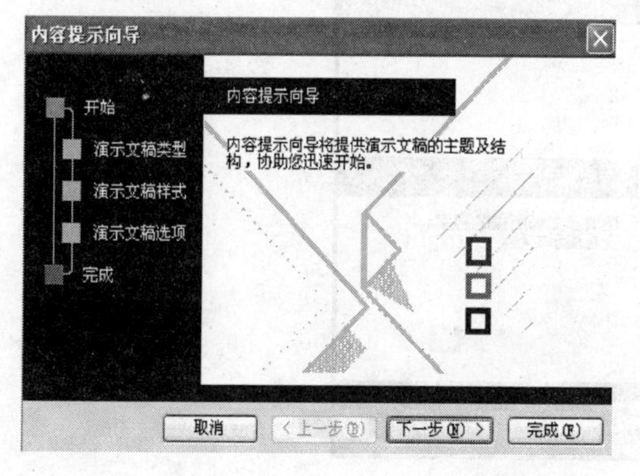

图 5-8 “内容提示向导”之一对话框

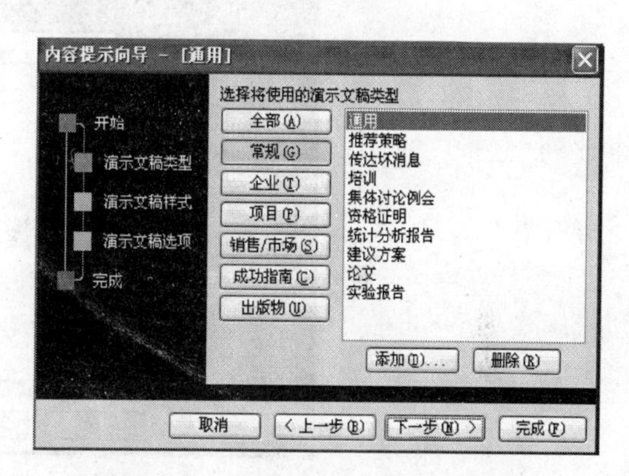

图 5-9 “内容提示向导”之二对话框

说明：

从图 5-9 中可以看到 PowerPoint2003 为用户提供了七种演示文稿的类型：全部、常规、企业、项目、销售/市场、成功指南和出版物，单击相应类别的按钮，右侧的列表框中同时出现属于该类别的所有模板。“常规”类中包含的十个模板，默认选中的是“通用”模板。如果单击“全部”按钮，就会显示 PowerPoint 2003 为用户提供的所有模板。

⑤ 在图 5-9 所示的对话框中选择“常规”类型下的“论文”选项，弹出如图 5-10 所示的“内容提示向导”之三对话框，在该对话框中选择默认输出类型“屏幕演示文稿(S)”。

⑥ 单击“下一步”，弹出“内容提示向导”之四对话框，分别在“演示文稿标题”、“页脚”文本框中输入相应的信息，如图 5-11 所示。

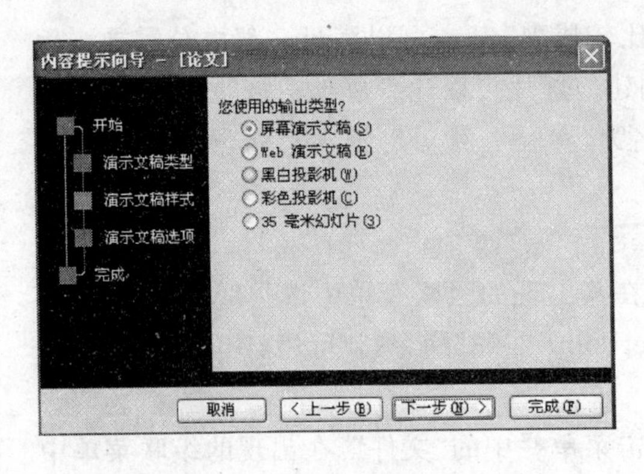

图 5－10　“内容提示向导”之三对话框

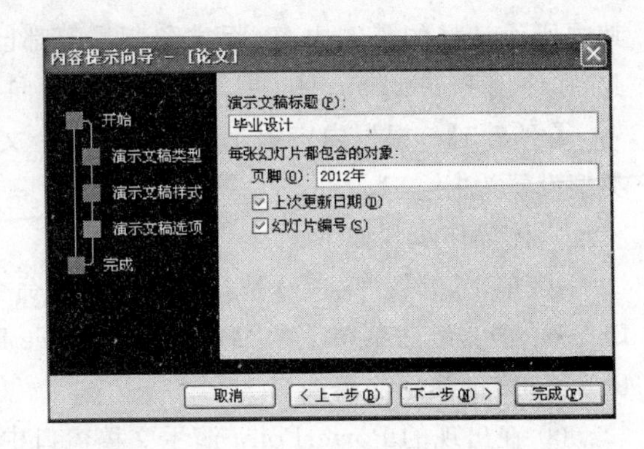

图 5－11　“内容提示向导”之四对话框

⑦ 单击“下一步”，弹出如图 5－12 所示的“内容提示向导”之五对话框，单击此对话框中的“完成”按钮。这样便可看到新建的文稿类型为“论文”格式的演示文稿，如图 5－13 所示。

⑧ 单击“常用”工具条中的“保存”按钮，将此演示文稿保存为“实验一例 5.3.ppt”。

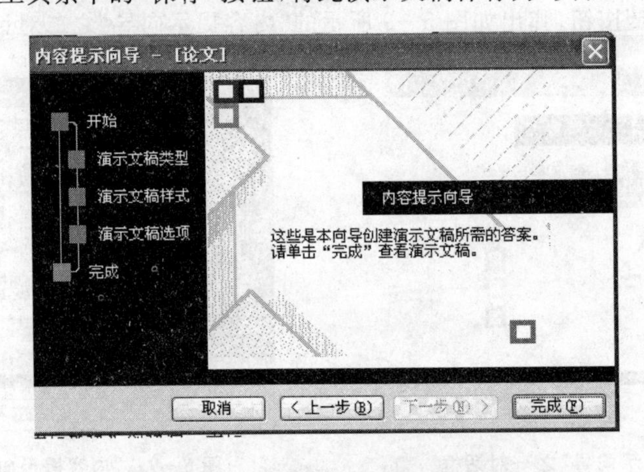

图 5－12　“内容提示向导”之五对话框

4. 使用“根据现有文稿新建”创建演示文稿。

用户在创建一个新的演示文稿的时候，如果认为一些别人的或者是自己以前创作的演示文稿比较好比较合适，就可以借鉴这些已经有的演示文稿来新建演示文稿。

【例 5.4】　根据“例 5.2”中创建的演示文稿“实验一例 5.2.ppt”，创建一个新的名称为“实验一例 5.4”的演示文稿。

具体操作步骤如下：

① 在”新建演示文稿”任务窗格中，单击“根据现有演示文稿新建”链接，弹出“根据现有演示文稿新建”对话框。

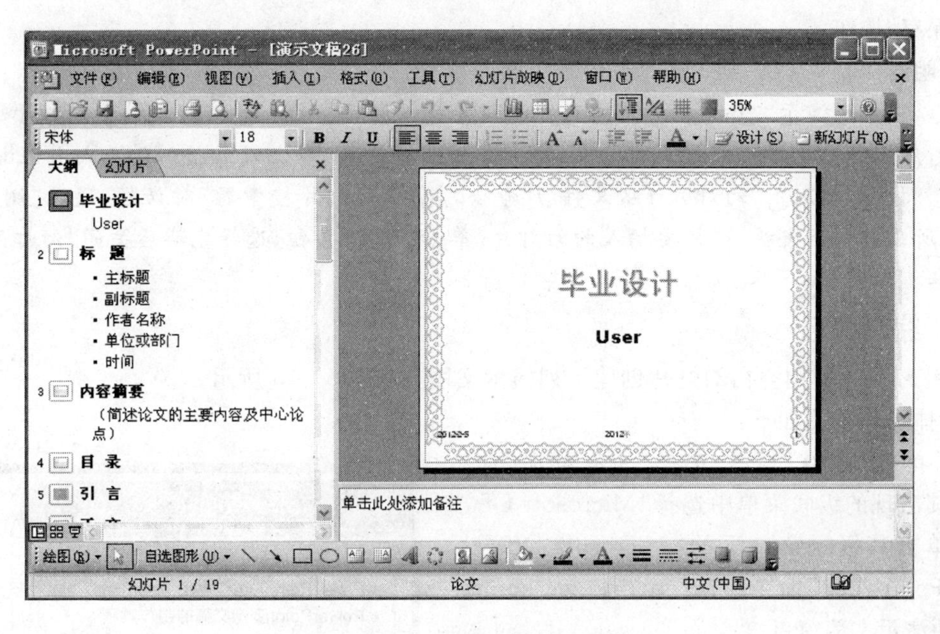

图 5-13　"论文"格式的演示文稿

② 在"查找范围"文本框内找到已有的文件，即按照指定的位置（磁盘、文件夹）选择一个已经创建并已经存在的 PowerPoint 演示文稿（本题要求选择【例 5.2】中创建的"实验一例 5.2.ppt"），如图 5-14 所示。然后单击"创建"按钮，选择的演示文稿即被调入 PowerPoint 窗口中。当有需要时，用户可以根据需要对该演示文稿进行编辑修改等操作。

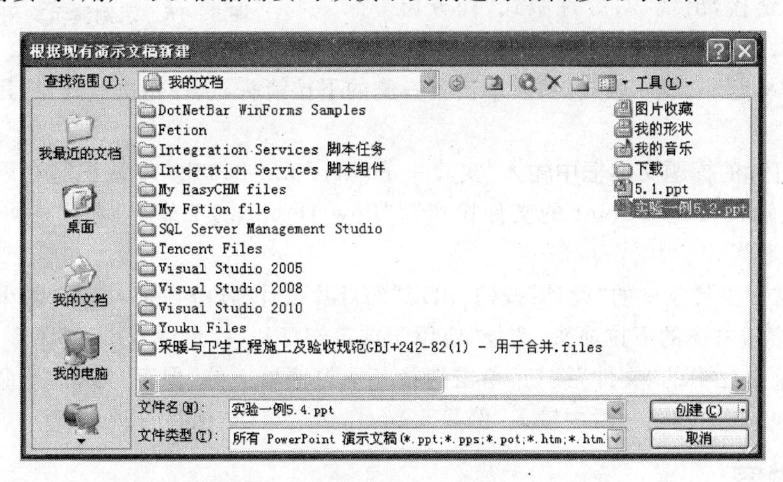

图 5-14　"根据现有演示文稿新建"对话框

③ 修改完毕后，执行"文件"|"另存为"命令，在"文件名"文本框中，输入新演示文稿名称，

单击“保存”按钮。

说明：

可以将已有演示文稿中的所有或部分幻灯片插入到正在操作的演示文稿中。打开一个演示文稿，然后确定要插入幻灯片的位置，即单击一张幻灯片，那么以后插入的幻灯片在该幻灯片之后。执行“插入”|“幻灯片（从文件）”命令，打开“幻灯片搜索器”对话框，通过“浏览”按钮找到所需的演示文稿，选择要插入的幻灯片，单击“插入”按钮，选择完毕后关闭“幻灯片搜索器”对话框即可。

5. 综合练习

【例 5.5】 使用空白幻灯片创建下列演示文稿。如图 5-15 所示。

具体操作步骤如下：

① 单击“开始”菜单，选择“所有程序”命令，在其出现的级联菜单中选择“Microsoft Office”，单击其级联菜单下的“Microsoft Office PowerPoint 2003”命令，打开一个 PowerPoint 2003 的演示文稿窗口。

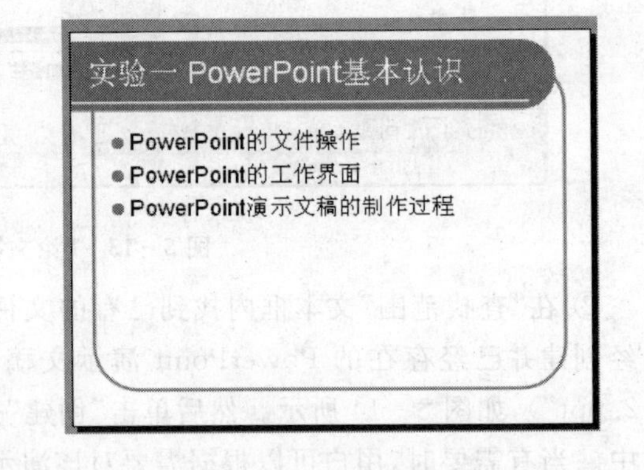

图 5-15 示例演示文稿

② 在出现的 PowerPoint 演示文稿窗口中，单击菜单栏中的“文件”，在其下拉菜单中单击“新建”命令，弹出“新建演示文稿”任务窗格。

③ 在“新建演示文稿”任务窗格中，单击“空演示文稿”链接，出现“幻灯片版式”任务窗格。在“幻灯片版式”任务窗格中，单击“文字版式”列表中的“标题和文本”版式，然后单击其右侧的下拉箭头，选择将次版式“应用于选定幻灯片”。

④ 在幻灯片的标题文本框中输入“实验一 PowerPoint 2003 基本认识”，在下面的小标题文本框中依次输入“PowerPoint 的文件操作”、“PowerPoint 的工作界面”、“PowerPoint 演示文稿的制作过程”。

⑤ 单击常用工具条中的“设计”按钮，出现“幻灯片设计”任务窗格，选择“Radial”这一设计模板，单击此模板右侧的下拉箭头，选择“应用于选定幻灯片”。最后效果，如图 5-16 所示。

⑥ 单击菜单栏中的“文件”按钮，单击选择其下拉菜单下的“保存/另存为”命令，弹出“另存为”的对话框，在文件名一栏中输入“例 5.5.ppt”，然后单击“保存”按钮。

四、实验内容

【实验 1】 练习 PowerPoint 启动、创建 PowerPoint 文件及保存、退出 PowerPoint。

【实验 2】 使用“根据设计模版”创建演示文稿的方法，创建一份与【例 5.5】相同的演示文稿。

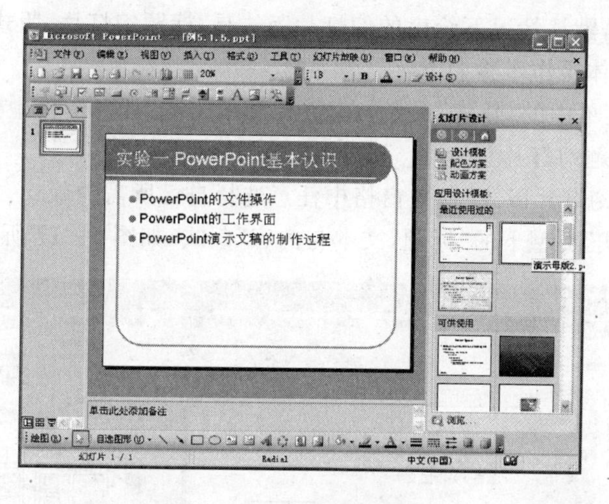

图 5－16　实验效果图

实验二　PowerPoint 2003 演示文稿的编辑

一、实验目的

1. 熟练掌握并应用演示文稿中幻灯片的版式、设计模板、母版、颜色背景的设置；
2. 熟练掌握幻灯片的制作、文字编辑、图片和图表插入及模板的选用；
3. 学会在幻灯片中插入多媒体素材。

二、相关知识

1. 演示文稿中幻灯片的外观设计

幻灯片的外观设计包括幻灯片的版式设计、幻灯片的设计模板，母版，背景颜色等。

2. 在演示文稿的幻灯片中添加素材

用 PowerPoint 做幻灯片时，我们可以利用插入图形文字、添加声音文件、设计动画等技术，设计出更具有感染力的多媒体演示文稿。

三、实验示例

【例 5.6】 新建一个演示文稿，对其外观进行设置。

（1）设计幻灯片版式。

新创建的幻灯片，默认情况下给出的幻灯片版式是“标题幻灯片”版式，我们可以根据需要重新设置其版式。具体操作步骤如下：

① 选择“文件”菜单中的“新建”命令，在“新建演示文稿”任务窗格中单击“空演示文稿”链接，便创建了一张“标题幻灯片”。

② 根据需要在“幻灯片版式”任务窗格中任意选择自己所需的版式。例如，本例题中选择的是“文字和内容版式”类型下的“标题，文本与内容”版式，如图 5－17 所示。

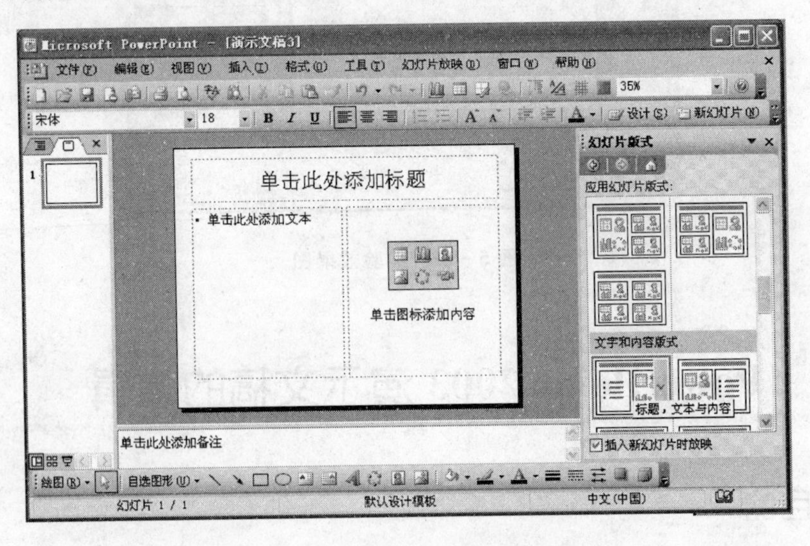

图 5－17 “标题，文本与内容”版式

(2) 设计模板。

① 使用设计模板。

通常情况下，新建的演示文稿使用的是黑白幻灯片方案，如果需要使用其他方案，一般可以通过应用其内置的设计方案来快速添加。下面对图 5－17 所示的演示文稿进行背景设置。

具体操作步骤如下：

Ⅰ. 单击“幻灯片版式”任务窗格顶部的下拉按钮▼，在随后弹出的下拉列表中，选择“幻灯片设计”选项，得到“幻灯片设计”任务窗格，如图 5－18 所示。

Ⅱ. 选择一种设计方案，然后按其右侧的下拉按钮，在弹出的下拉列表中，根据需要应用即可。例如，本例题中选择的是“万里长城”这一设计模板，如图 5－19 所示。

图 5-18　“幻灯片设计”任务窗格

图 5-19　“万里长城”设计模板

Ⅲ. 执行菜单栏中的“插入→新幻灯片”命令，新增一张空白幻灯片，可以看出第 2 张幻灯片使用的也是“万里长城”这一设计模板，如图 5-20 所示。即在默认情况下，此演示文稿的所有幻灯片都使用这一设计模板。若要将模板应用于单个幻灯片，选择演示文稿窗口左侧“幻灯片”选项卡上一张幻灯片的缩略图，在“幻灯片设计”任务窗格中，指向模板并单击右侧箭头 ，再单击“应用于选定幻灯片”即可。

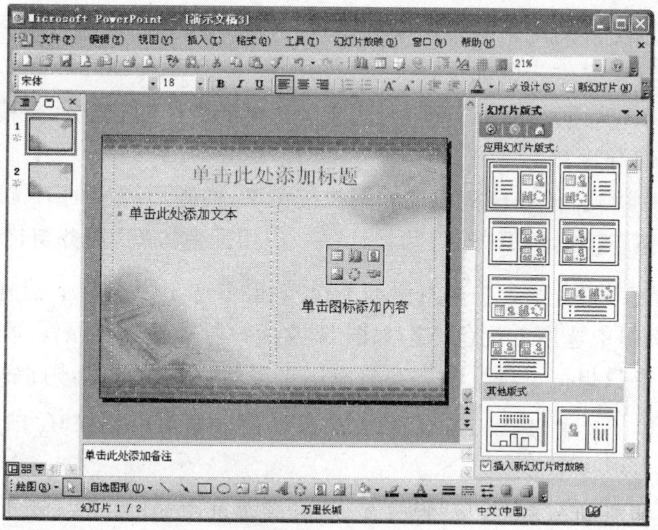

图 5-20　“插入→新幻灯片”使用的模板

Ⅳ. 完成上述操作后，单击常用工具条中的”保存”按钮，在打开的”另存为”对话框中，指定演示文稿的保存位置和文件名，然后单击此对话框中的”保存”按钮，即可将此演示文稿保存在指定文件夹中。

说明：

当演示文稿窗口中没有“幻灯片版式”任务窗格时，执行“视图→任务窗格”命令，便可得到如上图 5-17 中所示的“幻灯片版式”任务窗格。

② 新建设计模板。

用户可以将自己创建的任何演示文稿保存为新的设计模板，并且以后就可以在“幻灯片设计”任务窗格中使用该模板。新建模板后，新模板会在下次打开 PowerPoint 时按标题名称的字母顺序显示在“幻灯片设计”任务窗格的“可供使用”之下。新建设计模板的具体步骤如下：

Ⅰ. 在某一演示文稿窗口中，执行菜单栏下的“文件”|“新建”命令，演示文稿窗口中出现“新建演示文稿”任务窗格。

Ⅱ. 在“新建演示文稿”任务窗格下，单击“根据现有演示文稿”链接，出现“根据现有演示文稿”对话框。

Ⅲ. 选择所需的演示文稿，然后单击“创建”按钮，这样可保留原始演示文稿。

Ⅳ. 删除新模板中不需要的任何文本、幻灯片或设计元素，并应用确实希望应用于该模板的任何更改。

Ⅴ. 执行菜单栏下的“文件”|“另存为”命令，在“文件名”文本框中，键入模板的名称，在“保存类型”框中，单击“演示文稿设计模板”，单击“保存”按钮。

(3) 背景设置。

如果对当前演示文稿的配色方案不满意，可以选择其内置的配色方案来进行调整，并可以修改其背景颜色。具体操作步骤如下：

① 使用实验一中“根据空演示文稿”创建演示文稿的方法新建演示文稿，这样即在演示窗口中出现一个标题幻灯片。

② 单击“幻灯片版式”任务窗格顶部的下拉按钮▼，在随后弹出的下拉列表中，选择“幻灯片设计——配色方案”选项，展开“幻灯片设计——应用配色方案”任务窗格。

③ 选择一种配色方案，然后按其右侧的下拉按钮 ，在弹出的下拉列表中，根据需要应用即可。例如，本例题中选用的配色方案如图 5-21(a)所示。默认情况下，配色方案是“应用于所有幻灯片”，如果只想把一种配色方案只应用于当前一张幻灯片，则指向该配色方案，在配色方案的右侧出现一个小箭头 ，单击它，在弹出的快捷菜单中选择“应用所选幻灯片”即可。

说明：

如果需要修改其背景颜色可以这样设置：执行菜单栏中的“格式→背景”命令，打开“背景”对话框(如图 5-21(b)所示)，设置一种颜色，确定返回即可。这种方法可以说是“设置背景颜色”时最好用的办法。

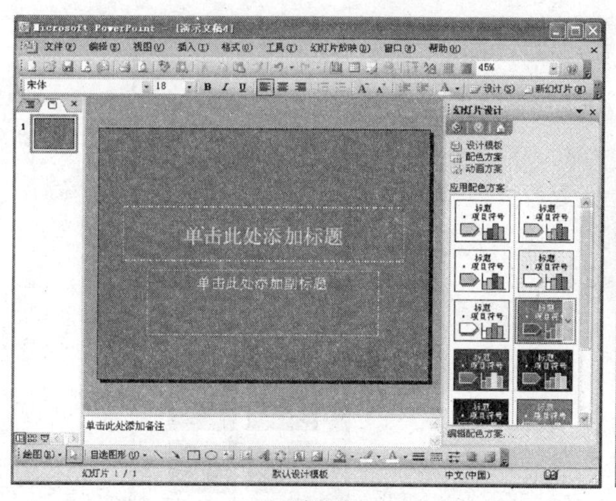

(a) 配色方案

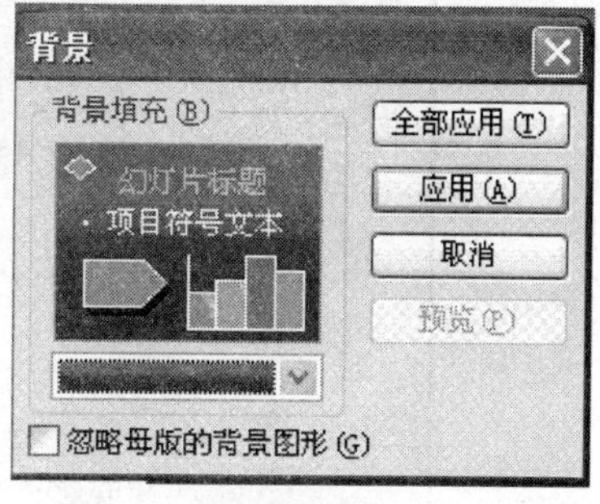

(b) “背景”填充

图 5 - 21　配色方案与背景填充

(4) 幻灯片母板。

所谓“母版”就是一种特殊的幻灯片，它包含了幻灯片的文本和页脚(如日期、时间、幻灯片编号)等占位符，这些占位符控制了幻灯片的字体、字号、颜色、项目符号等版式要素。母版通常包括幻灯片母版、标题母版、讲义母版、备注母版四种形式，下面主要介绍“灯片母版”和“标题母版”的建立和使用。

① 建立幻灯片母版。

幻灯片母版通常用来统一整个演示文稿的幻灯片格式，一旦修改了幻灯片母版，则所有采用这一母版建立的幻灯片格式也随之发生改变，快速统一演示文稿的格式等要素。

Ⅰ. 启动 Powerpoint2003，新建或打开一个演示文稿。

Ⅱ. 执行菜单栏中的“视图→母版→幻灯片母版”命令，进入“幻灯片母版视图”状态，如图 5 - 22 所示，此时“幻灯片母版视图”工具条也随之被展开。

Ⅲ. 右击“单击此处编辑母版标题样式”字符，在随后弹出的快捷菜单中，选“字体”选项，打开“字体”对话框，如图 5 - 23 所示，设置好相应的选项后，单击“确定”按钮返回。

Ⅳ. 然后分别右击“单击此处编辑母版文本样式”字符、“第二级、第三级……”字符，仿照上面第③步的操作设置好相关格式。

Ⅴ. 分别选中“单击此处编辑母版文本样式”、“第二级、第三级……”等字符，执行执行菜单栏中的“格式→项目符号和编号”命令，打开“项目符号和编号”对话框(如图 5 - 24 所示)，设置一种项目符号样式后，单击“确定”按钮退出，即可为相应的内容设置不同的项目符号样式。图 5 - 24 中选择的是第二种项目符号。

Ⅵ. 执行菜单栏中的“视图→页眉和页脚”命令，打开“页眉和页脚”对话框，即可对幻灯片

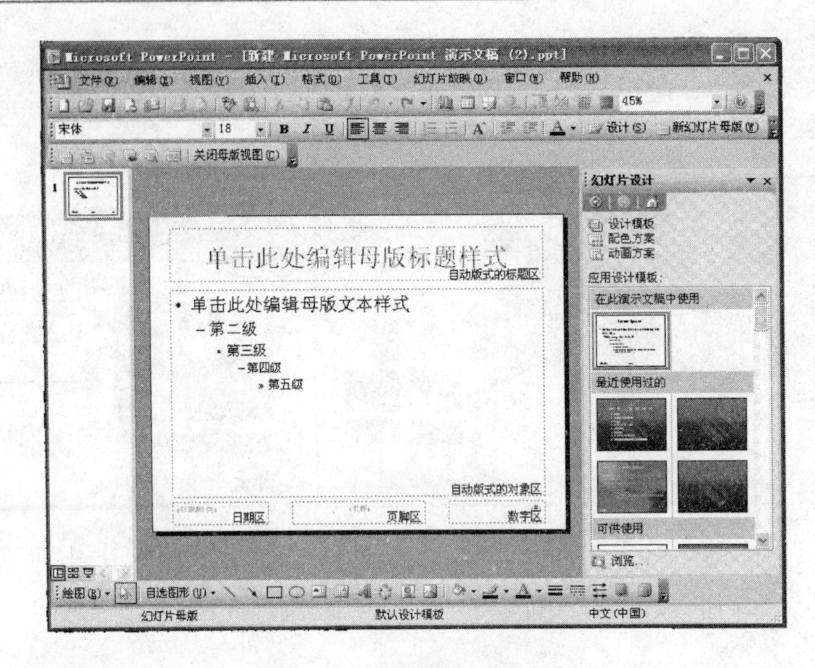

图 5 – 22　“幻灯片母版视图”

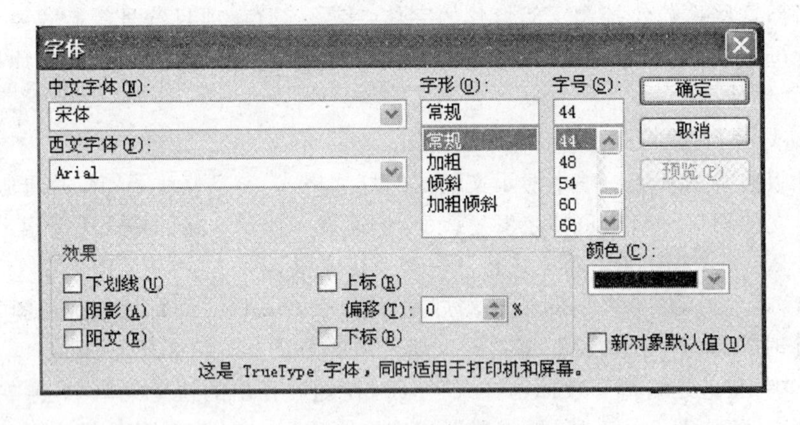

图 5 – 23　“字体”对话框

的“日期区、数字区、页脚区”进行设置，设置完毕后单击“全部应用”按钮。

Ⅶ. 执行菜单栏上的“插入→图片→来自文件”命令，打开“插入图片”对话框，定位到事先准备好的图片所在的文件夹中，选中该图片将其插入到母版中，并定位到合适的位置上。

Ⅷ. 全部修改完成后，单击“幻灯片母版视图”工具条上的“重命名模板”按钮，打开“重命名模板”对话框（如图 5 – 25 所示），输入母版名称（如“演示母版”）后，单击“重命名”按钮返回。

Ⅸ. 单击“幻灯片母版视图”工具条上的“关闭模板视图”按钮退出，“幻灯片母版”制作完成。

Ⅹ. 执行菜单栏下的“文件”→“另存为”命令，在“保存类型”框中，选择“演示文稿设计模板”，在“文件名”文本框中，键入母版的名称，单击“保存”按钮。

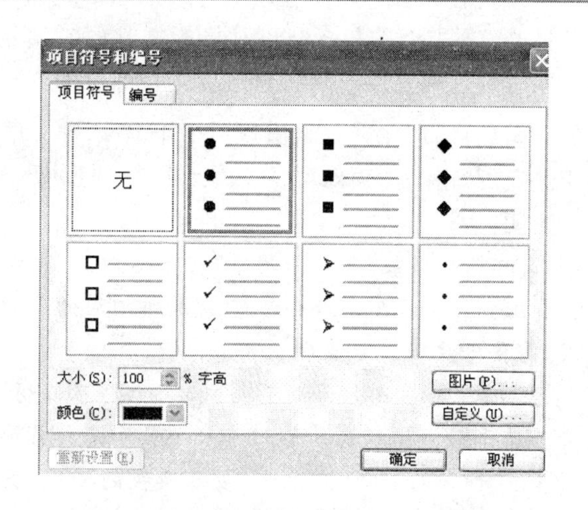

图 5－24　“项目符号和编号”对话框图

② 建立标题母版。

前面我们提到，演示文稿中的第一张幻灯片通常默认使用“标题幻灯片”版式。现在我们就为这张相对独立的幻灯片建立一个“标题母版”，用以突出显示出演示文稿的标题。具体操作步骤如下：

Ⅰ. 在“幻灯片母版视图”状态下，单击“幻灯片母版视图”工具条上的“插入新标题母版”按钮 ，进入“标题母版”状态。

Ⅱ. 仿照上面“建立幻灯片母版”的相关操作，设置好“标题母版”的相关格式。

Ⅲ. 设置完成后，退出“幻灯片母版视图”状态即可。

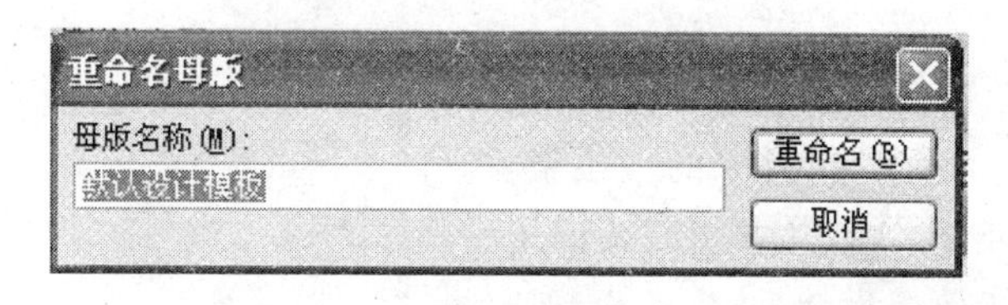

5－25　“重命名模板”对话框

说明：

Ⅰ. 创建母版后，新建的母版会在下次打开 PowerPoint 时按标题名称的字母顺序显示在“幻灯片设计”任务窗格的“可供使用”之下。

Ⅱ. 如果想为某一个演示文稿使用多个不同的母版，可以在“幻灯片母版视图”状态下，单击工具条上的“插入新幻灯片母版”和“插入新标题母版”按钮，新建一对母版，并仿照上面的操作进行编辑修改，重命名保存即可。

③ 母版的应用。

母版建立好以后，下面我们将其应用到演示文稿上。

Ⅰ. 启动 PowerPoint2003，新建或打开某个演示文稿。并执行菜单栏上的“视图→任务窗格”命令，展开任务窗格。

Ⅱ. 按“任务窗格”右上角的下拉按钮▼，在随后弹出的下拉列表中，选择“幻灯片设计—设计模板”选项，打开“幻灯片设计”任务窗格。

Ⅲ. 选择上面的包含“母版”模板文件(如“演示母版. ppt”),将“母版”应用到当前演示文稿的所有幻灯片上。若只将母版应用在部分幻灯片中,则先选中需要用母版的幻灯片,然后将鼠标指向该母版,在其右侧出现一个小箭头 ,单击它,在随后弹出的下拉列表中,选中“应用于选定幻灯片”选项即可。

说明:

Ⅰ. “标题母版”只对使用了“标题幻灯片”版式的幻灯片有效。

Ⅱ. 如果发现某个母版不能应用到相应的幻灯片上,说明该幻灯片没有使用母版对应的版式,需要修改版式后重新应用。

Ⅲ. 如果对应用的母版的格式不满意,可以仿照上面建立母版的操作,对母版进行修改,或者直接手动修改相应的幻灯片来美化和修饰你的演示文稿。

Ⅳ. “母版的应用”与上面“设计模板的使用”类似。

Ⅴ. 在大纲区中,按住 Shift 键,单击前、后两张幻灯片,可以同时选中连续的多张幻灯片;按住 Ctrl 键,分别单击相应的幻灯片,可以同时选中不连续的多张幻灯片。

【例 5.7】 新建一个演示文稿,并添加素材。

(1) 添加文字。

① 在占位符中添加文本。

使用自动版式创建的新幻灯片中,有一些虚线框(如图 5-26 中“单击此处添加标题”周围的虚框,即为占位符),它们是各种对象的占位符,其中幻灯片标题和文本的占位符表示需要向里面添加标题文本。具体操作步骤:

在演示文稿窗口中,单击各种对象的占位符,在文本框内输入相应文字即可。例如,在一张“标题幻灯片”中,单击“单击此处添加标题”占位符,在文本框内输入标题文字“计算机学院”。

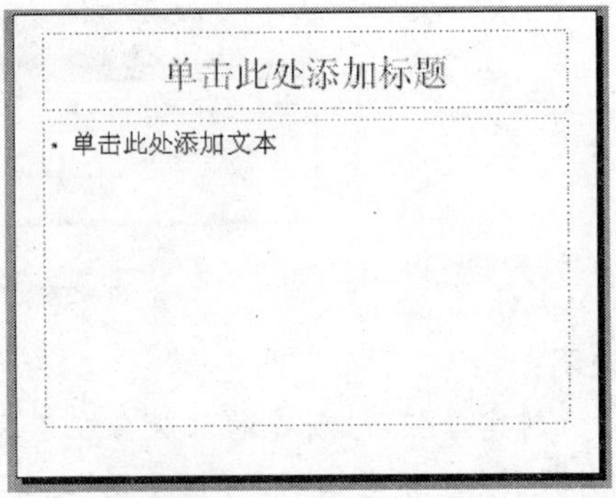

单击此处添加标题

· 单击此处添加文本

图 5-26 占位符

② 插入文本框或自选图形添加文本。

如果用户希望自己设置幻灯片的布局,在创建新幻灯片时,选择了空白幻灯片,或者要在占位符之外添加文本,可以利用文本框或自选图形来添加文本。具体操作步骤如下:

Ⅰ. 在“①”中的演示文稿窗口中,单击菜单栏中的“插入|文本框”命令(文本框的格式有“水平”与“垂直”两种文本框),单击选择“水平”文本框,然后在幻灯片工作区中拖动鼠标,得到一水平文本框。

Ⅱ. 文本框中输入小标题文字“学院建设”。利用Ⅰ中方法插入两个文本框分别输入小标题文字“学科建设”、“精品课程”。

Ⅲ. 选定幻灯片中小标题所在的文本框中的文字，右键弹出快捷菜单，单击“字体”选项，弹出“字体”对话框，如图 5-27 所示。将小标题内的文字的格式设置为宋体，加粗，40 字号，蓝色字，并加下划线，单击“确定”按钮返回。

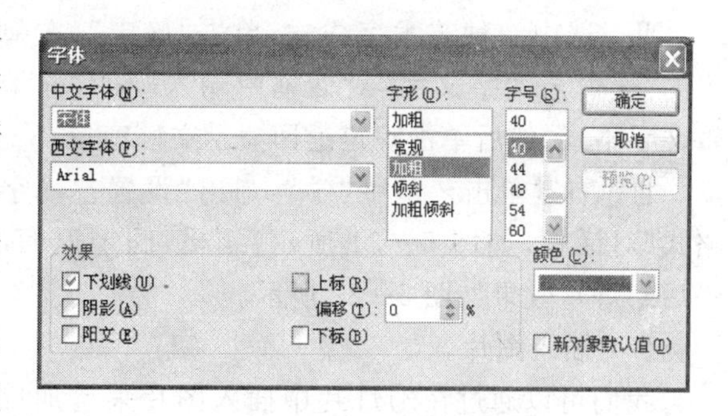

图 5-27　“字体”对话框

Ⅳ. 选中小标题文本框，执行菜单栏中的“格式→文本框”命令，弹出“设置文本框格式”对话框，选择“颜色和线条”选项卡，按照图 5-28 所示设置，单击“确定”按钮返回。

Ⅵ. 单击“绘图”工具栏中的“自选图形”，选择“星与旗帜”下的“横卷形”这一自选图形，此时幻灯片上的鼠标会变成一个十字，按住鼠标左键，拖动，即可将“横卷型”这一自选图形插入当前幻灯片中。右击该自选图形，在弹出的快捷菜单中单击“添加文本”选项，添加一个“学”字，并进行格式设置。如图 5-29 所示效果。

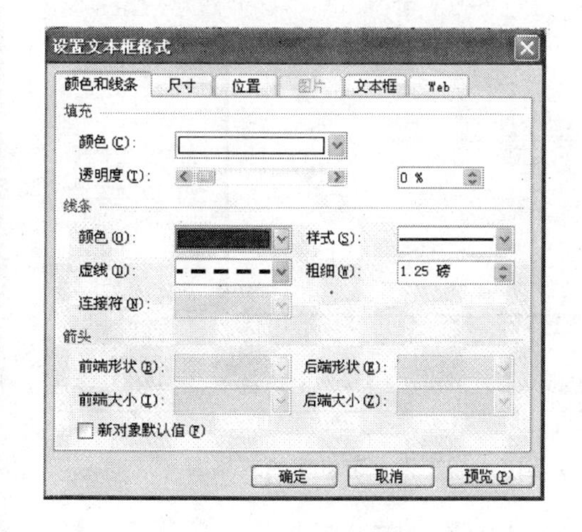

图 5-28　“设置文本框格式”对话框

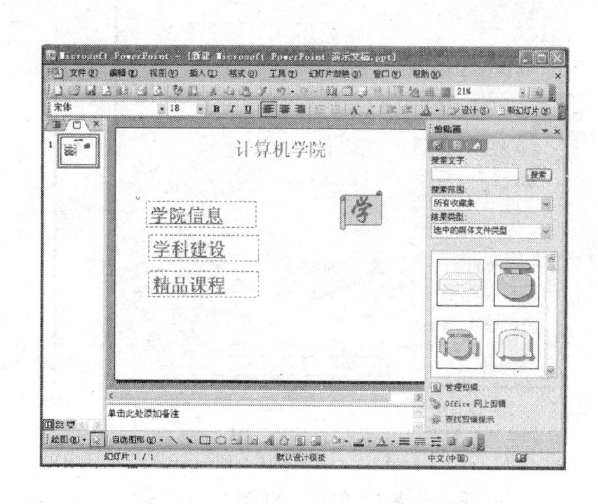

图 5-29　自选图形设置效果图

③ 插入“艺术字”。

在上图 5-29 所示的幻灯片中加入艺术字“学”，并对艺术字进行编辑修饰，具体操作步骤如下：

Ⅰ. 单击“绘图”工具栏中的“插入艺术字”按钮，弹出“艺术字库”对话框，如图 5-30 所示。

Ⅱ. 选中一种艺术字样式，单击“确定”，在弹出的“编辑艺术字文字”对话框中输入“学”，并编辑文字格式，然后单击确定返回演示文稿窗口。

Ⅲ. 右键单击艺术字“学”，弹出“设置艺术字格式”对话框，如图 5－31 所示，编辑，确定返回。最后幻灯片效果如图 5－32 所示。

(2) 插入图片。

我们可以通过在幻灯片中插入图片来增加视觉效果，提高观众的注意力，给观众传递更多的信息。更重要的是图片能够传达语言难以描述的信息，有时需要长篇大论的问题，也许一幅图片就解决问题了。在图 5－32 所示的演示文稿中插入图片，具体操作步如下：

图 5－30 “艺术字库”对话框

图 5－31 “设置艺术字格式”对话框

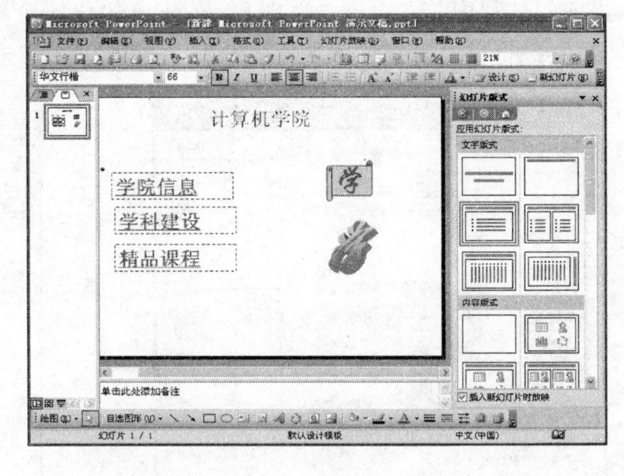

图 5－32 设置艺术字的效果图

① 插入“来自文件”的图片。

Ⅰ. 执行菜单栏中的“插入—图片—来自文件”命令，弹出“插入图片”对话框，如图 5－33 所示。

Ⅱ. 在相应的文件夹中选择要插入的图片，单击“插入”按钮即可插入所需要的图片。

Ⅲ. 右键单击图片，在弹出的快捷菜单中单击“设置图片格式”选项，在“设置图片格式”对话框中根据需要设置相关项。

② 插入剪贴画。

Ⅰ. 单击“绘图”工具栏中的“插入剪贴画”按钮，出现“剪贴画”任务窗格，如图 5－34所示。

Ⅱ. 在“剪贴画”任务窗格的“搜索文字”文本框中输入“便携式电脑”，单击“搜索”按钮，任

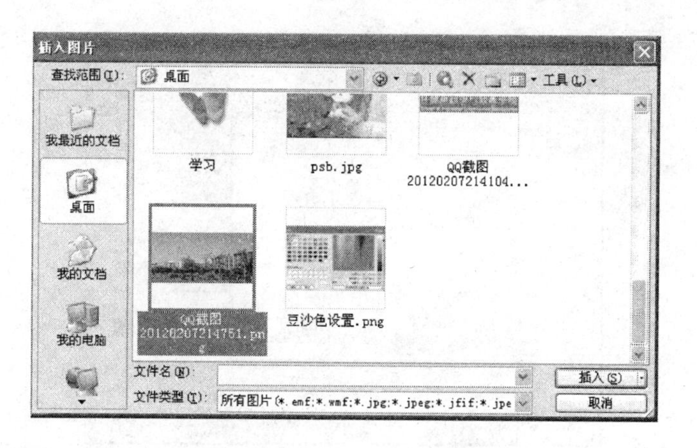

图 5-33　"插入图片"对话框

务窗格中显示出和"便携式电脑"有关的剪贴画，如图 5-35 所示。

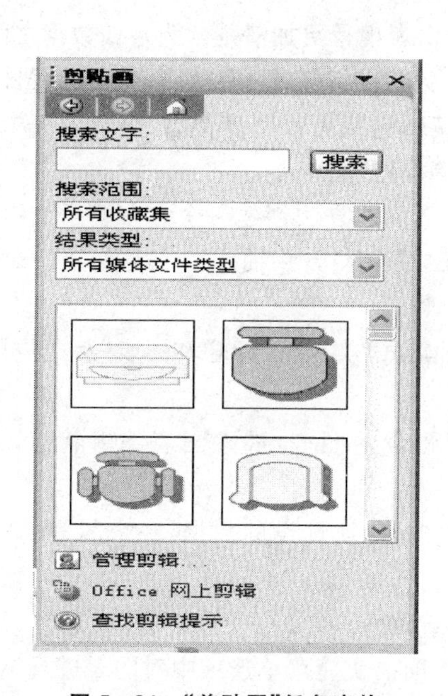

图 5-34　"剪贴画"任务窗格

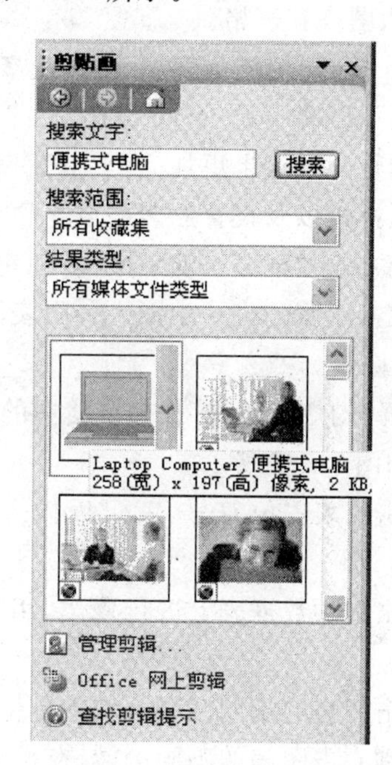

图 5-35　"搜索"剪贴画

Ⅲ. 选择"便携式电脑"类别中的第一个图片，单击此图片，将所选图片插入幻灯片中。

Ⅳ. 右键单击剪贴画，在弹出的快捷菜单中单击"设置自选图形格式"选项，在"设置自选图形格式"对话框中根据需要设置相关项。

Ⅴ. 经过"①和②"后，最后形成的效果图，如图 5-36 所示。

图 5-36 插入剪贴画效果图

(3) 插入图表和表格。

在 PowerPoint 中添加表格,可以使多项数据表现得更加清楚。为了使数据之间的对比更直观明显,还可以使用 PowerPoint 提供的图表功能在幻灯片中添加图表,并对图标进行一定的编辑,使幻灯片的效果更加完美。对图表的编辑包括更改图表类型、编辑图表中的数据、更改图表布局、样式以及设置图表的位置和大小等操作。

使用实验一中"根据空演示文稿"创建演示文稿的方法创建一个空白演示文稿,它包含两张幻灯片,在第一张幻灯片中插入一图表,在第二张幻灯片中插入一个表格。

① 插入图表。

Ⅰ. 选择"幻灯片版式"任务窗格中的"其他版式"类型下"标题和图表"版式应用在第一张幻灯片中,如图 5-37 所示。

Ⅱ. 双击图表占位符号,就可以插入一个预设的图表,进入图表编辑状态,如图 5-38 所示。

Ⅲ. 在出现的数据表上进行修改,用现有数据替换预设的数据,一个图表的"原型"就完成了。

Ⅳ. 双击图表的不同区域分别进行相关的设置。

Ⅴ. 分别右击图表的不同区域,在弹出的不同的快捷菜单选项中对图表进行编辑。

说明:

Ⅰ. 如果发现图表中的数据有误,单击"常用"工具条上的"查看数据工作表"按钮 ,或者"直接双击图表",即可再次进入图表编辑状态,对图表进行修改处理。

Ⅱ. 也可以通过菜单栏中的"插入-图表"命令或常用工具栏上的图表按钮,在幻灯片中插入图表。

图 5－37　“标题和图表”版式

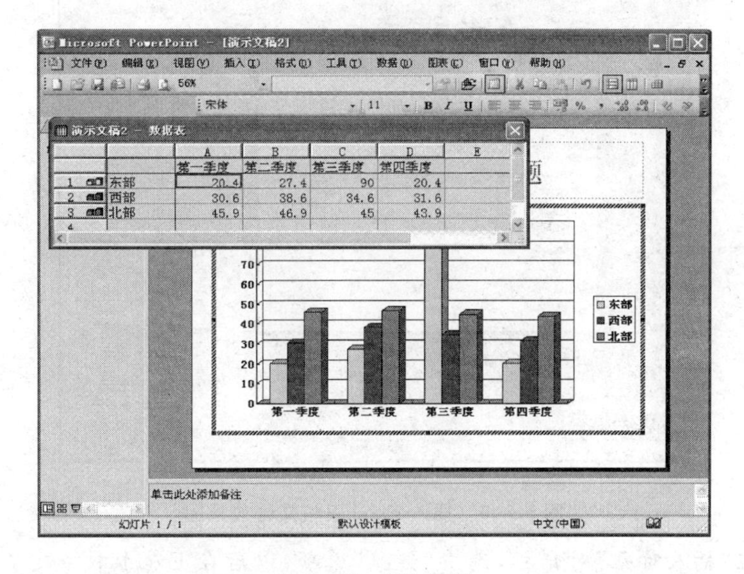

图 5－38　插入图表

Ⅲ．对于上述操作步骤中的④⑤，读者可以自己尝试设置。

② 插入表格。

由于 PowerPoint 的表格功能不太强，如果需要添加表格时，我们可以先在 Excel 中制作好，然后将其插入到幻灯片中。选中上述演示文稿中的第一张幻灯片，然后“回车”。即可想演示文稿中添加第二张幻灯片，下面在第二张幻灯片中插入表格。具体操作步骤如下：

Ⅰ. 执行菜单栏中的“插入|对象”命令，弹出如图 5－39 所示的“插入对象”对话框。

Ⅱ. 选中对话框中的“由文件创建”选项，然后单击“浏览”按钮，定位到 Excel 表格文件所在的文件夹，选中相应的文件，单击“确定”按钮返回，即可将表格插入到幻灯片中。插入 Excel 表格文件后的效果，如图 5－40 所示。

Ⅲ. 调整好表格的大小，并将其定位在合适位置上，设置好表格的格式即可。

说明：

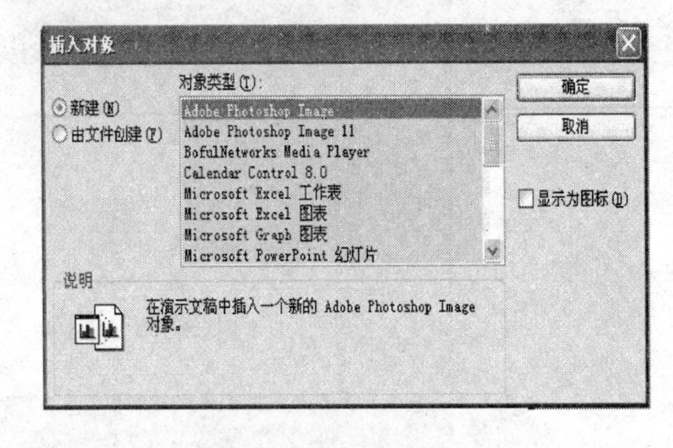

图 5－39　“插入对象”对话框

Ⅰ. 为了使插入的表格能够正常显示，需要在 Excel 中调整好行、列的数目及宽(高)度。

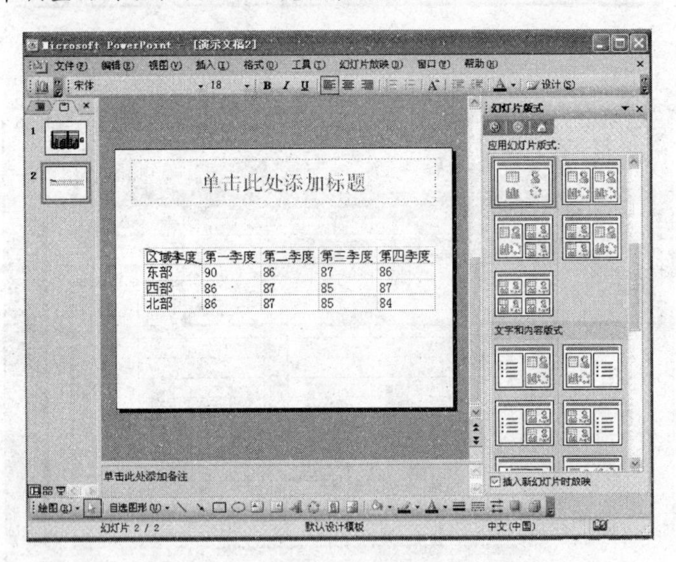

图 5－40　插入 Excel 表格文件效果图

Ⅱ. 如果在“插入对象”对话框，选中“链接”选项，以后在 Excel 中修改了插入表格的数据，打开演示文稿时，相应的表格会自动随之修改。

Ⅲ. 若想直接在 PowerPoint 中添加表格，可以单击常用工具条中的“插入表格”按钮，或者执行菜单栏中的“插入|表格”命令。也可以选择与插入图表类似的方法，即选择“幻灯片版式”任务窗格中的“其他版式”类型下“标题和表格”版式应用幻灯片中，双击占位符添加表格，如图 5－41 所示。

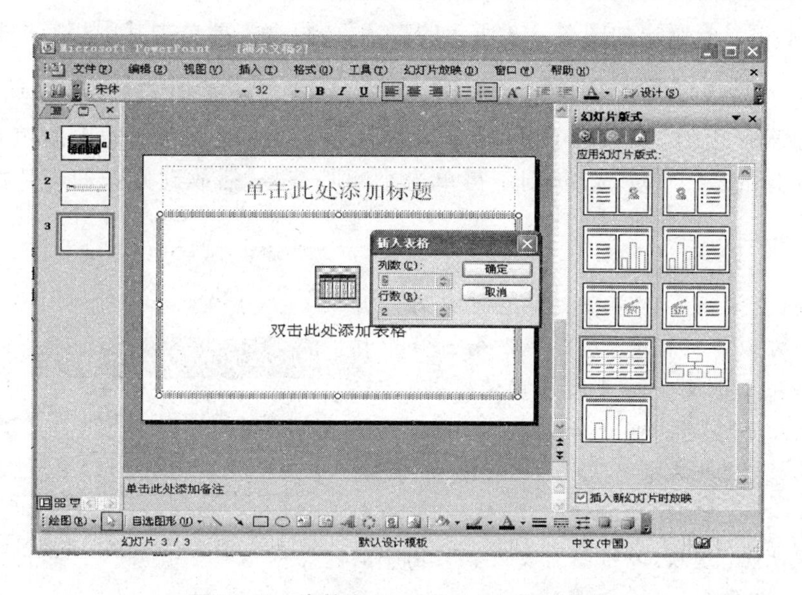

图 5 - 41　直接在 PowerPoint 中添加表格

(4) 插入声音文件。

① 插入声音。

Ⅰ. 准备好声音文件(＊. mid、＊. wav 等格式)。

Ⅱ. 选中需要插入声音文件的幻灯片,单击菜单栏中的“插入”,在其下拉菜单中选择“影片和声音→文件中的声音”命令,打开“插入声音”对话框(如图 5 - 42 所示),定位到声音文件所在的文件夹,选中相应的声音文件(例如“ppt 声音. wav”),确定返回。

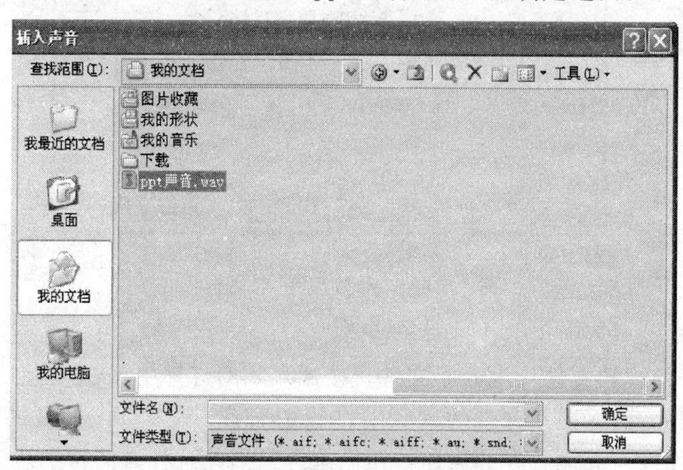

图 5 - 42　“插入声音”对话框

Ⅲ. 此时，系统会弹出如图 5－43 所示的提示框，根据需要单击其中相应的按钮（本题选择“在单击时”），即可将声音文件插入到幻灯片中（幻灯片中显示出一个小喇叭符号 ）。

Ⅳ. 播放到此张幻灯片时，单击“小喇叭符号 ”，即可听到所插入的声音。（如果在图 5-43 中选择的是“自动”选项，则不需单击小喇叭符号，播放到此张幻灯片的同时，播放声音）。

说明：

如果想让上述插入的声音文件在多张幻灯片中连续播放，可以这样设置：在第一张幻灯片中插入声音文件，选中小喇叭符号，在“自定义动画”任务窗格中，选中相应的声音文件对象，展开其右侧的下拉菜单，单击“效果选项”，打开“播放声音”对话框（如图 5－44 所示），选中“停止播放”下面的“在 X 张幻灯片后”选项，并根据需要设置好图中的“X”值，确定返回即可。

图 5－43　插入声音提示框

图 5－44　“播放声音”对话框

② 插入视频。

将事先准备好的视频文件作为电影文件直接插入到幻灯片中，该方法是最简单、最直观的一种方法，使用这种方法将视频文件插入到幻灯片中后，PowerPoint 只提供简单的[暂停]和[继续播放]控制，而没有其他更多的操作按钮供选择。因此这种方法特别适合 PowerPoint 初学者，以下是具体的操作步骤：

Ⅰ. 准备好视频文件（avi，mpeg，wmv 等格式）。

Ⅱ. 打开需要插入视频文件的幻灯片，执行菜单栏中的“插入→影片和声音→文件中的影片”命令，打开“插入影片”对话框，定位到影片文件所在的文件夹，选中相应的影片文件(例如“ppt 影片. wav”)，确定返回。

Ⅲ. 此时，系统会弹出如图 5－45 所示的提示框，根据需要选择播放方式即可。

Ⅳ. 在播放过程中，可以将鼠标移动到视频窗口中，单击一下，视频就能暂停播放。如果想继续播放，再用鼠标单击一下即可。

图 5－45　插入视频文件提示框

(5) 插入 flash 动画。

flash 是现在非常流行的一种动画格式，在幻灯片中加入 flash 动画可以使我们做的幻灯片动起来，还能产生交互性，但是在 PowerPoint 不能像我们加入文本框一样方便，下面介绍一种在 PowerPoint 中加入 flash 动画的方法，其具体操作步骤如下：

① 启动 PowerPoint，执行菜单栏中的“视图—工具栏—控件工具箱”，弹出如图 5－46 所示的“控件工具箱”。

② 在控件工具箱中选择“其他控件”，这时会列出电脑中安装的 Active X 控件，找到 Shockwave Flash Object 控件。如图 5－47 所示。这时，鼠标变成“＋”，在幻灯片中需要插入 flash 动画的地方画出一个框。如图 5－48 所示。

图 5－46　“控件工具箱”

Rat 控件
RefEdit.Ctrl
RegWizCtrl
RemoteDesktopClientHost Class
RotateBvr Class
ScaleBvr Class
ScriptControl Object
SDProjWiz2 Class
Search Assistant Control
SelectFile Class
SetBvr Class
Shockwave Flash Object
204 个控件

图 5－47　Shockwave Flash Object 控件

③ 在框中点击鼠标右键，点击属性，然后出现 Shockwave Flash Object 属性设置栏。

④ 在“属性设置栏”中的“movie”中填入所需的 flash 动画所在的位置。在“Movie”选项后面的方框中输入需要插入的 Flash 动画文件名. SWF 及完整路径，然后关闭属性窗口。(建议将 Flash 动画文件和演示文稿保存在同一文件夹中，这样只需要输入 Flash 动画文件名称，而不需要输入路径了。)

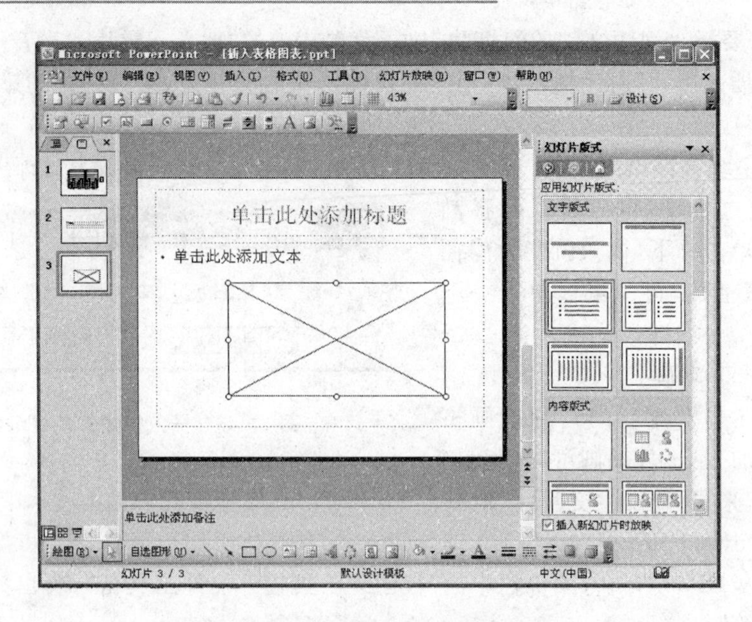

图 5-48　插入 flash 动画

⑤ 调整好播放窗口的大小,将其定位到幻灯片合适位置上,即可播放 Flash 动画了。

说明:

Ⅰ. 这里我们只介绍了利用控件插入法,此方法的集成性较高,不需要外部程序参与,但是此方法较麻烦,读者自己也可以尝试使用"链接法"和"利用对象法"在幻灯片中插入 flash 动画。

Ⅱ. 此方法要求 flash 要是 swf 格式,exe 格式的无法加入。控件大小不要和幻灯片一样大,否则会出现问题,如幻灯片无法切换。

Ⅲ. 此方法插入 flash,无需安装 flash 播放器;可将动画文件和 ppt 文件合为一体,复制时不需单独复制动画文件,也不需再做路径修改。

【例 5.8】 按以下内容制作一个至少包含四张幻灯片的演示文稿。具体要求如下:

(1) 新建一演示文稿,第一张幻灯片,使用标题版式,在标题区中输入"河北工业大学",字体设置为黑体,加粗,60 磅,R:255,B:0,G:0;在副标题中输入"计算机学院",字体设置为隶书,加粗,40 磅,R:0,B:255,G:0。

(2) 将第一张幻灯片的背景设置成"信纸"。

(3) 在第一张幻灯片上插入一张与电脑相关的剪贴画。

(4) 对此幻灯片添加编号、日期、时间或者页脚文本。

(5) 插入第 2 张幻灯片,将其版式设置成"标题和表格",并在此张幻灯片中插入一个 3 行 4 列的表格。

(6) 在第二张幻灯片中插入剪辑管理器中的一个声音文件“电话.wav”。

具体操作步骤如下：

(1) 版式设计和文本编辑。

① 启动 PowerPoint，利用实验一中的方法新建一个演示文稿。在演示文稿窗口中，出现一张标题幻灯片，单击菜单栏中的“格式”，在其下拉菜单中选择“幻灯片版式”，出现“幻灯片版式”任务窗格，选择“标题幻灯片”版式，应用在当前幻灯片。

② 在标题文本框中输入“河北工业大学”。选中文字，右键单击，在弹出的快捷菜单中选择“字体”，弹出“字体”对话框，设置文字的“字体、字形、字号”，在对话框中选择“颜色”中的“其他颜色”，弹出“颜色”对话框，选择“自定义”选项，将颜色设置成“R:255,B:0,G:0”，确定。

③ 在副标题文本框中输入“计算机学院”，参照步骤②中的操作，将副标题设置为“隶书、加粗、40 磅、R:0,B:255,G:0”。

(2) 背景填充。

① 单击菜单栏中的“格式”，在其下拉菜单中选择“背景”选项，弹出“背景”对话框，参照图 5-21 所示。

② 在“背景”对话框中，单击下面的下拉小箭头，选择“填充效果”，弹出“填充效果”对话框，如图 5-49 所示。

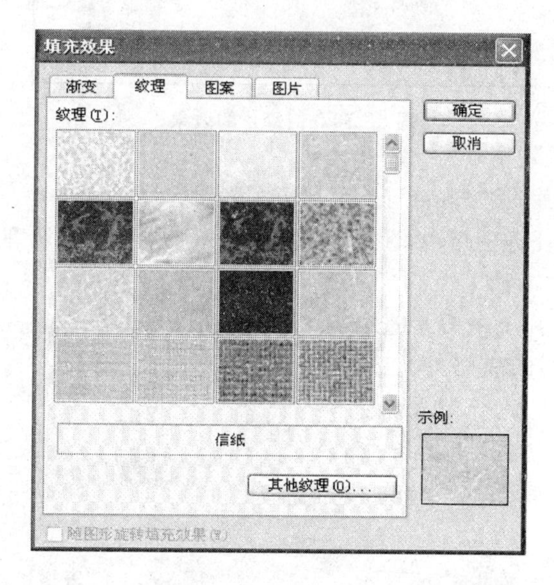

图 5-49 “填充效果”对话框

③ 展开“纹理”选项卡，选择纹理列表框中的“信纸”，单击“确定”按钮，返回“背景”对话框中，单击“应用”，即可将此背景只应用在当前这张幻灯片。

(3) 插入图片。

① 单击菜单栏中的“插入”，选择其下拉菜单下的“图片—剪贴画”，出现“剪贴画”任务窗格，参照图 5-34 所示。

② 在此任务窗格下的“搜索”文本框中输入“电脑”，单击“搜索”按钮，选择一个剪贴画插入到当前幻灯片的右下角，调整其大小。

(4) 编辑页眉页脚。

① 单击菜单栏中的“视图”，选择其下拉菜单中的“页眉页脚”，弹出“页眉页脚”对话框。

② 选择“幻灯片”选项卡，设置如图 5-50 所示。设置完成后，单击“应用”按钮，即表示只对当前幻灯片进行设置。若点击“全部应用”，表示对全部幻灯片进行设置。

图 5-50 幻灯片的效果

(5) 版式设计和插入表格。

① 选中第一张幻灯片，按“Enter”键，添加第 2 张幻灯片。

② 在“幻灯片版式”任务窗格中，选择“其他版式”类型下的“标题和表格”版式，在标题栏中输入文字“插入表格”。

③ 根据当前页幻灯片上的提示进行操作，添加一个 3 行 4 列的表格，调整表格的大小和位置。(注意，此步骤操作过程中会弹出一个“表格和边框”工具条，如图 5-51 所示，可以通过此工具条对插入的表格进行相关设置。)

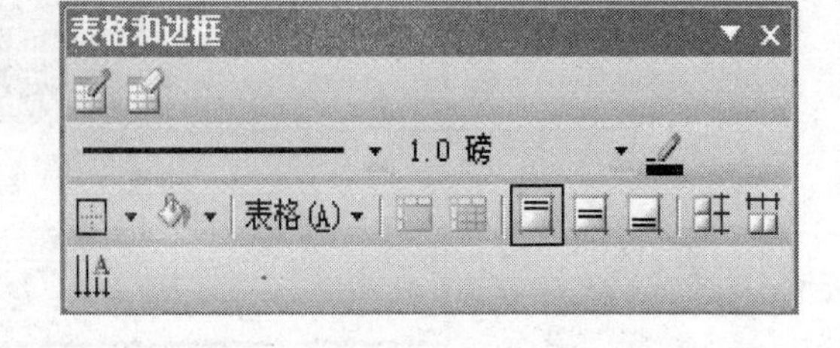

图 5-51 “表格和边框”工具条

④ 调整表格的大小和位置。

(6) 插入声音。

① 选中第二张幻灯片，单击菜单栏中的“插入”，在其下拉菜单中选择“影片和声音→剪辑管理器中的声音”命令，打开“剪贴画”任务窗格，在“搜索文字”下的文本框中输入“电话”，然后单击“结果类型”下的文本框右侧的下拉箭头，选择选中的“媒体文件类型”是“声音”，如图 5-52

所示，然后单击“搜索”按钮，单击选中搜索出来的相关声音文件。

② 此时，系统会弹出提示框（参照图 5－43 所示），选择“在单击时”命令，即可将声音文件插入到幻灯片中，可以看到此时幻灯片中会有一个小喇叭符号。

③ 播放此张幻灯片，单击“小喇叭符号 ”，即可听到电话响铃的声音。第二张幻灯片的效果如图 5－53 所示。

④ 单击常用工具条中的“保存”按钮，存盘。

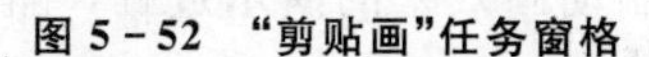
图 5－52　“剪贴画”任务窗格

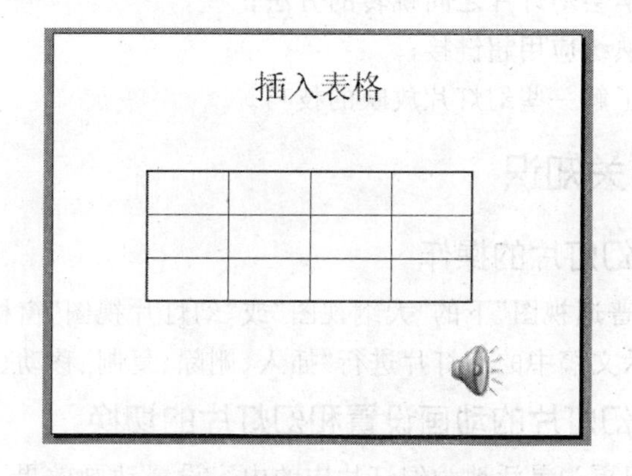

图 5－53　第二张幻灯片的效果

四、实验内容

新建一份演示文稿，具体要求如下：

（1）第一张幻灯片，其版式为“标题和文本”，标题内容为“部门信息”，项目分别为“文学艺术系”、“信息与工程系”、“管理系”，背景预设颜色为“雨后初晴”，底纹样式“斜上”。

（2）插入第二张幻灯片，其版式为“标题，文本与剪贴画”的新幻灯片，标题内容为“文学艺术系课程介绍”。文本内容分别为“古代文学”、“现代文学”、“写作”，并将项目符号改为“·”。插入剪贴画 BOOK。幻灯片背景颜色为红色 204、绿色 236、蓝色 255。

（3）插入的三张幻灯片，其版式为“空白”的新幻灯片，在其中插入一个横排文本框，文本内容为“插入对象和设置对象”，字号为 18 磅，改变文本框的宽度，使之成为二行，行距为 1.5 行，居中对齐。

（4）插入第四张幻灯片，在其中插入一个三行二列的表格，在表格的下方插入一张剪贴画，剪贴画为 people，设置图片的高度和宽度分别为 5 厘米。在幻灯片右下角插入一个音乐文件（自己找），不要设置为自动播放。

实验三 PowerPoint 2003 演示文稿的修饰

一、实验目的

1. 熟练掌握幻灯片插入、删除、复制、移动、粘贴，调整幻灯片顺序等操作；
2. 熟练掌握幻灯片的动画设置和幻灯片的切换的基本方法，并熟练应用；
3. 学会幻灯片之间跳转的方法；
4. 熟练应用超链接；
5. 了解一些幻灯片放映的技巧。

二、相关知识

1. 幻灯片的操作

在“普通视图”下的“大纲视图”或“幻灯片视图”窗格，以及“浏览视图”中，都可以非常方便地对演示文稿中的幻灯片进行“插入、删除、复制、移动、粘贴，调整幻灯片顺序”等操作。

2. 幻灯片的动画设置和幻灯片的切换

要想更为灵活地为幻灯片中的内容设置动画效果，控制动画效果的演示过程，就需要使用自定义动画和幻灯片切换。“自定义动画”可以调整幻灯片内插入的文本框、图片、表格和艺术字等对象的显示顺序，设置对象的动画效果。如果已有的幻灯片中的某些对象已经由动画方案设置了动画效果，此时也可以使用自定义动画可以更改这些对象的动画特效。“幻灯片切换”，即在演示文稿放映过程中由一张幻灯片进入另一张幻灯片，而幻灯片的切换效果就是在幻灯片的放映过程中，放完成这一页后，这一页怎么消失，下一页怎么出来，为了使幻灯片的放映效果更直观，在幻灯片切换时可以为幻灯片设置不同的切换效果。

3. 超链接

PowerPoint 提供了功能强大的超链接功能，使用它可以在幻灯片与幻灯片之间、幻灯片与其他外界文件或程序之间以及幻灯片与网络之间自由地转换。例如，我们在 Powerpoint 演示文稿的放映过程中，希望从某张幻灯片中快速切换到另外一张不连续的幻灯片中，便可以通过“超级链接”来实现。设置超链接一般包括三步：选中对象，插入超链接，确定链接目标。

4. 幻灯片放映

我们用 PowerPoint 制作好演示文稿，总是要给观众看得，那么如何把演示文稿播放好，是制作和播放中的一项重要任务。放映幻灯片时很简单的主要有两种类型，一种是从第一张幻灯片开始幻灯片放映：执行菜单栏中的“幻灯片放映—观看放映”命令，或用键盘上的快捷键 F5；另一种是从当前幻灯片开始幻灯片放映：点击屏幕左下角的“幻灯片放映”按钮（ ），或用键盘上的快捷键 Shift＋F5。

三、实验示例

【例 5.9】 幻灯片的操作。

新建一演示文稿，在其中进行插入、删除、复制、移动、粘贴等操作。

(1) 新建幻灯片。

制作一个“实验三例 5.9”的演示文稿，用三种不同的方法插入三张幻灯片。具体操作步骤如下：

使用实验一中的“根据空演示文稿”创建演示文稿的方法，新建一演示文稿，出现一张标题幻灯片。

方法一：单击幻灯片“普通视图”下的这张幻灯片，然后选择菜单栏中的“插入—新幻灯片”命令，此时，新插入的幻灯片在当前幻灯片之后。在新插入的幻灯片中输入文字“壹”，并设置文字的格式。

方法二：单击选中上面新插入的那张幻灯片，然后按 Enter 键，此时，在之前选中的那张幻灯片之后插入一张新幻灯片，在新插入的幻灯片中输入文字“叁”，并设置文字的格式。（如果单击两个幻灯片之间的空隙，出现闪烁的横线，然后按 Enter 键，此时，插入的幻灯片在直接选定插入的位置）。

方法三：单击“大纲区”的“幻灯片浏览视图 ”按钮，将演示文稿切换到“浏览视图”模式下，如图 5－54 所示。单击两个幻灯片之间的空隙，出现闪烁的竖线。执行然后执行菜单栏中的“插入—新幻灯片”命令或单击【常用】工具栏中新幻灯片按钮，添加一张新幻灯片，在新插入的幻灯片中输入文字“贰”，并设置文字的格式。最后效果如图 5－55 所示。

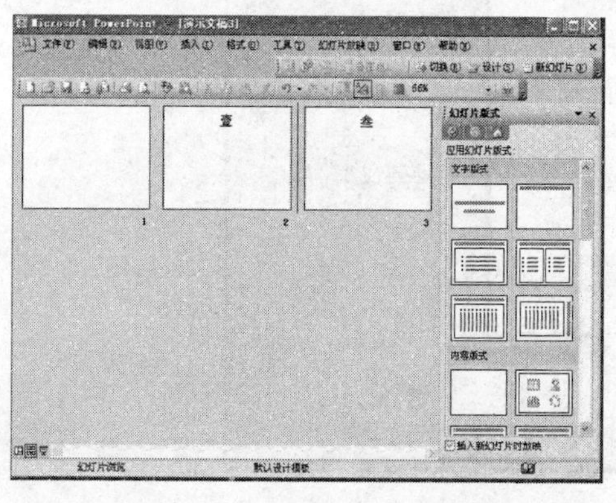

图 5－54 幻灯片“浏览视图”

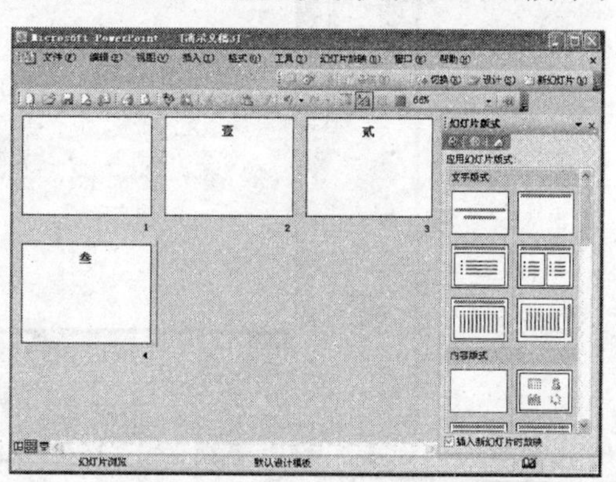

图 5－55 不同方法插入新幻灯片效果图

（2）复制幻灯片。

在上述演示文稿中选一张幻灯片进行复制，将这张幻灯片粘贴到末尾，然后再删除最末尾的这张幻灯片。具体操作步骤如下：

① 在幻灯片浏览视图模式下，选中图5－55中的第一张幻灯片。

② 复制第一张幻灯片（执行菜单栏中的“编辑—复制”命令、单击“常用”工具栏的“复制”按钮、使用快捷键Ctrl＋C、幻灯片上单击鼠标右键后选择【复制】命令等都可以成功复制幻灯片）。

③ 将复制的第一张幻灯片粘贴到末尾（执行“编辑—粘贴”命令、单击“常用”工具栏的时“粘贴”按钮、使用快捷键Ctrl＋V以及在幻灯片末尾单击鼠标右键后选择时“粘贴”命令等都可以粘贴）。

④ 选中最后一张幻灯片，执行菜单栏中的“编辑—删除幻灯片”命令或按Delete 键。

【例5.10】 幻灯片的动画设置，幻灯片的切换。

新建一份演示文稿，以“自定义动画－切换效果”为文件名保存到自己的文件夹中，要求在幻灯片中输入文字，设置幻灯片对象的动画效果和幻灯片之间的切换方式。

（1）动画设置。

具体操作步骤如下：

① 启动PowerPoint，自动打开一个空白文档，选中两个空白文本框，按Enter键删除这两个空白文本框，执行菜单栏中的“插入－文本框－水平”命令，插入第一个水平文本框，输入文字“实验三自定义动画和幻灯片切换”，设置文字格式，黑体、40号、蓝色；再添加第二个水平文本框，里头输入“百叶窗飞入，风铃音效”，文字格式为，楷体、36号、绿色，排好位置，以“自定义动画-切换效果”为文件名，保存文件到自己的文件夹，如图5－56所示。

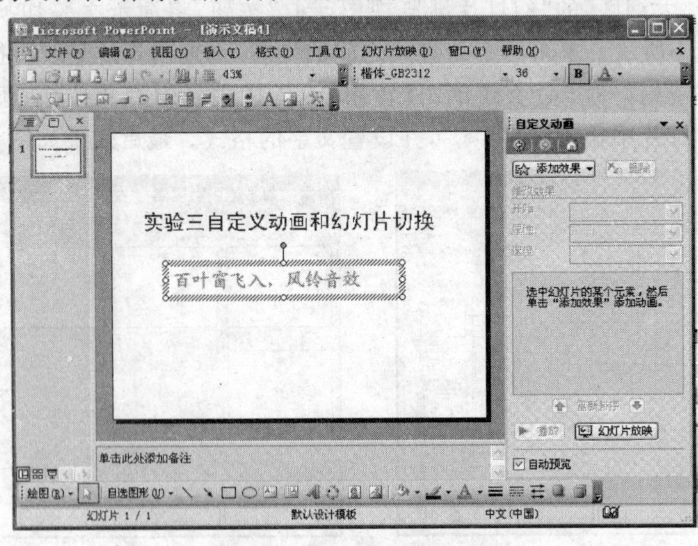

图5－56 实验三新建幻灯片

② 打开此演示文稿，选中“百叶窗飞入，风铃音效”文本框，右键，在弹出的快捷菜单中选择“自定义动画”选项，当前演示文稿中出现“自定义动画”任务窗格，如图 5－57 所示。

③ 选中“百叶窗飞入，风铃音效”文本框，单击“自定义动画”任务窗格中的“添加效果”右侧的下拉按钮▼，选择“进入”中的“百叶窗”，打开如图 5－57 所示的“修改：百叶窗”任务窗格，在此可对文本框的“开始方式、动画方向、动画速度”进行设置。

④ 单击“标题 1”（1 形状 2: 百叶...）下的下拉箭头，单击“效果选项”，弹出“百叶窗”对话框（如图 5－58 所示），在“声音”选项中选择“风铃”，确定返回。

说明：

Ⅰ. 执行菜单栏中的“幻灯片放映—自定义动画”命令，也可以弹出“自定义动画”任务窗格。

Ⅱ. 采用跟步骤③中相同的方法，可以设置幻灯片中各种对象的退出方式。

(2) 幻灯片切换方式。

继续在上述演示文稿中操作，具体操作步骤如下：

① 执行菜单栏中的“插入—新幻灯片”命令，插入一张新的幻灯片，输入文字“水平百叶窗”，设置文字格式，黑体、40 号、蓝色。

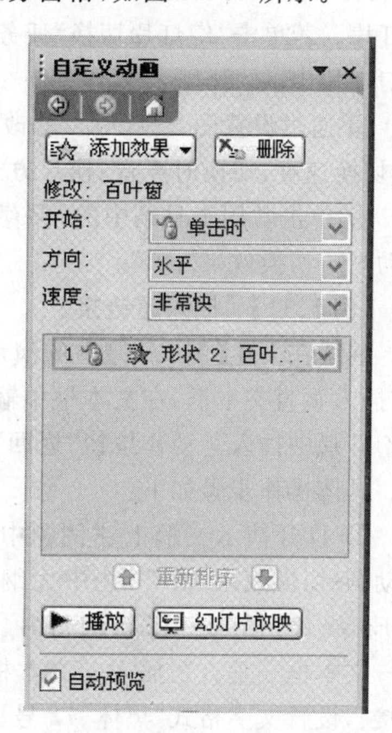

图 5－57 “自定义动画”任务窗格

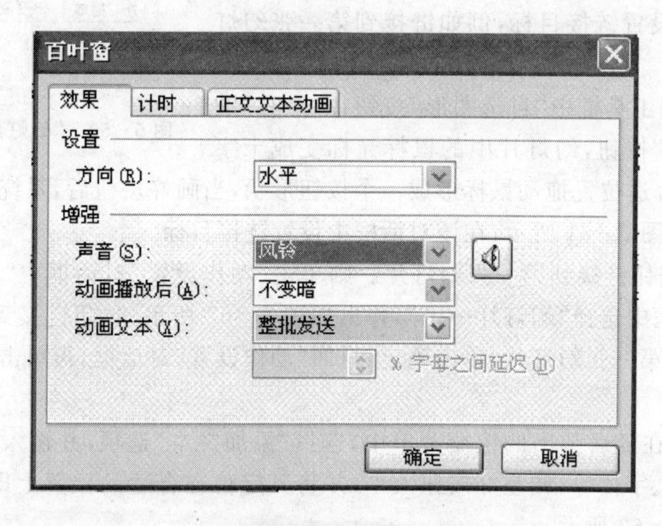

图 5－58 “百叶窗”对话框

② 执行菜单栏中的“幻灯片放映—幻灯片切换”命令，弹出如图 5-59 所示的“幻灯片切换”任务窗格，从切换效果列表框中选择“水平百叶窗”这种切换效果，应用于当前这张新建的幻灯片。若单击“幻灯片切换”任务窗格下的“应用于所有幻灯片”，即可应用于演示文稿的所有幻灯片中。

③ 通过设置图 5-59 中“修改切换效果”和“换片方式”选项下的各个选项，实现对幻灯片的“切换速度、切换时声音、换片方式”的修改。

④ 单击常用工具条中的“保存”按钮，文件名为“自定义动画—切换效果. ppt”。

【例 5. 11】 插入超链接。

继续在上述【例 5. 10】中的演示文稿中添加一张幻灯片，插入垂直文本框，在文本框中输入“超链接”；在最后一张幻灯片中插入一动作按钮“返回”，用于返回第一张幻灯片。具体操作步骤如下：

① 打开演示文稿上述例题中保存的演示文稿“自定义动画-切换效果. ppt”，选中大纲区中的第二张幻灯片，按 Enter 键，插入一张新幻灯片。选择菜单栏中的“插入—文本框—垂直”，插入一文本框，在文本框中输入“超链接”，设置文字格式“黑体、72 号、蓝色、加粗”。

② 选中文本框中的文字，右键，在弹出的快捷菜单中选择“超链接”，弹出如图 5-60 所示的“插入超链接”对话框，在该对话框中设置链接目标，例如链接到第一张幻灯片，单击确定返回。

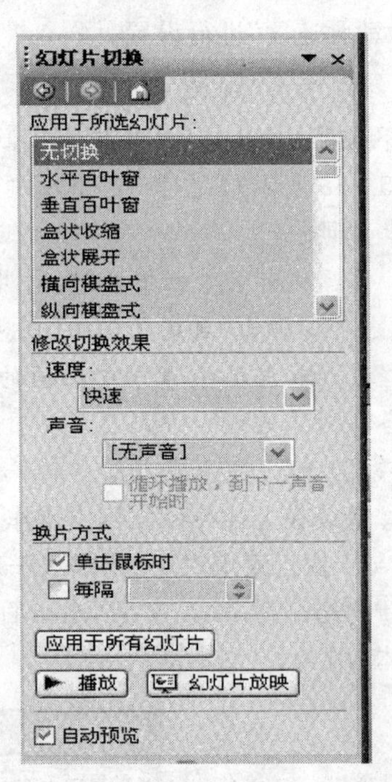

图 5-59　“幻灯片切换”任务窗格

③ 单击在绘图工具栏中“自选图形”按钮，单击其“动作按钮”下的“结束”按钮，幻灯片中的鼠标光标变成十字形状，在幻灯片的合适位置拖动鼠标形成一个按钮形状，当画好按钮后，系统自动弹出一个“动作设置”对话框，如图 5-61 所示，在该对话框中设置链接目标。

④ 例如将该按钮链接到第一张幻灯片。则单击“动作设置”对话框中“超链接到”单选按钮，在其下拉列表框中选择“幻灯片……”，弹出如图 5-62 所示的“超链接到幻灯片”对话框，在此对话框中选择第一张幻灯片，单击确定，返回“动作设置”对话框，再单击确定，返回到演示文稿的窗口中。

⑤ 右击按钮，在随后弹出的快捷菜单中，选择“添加文本”选项，并输入文本(如“返回”)。设置好文本的字号、字体等，调整好按钮大小，并将其定位在合适的位置上即可。这张幻灯片的最后效果如图 5-63 所示。

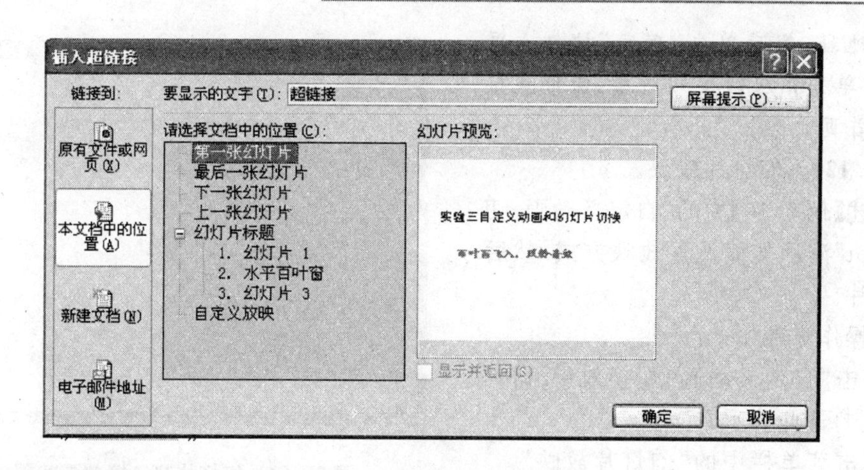

图 5-60 "插入超链接"对话框

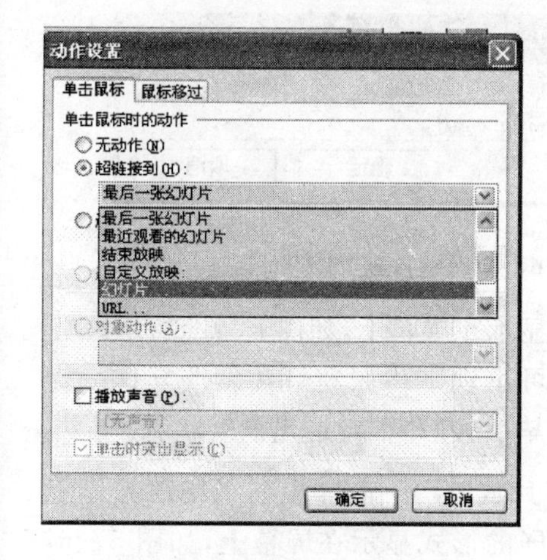

图 5-61 "动作设置"对话框

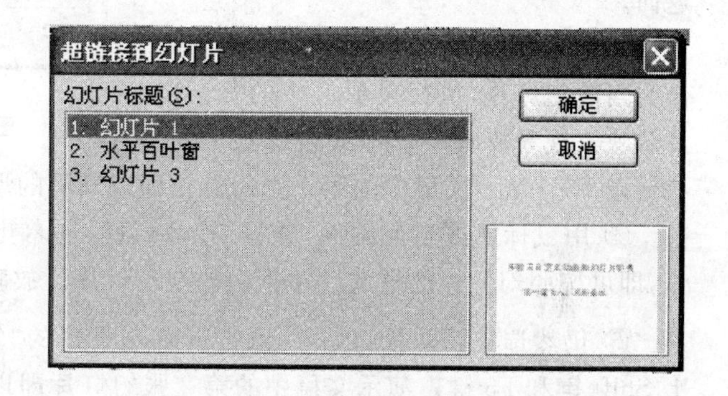

图 5-62 "超链接到幻灯片"对话框

⑥ 单击"幻灯片放映"按钮( ),放映幻灯片,在第三张幻灯片放映时,单击文字"超链接"或单击操作步骤④⑤中插入的动作按钮"返回",均可返回到第一张幻灯片中。

⑦ 单击常用工具条中的"保存"按钮存盘。

说明:

Ⅰ. 幻灯片内部的链接主要是通过动作按钮、图片、文字等对象来制作添加超链接。另外在幻灯片中选中相应的对象,单击菜单栏中的"幻灯片放映",在其下拉菜单中选择"动作设置",也可以弹出图 5-61 所示的"动作设置"对话框。

Ⅱ. 在图 5-61 中,若选择超链接到"URL…",单击"确定"按钮,即可弹出如图 5-64 所示的"超链接到 URL"对话框,例如链接到百度(http://www.baidu.com/),即在 URL 文本框中输入地址,然后单击“确定”按钮。再次放映时,单击相应的按钮对象,便可直接转到百度首页。

图 5-63 幻灯片超链接效果如图

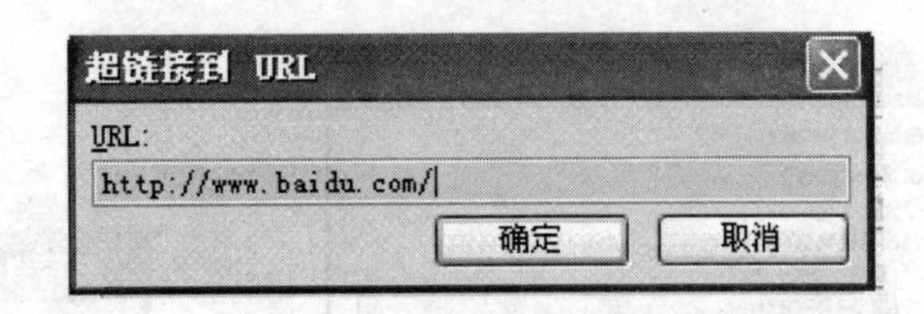

图 5-64 “超链接到 URL”对话框

【例 5.12】 幻灯片放映。

对上述【例 5.10】中的“自定义动画-切换效果.ppt”演示文稿设置放映方式,然后放映幻灯片。

具体操作步骤如下:

① 双击“自定义动画-切换效果.ppt”演示文稿,打开此演示文稿。

② 单击菜单栏中的“幻灯片放映”,在其下拉菜单中选择“设置放映方式”,弹出“设置放映方式”对话框,如图 5-65 所示。进行相关设置,单击“确定”按钮,返回。

③ 选中演示文稿中的第 2 张幻灯片作为当前幻灯片,执行菜单栏中的“幻灯片放映—观看放映”命令,或按键盘上的快捷键 F5。演示文稿中的第 1 张幻灯片即以满屏的形式显示在屏幕上,如图 5-66 所示。

④ 用鼠标单击当前画面,或按“Enter”键,屏幕上便可出现下一张幻灯片。重复这一操作,即可按照幻灯片的播放顺序依次放映幻灯片。放映完毕后按“Esc”键退出满屏状态。

⑤ 仍然选中第 2 张幻灯片,点击屏幕左下角的“幻灯片放映”按钮( ),或同时按键盘上 Shift 键和 F5 键。演示文稿中的第 2 张幻灯片即以满屏的形式显示在屏幕上,如图 5-67 所示。

下面介绍一些幻灯片放映时可用的播放小技巧:

① 在用 Powerpoint 展示课件的时候,有时需要学生自己看书讨论,这时为了避免屏幕上的图片影响学生的学习注意力可以按一下“B”键,此时屏幕黑屏。学生自学完成后再接一下“B”键即可恢复正常。按“W”键也会产生类似的效果。

② 快速定位幻灯片。在播放 powerpoint 演示文稿时,如果要快进到或退回到某张幻灯片,可以这样实现(例如定位到底 3 张幻灯片):在当前幻灯片放映窗口中,按下数字 3 键,再按下回车键,即可跳转到第三张幻灯片。

③ 幻灯片放映时,如果想在幻灯片上书写标记,则可以单击鼠标右键,在快捷菜单中选择“指针选项”→“画笔”。

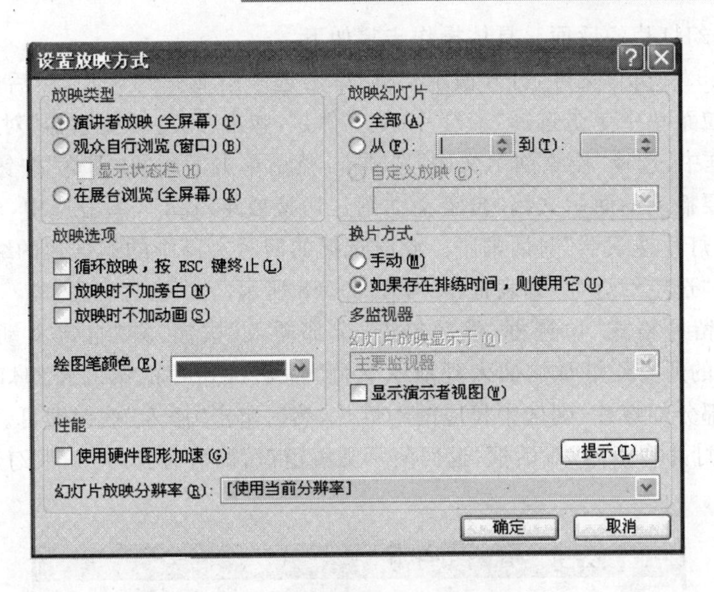

图 5-65　“设置放映方式”对话框

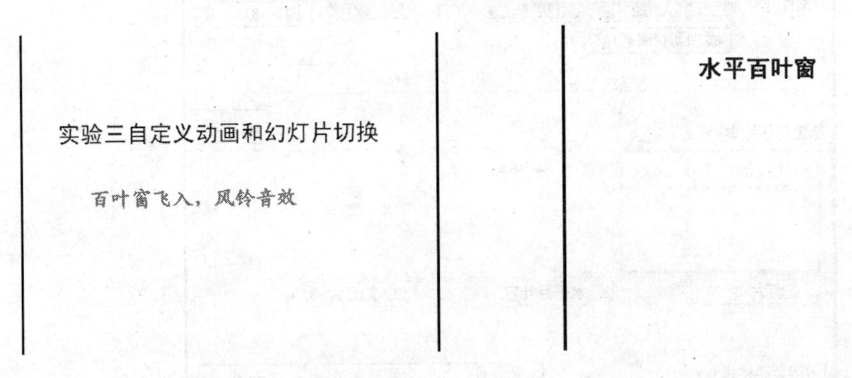

图 5-66　第 1 张以满屏的形式显示　　图 5-67　第 2 张以满屏的形式显示

④ 为了避免每次都要先打开演示文稿文件才能进行播放所带来的不便和繁琐，我们可以通过一些设置，实现直接在 windows 中放映幻灯片，其具体设置方法是：打开已建好的演示文稿，执行菜单栏中的“文件—另存为”命令，弹出“另存为”对话框，在其中的“保存类型”下拉列表中选择“PowerPoint 放映”项，然后再“保存”，就将当前文件保存为扩展名为 PPS 的放映文件，以后想要播放时只需双击此文件，就可以放映此演示文稿了。

【例 5.13】 综合练习。

对实验二中【例 5.8】的演示文稿做如下操作：

(1) 插入幻灯片。

将【例 5.10】制作的演示文稿“自定义动画—切换效果. ppt”中的所有幻灯片插入到当前

演示文稿第三张幻灯片的后面。具体操作步骤如下：

① 双击“例 5.8. ppt”文件，打开演示文稿，单击选中第 2 张幻灯片，然后单击菜单栏中的“插入”，在其下拉菜单中单击选择“幻灯片(从文件)”，弹出“幻灯片搜索器”对话框。

② 在对话框中，选择“搜索演示文稿”选项卡，然后单击下面的“浏览”按钮，弹出“浏览”对话框，在找到所要插入的演示文稿“自定义动画—切换效果. ppt”，单击选中，然后单击“打开”按钮，返回到“幻灯片搜索器”对话框中。此时选择的演示文稿中的幻灯片的缩略图，就会出现幻灯片搜索器的“选定幻灯片”列表框中，如图 5－68 所示。

③ 选中“保留原格式”单选框，然后单击“全部插入”按钮，则“自定义动画—切换效果. ppt”演示文稿中的所有幻灯片均插入到演示文稿“例 5.8. ppt”的第二张幻灯片的后面。(备注：若仅想插入部分幻灯片，则选中相应的幻灯片，然后单击“插入”按钮即可。)

④ 关闭“幻灯片搜索器”对话框，返回演示文稿窗口，即可看到，第 2 张幻灯片的下面新插入了三张幻灯片。

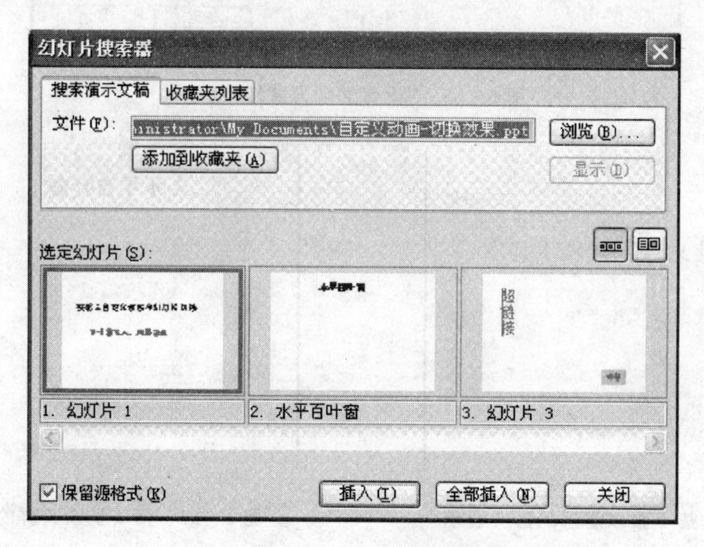

图 5－68　幻灯片搜索器

(2) 自定义动画。

为第一张幻灯片的副标题添加动画：“进入”中的“阶梯状”，在前一事件后开始，方向：右上，速度：中速。

具体操作步骤如下：

① 单击菜单栏中的“幻灯片放映”，在其下拉菜单中单击选择“自定义动画”，即出现“自定义动画”任务窗格。

② 选中文字“计算机学院”，单击“自定义动画”任务窗格中的“添加效果”右侧的下拉按钮

▼，选择“进入—其他效果”，弹出“添加进入效果”对话框，单击选中“阶梯状”，确定。

③ 在“修改：阶梯状”任务窗格中，在“开始”下拉列表框中选择“之后”，在“方向”下拉列表框中选择“右上”，在“速度”下拉列表框中选择“中速”。

④ 单击“1 计算机学院”下的下拉箭头，单击“效果选项”，弹出“阶梯状”对话框，参照图5-58所示操作，选择“效果”选项卡，然后在“声音”选项中选择“风铃”，确定返回。

(3) 切换效果。

设置所有幻灯片的切换效果为“随机”、“中速”、单击鼠标时或每隔10秒换片。

具体操作步骤如下：

① 单击菜单栏中的“幻灯片放映”，在其下拉菜单中选择“幻灯片切换”，弹出“幻灯片切换”任务窗格。

② 在“幻灯片切换”任务窗格中，在“应用于所选幻灯片”列表框中单击选择“随机”，在“修改切换效果”的“速度”下拉列表中选择“中速”，选中“换片方式”下的两个复选框，即“单击鼠标时”和“每隔X”，在“每隔X”中输入“00：10”。

③ 单击“应用于所有幻灯片”按钮，便可将此效果应用于演示文稿的所有幻灯片。

(4) 动画方案。

为第二张幻灯片设置动画方案为展开。

具体操作步骤如下：

① 选中第2张幻灯片，选择菜单栏中的“幻灯片放映”，单击选择“动画方案”命令，打开“幻灯片设计”任务窗格中的“动画方案”设置选项，如图5-69所示。

② 在“温和型”列表框中选中“展开”方案，这样此效果只应用于当前的第2张幻灯片。

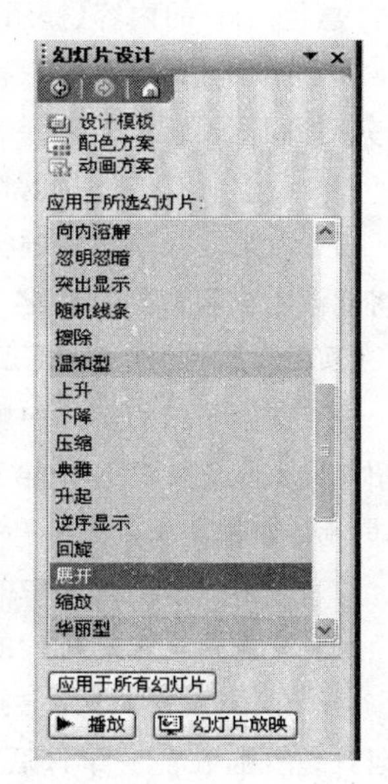

图5-69 “动画方案”设置选项

(5) 超链接。

对第一张幻灯片中的剪贴画设置超链接的操作过程是，单击鼠标时链接到第四张幻灯片（即：标题为“实验三自定义动画和幻灯片切换”的幻灯片），最后将此演示文稿以原文件名存盘。

具体操作步骤如下：

① 选中第一张幻灯片，选中“电脑”剪贴画，右键单击，在打开的快捷菜单中，选择“动作设置”选项，弹出“动作设置”对话框，参照图5-61。

② 在“动作设置”对话框中，选择“单击鼠标”选项卡，选中“超链接到”选项，在其下面的下

拉列表框中选择“幻灯片”，弹出“超链接到幻灯片”对话框，从中选中第 3 张幻灯片，单击“确定”按钮，返回“动作设置”对话框，然后单击确定，返回幻灯片窗口，即可为剪贴画作超链接设置。

③ 单击常用工具条中的“保存”按钮，将演示文稿以原文件名保存，然后关闭演示文稿即可。

四、实验内容

【实验 1】 打开 PPTKT 文件夹下的 PPTA. ppt 文件，进行如下操作：

(1) 在第四张幻灯片的后面插入一张新幻灯片，版式为“标题和文本”。在标题占位符中输入文字“蕙兰”(两字之间间隔两个空格)。在文本占位符中添加 PPTKT 文件夹中的记事本文件“蕙兰. txt”的内容(提示：用复制的方法)，并设置字体：隶书，24 磅，两端对齐。

(2) 将 PPTKT 文件夹下的图片“建兰. jpg”插入第三张幻灯片中，放在文本框“建兰”的上方；并对图片设置超链接：单击鼠标时链接到第六张幻灯片(即：标题为“建兰”的幻灯片)。

(3) 设置所有幻灯片的切换效果为“随机”、“中速”、单击鼠标时或每隔 10 秒换片。

(4) 为第一张幻灯片的标题和文本添加动画效果：“进入”中的“棋盘”，方向为“跨越”。最后将此演示文稿以原文件名存盘。

【实验 2】 打开 PPTKT 文件夹下的 PPTB. ppt 文件，进行如下操作：

(1) 在第一张幻灯片中删除标题占位符(标题中的文本为：雏菊)，然后，插入艺术字“雏菊介绍”，样式为艺术字库中第三行第四列的艺术字样式，形状为“细上弯弧”；字体格式：华文新魏，60 磅，加粗。

(2) 为第一张幻灯片中的文本框“Daisy”设置超链接，链接到：第四张幻灯片。

(3) 设置第三张幻灯片的切换效果为：圆形，慢速，单击鼠标时换片。

(4) 在第四张幻灯片中：首先为雏菊图片(幻灯片左上角)，添加动画：“进入”中的“擦除”，方向：自左侧，在前一事件后 1 秒。然后为文本占位符(其中的文本为：影片类型：爱情、片长…)，添加动画：“进入”中的“缩放”，显示比例：从屏幕中心放大，在前一事件之后开始。最后将此演示文稿以原文件名存盘。

实验四　上机操作典型例题讲解

一、实验目的

1. 熟练掌握 PowerPoint 2003 操作中的典型问题的操作方法；

2. 熟练掌握 PowerPoint 2003 的各种操作技巧并熟练应用。

二、相关知识

PowerPoint 2003 的综合运用。

三、实验示例

【例 5.14】 打开文件夹下的 PPTE.ppt 文件,进行如下操作:

(1) 切换效果。

设置第一张幻灯片的切换效果为:水平百叶窗,慢速,风铃声,每隔 5 秒时换片。具体操作步骤如下:

① 单击菜单栏中的“幻灯片放映”,在其下拉菜单中选择“幻灯片切换”,弹出“幻灯片切换”任务窗格。

② 在“幻灯片切换”任务窗格中,在“应用于所选幻灯片”列表框中单击选则“水平百叶窗”,在“修改切换效果”的“速度”下拉列表中选择“慢速”,在“修改切换效果”的“声音”下拉列表中选择“风铃声”,选中“换片方式”下的两个复选框,即“单击鼠标时”和“每隔 X”, 在“每隔 X”中输入“00:05”。应用切换效果过程中的效果图,如图 5-70 所示。

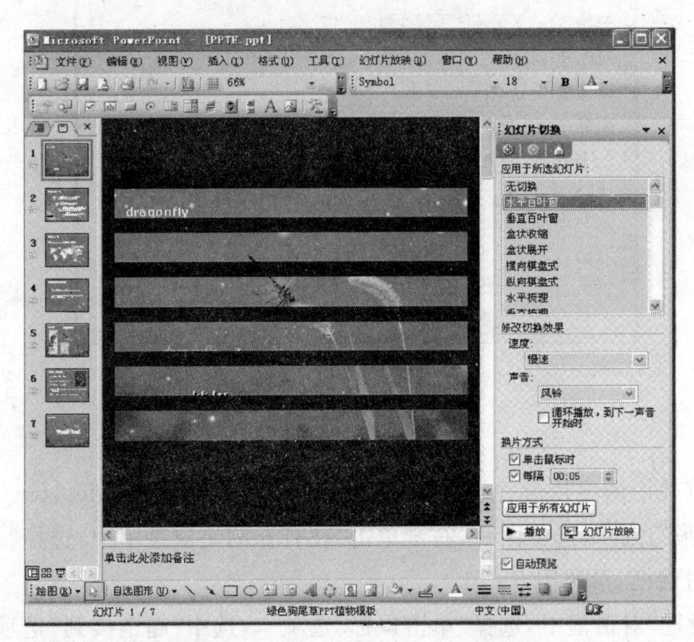

图 5-70 切换过程中的效果图

(2) 动画设置。

为第二张幻灯片中的 4 个心形自选图形添加动画："进入"中的"飞入"，方向：自底部，在前一事件后 1 秒开始。具体操作步骤如下：

① 单击菜单栏中的"幻灯片放映"，在其下拉菜单中单击选择"自定义动画"，即出现"自定义动画"任务窗格。

② 选择第二张幻灯片。按住"Ctrl"键的同时，选中第二张幻灯片照片中的 4 个心形自选图形。然后单击"自定义动画"任务窗格中的"添加效果"右侧的下拉按钮▼，单击展开"进入"选项，单击选择其级联菜单中的"飞入"效果。

③ 在"修改：飞入"任务窗格中，在"开始"下拉列表框中选择"之后"，在"方向"下拉列表框中选择"自底部"。

④ 单击小标题（心形 21）下的下拉箭头，单击"效果选项"，弹出"飞入"对话框，参照图 5－58 所示操作，然后选择"计时"选项卡，然后在"延迟"选项中设置"1 秒"，如图 5－71 所示，然后单击"确定"返回。幻灯片效果设置，如图 5－72 所示。

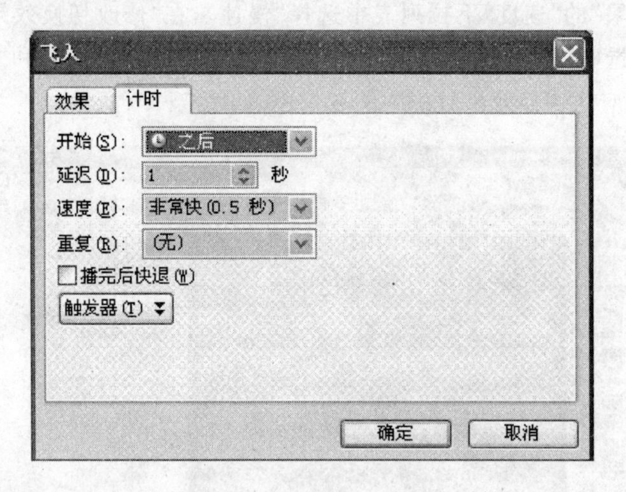

图 5－71　"飞入"对话框

(3) 超链接。

为第六张幻灯片中的图片设置超链接，链接到：http://www.baidu.com/。

① 选中第 6 张幻灯片，选中图片，右键单击，在打开的快捷菜单中，选择"动作设置"选项，弹出"动作设置"对话框，参照图 5－61。

② 在"动作设置"对话框中，选择"单击鼠标"选项卡，选中"超链接到"选项，在其下面的下拉列表框中选择"URL…"，弹出"超链接到 URL"对话框。

③ 将网址"http://www.baidu.com/"输入到 URL 文本框中，然后单击"确定"按钮，返回

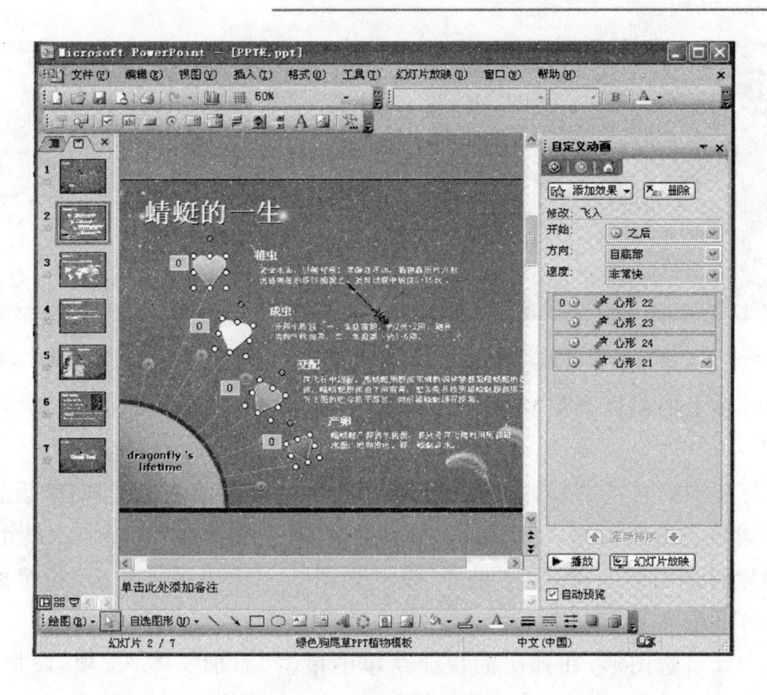

图 5-72　幻灯片设置效果

“动作设置”对话框，然后再单击确定，返回幻灯片窗口，即可为剪贴画设置超链接。

(4) 艺术字。

改变最后一张幻灯片中的艺术字(Thank You!)的形状为：波形 1。最后将此演示文稿以原文件名存盘。

① 选中最后一张幻灯片，单击选中此张幻灯片中的艺术字“Thank You!”，然后右键单击，在弹出的快捷菜单中选择“显示‘艺术字’工具栏”，即可弹出“艺术字”工具栏，单击上面的“艺术字形状”按钮，在出现的图形框中选择“波形 1”。改变艺术字形状后的效果，如图 5-73 所示。

② 单击常用工具条中的“保存”按钮，将演示文稿以原文件名保存，然后关闭演示文稿即可。

【例 5.15】 打开 PPTKT 文件夹下的 PPTF.ppt 文件，进行如下操作：

(1) 插入自选图形。

在第一张幻灯片中添加自选图形：横卷形，高 2 厘米，宽 6 厘米，水平距幻灯片左上角 10 厘米，垂直距幻灯片左上角 12 厘米，无线条色，填充色：淡紫。其上文本：扩招(两字之间间隔两个空格)，黑体，32 磅，红色(红色：255：绿色：0；蓝色：0)。具体操作步骤如下：

① 选中第一张幻灯片，选择“绘图”工具栏中的“自选图形”按钮，在弹出的级联菜单中选择“星与旗帜”类型下的“横卷形”这一自选图形，如图 5-74 所示。

图 5-73 艺术字的设置效果

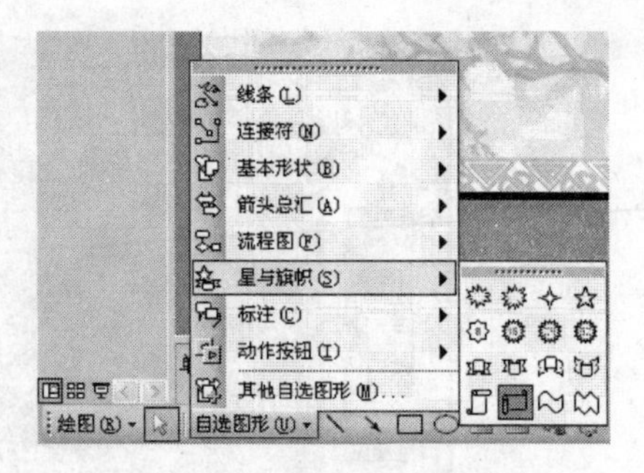

图 5-74 “自选图形”按钮

② 此时幻灯片上的鼠标会变成一个十字,按住鼠标左键,拖动,即可将“横卷型”这一自选图形插入幻灯片中。

③ 选中幻灯片中的自选图形,右键单击,在弹出的快捷菜单中单击选择“设置自选图形格式”选项,弹出“设置自选图形格式”对话框,分别在其“颜色和线条”选项卡、“尺寸”选项卡、“位置”选项卡中设置自选图形的格式。“尺寸”设置如图 5-75 所示,“位置”设置如图 5-76 所示,“颜色和线条”设置如图 5-77 所示。

④ 右键单击此自选图形,在弹出的快捷菜单中单击“添加文本”选项,添加文字“扩招”。然后再右键单击,在弹出的快捷菜单中选择“编辑文本”,此时即可选中文字“扩招”,单击右键,弹出“字体”格式设置对话框,设置文字的格式,黑体。32 磅,红色。幻灯片效果如图 5-78 所示。

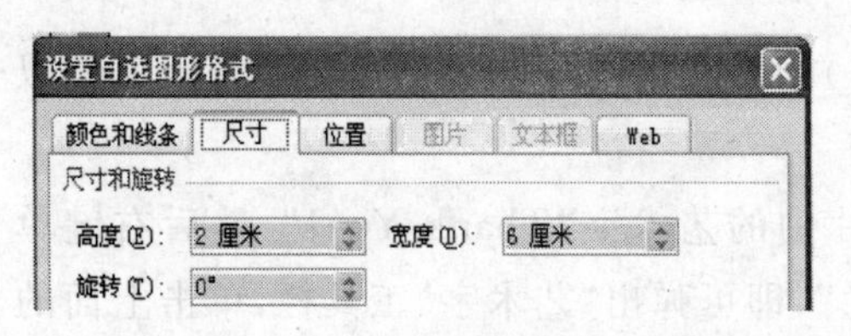

图 5-75 “尺寸”选项卡

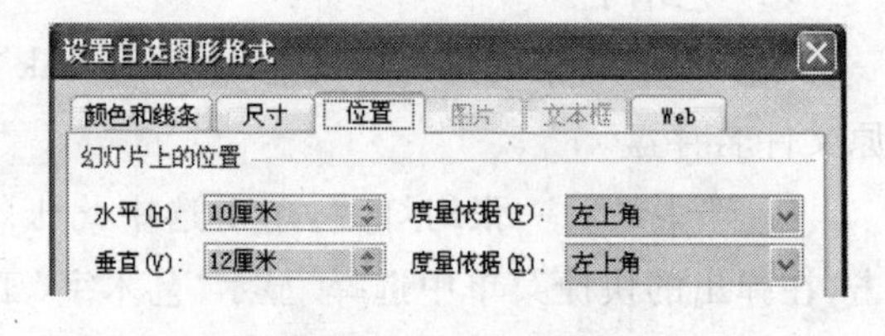

图 5-76 “位置”选项卡

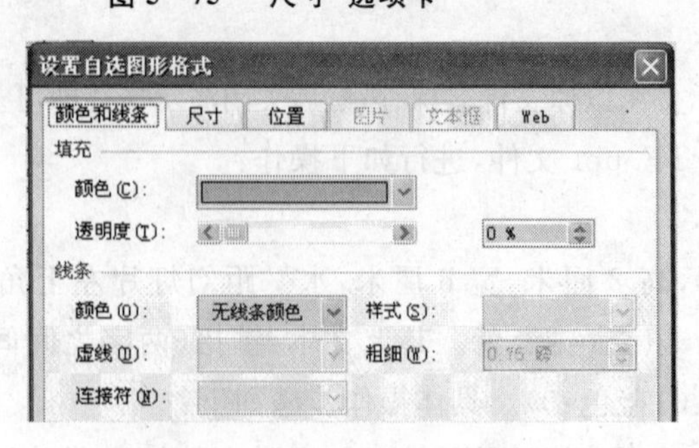

图 5-77 “颜色和线条”选项卡

图 5-78 幻灯片效果图

(2) 超链接。

为第一张幻灯片中添加的自选图形设置超链接，链接到第四张幻灯片。具体操作步骤如下：

① 选中自选图形，右键单击，在打开的快捷菜单中，选择“动作设置”选项，弹出“动作设置”对话框，参照图 5-61。

② 在“动作设置”对话框中，选择“单击鼠标”选项卡，选中“幻灯片…”选项，弹出“超链接到幻灯片”对话框，选择第四张幻灯片，单击“确定”，返回到“动作设置”对话框，然后再单击“确定”，返回演示文稿，即为自选图形设置了超链接。

(3) 移动幻灯片的顺序。

将第三张幻灯片移动到将第一张幻灯片之后。具体操作步骤如下：

① 单击演示文稿左下角的“幻灯片浏览视图”，从而可以将演示文稿从“普通视图”模式切换到“幻灯片浏览视图”模式。“幻灯片浏览视图”模式，如图 5-79 所示。

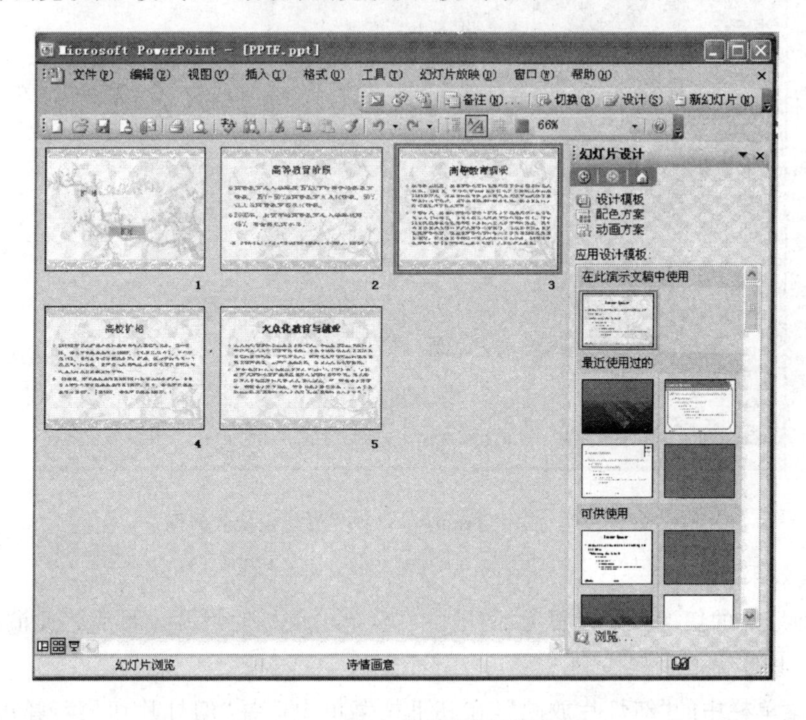

图 5-79 “幻灯片浏览视图”模式

② 在浏览视图模式下，选中第三张幻灯片，单击右键，选择“剪切”，单击第 1、2 张幻灯片之间的空隙，出现闪烁的竖线，执行然后单击菜单栏中的“编辑”命令，选择“粘贴”选项。这样原来的第三张幻灯片将移动到第一张幻灯片之后。

③ 点击做下角的“普通视图”按钮，便又切换回“普通视图”状态。

(4) 设计模板。

应用 PPTKT 文件夹中的“TeamWork. pot”设计模板。具体操作步骤如下：

① 选择菜单栏中的“视图”，在其下拉菜单中执行“幻灯片设计”命令，出现“幻灯片设计”任务窗格，单击任务窗格最下面的“浏览”按钮，弹出“应用设计模板”对话框。

② 在“查找范围”中找到 PPTKT 文件，单击选择其中的“TeamWork. pot”设计模板，然后单击“应用”按钮。效果图如图 5－80 所示。

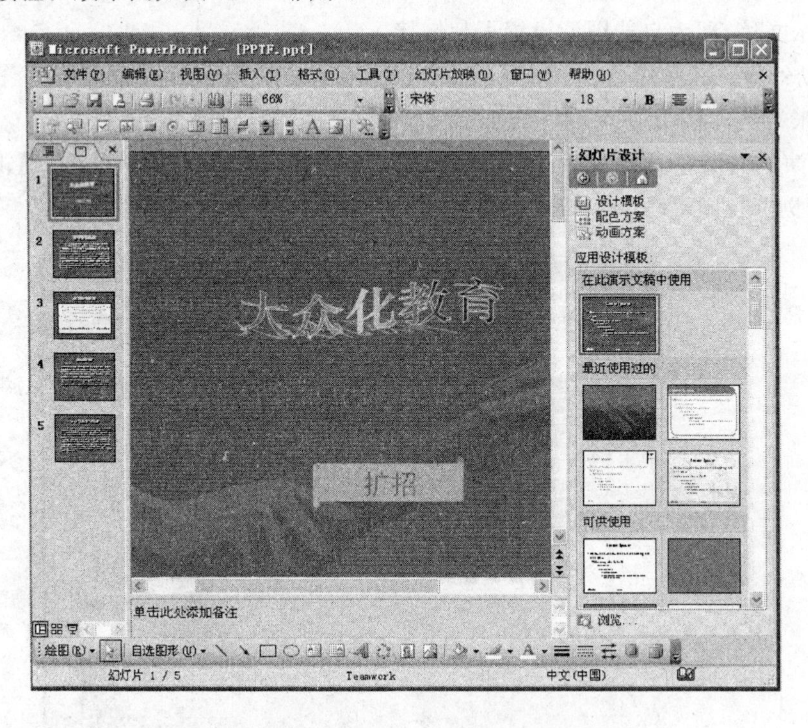

图 5－80　应用“TeamWork. pot”设计模板效果图

(5) 切换效果。

将所有幻灯片的切换方式设置为：随机，中速，单击鼠标时换片。最后将此演示文稿以原文件名存盘。具体操作步骤如下：

① 单击菜单栏中的“幻灯片放映”，在其下拉菜单中选择“幻灯片切换”，弹出“幻灯片切换”任务窗格。

② 在“幻灯片切换”任务窗格中，在“应用于所选幻灯片”列表框中单击选择“随机”，在“修改切换效果”的“速度”下拉列表中选择“中速”，在“换片方式”下选中“单击鼠标时”这一复选框。

③ 单击“应用于所有幻灯片”按钮，便可将此切换效果应用于演示文稿的所有幻灯片。

④ 单击常用工具条中的“保存”按钮，将演示文稿以原文件名保存，然后关闭演示文稿即可。

【例 5.16】 打开 PPTKT 文件夹下的 PPTD. ppt 文件，进行如下操作：

(1) 插入操作。

在第六张幻灯片的后面建立该幻灯片的副本；删除第六张幻灯片文本占位符中第 6～9 中的文本。删除幻灯片副本(即：第七张幻灯片)文本占位符中第 1～5 中的文本。并设置两张幻灯片文本占位符的字体格式：隶书，24 磅。具体操作步骤如下：

① 选中第六张幻灯片，选择“插入”菜单，在其下拉菜单中选择“插入幻灯片副本”命令，这样便在第六张幻灯片的后面建立了该幻灯片的副本。

② 在第六张幻灯片中，选中文本占位符中的第 6～9 中的文字，然后按“Delete”键，即可将题目要求的文本删除。

③ 在第六张幻灯片的副本(即现在的第七张幻灯片)中，选中文本占位符中的第 1～5 中的文字，然后按“Delete”键，即可将题目要求的文本删除。

④ 分别选中第六、七张幻灯片中的文本占位符中的文字，通过常用工具栏中的各种文字格式项设置，设置幻灯片中的文字格式为：隶书，24 磅

(2) 插入超链接。

为第二张幻灯片中的文本框“低碳在中国”添加超链接，链接到第六张幻灯片。具体操作步骤如下：

① 选中第二张幻灯片，选中“低碳在中国”所在的文本框，右键单击，在打开的快捷菜单中，选择“动作设置”选项，弹出“动作设置”对话框，参照图 5 - 61。

② 在“动作设置”对话框中，选择“单击鼠标”选项卡，选中“幻灯片…”选项，弹出“超链接到幻灯片”对话框，选择第六张幻灯片，单击“确定”，返回到“动作设置”对话框，然后再单击“确定”，返回演示文稿窗口，即为文本框设置了超链接。

(3) 添加背景。

为第三张幻灯片添加背景，预设颜色：茵茵绿原，底纹样式：斜上。具体操作步骤如下：

① 选中第三张幻灯片，单击菜单栏中的“格式”，在其下拉菜单中选择“背景”选项，弹出“背景”对话框。

② 在“背景”对话框中，单击下面的下拉小箭头，选择“填充效果”，弹出“填充效果”对话框，参照图 5 - 49 所示。

③ 选择“渐变”选项卡，在“颜色”列表框中，选中“预设”单选框，单击“预设颜色”下的下拉箭头，选择其下拉列表中的“茵茵绿原”。

④ 在“底纹样式”列表框中，选中“斜上”单选框，单击“确定”按钮，返回“背景”对话框中。然后单击“应用”，即可将此背景只应用在当前这张幻灯片。幻灯片效果如图 5-81 所示。

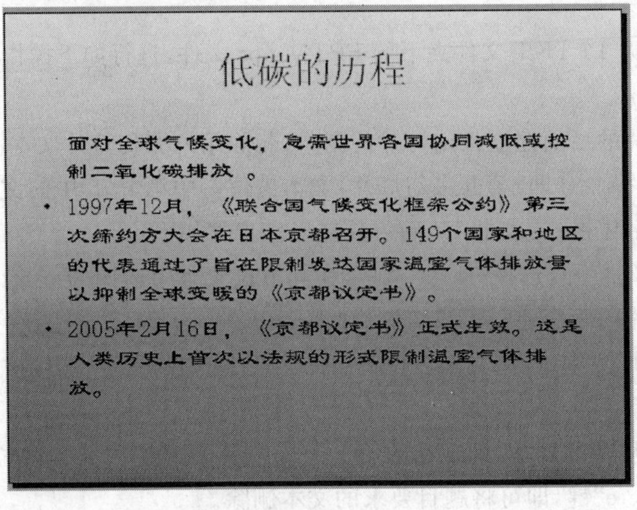

低碳的历程

面对全球气候变化，急需世界各国协同减低或控制二氧化碳排放。

- 1997年12月，《联合国气候变化框架公约》第三次缔约方大会在日本京都召开。149个国家和地区的代表通过了旨在限制发达国家温室气体排放量以抑制全球变暖的《京都议定书》。
- 2005年2月16日，《京都议定书》正式生效。这是人类历史上首次以法规的形式限制温室气体排放。

图 5-81　幻灯片效果

(4) 切换方式。

将所有幻灯片的切换方式设置为溶解、中速，单击鼠标时换片。具体操作步骤如下：

① 单击菜单栏中的“幻灯片放映”，在其下拉菜单中选择“幻灯片切换”命令，弹出“幻灯片切换”任务窗格。

② 在“幻灯片切换”任务窗格中，在“应用于所选幻灯片:”列表框中单击选择“随机”，在“修改切换效果”的“速度”下拉列表中选择“中速”，在“换片方式”下选中“单击鼠标时”这一复选框。

③ 单击“应用于所有幻灯片”按钮，便可将此切换效果应用于演示文稿的所有幻灯片。

(5) 动作设置。

在第七张幻灯片的左下角添加文本框：高 1 厘米，宽 2 厘米。文本框中的文本为：结束。字体格式：隶书，16 磅，居中。并为文本框进行动作设置：单击鼠标时结束放映。最后将此演示文稿以原文件名存盘。具体操作步骤如下：

① 选中第七张幻灯片，单击菜单栏中的“插入”，选择其下的“文本框”命令，单击选择“水平”文本框，然后在幻灯片工作区的左下角拖动鼠标，得到一水平文本框。

② 选中文本框，右键单击，在弹出的快捷菜单中单击选择“设置文本框格式”选项，弹出“设置文本框格式”对话框，在其“尺寸”选项卡中设置文本框的格式。

③ 文本框中输入文字“结束”，选定文本框中的文字“结束”，右键单击，在弹出的快捷菜单

中，单击“字体”选项，弹出“字体”对话框，参照图 5-23 所示。将文字格式设置为隶书、16 磅、居中，单击“确定”按钮返回。

④ 选中文本框，右键单击，在打开的快捷菜单中，选择“动作设置”选项，弹出“动作设置”对话框，参照图 5-61。

⑤ 在“动作设置”对话框中，选择“单击鼠标”选项卡，选中“幻灯片…”选项，弹出“超链接到幻灯片”对话框，选择第一张幻灯片，单击“确定”，返回到“动作设置”对话框，然后再单击“确定”，返回演示文稿，即为自选图形设置了超链接。

⑥ 单击常用工具条中的“保存”按钮，将演示文稿以原文件名保存，然后关闭演示文稿即可。

第 6 章

Internet 操作实验

本章的目的是使学生熟练掌握 Internet 的基本操作，并能够在使用 Internet 的过程中灵活运用所学知识。本章的主要内容包括 Web 网页的浏览、Internet 的信息检索、Internet 的文件传输、通过 Internet 收发电子邮件、接入 BBS 的方法等。

实验一 Web 网页浏览操作

一、实验目的

1. 掌握 Internet Explorer 浏览器的基本操作方法；
2. 了解网页的存储、打印与发送的基本方法；
3. 初步掌握网页的浏览技巧。

二、相关知识

1. WWW、Web 网站与网页

万维网 WWW(World Wide Web)，是一个资料空间。在这个空间中所有有用的事物统称为“资源”，并且由一个全域“统一资源标识符”(URL)标识。这些资源通过超文本传输协议 HTTP(Hypertext Transfer Protocol)传送给使用者，而后者通过点击链接来获得资源。从另一个观点来看，万维网是一个透过网络存取的互联超文件(interlinked hypertext document)系统。WWW 实际上就是一个庞大的文件集合体，这些文件成为网页或 Web 存储在 Internet 的成千上万台计算机上，提供网页的计算机称为 Web 服务器，或称网站、网点。

2. 超文本与超链接

用户通过浏览器浏览一个网页时，会发现一些带有下划线的文字或图形、图片等，当鼠标指针指向这一部分时，鼠标指针变成手形，这就是超链接。当单击超链接时，浏览器就会显示出该超链接相关的内容。具有超链接的文本就称为超文本。

3. 统一资源定位器(URL)

在 WWW 中用 URL(Uniform Resource Locator)定义资源所在地，URL 的地址格式为"应用协议类型://存放资源的主机域名/资源文件名/"。例如："http：www. edu. cn/"，表示用 HTTP 协议访问主机名为"www. edu. cn"的 Web 服务器的主页(中国教育和科研计算机网主页)。

4. HTTP 协议

HTTP(Hypertext Transport Protocol)协议是在 Web 服务器和用户计算机间使用的超文本传输协议。

三、实验示例

【例 6.1】 定制 Internet Explorer。

(1) 设置主页。

单击 IE 中的【工具】→【Internet 选项】→输入要设置的地址，例如 http://www. edu. cn→确定。如图 6-1 所示。

说明：

Ⅰ. 进行上述设置后，每次启动 Internet Explorer 浏览器都将该网址对应的主页自动载入。

Ⅱ. 在该对话框中单击"使用当前页"按钮，可将当前正在浏览的网页设置成为起始页面。

Ⅲ. 在该对话框中单击"使用默认值"按钮，可将微软公司的一个网站主页设置为起始页面。

Ⅳ. 在该对话框中单击"使用空白页"按钮，则在每次启动 Internet Explorer 浏览器时，不调用任何网站的页面，而显示空白窗口。

(2) 建立和使用个人收藏夹。

① 建立个人收藏夹。

单击 IE 中的【收藏夹】→【添加到收藏夹】，打开"添加到收藏夹"对话框，如图 6-2 所示。此时，"名称"文本框中显示了当前 Web 页的名称。→单击【确定】按钮，将 Web 页的 URL 地址存入"个人收藏夹"中。

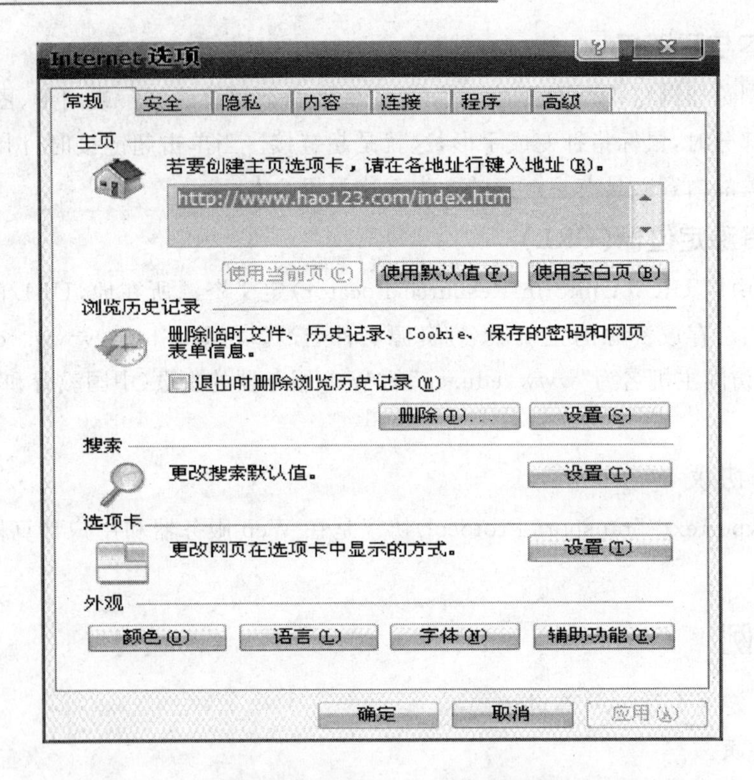

图 6-1 “Internet　选项”对话框

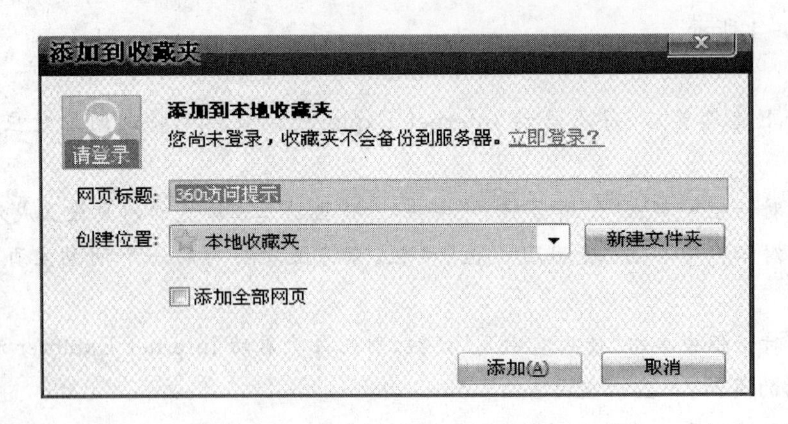

图 6-2 “添加到收藏夹”对话框

② 使用个人收藏夹。

在浏览 WWW 时，打开【收藏夹】菜单，或单击【收藏】按钮，从中选择要浏览的 Web 页。

(3) 提高网页浏览速度(两种方法)。

方法一:减少下载信息量加快访问速度。

① 在 Internet Explorer 浏览器中选择【工具】→【Internet 选项】命令,打开【Internet 选项】对话框。

② 在对话框中选择“高级”选项卡,如图 6-3 所示。

③ 在“多媒体”选项组中取消选中“显示图片”、“播放动画”、“播放视频”、“播放声音”等复选框,即去掉这些复选框前面的“√”标记,最后单击“确定”按钮完成设置。

④ 进行上面设置后,在 Internet Explorer 浏览器中输入“http://www.cernet.edu.cn”(中国教育科研网),该网页中得图像等多媒体信息均不显示,使得网页下载和显示速度加快。

方法二:设置临时文件夹加快访问速度。

① 在 Internet Explorer 浏览器窗口中选择【工具】→【Internet 选项】命令,打开【Internet 选项】对话框,如图 6-3 所示。

② 选择“常规”选项卡,在“Internet 临时文件”选项组中单击“设置”按钮,打开如图 6-4 所示的“Internet 临时文件和历史记录设置”对话框。

③ 根据网页的情况和浏览器所需可对网页的更新进行合理的检查。

④ 在图 6-4 所示的“Internet 临时文件和历史记录设置”对话框中将鼠标箭头移动到“要使用的磁盘空间”下的滑块上并拖动,将临时文件夹所用空间的比例增加到 10%,以保证有足够的磁盘空间存放临时文件,从而提高访问速度。

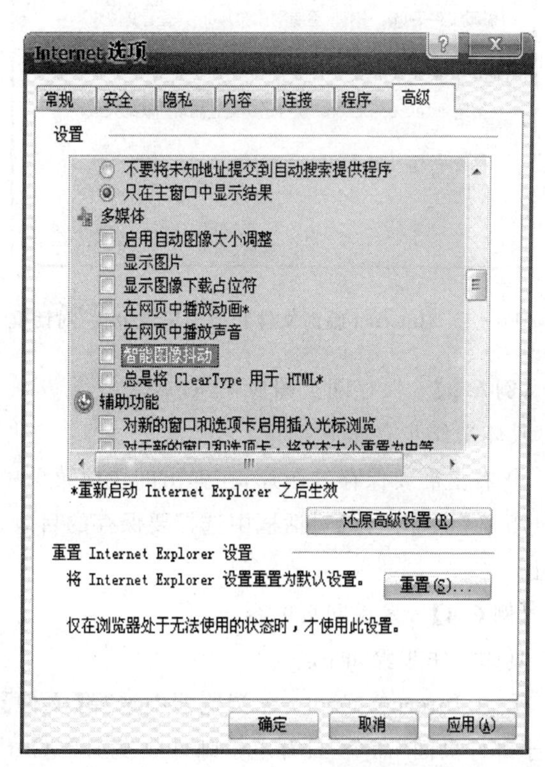

图 6-3 Internet 选项“高级”选项卡

说明:

Ⅰ. 如果在返回以前看过的网页时需要检查该页是否有改动,并且在显示最新网页后将其存储在“临时文件夹”中,则选中“每次访问网页时”单选按钮。选择该选项后,Internet Explorer 浏览器在每次访问网页时都检查一次,这样会降低浏览速度。

Ⅱ. 如果想在启动 Internet Explorer 浏览器时,立即检查以前查看过的网页是否被更新,

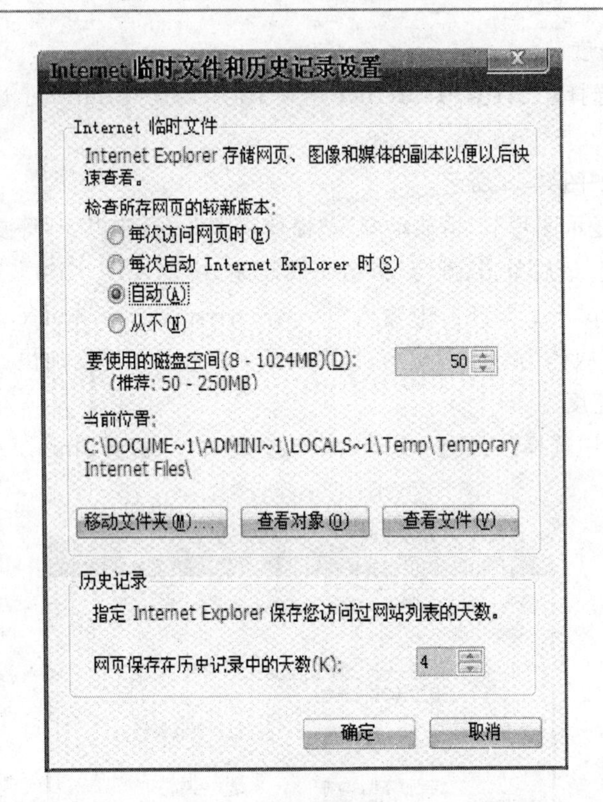

图 6-4　"Internet 临时文件和历史记录设置"对话框

则选中"每次启动 Internet Explorer 时"单击按钮，此项为系统默认值。选择该项后的浏览速度可比上一种情况有所加快。

Ⅲ. 如果在返回已查看过的网页时不希望系统检查该页是否已更新，则选中"从不"单选按钮。选择该项后的浏览速度相比之下最快。

【例 6.2】　保存网页文字内容。

具体操作步骤如下：

① 在 Internet Explorer 浏览器中选择【文件】→【另存为】，打开【另存为】对话框。

② 在"保存类型"下拉列表框中设置存储格式。

③ 在"保存在"下拉列表框中选择保存网页文件的文件夹。

④ 在"文件名"文本框中输入文本文件名，然后单击"保存"按钮。

【例 6.3】　保存网页图像信息。

具体操作步骤如下：

① 右击需要保存的图片，在弹出的快捷菜单中选择【图片另存为】命令。

② 在【保存图片】对话框中选择要保存的目录，输入文件名称，选择保存类型，单击"保存"按钮。

【例 6.4】　发送网页内容。

具体操作步骤如下：

① 在 Internet Explorer 浏览器中选择【文件】→【发送】命令，在出现的级联菜单中选择"电子邮件页面"命令，打开电子邮件收发工具 Outlook Express 窗口，该窗口中的邮件"主题"文本框中显示了当前浏览网页的标题，邮件正文内容区域中显示了当前网页的内容。

② 在"收件人"文本框中输入收件人的电子邮件地址，如果有必要还可在正文区域中写上几句说明文字，最后单击常用工具栏中的"发送"按钮将网页内容邮寄出去。

实验二　Internet 信息检索操作

一、实验目的

1. 了解 Internet 上各种检索信息的手段；
2. 掌握利用搜索引擎检索信息的方法；
3. 了解百度知道的用法。

二、相关知识

1. 搜索引擎

搜索引擎的功能：搜索引擎的第一个功能是搜集信息建立索引数据库，并自动跟踪信息源的变动，不断更新索引记录，定期维护数据库。第二个功能是提供网络的信息导航与检索服务，这也是搜索引擎最主要的功能。

搜索引擎的分类：

(1) 根据信息覆盖范围及适用人群，分为综合性搜索引擎和专用性搜索引擎两种类型。

(2) 根据信息检索方式的不同，分为分类搜索引擎和关键词搜索引擎两种类型。

(3) 根据网络信息搜索范围的差异，分为独立搜索引擎和集成搜索引擎两种类型。

2. 常用的搜索引擎

目前，网上比较有影响的搜索工具中，中文的有谷歌(Google)、百度(Baidu)、北大天网、爱问(iask)、雅虎(Yahoo)、搜狗(Sogou)等搜索引擎；英文的有 Yahoo、AltaVista、Excite、Infoseek、Lycos、Aol 等。另外还有专用搜索引擎，例如，专门搜索歌曲和音乐的，专门搜索电子邮件地址、电话与地址和公众信息的；专门搜索各种文件的 FTP 搜索引擎等。

3. 百度知道

百度知道(http://zhidao.baidu.com)是一个基于搜索的互动式知识问答分享平台。百度知道也可以看做是对搜索引擎功能的一种补充，让用户头脑中的隐性知识变成显性知识，通过对回答的沉淀和组织形成新的信息库，其中的信息可被用户进一步检索和利用。可以说它是对过分依靠技术的搜索引擎的一种人性化完善。

4. 搜索方式

主要的搜索方法有两种：一种是逐层搜索，一种是关键词搜索。

(1) 逐层搜索时按照目录的层次一级一级地查询。使用时首先找到感兴趣的项目，单击该项目，又会得到详细一些的小项目，直至列出感兴趣的几十、几百甚至成千上万个网址。

(2) 按关键词进行搜索时，在搜索文本框中填入关键词，单击“搜索”按钮，搜索引擎将把所有符合检索条件的网址以“索引”的方式显示在浏览器窗口中，其中包含了相应的地址或文件。关键词可以采用一定的语法规则，如关键词的数目如果超过1个，则相互之间用空格分割，表示“与”的关系。

随着检索技术的不断进步，早期的分类搜索方式逐步退出了搜索市场，只是当用户对于搜索的信息有明确的定位时，这种搜索方式得到的搜索结果要比使用关键词搜索得到的结果精确。分类搜索在某些搜索引擎里也称为“网页目录”。

三、实验示例

【例6.5】 信息检索应用。

(1) 利用Google进行关键词检索。

具体操作步骤如下：

① 启动Internet Explorer浏览器，在“地址”栏中输入“http://www.google.com.hk”，窗口中就出现了Google的主页，如图6-5所示。

② 在Google主页的关键词文本框中输入需要查找的单词，如“河北工业大学”，单击“Google搜索”按钮或按【Enter】键开始查询。图6-6给出了按照Google的查询语法，在检索完成后，所有包含“河北工业大学”的相关网站的索引信息，包含检索到的信息类别数及总数。

(2) 利用Google进行高级检索。

继续上述操作，由于查询到的页面太多(找到约4,160,000条结果(用时0.21 秒))，为此需要使用查询语法来缩小查询范围。假设需要查找河北工业大学计算机科学与软件学院近期关于研究生开题报告的相关信息。具体操作步骤如下：

① 在Google主页上关键词文本框中输入使用空格或者逗号分隔开的关键字，如“河北工业大学 计算机科学与软件学院 研究生 开题报告”，单击“Google搜索”按钮，会得到详细的搜索结果，其中关键字会以红色来突出显示。如图6-7所示。

② 利用高级搜索。输入网址http://www.google.ad/advanced_search? hl=zh-CN，打开如图6-8所示的高级搜索选项设置页面并输入搜索条件。

③ 在“搜索包含下列字词的网页”中“包含以下单词”文本框中输入“河北工业大学 计算机科学与软件学院 研究生 开题报告”。

④ 在“搜索网页语言是”下拉列表框中选择“简体中文”选项。

⑤在“日期”下拉列表框中选择“一个月内”选项。

⑥如果知道河北工业大学计算机科学与软件学院的网站地址，则可以在“搜索以下网站或网域”文本框中输入网站地址使搜索仅在此网站内进行，这可以大大缩短搜索时间。

图 6－5　Google 主页

图 6－6　关键词查询的结果一

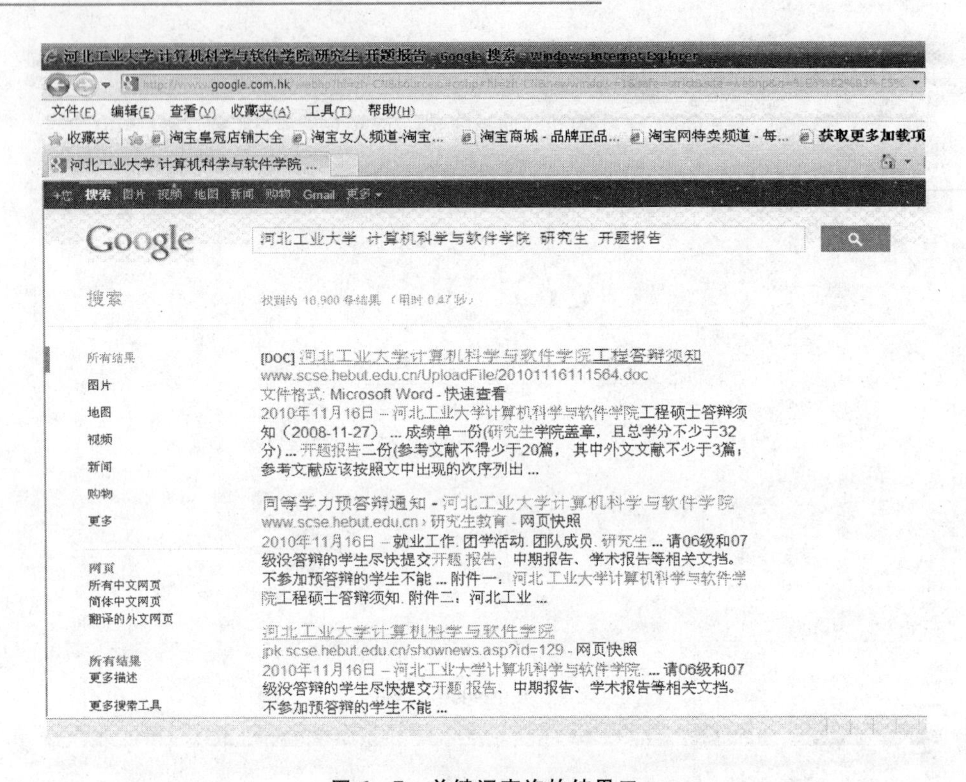

图 6-7 关键词查询的结果二

⑦单击“高级搜索”按钮或者直接按【Enter】键启动搜索过程。

(3) 使用分类搜索。

具体操作步骤如下：

① 在 Internet Explorer 浏览器中打开中文 Yahoo 搜索页面(http://cn.yahoo.com/)。如图 6-9 所示。

② 在主页左侧或者顶部的搜索栏上方都有分类搜索，点击您想搜索的类别，如点击“财经”。

③ 在打开的分类页面中，可进行更详细的搜索查询。如图 6-10 所示。

(4) 使用百度知道。

当在生活、学习、工作中遇到任何问题，我们可以先请教一下百度知道的知识库，如果该问题是新问题，你可以把问题留下给别人解答，具体操作步骤如下：

① 在 IE 浏览器中访问网址 http://zhidao.baidu.com，打开“百度知道”。

② 在问题输入框中，我们先查找一下在知识库中是否有相似的问题。再输入的过程中，它直接支持自然语言输入。在本例中输入“FTP 怎么使用”，并单击“搜索答案”，如图 6-11 所示。

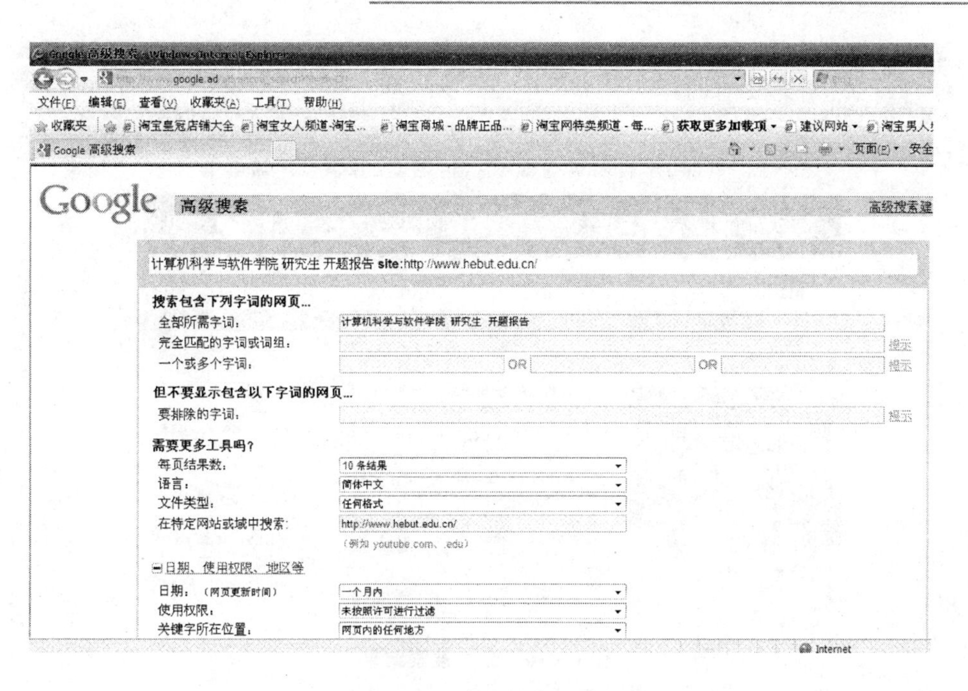

图6-8　高级搜索设置

图6-9　Yahoo主页

图 6－10 分类搜索结果

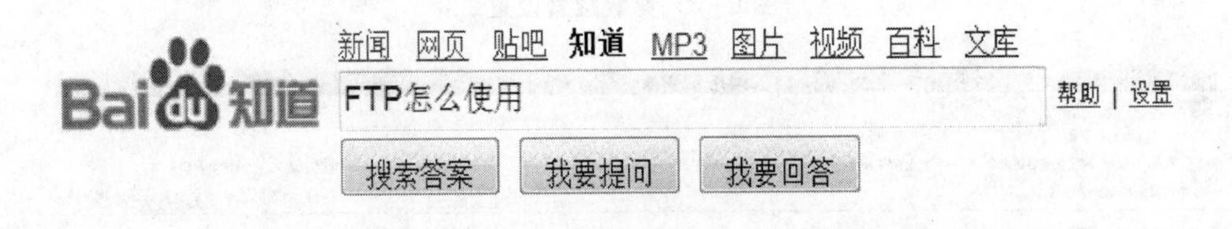

图 6－11 百度“知道”问题输入框

③ 搜索结果页面将返回类似问题的答案条目，如图 6－12 所示。点击条目链接便可进入详细的答案页面。如果对答案不满意，可以编辑或评论别人的答案，经审核通过后，把你的知识与人分享。

④ 如果知识库中没有相关的答案，可以用问题留下来给别人解答，但需要先注册一个百度账号。

⑤ 除了可以提问外，还可以用自己所知道的知识解决别人留在“百度知道”中的问题，在“百度知道”首页中就有很多待解决的问题，如图 6－13 所示。点击条目链接后，便可回答别人的疑问。

说明：

可浏览网页 http://www.baidu.com/search/zhidao_help.html 了解百度知道的详细使用说明。

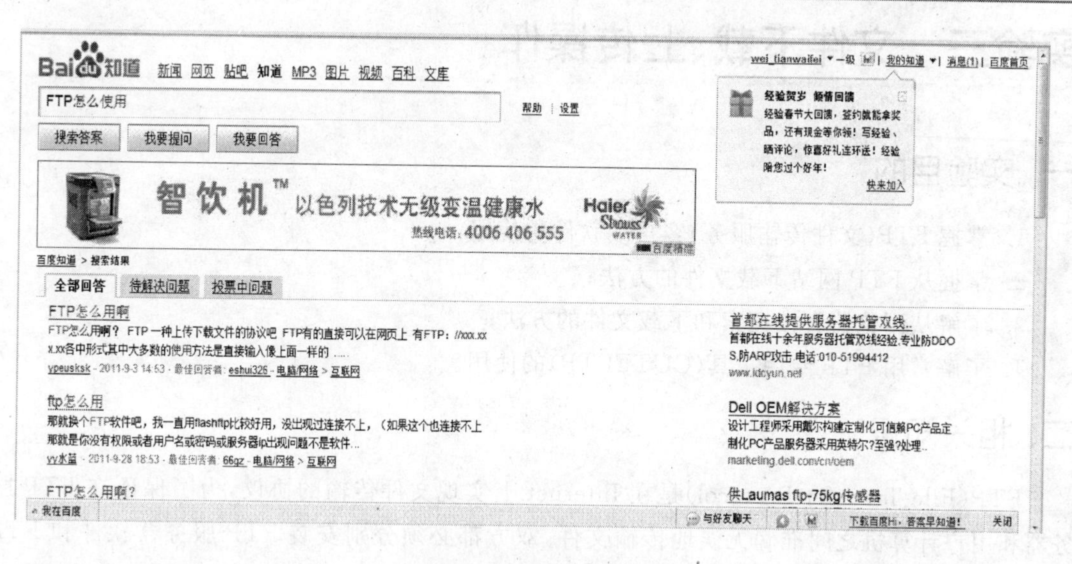

图6-12 问题查询结果

图6-13 待解决问题列表

除了“百度知道”外，目前流行的网络知识库还有“新浪爱问”(http://iask.sina.com.cn/)、“搜搜问问”(http://wenwen.soso.com)等，都是非常不错的知识库。

实验三 文件下载、上传操作

一、实验目的

1. 掌握 FTP(文件传输服务)客户端软件的使用;
2. 掌握从 FTP 网站下载文件的方法;
3. 了解从浏览器直接搜索和下载文件的方法;
4. 了解常用 FTP 专用工具(CUTEFTP)的使用。

二、相关知识

FTP(File Transfer Protocol)是在 Internet 上实现文件传输的协议,为了保证在 FTP 服务器和用户计算机之间准确无误地传输文件,双方都必须分别安装 FTP 服务器软件和 FTP 客户端软件。用户启动 FTP 客户端软件后,给出 FTP 服务器的地址,并根据提示输入用户名和密码,与 FTP 服务器建立连接,即登录到 FTP 服务器上。登录成功后,FTP 服务器可以把需要的文件传输到用户计算机上,称为"下载文件";也可以把用户本地的文件发送到 FTP 服务器上,称为"上传文件"。

Internet 上提供一种称为"匿名文件传输服务"的文件传输服务,它对所有 Internet 用户开放,允许没有用户名和密码的用户取得这些服务器上那些开放的文件。此时,访问者是作为匿名用户进入 FTP 服务器的,访问者的用户名为"Anonymous",可提供这样匿名访问的 FTP 服务器称为匿名 FTP 服务器。

在 FTP 服务器上通常提供 3 类软件:共享软件、自由软件、试用软件。

三、实验示例

【例 6.6】 从 FTP 网站下载文件。

① 在 Internet Explorer 浏览器的"地址"文本框中输入 FTP 网站的地址"ftp://115.24.161.33/",输入用户名、密码,按【Enter】键后即可进入 FTP 站点,如图 6-14 所示。进入 FTP 网页后,窗口中显示所有最高一层的文件夹列表。

② 打开"资料/ Key-Value"文件夹,在此文件夹中有一个名为"wss4j-bin-1.6.3.zip"的文件。如图 6-15 所示。

③ 单击此文件,此时开始下载该文件,下载过程如图 6-16 所示。该图显示了从 FTP 服务器 ftp://115.24.161.33/中下载 wss4j-bin-1.6.3.zip 文件的过程,同时显示剩余时间。

④ 待全部下载工作完成后,用户就可以在您选择的位置看到了此文件了,运行该文件即

可安装该文件所代表的软件。

说明：

下载 IE6.zip 文件也可以选中 IE6.zip 文件并单击常用工具栏中的“复制”按钮（或直接按【Ctrl＋C】组合键），然后在本地打开一个文件夹窗口，单击常用工具栏中的“粘贴”按钮（或直接按【Ctrl＋V】组合键），即可将 IE6.zip 文件下载至指定的文件夹。

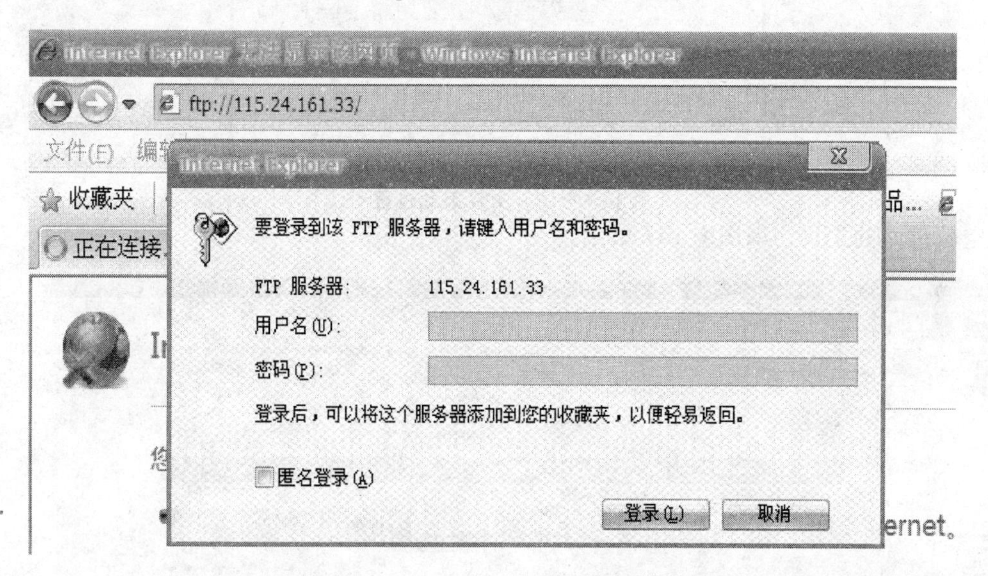

图 6-14　连接到 FTP 服务器

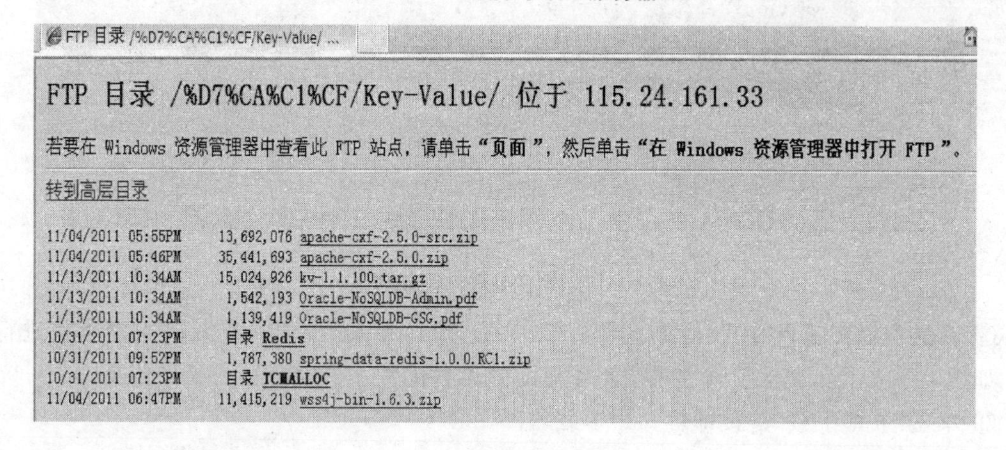

图 6-15　“浏览文件夹”对话框

【例 6.7】　从浏览器直接搜索下载文件。

① 启动 Internet Explorer 浏览器，在“地址”文本框中输入“http://www.skycn.com”，进

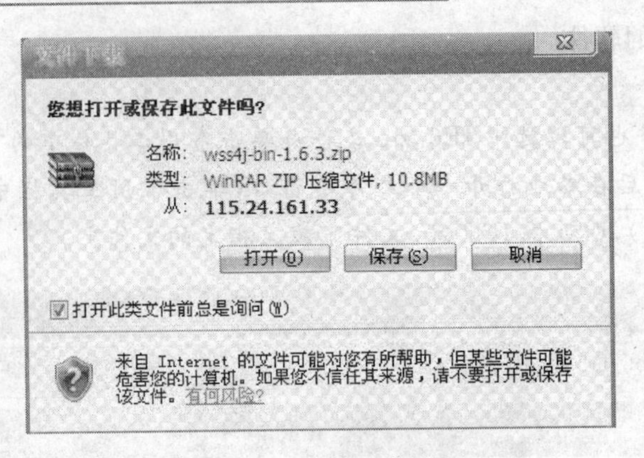

图6-16 文件下载过程

入天空软件站的主页。如图6-17所示。

图6-17 天空软件站下载网页

② 在文本框中输入“酷我音乐盒2012”,单击“软件搜索”按钮。或者按类别查找进行搜索。如图6-18所示。从搜索结果中可了解到该软件的大小、功能简介、级别信息。

③ 单击“立即下载”链接即可开始下载软件。

【例6.8】 利用CuteFTP软件上传/下载。

客户端上传下载网上ftp服务器上的文件时,最好使用专门的客户端软件。著名的客户端软件有BulletFTP、LeapFTP、CuteFTP等。具体操作步骤如下:

① 将CuteFTP软件安装或释放好。

② 运行：cuteftppro. exe，输入 a1 和 123456 后按连接按钮。

③ 然后进行文件的上传与下载（请同学自己操作，弄清楚 cuteftp 的主要功能）。

【例 6.9】 使用迅雷下载文件。

迅雷安装完成后，双击桌面上的“迅雷”图标，或者从开始菜单中运行迅雷程序，打开如图 6－20 所示的迅雷窗口。

6－18　酷我音乐盒下载详细页

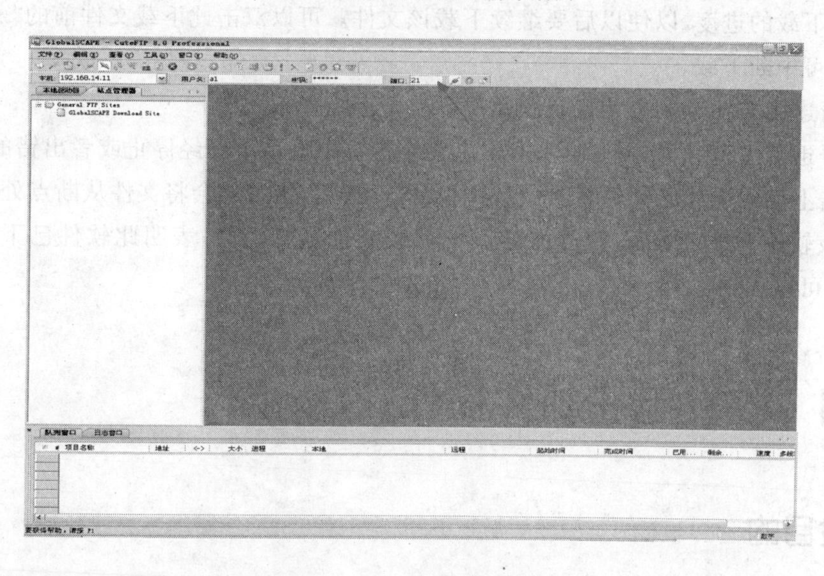

图 6－19　CuteFTP 主窗口

图 6 - 20　迅雷主窗口

【例 6.10】 使用迅雷进行断点续传。

① 如果在上例软件下载过程中，由于某些因素造成与 Internet 的连接中断，此时迅雷将会自动保存下载的进度，以便以后要继续下载该文件。可以双击此下载文件前的“↓”标识，变为“||”时即可中断下载。

② 重新连接 Internet，并启动迅雷程序。

③ 打开迅雷主窗口，如图 6 - 21 所示。在主窗口中显示了已经停止或者出错的文件名。

④ 单击上例中下载的文件名，再双击“||”图标按钮，迅雷就会将文件从断点处继续下载。

⑤ 当该软件下载完毕后，在迅雷窗口中下载文件名会消失，表明此软件已下载完毕，在“已完成”中可以找到。

实验四　收发电子邮件操作

一、实验目的

1. 掌握 WEB 方式收发电子邮件的方法；
2. 掌握 Outlook Express 收发邮件的方法。

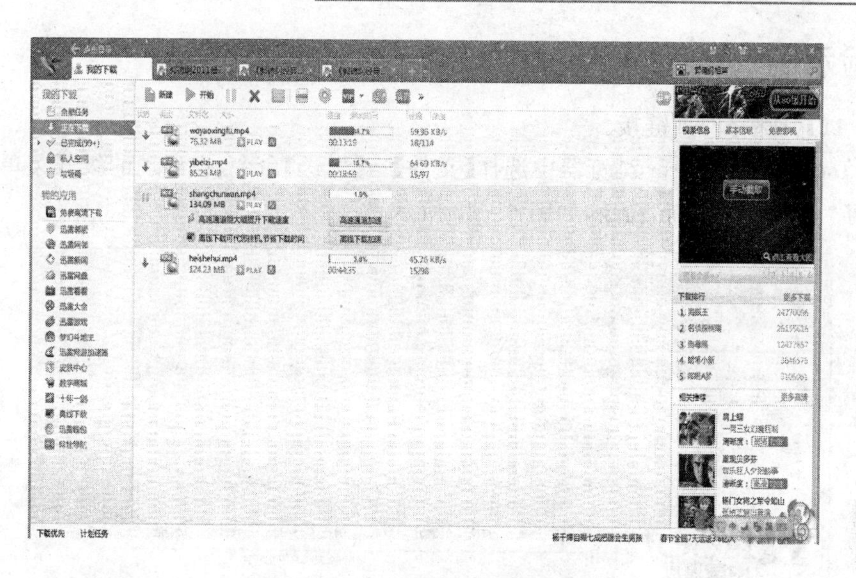

图 6-21　未下载完毕的文件列表

二、相关知识

1. 电子邮件地址

电子邮件地址是 Internet 上每个用户所拥有的不与他人重复的唯一地址。对于同一台服务器,可以有很多用户在其上注册,因此,电子邮件地址由用户名和服务器名两部分构成,中间用“@”隔开,即 username@hostname。

username 是用户在注册时由接收机构确定的,如果是个人用户,用户名常用姓名,单位用户常用单位名称。hostname 是该服务器的 IP 地址或域名,一般使用域名。例如,LiYi@mail.tsinghua.edu.cn 表示一个在清华大学的服务器上注册的用户电子邮件地址。

用户要向其他人发送邮件时,自己也必须拥有电子邮件地址。

2. 电子邮件的工作过程

接收电子邮件需要有运行电子邮件服务程序的计算机,即服务器。发送电子邮件的计算机运行电子邮件应用程序,发送方利用电子邮件应用程序来组织编辑并发送电子邮件;服务器收到电子邮件后,将其存放到收信人的信箱中。

3. Outlook Express

Outlook Express 是 IE 浏览器的内部组件之一,拥有强大的邮件处理功能。它可以非常方便地设置邮件帐号,进行多帐号管理。

三、实验示例

【例 6.11】 邮寄网页链接。

① 在 Internet Explorer 浏览器中选择【文件】→【发送】命令，在出现的级联菜单中选择“电子邮件页面”命令，如图 6－22 所示。

图 6－22 邮寄网页内容

② 在 Internet Explorer 浏览器中选择【文件】→【发送】命令，在出现的级联菜单中选择“电子邮件链接”命令，邮件“主题”文本框中显示了当前浏览网页的标题，正文内容区域显示了该网页的网址，并且在邮寄附件中有一个扩展名为. url 的网址文件。如图 6－23 所示。收件人收到此邮件后双击该附件，将会自动启动浏览器并连接发件人指定的网址，然后打开相同的网页。

③ 在“收件人”文本框中输入收件人的电子邮件地址，最后单击常用工具栏中的“发送”按钮将网页链接邮寄出去。

说明：

缺少“发送”按钮，是因为你没有在 Microsoft Office Outlook2003 中配置电子邮件账户，所以网页不知道应该用什么账户通过何种邮件系统将文件发出。你可以通过如下操作解决问题：

Ⅰ. 运行 Microsoft Office Outlook2003，在菜单中选择“工具→电子邮件账户”。

Ⅱ. 在弹出的窗口中选择“添加新电子邮件账户”，然后按照提示一步步进行电子邮件账户的配置。

Ⅲ. 邮件账户配置成功之后，“发送”按钮就会出现了。

图 6－23 电子邮件链接页面

【例 6.12】 用 Outlook Express 发送邮件。

(1) 启动 Outlook Express。

选择“开始”菜单中的“程序”命令，在出现的级联菜单中选择“Outlook Express”命令，或在任务栏双击“Outlook Express”图标即可打开 Outlook Express 窗口，在 Outlook Express 窗口的左边列出了 Outlook Express 的部件。其中，“收件箱”用于存放用户接收到的邮件；“发件箱”用于存放用户待发送的邮件，当“发件箱”中邮件发出后，“发件箱”被清空，其中的邮件转入“已发送邮件”中；“已删除邮件”类似于 Windows XP 中的“回收站”，当从“发件箱”或“收件箱”中删除邮件时，这些邮件并没有被删除，他们只是被移动到“已删除邮件”文件夹中，只有在“已删除邮件”中删除邮件时，这些邮件才真的被删除。

当用户在 Outlook Express 窗口的左边选中某个部件时，右边窗口会列出该部件中的内容。通常，右边窗口分为两个部分：上面是邮件列表窗口，图 6－24 所示对应于收件箱中的邮件列表；下面是邮件预览窗口，当在邮件列表中选中某一邮件时，邮件预览窗口中就显示出该邮件的内容。

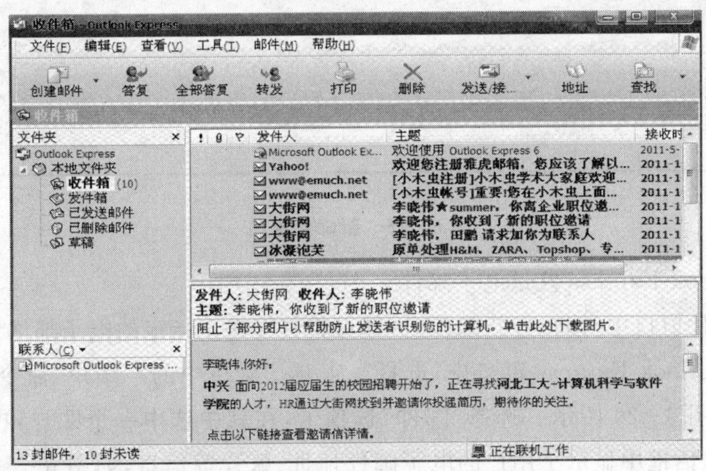

图 6－24 Outlook Express 窗口

(2) 用 Outlook Express 撰写新邮件。

在 Outlook Express 窗口中单击“创建邮件”按钮或在“邮件”菜单中单击“新邮件”命令，将打开新邮件窗口，如图 6-25 所示。在该窗口中，可以输入、编辑邮件并注明收信人电子邮件地址。用户还可以将一个电子邮件同时发给多个收信人，这时只要在指定的收信人电子邮件地址处填写多个信箱地址即可。

在“新邮件”窗口需进行如下操作：

① 在“收件人”文本框中输入收件人的电子邮件地址。若同时发给多个收信人，用“;”分隔不同的电子邮件地址。

② 在“抄送”文本框中输入抄送人的电子邮件地址。若需向多人抄送邮件副本，不同电子邮件地址间用“;”分隔，该处可以空缺。

③ 在“主题”文本框中输入邮件的主题。这样可以是收件人在阅读邮件前了解邮件的大概内容。当用户输入主题后，新邮件窗口的标题变为用户输入的主题。

④ 在正文框中，输入邮件正文。

图 6-25　新邮件窗口

(3) 用 Outlook Express 发送电子邮件。

在上述新邮件窗口中，编辑好新邮件后，即可将其发送至指定的电子邮件地址。在发送前检查账户。在 Outlook Express 窗口中，选择“ 工具 ”菜单中的“ 账户”命令，打开“Internet 账户”对话框，如图 6-26 所示。选择“邮件”选项卡，在其中选中一个账户，再单击“属性”按钮，打开的属性对话框中显示了用户的电子邮件地址、账户等信息，如图 6-27 所示。在发送新邮件时，一般要经过两个步骤：

① 先发送新邮件到“发件箱”文件夹。在新邮件窗口中,选择“文件”菜单中的“发送邮件”命令,或单击常用工具栏中的“发送”按钮,屏幕会提示用户该电子邮件将被发往“发件箱”文件夹,单击“确定”按钮,此邮件便发送到“发件箱”文件夹中。

② 再发送新邮件到收件人。在 Outlook Express 窗口中,选择“工具”菜单中的“发送”命令;也可选择“工具”菜单中的“发送和接收”命令,或单击常用工具栏中的“发送”按钮。采用上述两种方法中的任意一种后,将打开“发送和接收”窗口,提示发送电子邮件。此时,系统先将“发件箱”中所有电子邮件副本发送至用户所登录的邮件服务器,并将这些邮件发往收件人所在的邮件服务器,然后清空“发件箱”文件夹。

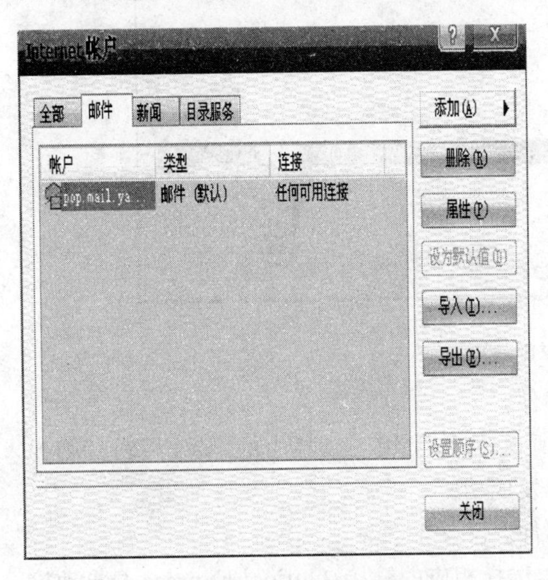

图 6-26 “Internet 账户”对话框

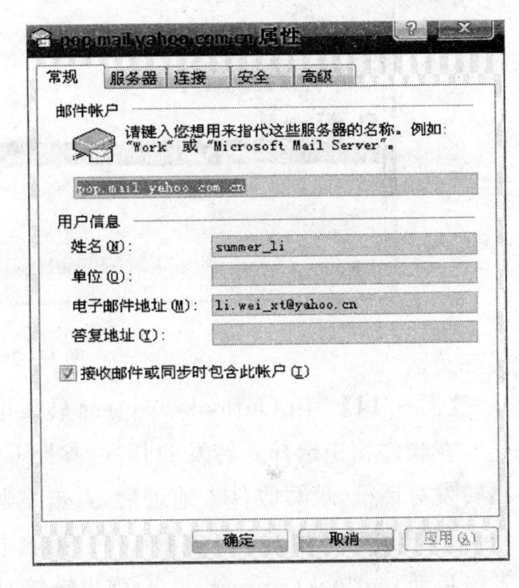

图 6-27 属性对话框

说明:

“发送”与“发送和接收”两者之间有些区别。“发送”仅将“发件箱”中的邮件发送出去;而“发送和接收”除了要将“发件箱”中的邮件发送出去外,还要将用户电子邮件地址(用户所登录的邮件服务器中邮箱)中收到的邮件传送至“收件箱”中。因此,如果仅仅是发送邮件,只要选择“发送”命令即可。

【例 6.13】 用 Outlook Express 回复电子邮件。

回复电子邮件指将回信发往原发件人所在的电子邮件服务器。同时还可选择回信中是否包含发件人的原始邮件文本。

回复电子邮件的操作在 Outlook Express 窗口中进行,具体操作步骤如下:

在收件箱中选择要回复的邮件,参照图 6-24 所示,点击常用工具栏中的“答复”按钮,则弹出答复对话框，如图 6－28，收件人将自动出现您要发送的收件人名字，编辑完邮件后，点击“发送”即回复邮件成功。

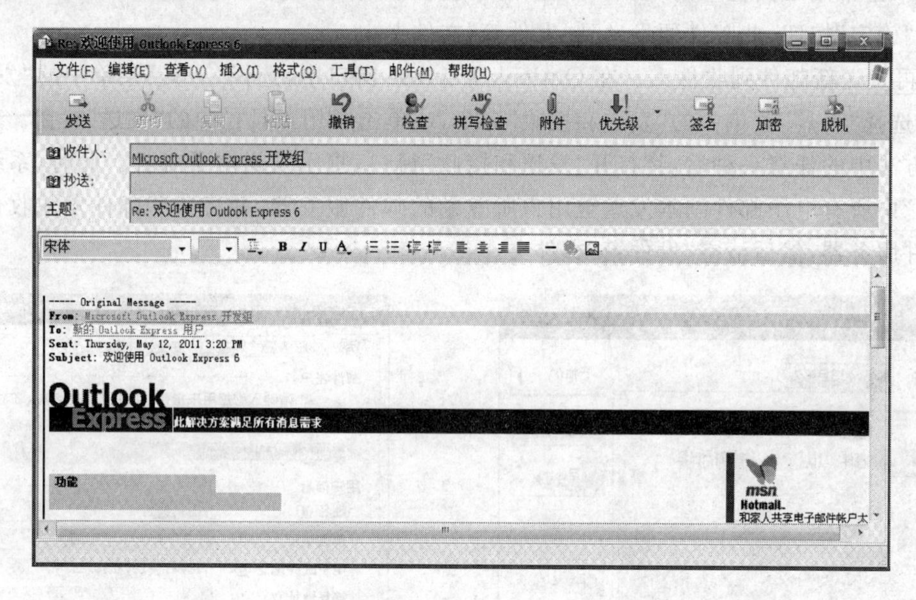

图 6－28 回复邮件页面

【例 6.14】 用 Outlook Express 转发电子邮件。

在收件箱中选择要转发的邮件，参照 6－24 所示，点击常用工具栏中的“转发”按钮，则弹出转发对话框，填写收件人地址后，点击发送即转发成功。

【例 6.15】 用 Outlook Express 接收电子邮件。

启动 OutlookExpress 时，会弹出链接对话框，选择相应的链接，OutlookExpress 会自动检查新邮件，若有会自动下载到用户的“收件箱”中，并用未开启的信封“回”标注为未阅读过。若为打开的信封，则表示该邮件已读。若邮件有回形针标志，表示该邮件有附件。双击“收件箱”中的电子邮件，即可打开邮件内容。

【例 6.16】 Outlook Express 通讯簿的使用。

通讯簿是 Outlook Express 用来保存与联系人相关的大量资料. 这样用户根据资料，可以很方便地找到需要联系对象的邮件地址。

（1）添加联系人

添加联系人的方法较多，一般常用下面两种方法：

方法一：回复邮件时自动添加。

在 OutlookExpress 窗口中选择“工具/选项”在弹出的“选项”窗口中，单击“发送”，标签选取“自动将回复邮件时的添加到目标用户通讯簿（U）”。这样用户在 OutlookExpress 窗口点击“答复”时，将自动将对方邮件地址添加到通讯薄。如下图6-29。

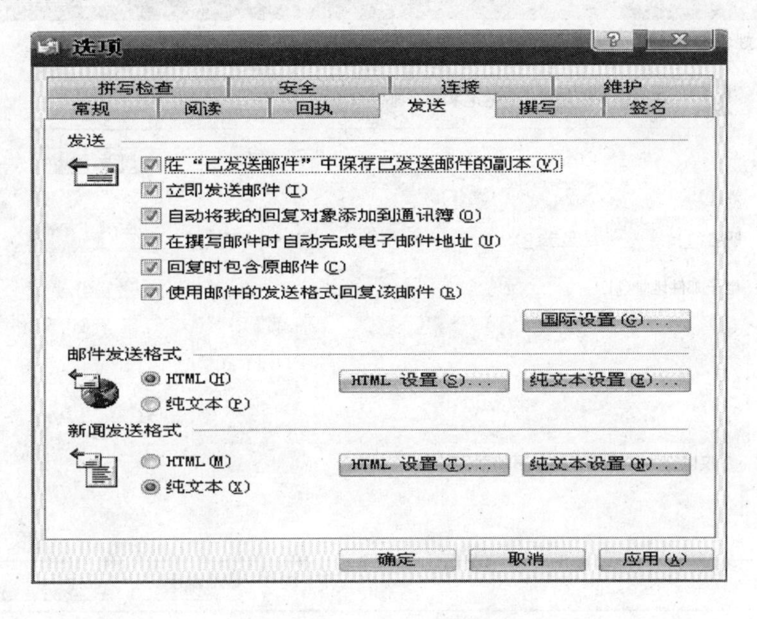

图6-29 选项→发送窗口

方法二：手工输入联系人信息。

在OutlookExpress窗口中选择“工具/通讯薄”，或者直接点击常用工具栏中的“地址”，在弹出的“通讯簿”窗口中，单击“新建”→“新建联系人”，出现图6-30“属性”窗口。输入联系人的有关信息，在“添加新地址”栏中，输入联系人邮件地址后单击“添加”按钮，即将该地址加入到通讯簿中。若联系人有多个邮件地址，可一一输入。然后，选择其中常用的一个地址作为默认的邮件地址。

(2) 修改联系人信息。

在通讯簿列表中双击需要修改的联系人名，弹出如图6-31“属性”窗口，根据需要选择不同的选项卡，进行修改或删除联系人。

(3) 创建联系人组。

若用户经常需将同一邮件发送给一组联系人可通过创建联系人组的方法简化输入操作。用户只要在发送邮件时，在“收件人”栏输入联系人组名即可。

创建联系人组的方法是：在“通讯簿”窗口中，单击“新组”按钮，在弹出的“属性/组”窗口中打开输入联系人组名，单击“选择成(S)”按钮，从通讯簿列表中选择成员，若联系人不在列表中，可在“属性/组”窗口单击“新联系人(N)”按钮，输入新联系人地址和相关资料。

属性

姓名 住宅 业务 个人 其它 NetMeeting 数字标识

在此输入该联系人的姓名和电子邮件信息。

拼音(B)...

姓(L): 名(F):

职务(T): 显示(P): 昵称(N):

电子邮件地址(M): 添加(A)

编辑(E)

删除(R)

设为默认值(S)

仅以纯文本方式发送电子邮件(U)。

确定 取消

图 6-30 新建联系人属性窗口

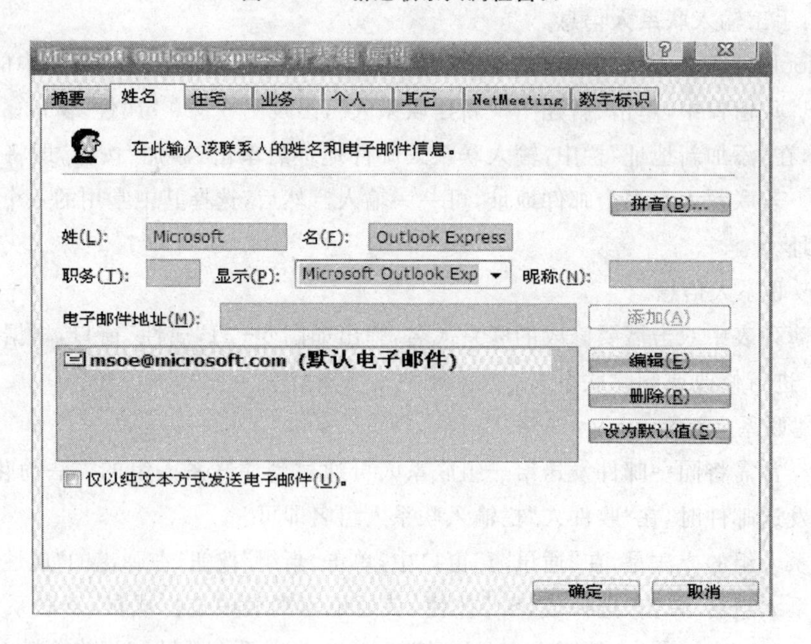

图 6-31 修改或删除联系人信息页面

实验五　网络交流与通信

一、实验目的

1. 了解网络交流与通信的方式,BBS、网络社区(博客)、即时通信(QQ);
2. 掌握 BBS 的接入方式;
3. 了解 Telnet 的使用方法。

二、相关知识

1. BBS、博客、QQ

BBS 是 bullentin board system 的缩写,及电子公告牌。它与一般公告栏性质相同,但它是通过计算机发布消息的。

博客(Blog 或 Weblog)一词源于"Web Log(网络日志)"的缩写,一个典型的网络新事物,可以充分利用超文本链接、网络互动、动态更新的特点,可以将个人工作过程、生活故事、思想历程、闪现的灵感等及时记录和发布,发挥个人表达力,更可以文会友,结识和汇聚朋友,进行深度交流沟通。

QQ 是 1999 年 2 月,由腾讯公司自主开发的基于 Internet 的即时通信网络工具——腾讯即时通信(Tencent Instant Messenger,简称 TM 或腾讯 QQ),腾讯 QQ 支持在线聊天、即时传送视频、语音和文件等多种多样的功能。同时,QQ 还可以与移动通讯终端、IP 电话网、无线寻呼等多种通讯方式相连,使 QQ 不仅仅是单纯意义的网络虚拟呼机,而是一种方便、实用、超高效的即时通信工具。QQ 可能是现在中国被使用次数最多的通讯工具。

2. Telnet

Telnet 协议是 TCP/IP 协议族中的一员,是 Internet 远程登陆服务的标准协议和主要方式。它为用户提供了在本地计算机上完成远程主机工作的能力。在终端使用者的电脑上使用 telnet 程序,用它连接到服务器 。终端使用者可以在 telnet 程序中输入命令,这些命令会在服务器上运行,就像直接在服务器的控制台上输入一样。可以在本地就能控制服务器。要开始一个 telnet 会话,必须输入用户名和密码来登录服务器。Telnet 是常用的远程控制服务器的方法。例如,香港公共图书馆即以万维网和 Telnet 供用户进行续借、预约及读者记录查询服务。

Telnet 也是目前多数纯文字式 BBS 所使用的协议,部分 BBS 尚提供 SSH 服务,以保证安全的资讯传输。

启动 Telnet 的方法是在 Windows XP 的“运行”对话框中输入 Telnet 主机地址直接连接远端主机，或者仅输入“Telnet”，待其启动后，再与主机连接。

3. CTerm

CTerm(Clever Terminal)不仅可以作为普通 Telnet 客户软件用于 Telnet 站点的登录，更是针对国内 BBS 的特点设计的一个专用软件。它在运行中对用户和服务器之间的信息进行分析，知道用户在 BBS 上的当前状态(主选单/讨论区列表/用户列表/文章列表/编辑状态)，从而提供相应的服务。

三、实验示例

【例 6.17】 利用 Telnet 登录 BBS。

① 选择“开始”菜单中的“运行”命令。在“运行”对话框中输入“Telnet”可以进入 Telnet 命令的交互窗口，用户可以使用帮助命令“?”来获取命令帮助，其中“open”命令可以用来连接主机，如图 6－32 所示。也可以选择直接在运行中输入 Telnet 主机 URL 地址来直接连接到主机。图 6－33 是用“Telnet bbs. tsinghua. edu. cn”命令连接到“水木清华”BBS 页面。

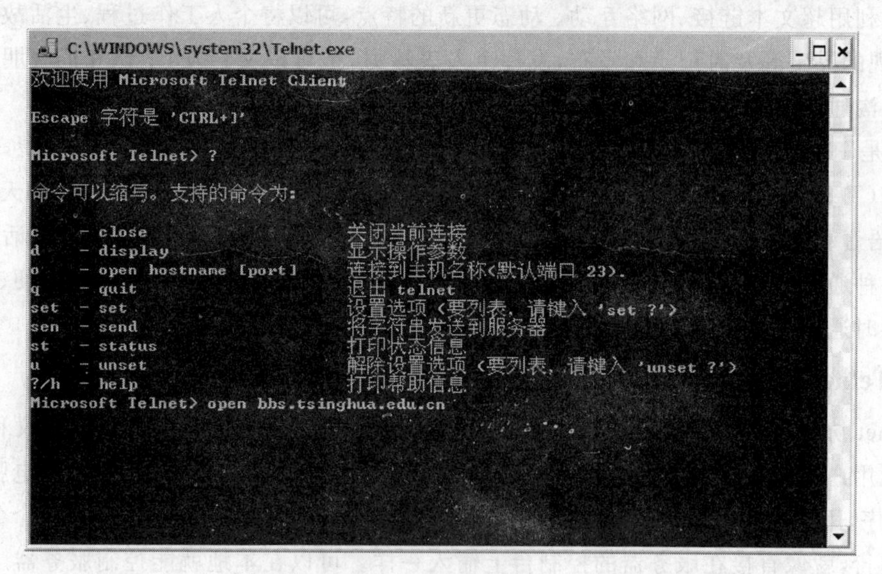

图 6－32　Telnet 登陆命令

② 连接到 BBS 主机后，大部分是用匿名浏览的 guest 账户浏览 BBS，但不能发言和接收电子邮件、进入聊天室等。如果想使用上述功能，可以注册自己的账户，在 6－33 界面中输入“new”则进入申请账户的界面，按要求逐步进行操作即可。

【例 6.18】 使用 CTerm 连接 BBS。

图 6－33 登录清华 BBS 界面

① 启动 CTerm 程序。

② 选择“文件”菜单中的“地址薄”选项，或单击常用工具栏中的“地址薄”按钮，打开“我的地址薄”对话框，如图 6－34 所示。

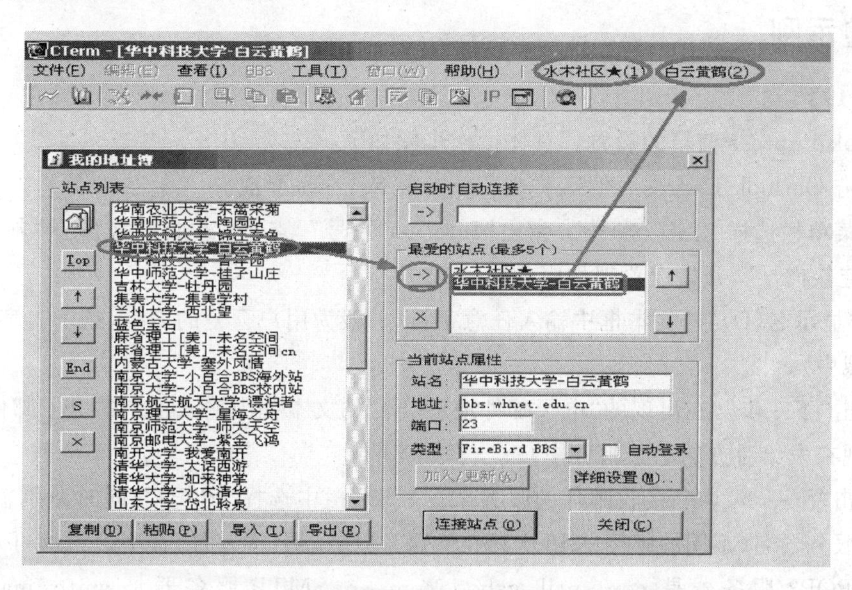

图 6－34 我的地址薄对话框

③ 在“地址”中输入“bbs. hebut. edu. cn”，在“端口”文本框中输入默认的 Telnet 端口“23”，单击“连接站点”按钮即可连接到 BBS。在站点处输入名字，单击“加入/更新”按钮则可以添加此站点到地址薄，用于以后快速访问。

④ 可以选中自己喜爱的 BBS 网站，单击“→”加到“最爱的站点”，此时界面上方便出现此网站，可方便查看。

实验六　上机练习系统典型试题讲解

一、实验目的

1. 掌握上机练习系统中的 Internet 操作典型问题的解决方法；
2. 熟悉 Internet 操作中各种综合应用的操作技巧。

二、相关知识

本实验的例题取自上机练习系统中的典型试题，读者若能配合使用与本书配套的上机练习系统，将会达到更好的效果。

三、实验示例

【例 6. 19】

Outlook Express 信箱的设置。具体操作步骤如下：

① 双击 Outlook Express 图标，弹出 Outlook Express 界面。

② 在菜单栏选样“工具/帐号”，弹出“Internet 帐号”，点击“添加”后，选择“邮件”，进入“Internet 连接向导”，开始设置邮件服务器。

③ 在“显示名(D)”的文本框中输入任意字符(一般为用户喜爱的名字，这个名字将出现在发件人区域中)。

④ 单击“下一步”，在出现的“电子邮件地址(E)”的文本框中输入用户的电子邮件地址(该地址将出现在发给对方的电子邮件中)。

⑤ 单击“下一步”，在“接收邮件的服务 2S 是(S)”栏中选择“POP3”，同时分别输入 POP3 和 SMTP 服务器名(不同的邮箱的 POP3 和 SMTP 服务器名不一致，百度搜索即可)。例如雅虎邮箱的 POP3 服务器是 pop. mail. yahoo. com. cn，SMTP 服务器是 smtp. mail. yahoo. com. cn。

⑥ 单击“下一步”,在POP帐号名(A)和密码(P)处,输入用户的帐号名和密码。如果不输密码,以后收信时,每次都需输密码。

⑦ 单击“下一步”,在“Internetmail帐号名(A)”处输入任意字符。

⑧ 单击“下一步”,选择Internet接入方式。若通过调制解调器连接,选择“通过本地电话线连接(P)”,若通过局域网连接,选择“通过本地局域网(LAN)连接(L)”。

⑨ 单击“下一步”。若第⑧步选择了“通过本地局域网(LAN)连接(L)”,按“完成”结束设置;若第⑧步选择了“通过本地电话线连挂(P)”,则出现拨号连接设置窗口;若选择“使用现有的拨号连接(u)”后单击“完成”;若选择“创建新的拨号连接(c)”,则输入ISP的电话号码,单击“下一步”,输入“用户名(u)”和“密码(P)”,单击“下一步”,选择“否”,单击“下一步”,单击“完成”;结束设置。

【例6.20】

用word文档发送邮件。具体操作步骤如下:(保证在本电脑可以通过本人QQ发送邮件或启动outlook等可以发送邮件的前提下)

① 打开要发送邮件的word文档;

② 点击菜单“文件”→“发送”→“邮件收件人”,会出现图片情况;

③ 填入收件人邮件地址;

④ 点击“发送副本”以后就会将word文档发送给指定的收件人。

说明:

缺少“发送副本”按钮,是因为你没有在Microsoft Office Outlook 2003中配置电子邮件账户,所以Word不知道应该用什么账户通过何种邮件系统将文件发出。你可以通过如下操作解决问题:

Ⅰ. 运行Microsoft Office Outlook 2003,在菜单中选择“工具→电子邮件账户”。

Ⅱ. 在弹出的窗口中选择“添加新电子邮件账户”,然后按照提示一步步进行电子邮件账户的配置。

Ⅲ. 邮件账户配置成功之后,“发送副本”按钮就会出现了。

【例6.21】

1. 利用浏览器进行文件的上传/下载。

具体操作步骤如下:假设文件服务器IP地址是192.168.14.11,(帐号为a1,密码为123456)在浏览器地址栏输入:ftp://a1:123456@192.168.14.11或直接输入ftp://192.168.14.11并在对话框中输入用户名a1和密码123456。

下载:用鼠标将download目录下的文件拖动下载到桌面上。

上传:用鼠标将本地机器上的文件拖动到浏览器窗口中的upload目录下(注:不能拖到其

他目录，只能拖到 upload 目录，因为用户对 upload 目录才具有写的操作权限，这在 ftp 服务器上是预先设置好的)。

2. 利用 ftp 软件进行文件的上传与下载。

具体操作步骤如下：

① 打开“命令提示符”窗口，在提示符下输入以下命令：

② ftp，进入 ftp 状态。

③ help，显示 ftp 状态下可用的所有子命令，如图 6－35 所示。

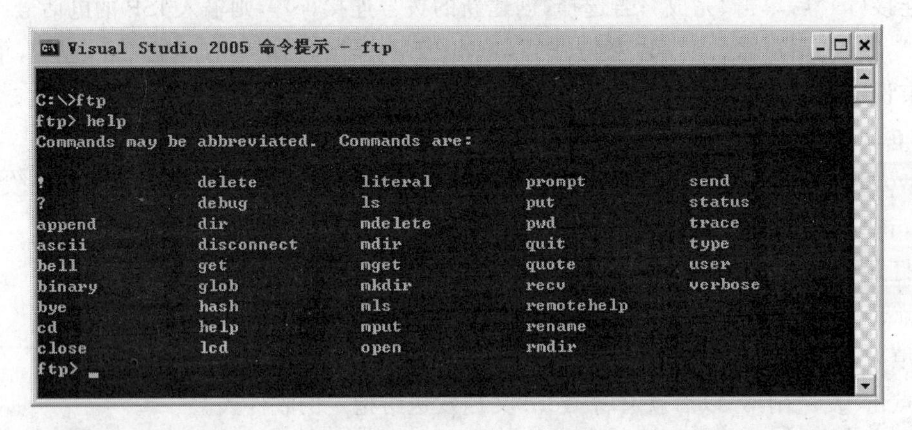

图 6－35 显示所有子命令

④ open 192.168.14.11，连接到 ftp 服务器(当中提示输入帐号与密码，可输入 a1 和 123456)，如图 6－36 所示。

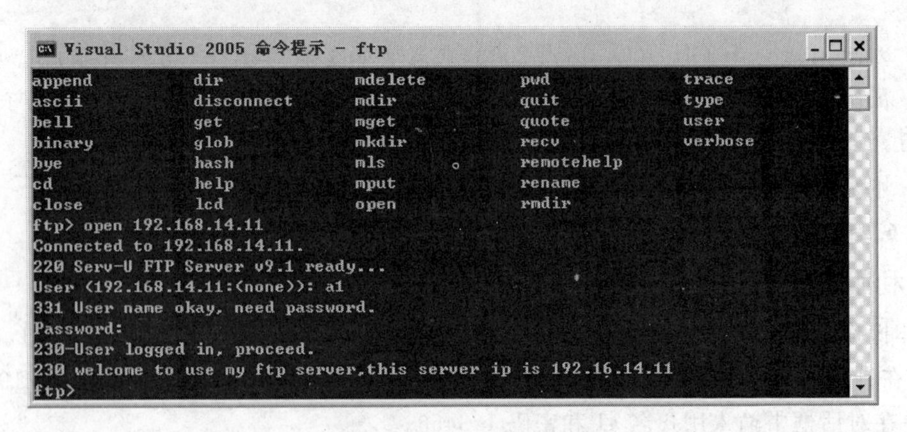

图 6－36 连接 ftp 服务器

⑤ dir：显示文件服务器上的内容。

⑥ cd:服务器上的某个目录,进入到文件服务器上的某个目录中,可用 cd 命令进入到各级子目录中。

⑦ lcd:客户机上的某个目录,在将服务器上的某个文件下载到客户机上时,需要预先设置好存放的位置,lcd 就起了这样的作用,如图 6 - 37 所示。

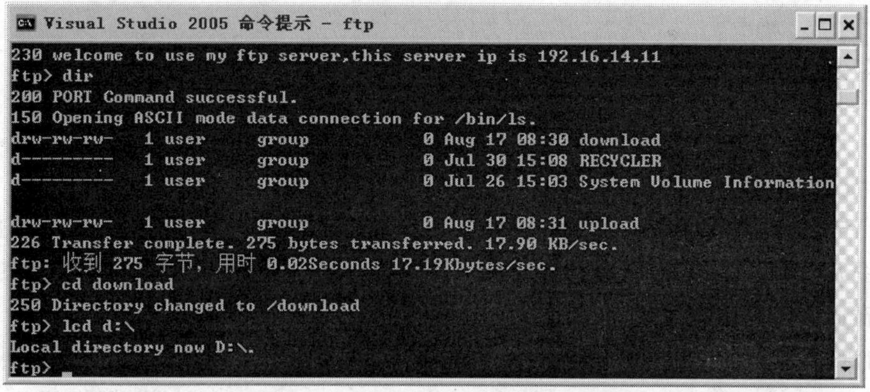

```
Visual Studio 2005 命令提示 - ftp
230 welcome to use my ftp server,this server ip is 192.16.14.11
ftp> dir
200 PORT Command successful.
150 Opening ASCII mode data connection for /bin/ls.
drw-rw-rw-   1 user     group           0 Aug 17 08:30 download
d---------   1 user     group           0 Jul 30 15:08 RECYCLER
d---------   1 user     group           0 Jul 26 15:03 System Volume Information

drw-rw-rw-   1 user     group           0 Aug 17 08:31 upload
226 Transfer complete. 275 bytes transferred. 17.90 KB/sec.
ftp: 收到 275 字节, 用时 0.02Seconds 17.19Kbytes/sec.
ftp> cd download
250 Directory changed to /download
ftp> lcd d:\
Local directory now D:\.
ftp>
```

图 6 - 37　设置下载文件的存放位置

⑧ get:下载服务器上的某个文件,将服务器上的某个文件下载下来。

⑨ put:上传客户机上的某个文件,将客户机上的某个文件上传到服务器上(这里,假设 d:上有一个需要上传的文件,名字为 0234569821. txt),如图 6 - 38 所示。

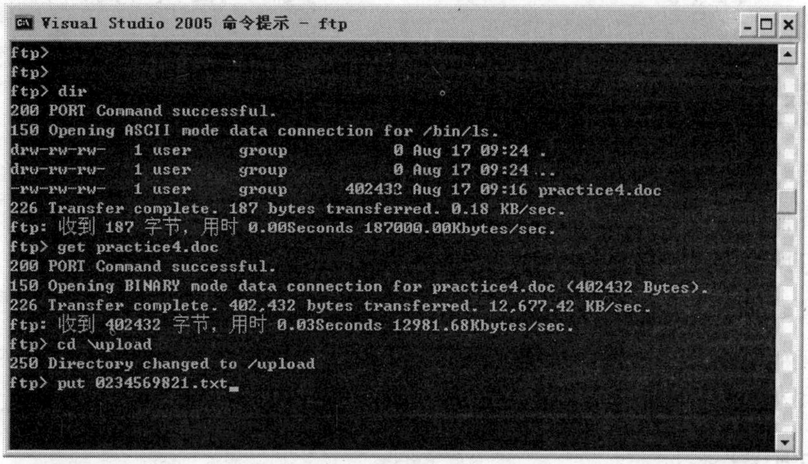

```
Visual Studio 2005 命令提示 - ftp
ftp>
ftp>
ftp> dir
200 PORT Command successful.
150 Opening ASCII mode data connection for /bin/ls.
drw-rw-rw-   1 user     group           0 Aug 17 09:24 .
drw-rw-rw-   1 user     group           0 Aug 17 09:24 ..
-rw-rw-rw-   1 user     group      402432 Aug 17 09:16 practice4.doc
226 Transfer complete. 187 bytes transferred. 0.18 KB/sec.
ftp: 收到 187 字节, 用时 0.00Seconds 187000.00Kbytes/sec.
ftp> get practice4.doc
200 PORT Command successful.
150 Opening BINARY mode data connection for practice4.doc (402432 Bytes).
226 Transfer complete. 402,432 bytes transferred. 12,677.42 KB/sec.
ftp: 收到 402432 字节, 用时 0.03Seconds 12981.68Kbytes/sec.
ftp> cd \upload
250 Directory changed to /upload
ftp> put 0234569821.txt
```

图 6 - 38　上传文件到服务器

⑩ dir:查看上传的文件。

⑪ close:关闭连接。

⑫ quit:退出 FTP。

第 7 章

网页制作 FrontPage 2003 实验

FrontPage 是常用的制作网页和网站的工具软件，它集显示、编辑网页 HTML 源代码，插入文本、图片、声音、动画、表单、超链接和使用数据库、脚本语言，管理和发布站点的工具为一体，可以在同一界面中完成设计、制作、发布、管理站点的工作。

学习本章的目的是使学生掌握 FrontPage 2003 网页制作的基本方法，并能够熟练运用所学知识进行简单网页的制作。主要内容包括使用 FrontPage 2003 制作简单网页及 FrontPage 2003 综合运用的实例等。

实验一　利用 FrontPage 2003 制作简单网页

一、实验目的

1. 熟悉 FrontPage 2003 的界面以及掌握 FrontPage 2003 的基本操作方法和技巧；
2. 掌握使用表格来格式化文本，布局网页元素；
3. 学习网页中图片的编辑方法，掌握图片的插入、编辑以及建立超链接；
4. 学会建立和使用框架网页；
5. 学会建立具有动态效果的网页；
6. 学会发布网站。

二、相关知识

1. 认识网页、网站和 HTML

所谓网页就是用户在浏览器上看到的内容，网站设计者把提供的内容和服务制作成许多网页，并通过组织规划让网页互相链接，然后把所有相关的文件都存放到一个 Web 服务器上。只要是连入 Internet 的用户都可以使用浏览器访问到这些信息。这样一个完整的结构就成为“网站”，也称“站点”。简单地说，网站就是由许多相关网页有机结合而组成的一个信息服务中心。在因特网上，信息是通过一个个网页呈现出来的。

网页实质上是一个用 HTML(XHTML)书写的文本文件。文本文件是一种以 ASCII 编码方式存储的文件，可在目前主流的任何操作系统上使用。在 Windows 系统中，我们可用附件提供的“记事本”程序来打开、查看或修改文本文件。HTML(Hyper Text Markup Language)是超文本标记语言的缩写，XHTML 是可扩展超文本标记语言，HTML 是用于描述网页文档的一种标记语言，HTML 之所以称为超文本标记语言，是因为文本中包含了所谓“超级链接”点。所谓超级链接，就是一种 URL 指针，通过激活(点击)它，可使浏览器方便地获取新的网页。这也是 HTML 获得广泛应用的最重要的原因之一。

HTML 与由指令序列组成的程序语言不同，HTML 在文本文当中嵌入一些控制字符或命令，经过 web 浏览器的识别和解释后，便可在屏幕上显示出修饰过的文字、图像，并能听到声音。

HTML 网页页面主体内容描述：

<html> 标记网页的开始

<head>标记头部的开始：头部元素描述，如文档标题等，还可以加入 css 与 javascript 的引入标签<script />与<link />

</head>标记头部的结束

<body>标记页面正文开始

页面实体部分

</body>标记正文结束

</html>标记该网页的结束

2. 网页制作工具

HTML 就是一种编制网页的超文本标识语言，但是用 HTML 来编制网页一方面需要记住大量的 HTML 语句，并了解相应的语法规则，另外，使用 HTML 编制网页也不直观，不能随时看到编制的效果。因此，人们常常使用专业的网页制作工具来编制网页，如 FrontPage。FrontPage 作为微软 office 办公套件之一，是一个“所见即所得”的网页制作工具。其优点可以概括为：友好的操作界面和“所见即所得”的工作方式；强大的模板和向导；轻松的建立站点。

3. 设计网页应当遵循的一般步骤

(1) 确定网站主题；

(2) 搜集材料；

(3) 规划站点；

(4) 选择合适的制作工具；

(5) 制作网页；

(6) 测试与发布；

(7) 网站宣传；

(8) 维护更新。

4. FrontPage 的视图

FrontPage 2003 为网站提供了 6 种视图用于从不同方面查看和修改网站结构和元素。对于单独的页面编辑，FrontPage 2003 中提供了 4 种视图模式，分别是设计视图、拆分视图、代码视图和预览视图。单击视图切换区中相应的按钮，可在这 4 种视图模式之间方便地进行切换。

(1) 设计视图：设计视图是网页视图中默认的视图方式，在这种视图方式下用户可以像在 Word 2003 中那样直接插入各种网页元素，并对其进行各种设计和编辑工作，页面的最终显示效果与在此视图中设计的效果是基本相同的。

(2) 代码视图：虽然 FrontPage 2003 中可以实现“所见即所得”的工作方式，但有时还是避免不了接触 HTML 代码。代码视图自动给出了设计视图下网页的 HTML 代码，且为了便于区分代码标注、属性名称注释或者脚本等，代码视图使用不同颜色来显示代码。

在代码视图中可以显示当前网页的 HTML 源文件，它可以将用户在设计视图中执行的操作自动转化为 HTML 代码。在该视图方式下，还提供了查看、编写和编辑 HTML 标识的功能，用户可以通过 FrontPage 2003 中的优化代码功能，创建简单的 HTML 代码，并且还可以方便地删除不需要的代码。

(3) 拆分视图：在拆分视图中可以方便、直观地看到用户自己编写的代码在网页中的效果。拆分视图将工作模式分成两部分，一部分是 HTML 程序代码，另一部分是网页的编辑区域，这种格式可以使用户能够同时浏览“代码”视图和“设计”视图。该模式结合了设计视图和代码视图的优点。

(4) 预览视图：虽然设计视图已经显示了页面大体效果，但一些页面元素的显示是受限制的，如动画无法自动播放，一些脚本代码无法执行等。预览视图是为了在制作网页的过程中能随时查看网页的实际效果而设计的，它其实是一个简单的 Web 浏览器。预览视图有一定的限制性，一些高级功能，如脚本代码等无法在“预览”视图中显示出真正的效果。因此，FrontPage 2003 还在“文件”菜单中提供了“在浏览器中预览”的命令用于让用户检查网页在提交之前的效果，如果用户对预览的效果不满意，可以随时更改。

(5) 框架网页

框架网页是一种特殊形式的网页，它把浏览器窗口分割成不同的区域，各区域间可以通过

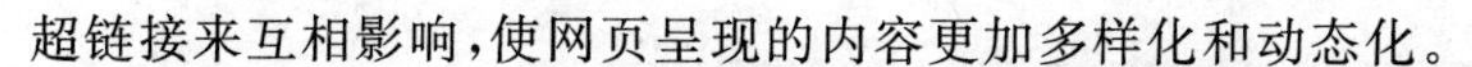

超链接来互相影响,使网页呈现的内容更加多样化和动态化。

框架网页为在有限空间进行内容切换提供了便利。框架网页除了本身作为一个页面文件之外,每个框架都是一个单独的页面文件,可以进行单独的定制,拥有自己单独的属性。框架网页的保存包括了本身的保存和每个单独页面的保存,框架网页的框架栏可以改变粗细,也可以隐藏,既可以通过它改变每个框架的大小,也可以固定每个框架的大小。

三、实验示例

【例 7.1】 HTML 文件的简单示例。

① 打开记事本:点击“开始”→选择“程序”→选择“附件”→选择“记事本”。

② 输入下面代码:

```
<html>
    <head>
        <title> 体验 HTML</title>
    </head>
    <body>
        <p>这是我的第一个网页,在这里
            <a href="http://www.hebut.edu.cn/">
                欢迎来到河北工业大学!
            </a>
        </p>
    </body>
</html>
```

③ 点击“文件”→选择“保存”→选择文件类型为“所有文件”→文件名输入“hebut.html”并选择文件保存地址。(记住一定要把文件的后缀存为.html 或.htm,否则网页无法显示。)

④ 双击打开这个文件;或者打开浏览器,选择“文件”菜单中的“打开”命令,在打开对话框中找到该文件并打开它;或者在浏览器的“地址”栏处输入“file:\<目录>\<文件名>”,此时在浏览器中将显示如图 7-1 所示的内容。

说明:

Ⅰ. HTML 文件就是一个文本文件。文本文件的后缀名是.txt,而 HTML 的后缀名是.html。

Ⅱ. HTML 文档中,第一个标签是<html>。这个标签告诉浏览器这是 HTML 文档的开始。

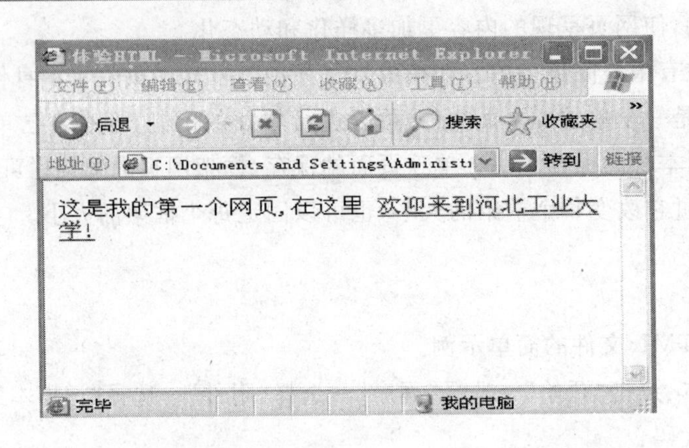

图 7-1

Ⅲ. HTML文档的最后一个标签是</html>,这个标签告诉浏览器这是HTML文档的终止。

Ⅳ. 在<head>和</head>标签之间的文本是头信息。在浏览器窗口中,头信息是不被显示在页面上的。

Ⅴ. 在<title>和</title>标签之间的文本是文档标题,它被显示在浏览器窗口的标题栏。

Ⅵ. 在<body>和</body>标签之间的文本是正文,会被显示在浏览器中。

Ⅶ. 在<p>和</p>标签代表段落。

Ⅷ. <a>和</a>定义了一个超链接,用户只要点击了“欢迎光临河北工业大学”,就可以链接到http://www.hebut.edu.cn/网站。

【例7.2】 查看网页的源代码。

用IE浏览器查看源代码的具体操作步骤如下:

① 打开浏览器,输入一个网址,待页面全部打开。在页面的空白处点击鼠标右键,点击在菜单中的“查看源文件”选项,然后会弹出一个文本文档,这时你会看到html代码,这就是这个页面的源文件了。

② 有些页面禁止在网页中点击右键,这时候可以点击浏览器菜单栏里的“查看”,里面有“源文件”选项,效果和右键查看源代码相同。

③ 如果以上两种方法都不行,则可先把页面保存,点击浏览器菜单栏里文件--另存为,存好了之后再拿记事本之类的软件打开就行了。

【例7.3】 FrontPage2003的启动方式。

① 双击桌面上的FrontPage 2003快捷方式图标,即可启动FrontPage 2003。

② 单击“开始”按钮,然后在弹出的“开始”下拉菜单中选择“所有程序”→“Microsoft Office”→“Microsoft Office FrontPage 2003”命令，即可启动 FrontPage 2003。

③ 任意打开一个网站，选择“文件”菜单中的“保存”命令，将网页保存到本地的硬盘上(当然可以直接放置到桌面上)如图，右键点击所保存的文件，在弹出的快捷菜单中选择“编辑”命令，则系统自动启动 FrontPage 2003 程序，并打开该页面进入编辑状态。

【例 7.4】 认识 FrontPage2003 的界面。

FrontPage2003 的主界面包含以下 4 个主要部分：菜单栏、工具栏、视图栏和主编辑区。

在 Windows 中，点击开始菜单→“程序”→“Microsoft FrontPage 2003”，启动 FrontPage 2003。这时会看到 FrontPage 2003 的操作界面，如图 7-2 所示。

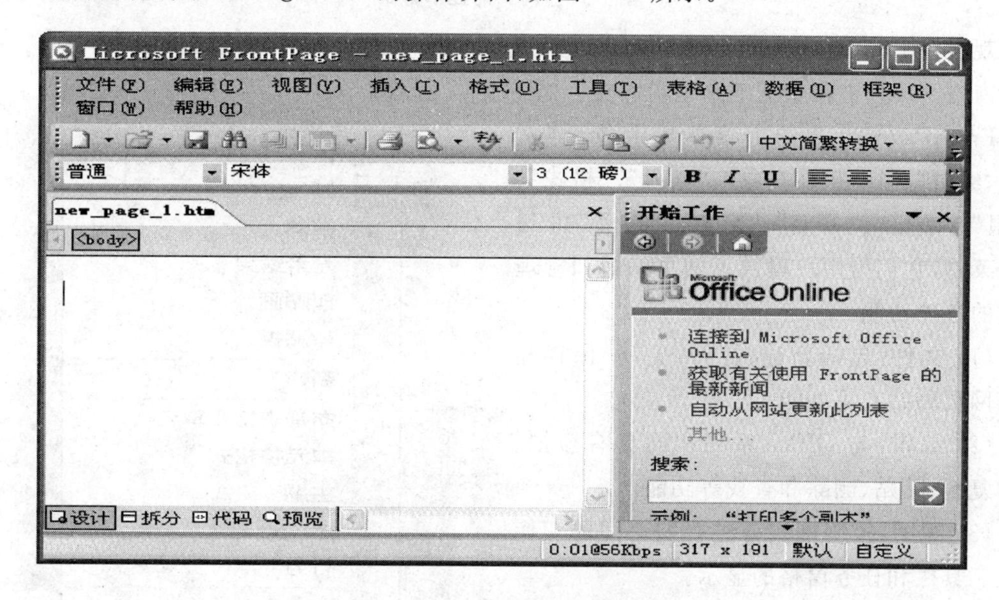

图 7-2　FrontPage 2003 的操作界面

图 7-3 显示了 FrontPage 2003 的菜单栏，浏览各个菜单包括的菜单项。

文件(F)　编辑(E)　视图(V)　插入(I)　格式(O)　工具(T)　表格(A)　数据(D)　框架(R)　窗口(W)　帮助(H)

图 7-3　FrontPage 2003 的菜单项

图 7-4 显示了 FrontPage 2003 常用工具栏中的各种按钮。

中文简繁转换

图 7-4　FrontPage 2003 的各种按钮

图 7-5 显示了 FrontPage 2003 格式工具栏中的各种工具。

图 7－5　FrontPage 2003 的各种工具

观察主编辑区，注意编辑区的左下方有四个选项卡，如图 7－6 所示，可以用于选择网页的显示方式。

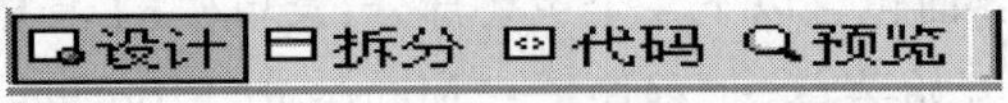

图 7－6　网页的显示方式

观察在 FrontPage 主界面右边有一“任务窗格”窗口，其中包括“开始工作”，“帮助”等多个任务窗格。可以方便快捷地来编辑网页。如图 7－7 所示。

FrontPage 2003 的主菜单栏中包括“文件”、“编辑”、“视图”、“查看”、“插入”、“格式”、“工具”、“表格”、“框架”、“窗口”、“帮助”共 11 个子菜单，它们为用户提供了网页编辑和管理网站的各种功能：

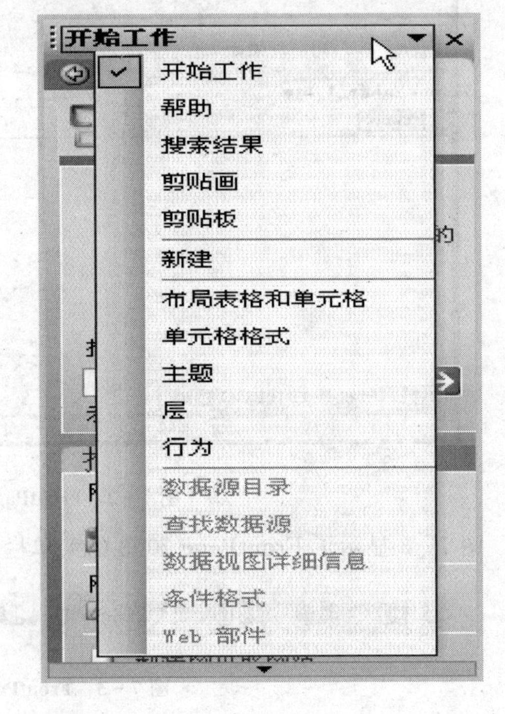

图 7－7　任务窗格

(1) 文件：包括新建、打开、关闭、保存和预览网页和站点等功能。

(2) 编辑：与 Office 系列相同具有撤销、剪切复制、粘贴、删除和查找等功能。

(3) 视图：控制网页各种视图之间的切换以及工具栏和任务窗格的显示。

(4) 查看：包括选择视图栏中的各种视图方式以及显示各种工具栏按钮的功能。

(5) 插入：既可以插入换行符、水平线、表单、图片和超链接等网页元素，也可以插入各种 Office 组件和对象。

(6) 格式：可以设置字体、边框、网页样式和背景图片。

(7) 工具：包括设置 FrontPage 工具栏、选项以及网页选项和加载宏等功能。

(8) 表格：主要包括在网页中插入表格以及设置表格、单元格属性。

(9) 框架：主要包括对框架的删除和拆分以及设置框架属性等功能。

(10) 窗口：在各个网页窗口之间切换。

(11) 帮助:包括 FrontPage2003 的帮助文档。

【例 7.5】 认识 FrontPage 2003 编辑状态下的不同视图。

具体操作步骤如下:

① 用上文中的任何一种启动方式启动 FrontPage 2003 程序进入编辑状态;

② 因为打开的页面和站点并没有联系起来,所以 6 种站点视图自动隐藏。FrontPage 的编辑状态默认显示为设计视图;

③ 在网页设计的过程中,FrontPage2003 自动进行从页面到 HTML 代码的转换工作,如果用户新建网页,虽然在普通视图中页面没有任何内容,但 FrontPage 已经为其填充了必要的 HTML 代码;

④ 预览视图为观察网页最终显示结果提供了捷径,对于简单的网页,可直接切换到该视图下观察结果。

【例 7.6】 利用 FrontPage 2003 创建并简单编辑一个网页。

① 使用菜单"文件"→"新建",在弹出的"新建"任务窗格中选择"空白网页",这时就创建了一个空白网页,并在编辑区输入一段文字:"Hello, world!",如图 7-8 所示。

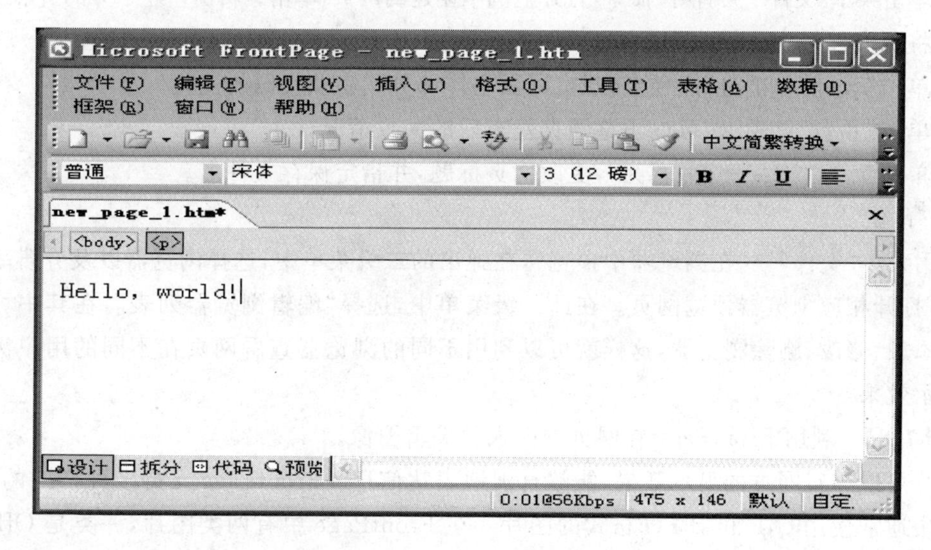

图 7-8 输入文字

② 使用菜单"文件"→"保存",选择网页文件保存的位置,然后单击"更改标题"按钮,在弹出的"设置网页标题"对话框中输入新的网页标题文字(任何自定),单击"确定"按钮,如图 7-9 所示。

③ 在"另存为"对话框中,输入新的文件名,选择保存类型,一般为"网页"。单击"保存"按钮,即可完成文件保存。

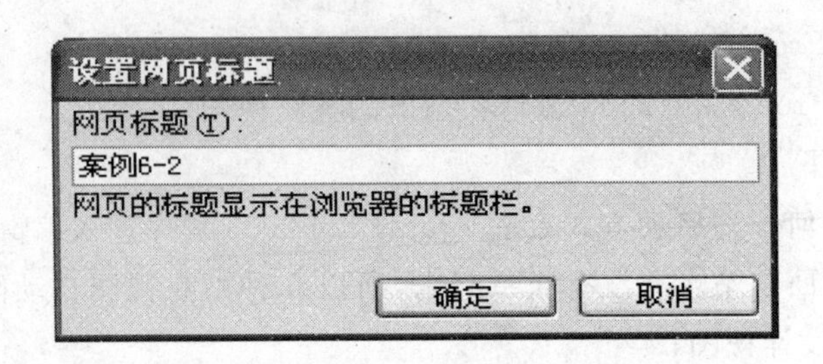

图 7-9 "设置网页标题"对话框

【例 7.7】 查看、编辑源文件以及预览网页。

文本是网页中必不可少的内容。在 FrontPage 2003 中，对文本进行编辑的基本操作，如输入、复制、粘贴和删除文本等与对 Word 文本的操作基本相同，不再赘述。在 FrontPage 中，可以更改字体、大小、样式、颜色、段落间距和文本的垂直位置，以及添加下划线等，可以控制段落间距和缩进，添加项目符号和编号以及设置对齐方式。

(1) 查看和编辑。

① 单击菜单"文件"→"打开"命令，打开上例中创建的网页，单击编辑窗口左下方的"代码"。

② 将源文件第十一行改为：<p>Welcome to tianjin！</p>

③ 单击"设计"，"拆分"选项卡，观察网页主体部分文字及代码的变化。

④ 单击"预览"选项卡，可以预览网页发布后的大致情况。

⑤ 单击菜单"文件"→"另存为"，更改网页标题，并指定保存文件名。

(2) 预览。

使用菜单"文件"→"在浏览器中预览"，在弹出的二级菜单中，选择浏览器以及分辨率等参数，即可打开相应浏览器预览网页。在此二级菜单中，选择"编辑浏览器列表"，在其中可以根据需要添加、修改、删除浏览器，这样就可以利用不同的浏览器查看网页在不同的用户浏览器中的显示效果。

【例 7.8】 利用 FrontPage 在网页中插入并编辑图像。

图片可以丰富网页的显示效果，能够直观地表达信息。FrontPage 支持多种格式的图片，在网页中通常使用 GIF 和 JPEG 格式的图片。在 FrontPage 中有两类图片，一类是 Office 剪贴画，另一类是以文件形式保存的图片。本例仅对图片文件的插入做一说明。

(1) 运行 FrontPage，新建一个空白网页。

将光标定位在要插入图片的地方，使用菜单"插入"→"图片"→"来自文件"，从打开的"图片"对话框中选择图像文件，如 12.jpg。单击"确定"按钮，则在网页中插入了选定的图片。

(2) 插入并编辑图像。

选中插入的图片，单击鼠标右健，选择"编辑图片"命令，出现"图像属性"对话框，如

图 7-10所示。在“外观”选项卡中,选择对齐方式为“右对齐”,设定“编框粗细”为 1。选中“指定大小”,设定宽度为“200”像素,选中“保持纵横比”,单击“确定”按钮,并观察效果。

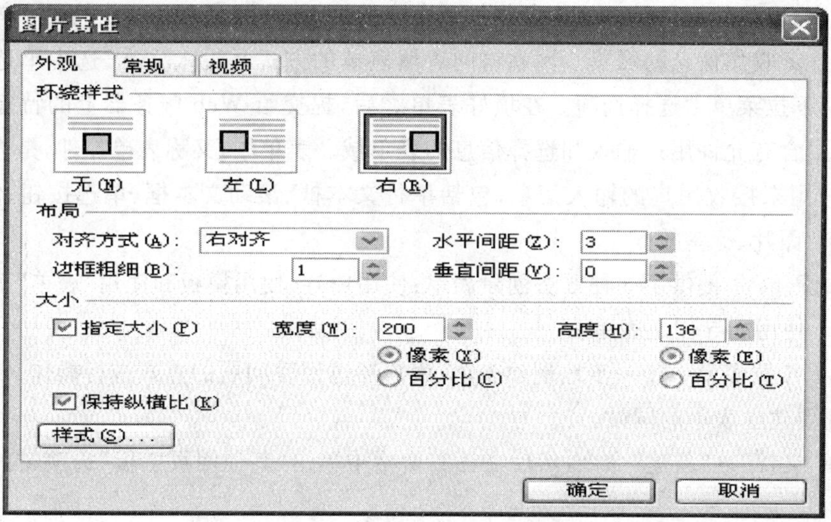

图 7-10 “图像属性”对话框

【例 7.9】 表格的基本操作。

在 FrontPage 中,插入表格有如下 3 种方式:

(1) 使用“常用”工具栏中的“插入表格”按钮。

在网页设计视图模式下,将光标移至要插入表格的地方,单击“常用”工具栏中的“插入表格”按钮,然后向下向右拖动,直到所需要的行数与列数显示出来。

(2) 选择“表格”→“插入”→“表格”命令。

在网页设计视图模式下,将光标移至要插入表格的地方,选择“表格”→“插入”→“表格”命令,然后在“插入表格”对话框中设置表格的行数、列数、对齐方式等属性,最后,单击“确定”按钮完成表格创建。

(3) 绘制表格。

绘制表格可以创建不规则的行与列。在网页设计视图模式下,选择“表格”→“绘制表格”命令,打开“表格”工具栏,并且“绘制表格”按钮已经被选取了,然后,在网页上使用鼠标从表格的左上角向右下角拖动,以绘制表格的外边框,使用水平和垂直线绘制表格中的单元格。完成绘制表格后,单击“表格”工具栏上的“绘制表格”按钮,以使此按钮不再被选取。若要删除不想要的表格线,单击“表格”工具栏上的“清除”按钮,用鼠标按住并拖动通过不要的线段,当此线段变为红色时放开鼠标。

【例 7.10】 创建表单和表单属性的设置。

(1) 创建表单。

在网页中,表单是一种重要的信息收集和交流的工具,是网页交互功能的集中体现。表单是网站的设计者收集信息的域集。网站访问者填表单的方式是输入文本、选中单选按钮与复选框,以及从下拉菜单中选择选项。在填好表单之后,提交给 Web 服务器上的特定程序进行处理。表单中含有允许用户输入和选择信息的表单域。表单域,又称表单控件,是表单上的基本组成元素,用来接收用户的输入信息,包括单行文本框、滚动文本框、单选按钮、复选框、按钮、下拉菜单、图片、标签等。

在 FrontPage 中提供了 3 种方法创建表单:使用向导、使用模板和使用“表单”菜单命令。

方法一:使用向导创建表单。

向导可以按照提示一步一步地创建表单,用户通过回答问题的方式进行操作。

① 打开要建立表单的网站。

② 选择“文件”→“新建”命令,然后在任务窗格中单击“其他网页模板”选项,打开“网页模板”对话框。

③ 在“网页模板”对话框中的“常规”选项卡下,单击“表单网页向导”按钮,然后单击“确定”按钮。表单网页向导将会自动打开,可以按照屏幕上的指示来完成表单。

方法二:使用模板创建表单。

FrontPage 提供了生成表单的模板,如意见簿、意见反馈表单、用户注册表等,可以快速创建表单。下面介绍“用户注册”表单的创建。

① 打开要建立表单的网站。

② 选择“文件”→“新建”命令,然后在任务窗格中单击“其他网页模板”选项,打开“网页模板”对话框。

③ 在“网页模板”对话框中的“常规”选项卡上,单击“用户注册表”模板,然后单击“确定”按钮。

④ FrontPage 会创建一份用户注册表单,并为它分配注册表单处理程序。

方法三:使用“表单”菜单命令创建表单。

① 在网页设计视图模式下,将光标定位到要插入表单的位置。

② 选择“插入”→“表单”。FrontPage 将在当前位置插入一个只包含“提交”和“重置”两个按钮的表单。

③ 将插入点定位到表单中要插入表单控件的位置。

④ 选择“插入”→“表单”命令,单击相应的表单控件。

(2) 设置表单控件的属性。

表单控件插入之后，可以对表单控件的属性进行设置，使之符合用户的要求。下面以设置单行文本框的属性为例。双击表单中的单行文本框，或选中单行文本框，按 Alt＋Enter 组合键，将打开“文本框属性”对话框，如图 7-11 所示。

文本框属性
名称(N): T1
初始值(A):
宽度(W): 20　Tab 键次序(T):
密码域: 是(Y)　否(O)
样式(S)...　验证有效性(V)...　确定　取消

图 7-11　表单控件“文本框属性”对话框

将表单保存为文件是处理表单结果最常用的一种方式，而且文件可以有多种格式。

① 在表单中单击鼠标右键，然后在快捷菜单中选择“表单属性”命令，打开“表单属性”对话框，如图 7-12 所示。

② 在“表单属性”对话框中的“将结果保存到”选项组选中“发送到”单选项，在“文件名称”文本框中将显示默认的文件名。用户可以直接在“文件名称”文本框中输入新的文件名和路径，或单击“浏览”按钮来查找文件。如果使用电子邮件传送表单结果，在“电子邮件地址” 框内，输入要传送表单结果的电子邮件地址。

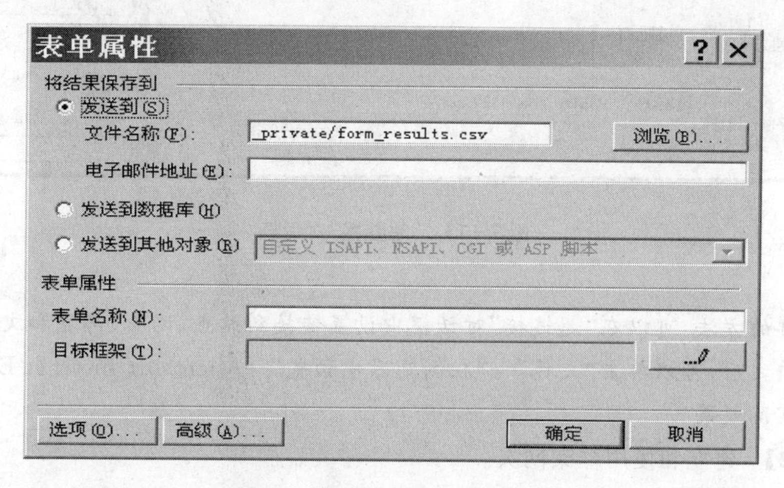

图 7-12　“表单属性”对话框

③ 如果要进一步设置表单结果的属性，单击“选项”按钮，在打开的“保存表单结果”对话框中，选择“文件结果”选项卡可以设置保存文件结果的文件名和路径、文件格式等；选择“电子邮件结果”选项卡可以设置电子邮件结果的电子邮件地址、电子邮件格式、主题行等属性；选择“确认网页”选项卡可以设置确认表单域的网页的属性；选择“保存的域”选项卡可以设置要保存的信息。

④ 单击“确定”按钮。

【例 7.11】 建立和编辑超链接。

① 在网页设计视图模式下选中要将其用作超链接的文本或图片。

② 选择“插入”→“超链接”命令，或者单击“常用”工具栏中的“超链接”按钮，打开“插入超链接”对话框，如图 7-13 所示。

③ 在“插入超链接”对话框中的文件列表框中浏览目标网页或文件所在的网站，然后选择该网页或文件。

④ 单击“确定”按钮。

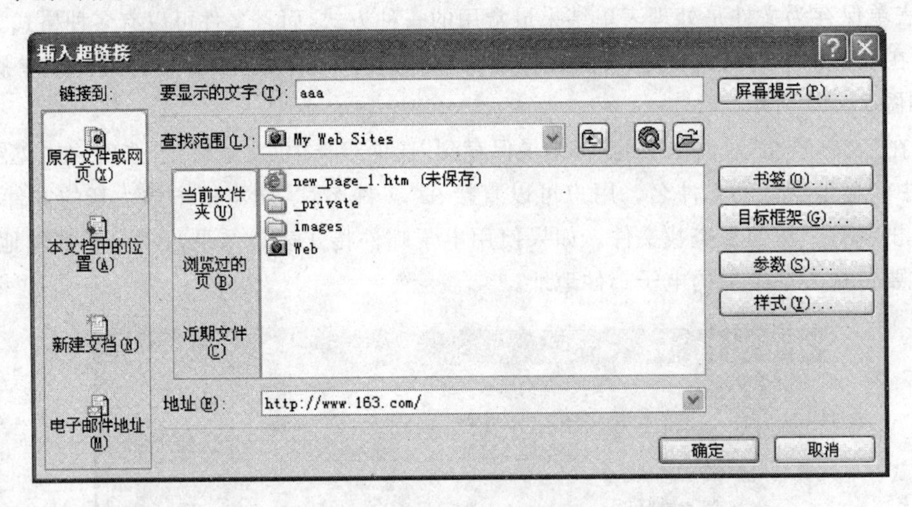

图 7-13 “超链接”对话框

说明：

按照同样的方法，可以在“超链接”对话框中设置链接到站点、网页、邮箱和文件的超链接。在设置超链接之后，可以单击“文件”→“在浏览器中预览”→Microsoft Internet Explorer 6.0，查看链接的实际效果。

【例 7.12】 建立和使用框架网页。

(1) 创建框架网页。

框架网页是一种特殊的网页，用来将浏览器视窗分割成不同的区域，这些区域称为框架，每一个框架可以显示不同的网页。可以为网页中的超链接指定目标框架，当单击超链接时目标网页将显示在目标框架中。框架网页有助于合理地组织网站的结构，提供了方便和友好的网页界面。使用框架，首先要创建框架网页，然后在框架中加入网页。具体操作步骤如下：

① 选择"文件"→"新建"命令，然后在任务窗格中单击"其他网页模板"选项，打开"网页模板"对话框。

② 在"网页模板"对话框中，选择"框架网页"选项卡。在"框架网页"的列表框中列出了框架网页模板。单击一个框架网页模板，在预览框中显示了该模板的外观。

③ 单击"确定"按钮，则创建了一个新的框架网页，如图 7-14 所示。

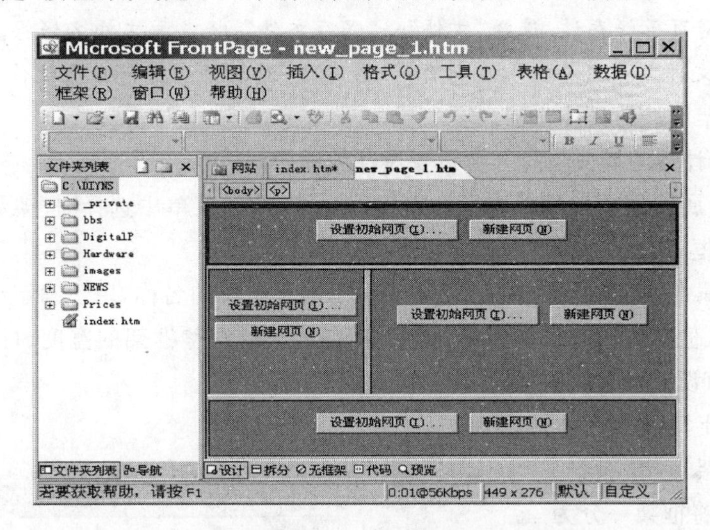

图 7-14 框架网页

④ 在新生成的框架网页中，每个框架窗口都有"设置初始网页"、"新建网页"按钮。如果指定一个已存在的网页作为初始网页，则单击"设置初始网页"按钮。在打开的"插入超链接"对话框中，从网页列表中选择一个网页，或单击"浏览 Web"按钮来选择网页和文件。如果没有为每个框架创建网页，可以单击"新建网页"按钮，在框架中将出现一个空白网页，然后编辑该网页。

(2) 保存框架网页的步骤。

在保存框架网页时，不仅需要将整个框架网页文件保存起来，还需要将各个框架中的网页保存起来。

① 在网页设计视图模式下，单击要保存的框架网页，然后选择"文件"→"保存文件"命令，或者单击"常用"工具栏上的"保存文件"按钮。

② 在打开的"另存为"对话框中，会出现框架网页布局的缩略图。当前要保存的框架部分

将以深蓝色框来突出显示。若突出显示的是框架网页的全部外框，则保存的是框架网页本身。若突出显示的是单个框架，则保存的是框架所显示的网页。

③ 在“文件名”框中，为突出显示的框架网页输入或选择一个文件名称。若要更改网页标题，单击“更改标题”按钮，然后在“设置网页标题”对话框中输入新的网页标题。

④ 单击“保存”按钮。

说明：

Ⅰ. 保存一个框架的网页之后，FrontPage 会对每一个尚未保存的新网页或框架网页重复进行此操作，直到全部网页和框架网页都保存为止。

Ⅱ. 若框架网页已保存过，选择“文件”→“保存文件”，将以原文件名保存。若对框架网页换名保存，选择“文件”→“另存为”，在打开的“另存为”对话框中进行如上操作。

(3) 设置框架属性的具体步骤。

① 在网页设计视图模式下打开要设置属性的框架网页。

② 在要设置属性的框架中单击鼠标右键，然后在快捷菜单中选择“框架属性”命令，打开“框架属性”对话框，如图 7－15 所示。

③ 在“框架属性”对话框中的“名称”框中显示的是框架的名称，用于确定超链接的目标框架，通常采用默认值即可；在“框架大小”选项组中，输入或调整框架的宽度、行高；在“边距”选项组中，以像素值设置框架边距的“宽度”和“高度”。

④ 单击“确定”按钮。

(4) 拆分框架。

拆分框架是将框架一分为二。一种是行拆分，将一个框架分成两行；另一种是列拆分，将一个框架分成两列。

① 在网页设计视图模式下，打开要修改的框架网页。

② 选择“框架”→“拆分框架”命令，打开“拆分框架”对话框。

③ 在“拆分框架”对话框中，选择“拆分为列”或“拆分为行”选项。

④ 单击“确定”按钮。

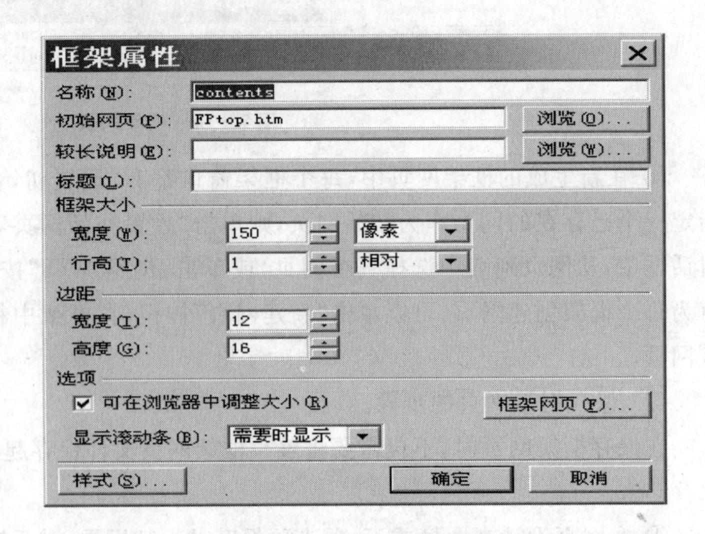

图 7－15　“框架属性”对话框

(5) 删除框架。

删除操作仅删除了框架网页中的框架，而不是在框架中显示的网页，删除框架后的空间由邻近的框架使用。

① 在网页设计视图模式下，打开要修改的框架网页。

② 单击要删除的框架。

③ 选择“框架”→“删除框架”命令。

【例 7.13】 制作具有动态效果的网页。

(1) 设置文本和图片动态效果。

动态网页是指具有动态效果的网页，网页元素以动画的形式出现，可增加网页的吸引力。动态效果必须由某个事件触发，触发事件有“网页加载”、“单击”、“双击”、“鼠标悬停”等4种类型。“网页加载”是指在打开网页时动态效果发生，“单击”是指对文本或图片单击时动态效果发生，“双击”是指对文本或图片双击时动态效果发生，“鼠标悬停”是指当鼠标经过文本或图片时动态效果发生。动态效果具有多种形式，如从底部弹起、从左侧飞入等。具体操作步骤如下：

① 在网页中选择要设置动态效果的文本或图片。

② 选择“视图”→“工具栏”→“DHTML 效果”，将弹出“DHTML 效果”工具栏，如图 7-16(a)所示。

③ 在弹出的“DHTML 效果”工具栏中，单击在框右侧的下拉列表框中选择触发事件“单击”；单击“应用”框右侧的下拉列表框中选择动画效果，“飞出”表示对网页元素应用动画，“格式”表示应用动画来更改网页字体，“交换图片”表示对图片应用动画并交换图片，如图 7-16(b)所示。

④ 将网页切换到“预览”模式，观察所设置的动态效果。

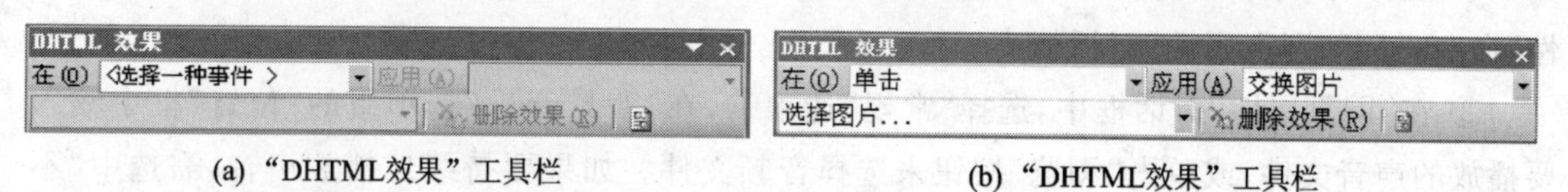

(a) “DHTML效果”工具栏　　(b) “DHTML效果”工具栏

图 7-16 “DHTML 效果”工具栏

(2) 设置滚动字幕。

具体操作步骤如下：

① 在打开的网页中，将光标定位到要插入滚动字幕的位置，或选中要在字幕中显示的文本。

② 选择“插入”→“Web 组件”命令，在弹出的“插入 Web 组件”对话框中，选择“动态效果”

类型，选择“字幕”动态效果，弹出“字幕属性”对话框，如图7-17所示。

③ 在“字幕属性”对话框中的“文本”框内输入或修改要显示在字幕上的文本；在“方向”选项组中指定字幕上文本移动的方向；在“速度”选项组中的“延迟”框内以毫秒为单位选择或输入在字幕开始移动前的延迟时间，在“数量”框内以像素为单位选择或输入字幕文本移动的增量。最后，单击“确定”按钮。

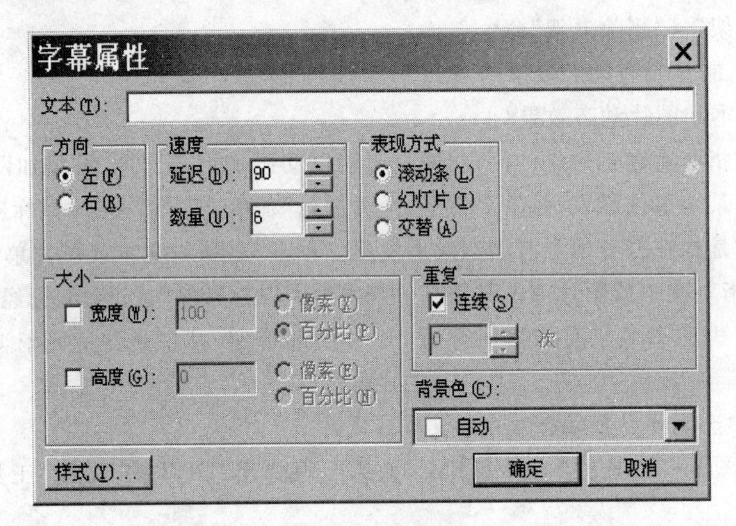

图7-17 “字幕属性”对话框

(3) 在网页中添加背景音乐。

具体操作步骤如下：

① 打开要添加背景音乐的网页。

② 选择“文件”→“属性”命令，或在网页上单击鼠标右键，然后选择快捷菜单中的“网页属性”命令，打开“网页属性”对话框。

③ 在“网页属性”对话框中，选择“常规”选项卡，在“背景音乐”选项组的“位置”框中输入要播放的声音文件，或单击“浏览”按钮来选择音频文件。如果要持续地播放声音，需选中“不限次数”复选框。如果声音只播放固定次数，在“循环次数”框中输入要播放的声音次数。

④ 单击“确定”按钮。

(4) 在网页中添加视频动画。

具体操作步骤如下：

① 在网页设计视图模式下，将光标定位到要插入视频的位置。

② 选择“插入”→“图片”→“Flash 影片”，打开“选择文件”对话框，或选择“视频”命令，打开“视频”对话框。

③ 在“选择文件”对话框中，选择 Flash 文件；或在“视频”对话框中，选择要插入的视频文件。最后，单击“确定”按钮。

【例 7.14】 网站的发布。

(1) 发布前的准备。

网站制作完毕，可以将其发布到 Internet 服务器上。只有存放在 Internet 服务器上的网页，才能供网上用户访问。发布网站实际上是将 Web 文件从当前位置复制到 Internet 服务器上的过程。

首先，在发布网站之前，应该在 Web 浏览器上进行预览并且浏览网站，检查所有文件的状态，检查断开的超链接、确认网页的外观、测试网站的各项操作能否正常工作。

其次，要将网站发布到 Internet 网上，还需要一个 Internet 服务提供者 ISP（Internet Service Provider）。ISP 为网站提供存储空间，必要时还需要提供 Web 服务器的地址、分配给用户登录 Web 服务器的用户名称和密码。在网站发布之前，需要向 ISP 申请建立网站。ISP 将提供以下信息：Web 服务器的地址，网站的 IP 地址（只有独立的网站才能提供 IP 地址），用户名及密码。

最后，有一些网站提供免费的主页服务，用户需要登录到提供免费主页服务的网站上，单击提供免费服务的链接，然后按照向导操作即可。

(2) 标记要发布的网页。

在默认情况下，发布网站时，FrontPage 将把所有的文件标记为发布，并将它们发布到 Web 服务器上。如果有些文件暂时不需要发布，可以将其标记为不发布。在“本地网站”窗格中，用鼠标右键单击不想发布的文件，再选择快捷菜单上的“不发布”命令；还可以在“网页属性”对话框的“工作组”选项卡中，选中“发布网站的其余部分时不包含此文件”复选框。如果要发布该文件时，可以将它的状态更改为发布。

(3) 设置远程网站属性。

打开要发布的网站，选择“视图”→“远程网站”→“远程网站属性”命令，或选择“文件”→“发布网站”命令，弹出“远程网站属性”对话框，如图 7－18 所示。

在弹出的“远程网站属性”对话框中，选择“远程网站”选项卡。在远程 Web 服务器类型中，选择要发布到的网站类型。在“远程网站位置”框中，输入或选择网站服务器的 URL，或单击“浏览”按钮查找发布位置。如果使用 HTTP 发布网站，在“远程网站位置”框中输入 http://www…。如果使用 FTP 发布网站，在“远程网站位置”框中输入“ftp://ftp…”。在“远程网站属性”对话框中，选择“发布”选项卡。如果需要将当前网站中的子网站发布到 Web 服务器上，需要选中“包含子网站”复选框。如果要更新 Web 网站服务器上的文件，需要选中“只发布更改过的网页”复选框。

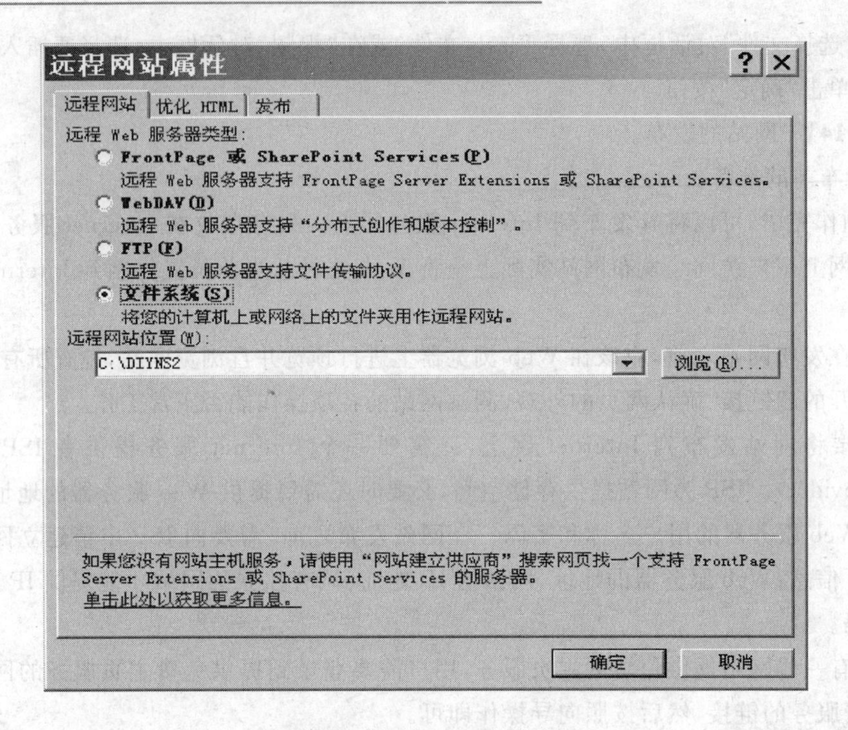

图 7-18 “远程网站属性”对话框

(4) 发布网站。

单击状态框的“发布网站”按钮，开始发布网站。如果使用 FTP 发布网站，会出现要求输入用户名和密码的对话框。

(5) 网站发布结束，返回发布结果。

单击“查看您的远程网站”按钮，将自动打开浏览器访问 Web 服务器上的网站。

实验二 利用 FrontPage 2003 的典型实例

一、实验目的

1. 掌握 FrontPage 2003 典型实例的操作方法；
2. 熟悉 FrontPage 2003 操作中各种综合应用的操作技巧。

二、相关知识

将用到框架网页的创建、制作框架内容、保存框架网页、设置目标链接、层等知识。

交互式按钮在网页中可以使网页更具动感，当鼠标停在交互式按钮上面的时候，会产生多种效果，如可以使按钮凸出，也可以使按钮产生图像变化，这更加丰富了网页的动态特性。

三、实验示例

【例 7.15】 制作简单的 BBS 讨论网站。

BBS 讨论网站为广大的上网用户带来了电子版的讨论区，大家可以在讨论网站中讨论各种话题，可以发表自己的看法，可以浏览别人的观点。

网页中使用向导建立讨论网站的方法建立一个 BBS 讨论网站，并对网站进行一些设置。

(1) 使用向导建立讨论网站。

① 打开 FrontPage2003，执行“文件”→“新建”，打开“新建”任务窗格，单击其中的“其他网站模板”，打开“网站模板”对话框，如图 7 - 19 所示。

② 在这个对话框中，选择“讨论网站向导”，单击“确定”。此时弹出一个“讨论网站向导”对话框，如图 7 - 20 所示。图片下面显示的是进度条，显示网站创建的进程，右边写了一些说明，单击“下一步”。

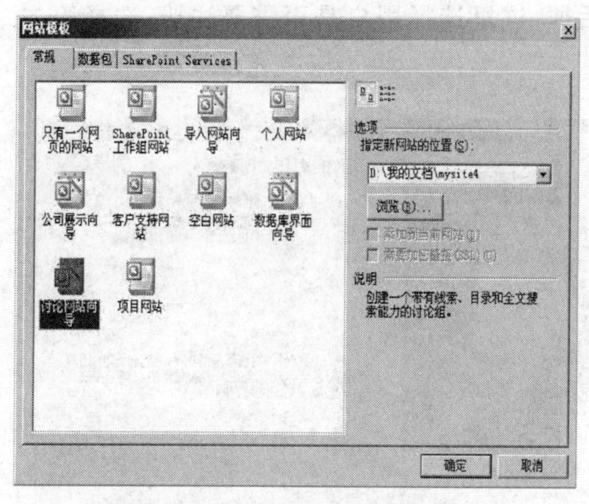

图 7 - 19 “网站模板”对话框

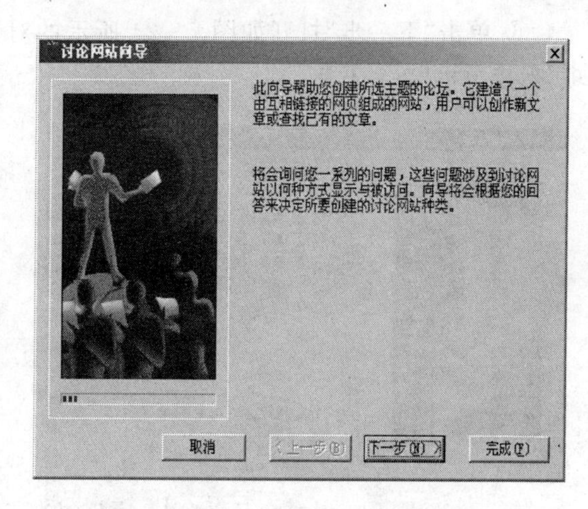

图 7 - 20 “讨论网站向导”对话框

③ 此时弹出如图 7 - 21 所示的对话框，这里用户可以选择想在网站中包含的功能，对它的选择决定向导要提问的附加问题。其中“提交表单”是必选的，因为所有想向论坛发送信息的人们都必须使用这个表单，否则网站就失去了意义。单击“下一步”进入下一个对话框。

④ 此时打开如图 7 - 22 所示的对话框，这里输入网站的名字，在标题栏中输入“BBS 论坛”。在讨论文件夹的名称栏中可以输入文件夹的名字，网站中的文件夹将使用这个名字，一般在这里取一个有一定含义的名字，从而在扩充网站的时候便于管理。

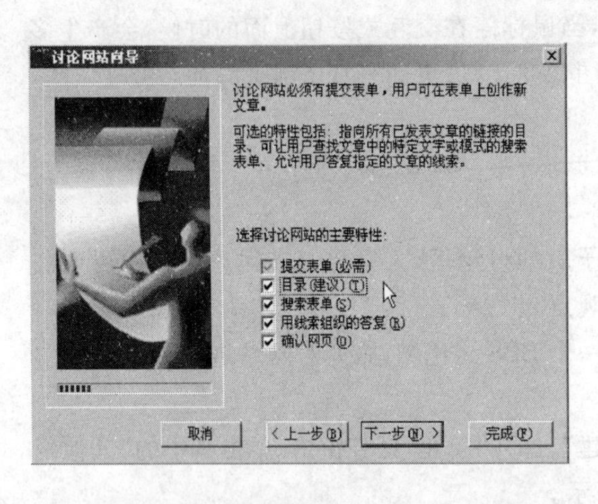

图 7－21　选择想在网站中包含的功能

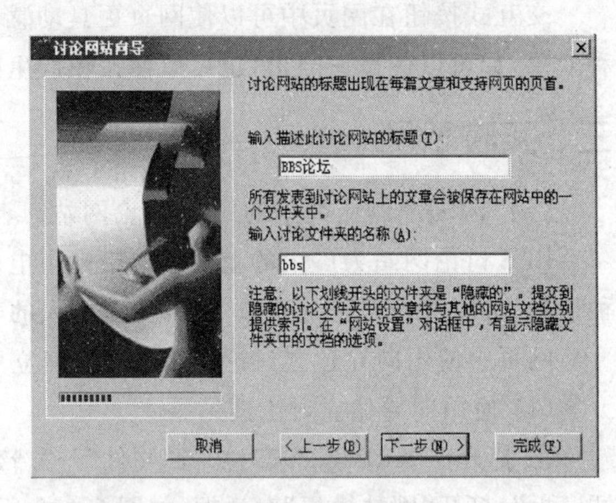

图 7－22　输入网站的名字

⑤ 单击“下一步”打开下一个对话框。在这里可以选择用户希望包括在提交表单上的域，这些域由提交表单的人来完成。这里选择第二项，如图 7－23 所示。

⑥ 单击“下一步”打开如图 7－24 所示的对话框，这里选择用户是否需要注册，选择第二项，然后单击“下一步”。

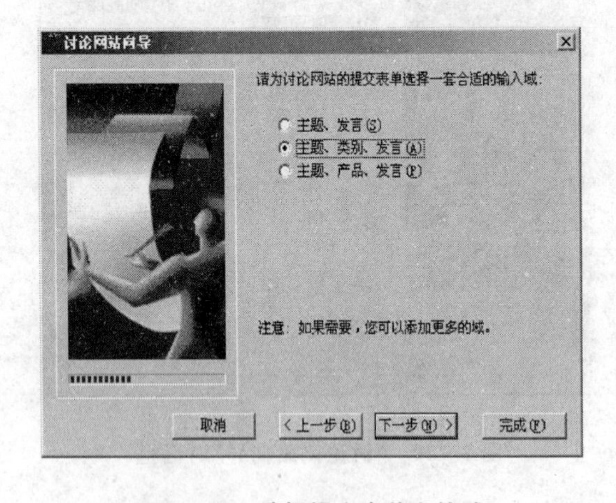

图 7－23　选择提交表单上的域

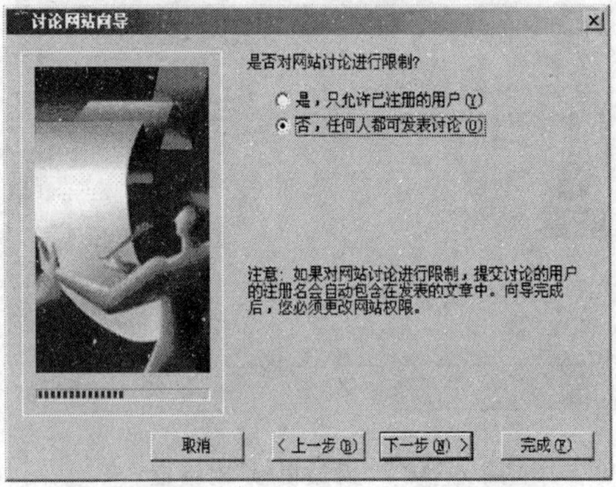

图 7－24　选择用户是否需要注册

⑦ 打开如图 7－25 所示的对话框，这里让用户选择消息的分类顺序，选择首先显示最新的消息还是最旧的开始，这里选择“最旧到最新”，然后单击“下一步”。

⑧ 打开如图 7－26 所示的对话框，在这里问用户是否选择目录作为主页，选择“是”，单击“下一步”。

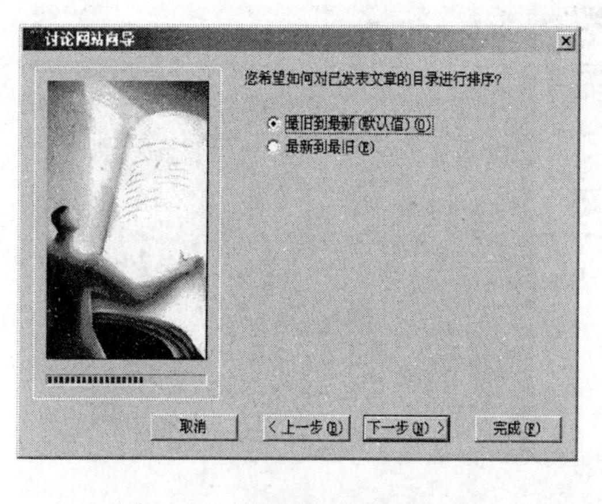

图 7－25　选择消息的分类顺序

图 7－26　是否选择目录作为主页

⑨ 打开如图 7－27 所示的对话框，这里选择搜索表单结果的显示方式，包括主题、大小、日期以及匹配程度等，选择第三项。

单击“下一步”进入如图 7－28 所示的对话框，这里选择是否使用框架，有四个选项，用户可以根据需要选择，这里选择第四项。

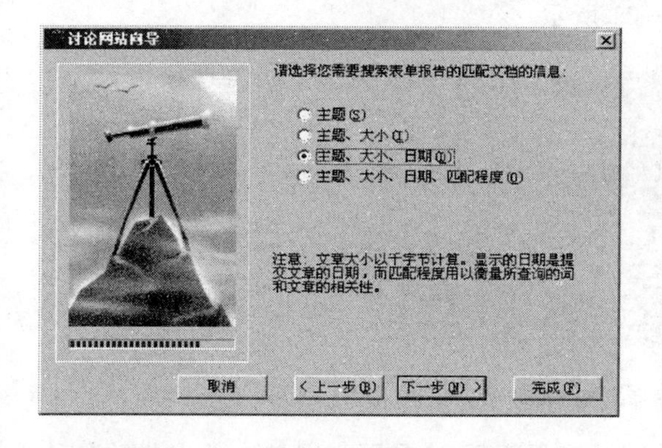

图 7－27　选择搜索表单结果的显示方式

图 7－28　选择是否使用框架

单击“下一步”打开如图 7－29 所示的对话框，这里是确定刚才所设置的一些内容，单击“完成”来自动生成一个讨论网站。至此，使用向导来建立讨论网站已经完成了，完成后打开主页如图 7－30 所示。

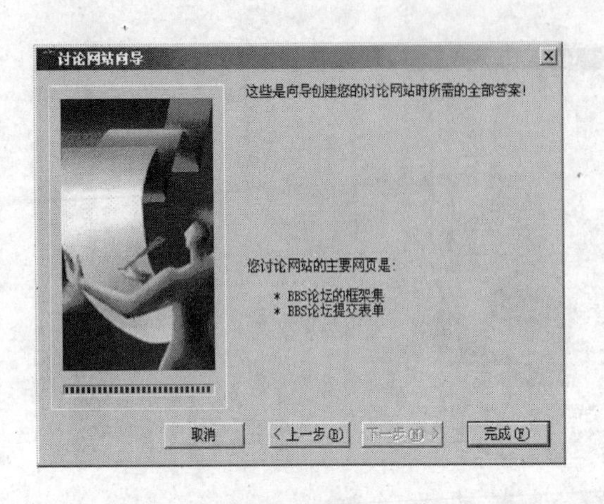

图 7－29　确定设置内容

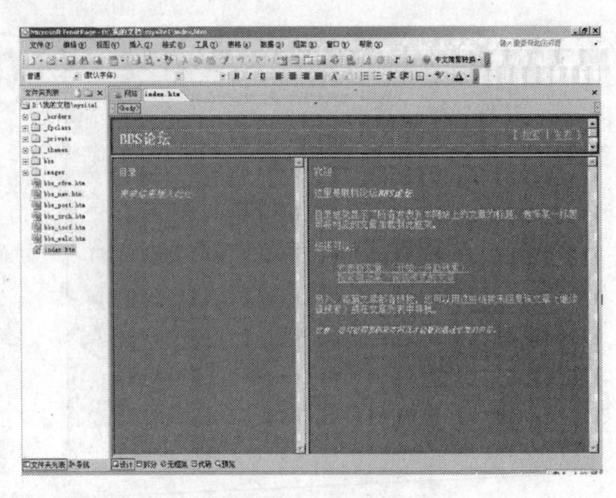

图 7－30　网站主页图

(2) 设置讨论网站。

讨论网站初步已经建立好了，不过现在还只是自动生成的一个网站，很多地方还得根据需要进行设置，操作如下：

① 在“文件夹列表”中显示了该网站的所有网页，将所有的网页的名字重命名，以便于管理。当重命名的时候会弹出一个对话框如图 7－31 所示。

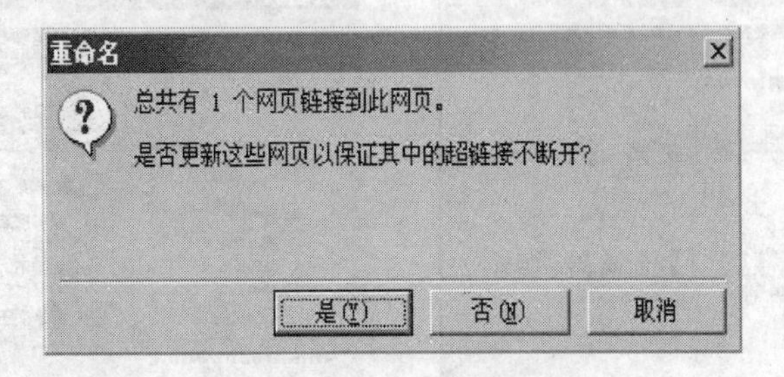

图 7－31　重命名对话框

② 单击“是”会保证重命名之后网页之间的超链接不断开，这是因为网站中的生成的各种超链接都是以网页的名字为地址的，因此一定要保证超链接的不断开，否则会导致网站中的超链接无法正常使用。在重命名的时候，对于所有的提问都选择“是”。完成重命名之后，网站结构如图 7－32 所示。

③ 执行“工具”→“网站设置”，打开“网站设置”对话框，如图 7－33 所示。

④ 在对话框中，切换到“高级”选项卡，选中“显示隐藏文件或文件夹”，然后单击“应用”。此时弹出一个如图 7－34 所示的提示框，提示这项设置需要刷新网站之后才生效，单击“是”确认。

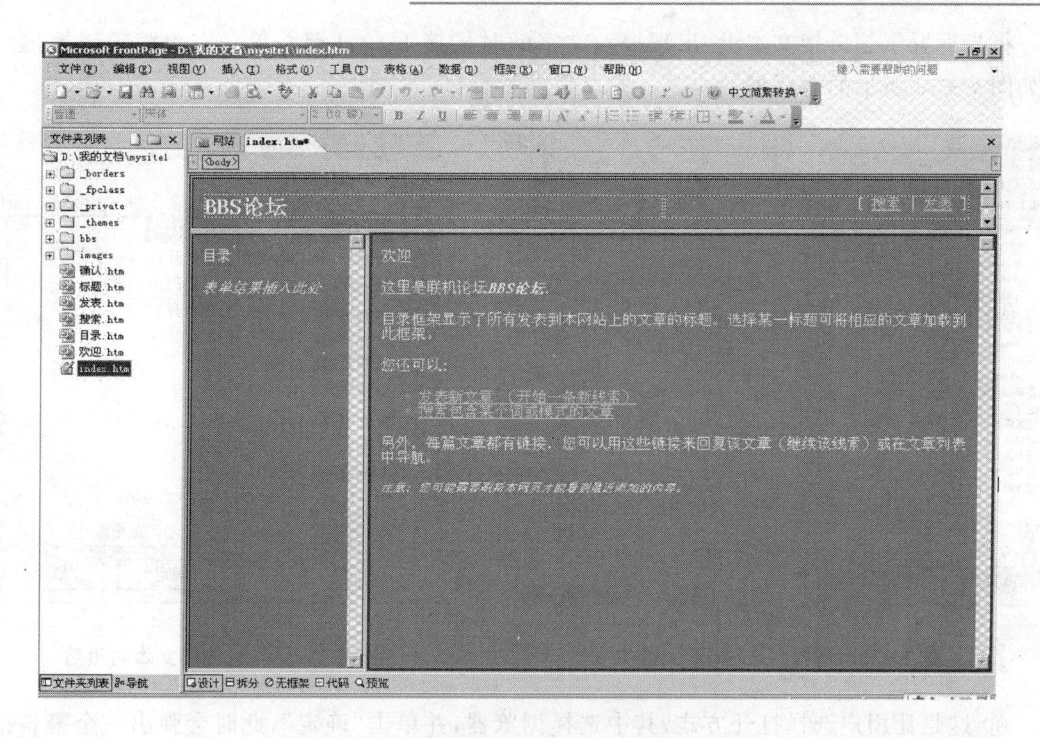

图 7－32　重命名后网站结构图

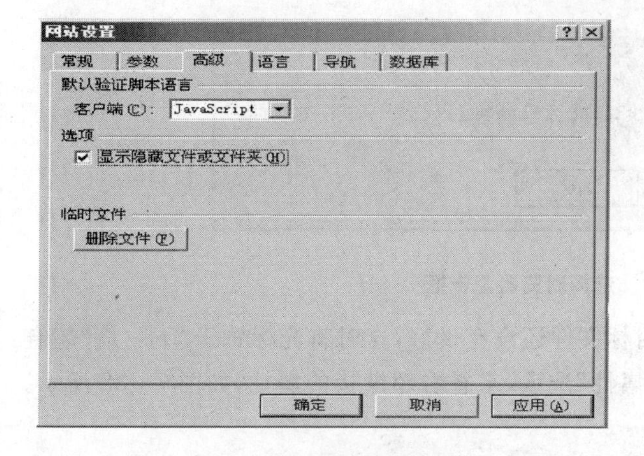

图 7－33　"网站设置"对话框

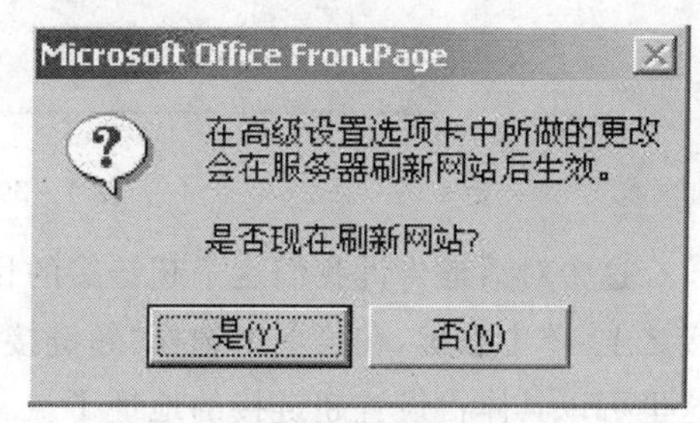

图 7－34　"高级"选项卡提示框

⑤ 在"文件夹列表"中选择"_borders"文件夹，双击"bbs_ahdr. htm"打开它，如图 7－35 所示，这是网站中用户阅读文章时将在页面的标题处包含的页面，可以看到它包含一组设置好的文本的超链接。

将光标置于超链接文本上，出现提示文字的时候按下 Ctrl 键并单击它跟踪超链接，会出现如图 7－36 所示的对话框。

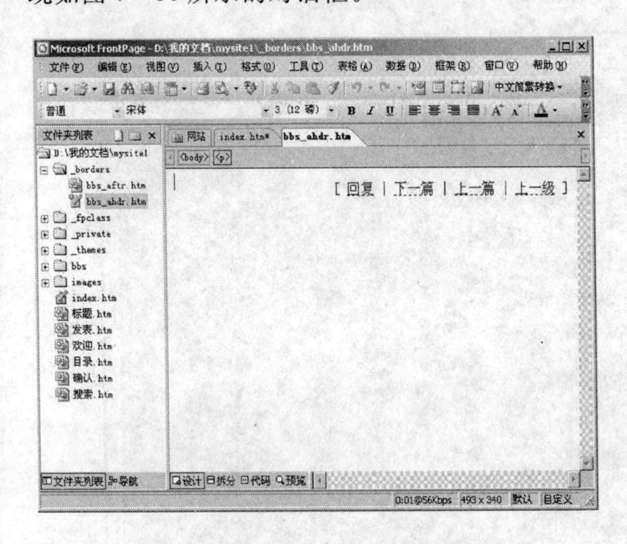

图 7－35　选择“_borders”文件夹

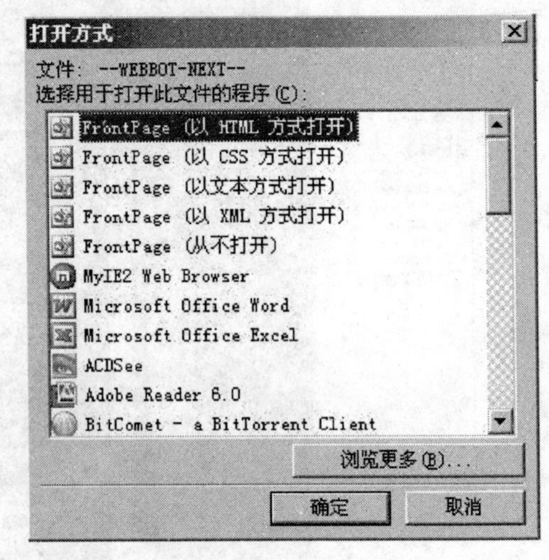

图 7－36　超链接文本的跟踪

⑥ 这是让用户选择打开方式，其中选择浏览器，并单击“确定”，此时会弹出一个警告框，如图 7－37 所示。

图 7－37　选择浏览器警告框

这个对话框告诉我们这个超链接的目标文件还没有设好，这时将光标置于“下一篇”超链接之上，单击右键，在菜单中选择“超链接属性”选项，来查看超链接的属性，如图 7－38 所示。这里可以具体再设置超链接的地址了。

返回“_borders”文件夹，双击“bbs_aftr. htm”，打开如图 7－39 示的网页。这里可以看到有两个组件，水平线和时间与日期，双击时间与日期，可以打开“日期和时间”对话框，可以在该对话框进行日期和时间的修改设置。

(3) 定义主要页面。

下面讨论网站中的一些主要页面的设置，具体操作步骤如下：

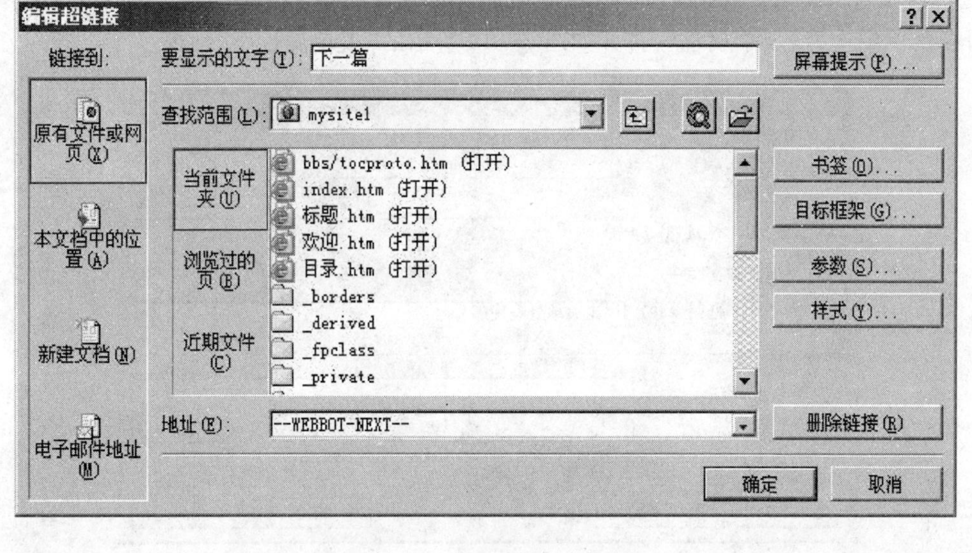

图 7－38 “超链接属性”选项

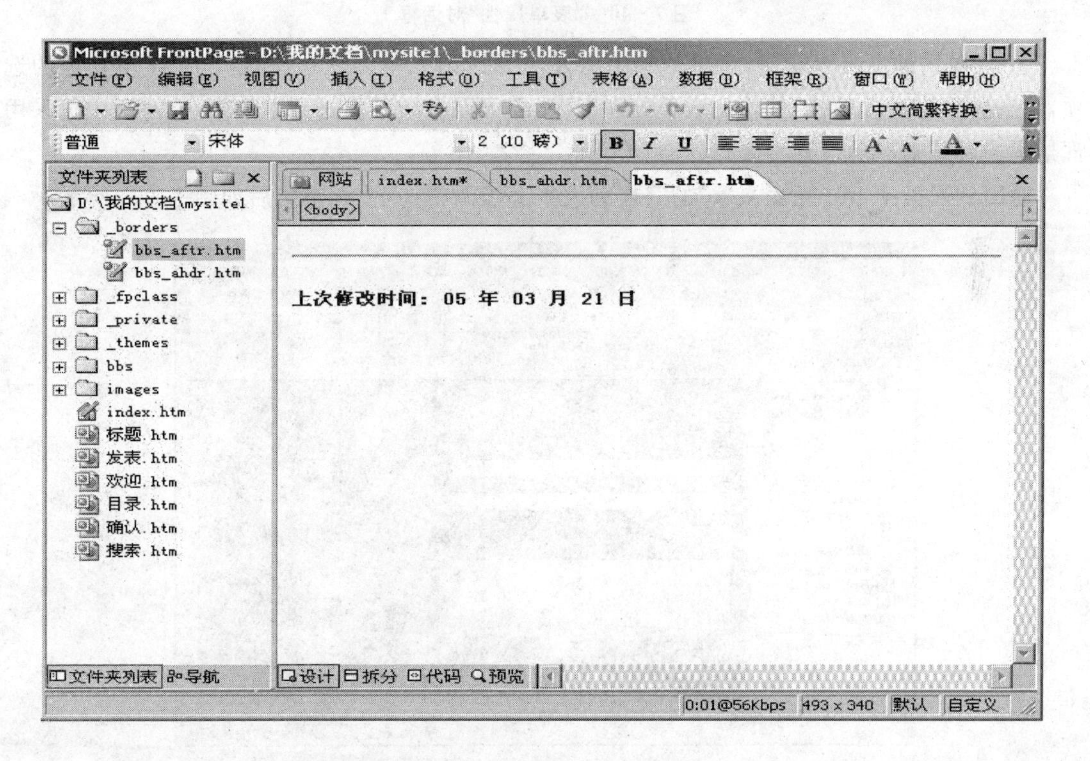

图 7－39 日期和时间的修改设置

① 在“文件夹列表”中双击“发表.htm”，打开该网页。将光标置于左边的表单域上，单击右键，在菜单中选择“表单属性”，打开如图 7－40 所示的“表单属性”对话框。

表单属性
将结果保存到
发送到(S)
文件名称(F):
浏览(B)...
电子邮件地址(E):
发送到数据库(H)
发送到其他对象(R) 讨论表单处理程序
表单属性
表单名称(N):
目标框架(T):
选项(O)... 高级(A)... 确定 取消

图 7－40 “表单属性”对话框

② 在对话框中可以看到，表单的结果将发送到讨论表单处理程序，这是向导设置好的选项，如果要更改，可以使用其他的表单处理程序，还可以将结果发送到框架中，这对于主页采用框架集的网站来说是很有必要。

返回到网页中，将“发表文章”的字体和大小适当调整一下，调整之后如图 7－41 所示。

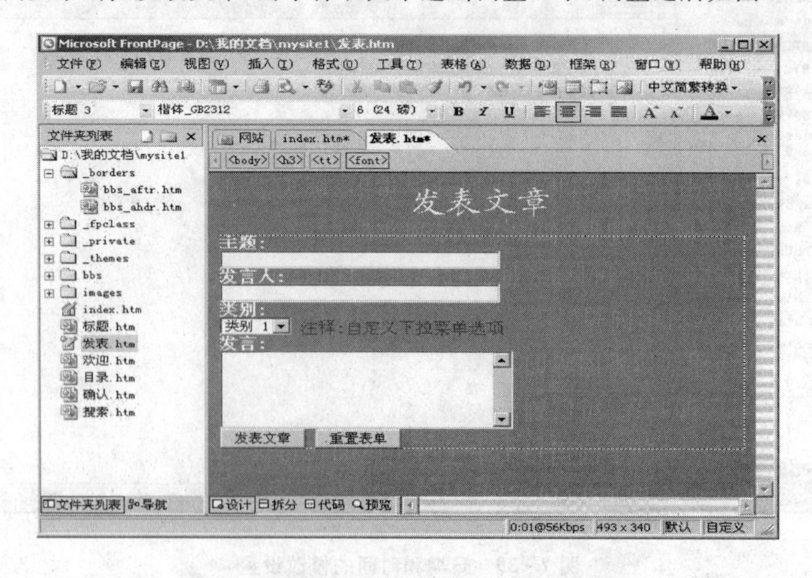

图 7－41 “发表文章”字体和大小调整效果图

③ 同样打开“确认.htm”，将该网页的标题“确认”的字体和大小适当调整一下，调整后如图 7-42 所示。

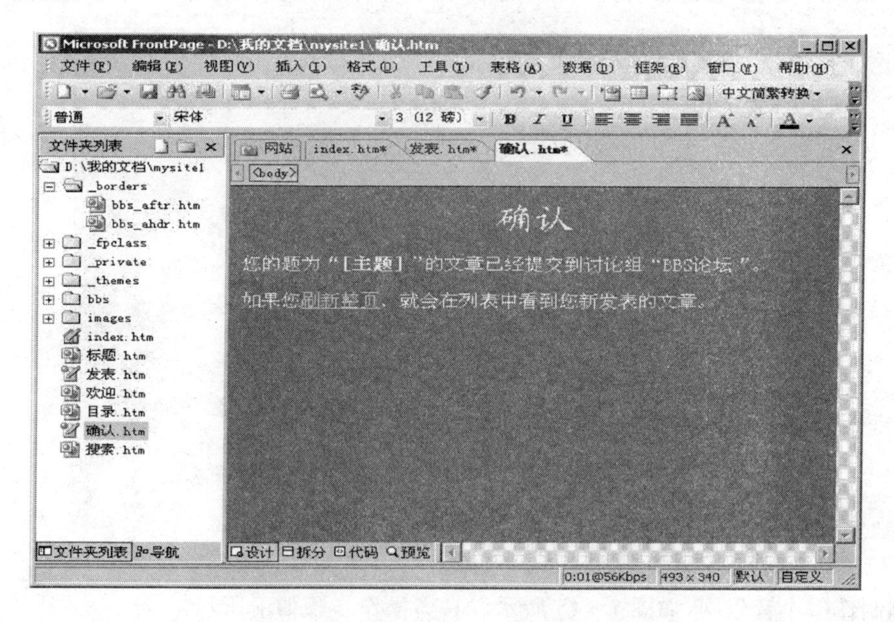

图 7-42　“确认”字体和大小调整效果图

④ 再打开“搜索.htm”，将其标题同前面的一样设置一下，完成后如图 7-43 所示。

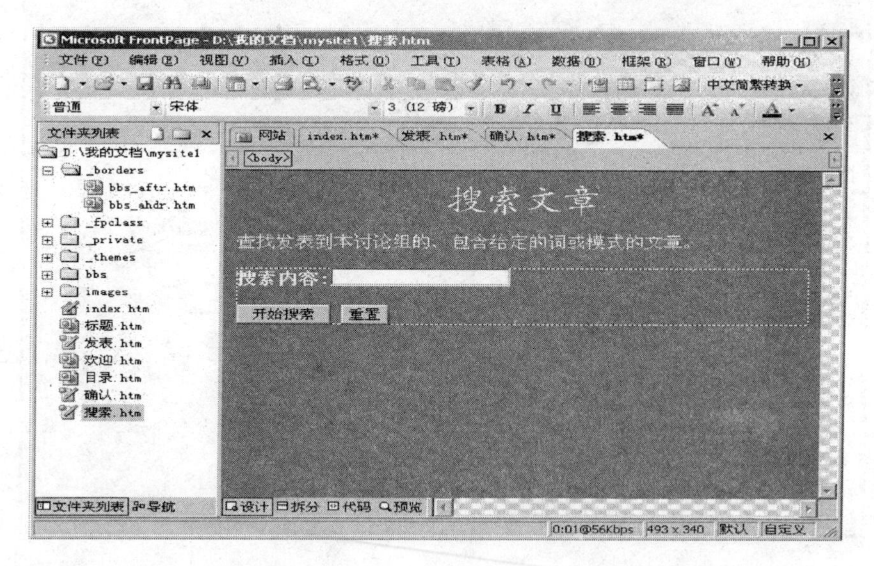

图 7-43　“搜索”字体和大小调整效果图

⑤ 至此，讨论网站就完成了，最后在浏览方式下浏览一下主页如图 7-44 所示。可以通过单击“搜索”和“发表”超链接打开“搜索文章”网页和“发表文章”网页了。

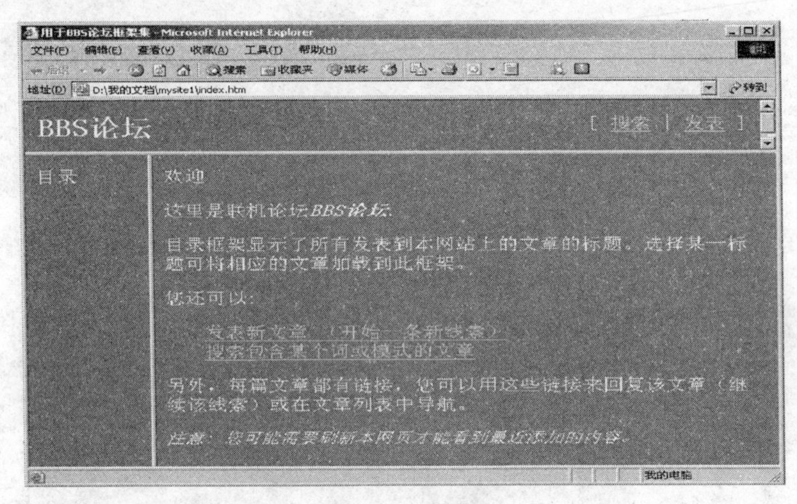

图 7-44　BBS 讨论网站效果图

【例 7.16】 制作简单音乐网站。

本例制作一个音乐网，如图 7-45 所示。具体操作步骤如下所示：

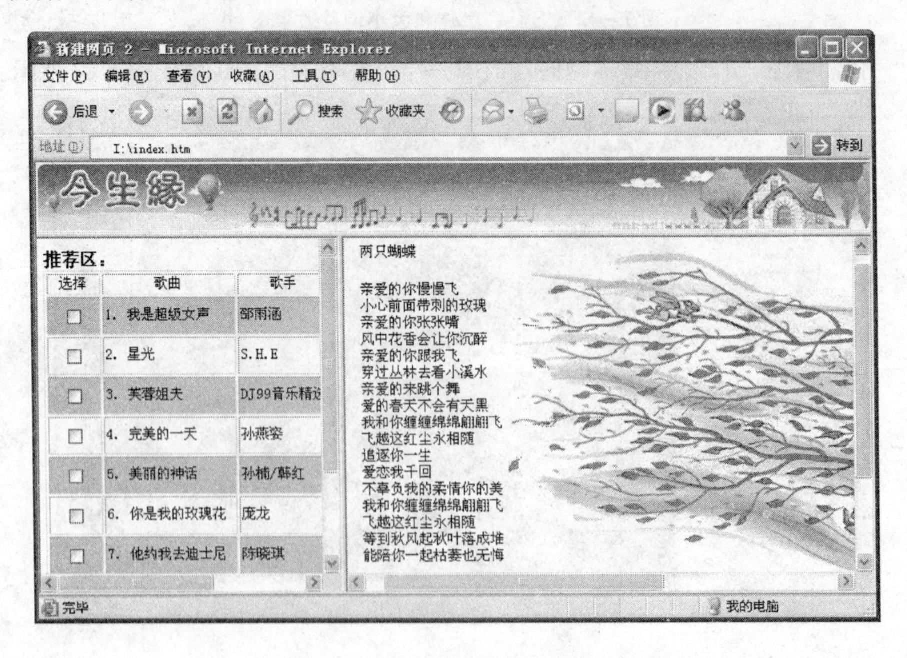

图 7-45　最终效果图

（1）框架网页的创建。

① 启动 FrontPage 2003 应用程序，选择“文件”→“新建”，弹出如图 7-46 所示的“新建”任务窗格。

② 在“新建网页”选区中单击“其他网页模板”超链接，在弹出的“网页模板”对话框中打开“框架网页”选项卡，如图 7-47 所示。

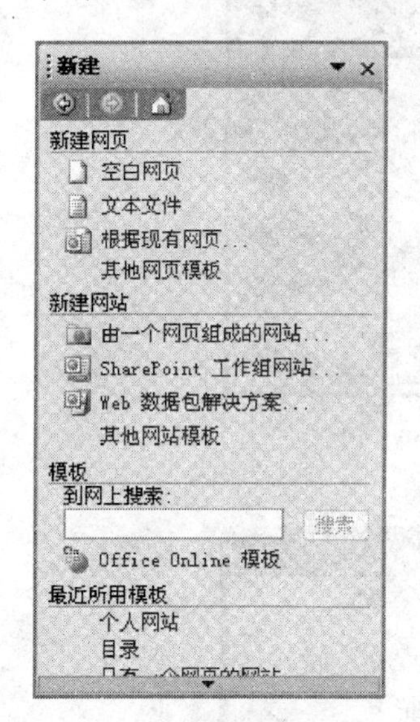

图 7-46 “新建”任务窗格图

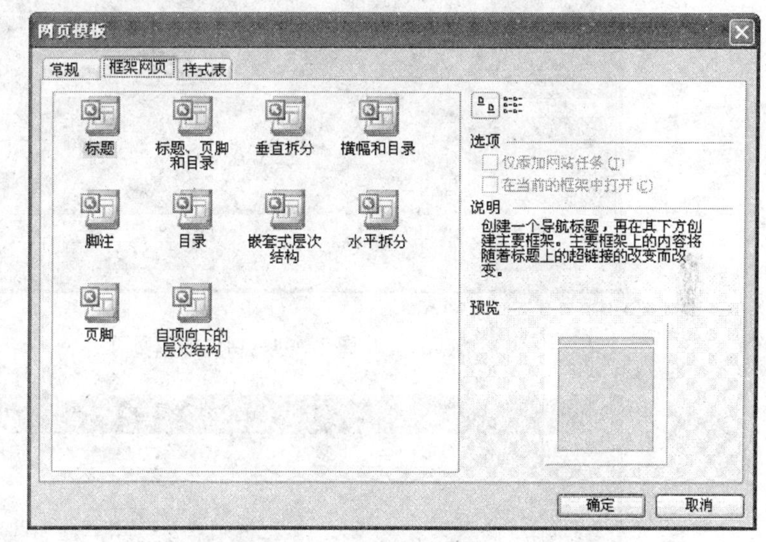

图 7-47 “框架网页”选项卡

③ 在该选项卡中选中 图标，单击“确定”，创建如图 7-48 所示的框架网页。

④ 单击上框架中的“新建网页”按钮，该框架即可变成一个空白网页。

（2）在网页中插入层。

① 将光标置于该空白网页中，单击“格式”工具栏中的“插入层”按钮 ，在该空白网页中插入一个层。

② 选中该层，当层的四周出现 8 个控制点后，将鼠标移到层的右下角的控制点上，当鼠标变成 形状时，按住鼠标左键拖动，调整层的大小。

③ 将鼠标移到层的左上角，当鼠标指针变成 形状时，按住鼠标左键，将层拖动到网页的左上角后释放鼠标左键。

（3）在层中插入图片。

① 将光标置于该层中，选择“插入”→“图片”→“来自文件”，弹出如图 7-49 所示的“图片”对话框。

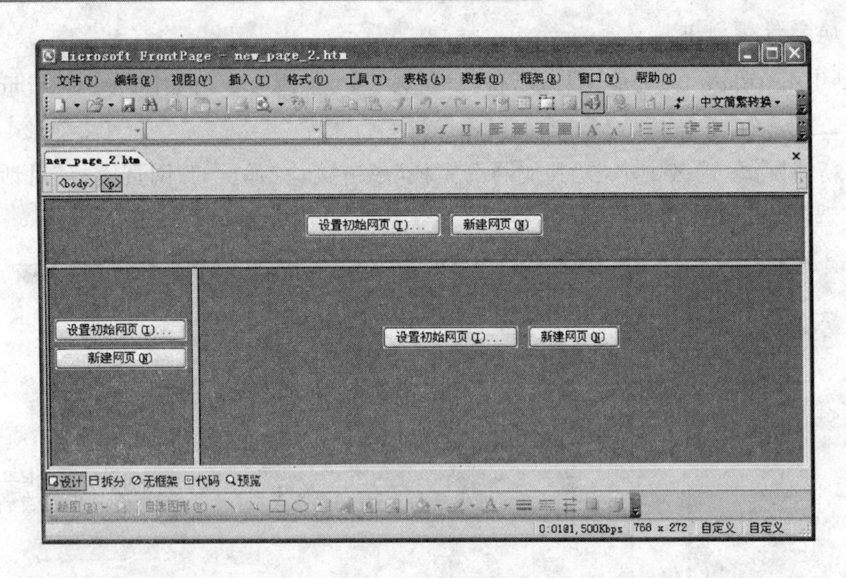

图 7-48　创建框架网页

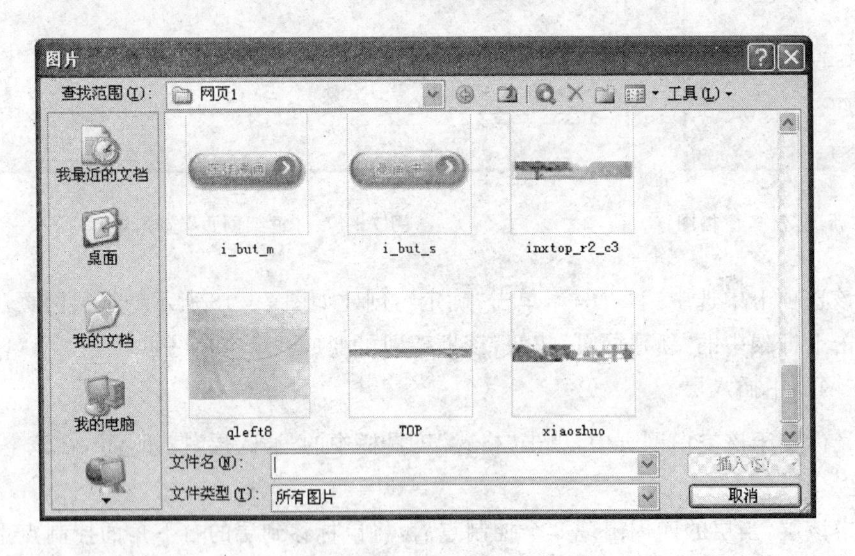

图 7-49　"图片"对话框

② 在"查找范围"下拉列表中选择图片的保存位置，然后选择所需的图片，单击"插入"按钮，将图片插入到层中。

(4) 设置在新窗口中打开网页。

① 单击下端左侧框架中的"新建网页"按钮，该框架即可变成一个空白网页。

② 将鼠标置于该框架网页中，单击鼠标右键，在弹出的快捷菜单中选择"在新窗口中打开

网页"命令，即可在一个新窗口中打开该网页，并且在该窗口中编辑网页。

(5) 插入表单。

① 选择"插入"→"表单"，插入一个表单。

② 在光标所在位置输入"关键字："，然后选择"插入"→"表单"→"文本框"命令，插入一个文本框表单域。

③ 双击所插入的文本框表单域，弹出如图 7-50 所示的"文本框属性"对话框。

④ 在"宽度"文本框中输入"12"，然后单击"确定"按钮。

⑤ 双击"提交"按钮，弹出如图 7-51 所示的"按钮属性"对话框。

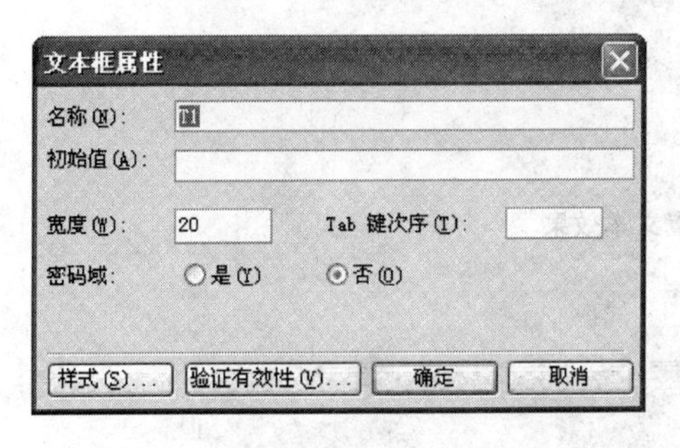

图 7-50　"文本框属性"对话框

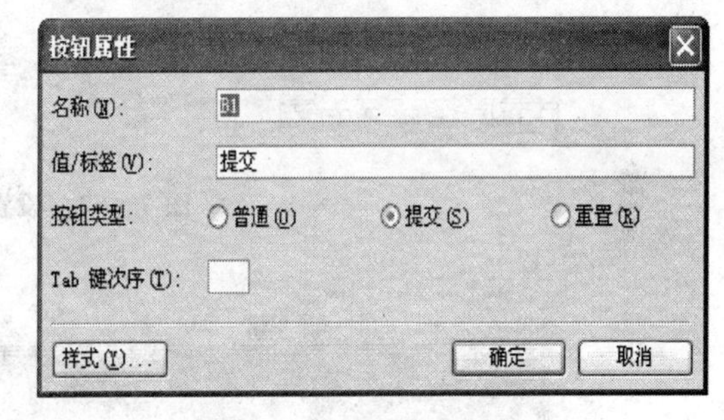

图 7-51　"按钮属性"对话框

⑥ 在该对话框中的"值/标签"文本框中输入"搜索"，然后单击"确定"按钮。

⑦ 选中"重置"按钮，然后按"Delete"键，删除该按钮。

(6) 插入表格，并设置。

① 另起一行插入一个 14 行 2 列的表格，然后选中表格的第一行，在该表格中单击鼠标右键，在弹出的快捷菜单中选择"合并单元格"命令，将这两个单元格进行合并。

② 将光标置于合并后的单元格中，选择"插入"→"图片"→"来自文件"命令，弹出"图片"对话框。

③ 在该对话框中选择所需的图片，然后单击"插入"按钮。

④ 分别在第 2 行、第 3 行和第 4 行的单元格中输入文本内容，输完后选中所有的文本，然后单击"格式"工具栏中的"左对齐"按钮，设置后的效果如图 7-52 所示。

⑤ 按同样方法在其他单元格中插入图片、输入文本并设置文本对齐方式。

⑥ 关闭该网页，返回到框架网页中，制作后的框架效果如图 7-53 所示。

(7) 插入层。

① 单击下端右侧框架中的"新建网页"按钮，该框架即可变成一个空白网页。

② 单击"格式"工具栏中的"插入层"按钮，在该空白网页中插入一个层。

网站　new_page_2.htm*　new_page_3.htm*

<body>

关键字:　搜索

最新专辑

幸福回味	天使之恋
睡眠音乐一醒神	好心情
绿色森林	唤醒沉睡的你

设计　拆分　代码　预览

图 7－52　设置文本效果

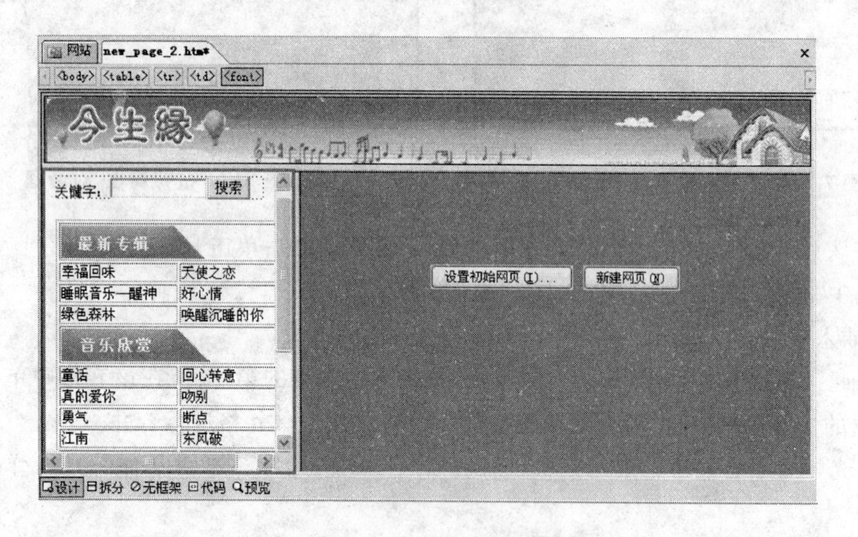

图 7－53　制作框架网页效果

③ 选中该层，当层的四周出现 8 个控制点后，将鼠标移到层右下角的控制点上，当鼠标变成↘形状时，按住鼠标左键拖动，调整层的大小。

④ 将鼠标移到层的左上角，当鼠标指针变成✥形状时，按住鼠标左键将层拖动到网页的左上角后释放鼠标左键。

(8) 插入图片、表格、设置文字。

① 将光标置于该层中，选择“插入”→“图片”→“来自文件”，弹出“图片”对话框。

② 在该对话框中选择所需的图片，然后单击“插入”按钮，效果如图 7－54 所示。

③ 将光标置于层下方，插入一个 12 行 2 列的表格。

④ 选中表格的第一行单元格，然后在选中的第一行单元格中单击鼠标右键，在弹出的快捷菜单中选择“合并单元格”命令，将第一行单元格进行合并。

⑤ 将光标置于合并后的单元格中输入文本“最新专辑推荐视听”，输完后选中该文本，单击“格式”工具栏中的“加粗”按钮 B 和“居中”按钮。

⑥ 将光标置于该文本后按几次空格键后再输入文本“更多……”。

⑦ 将光标置于其他单元格中输入文本内容，输完后选中所有的文本，单击“格式”工具栏中的“左对齐”按钮，将表格中的文本左对齐。

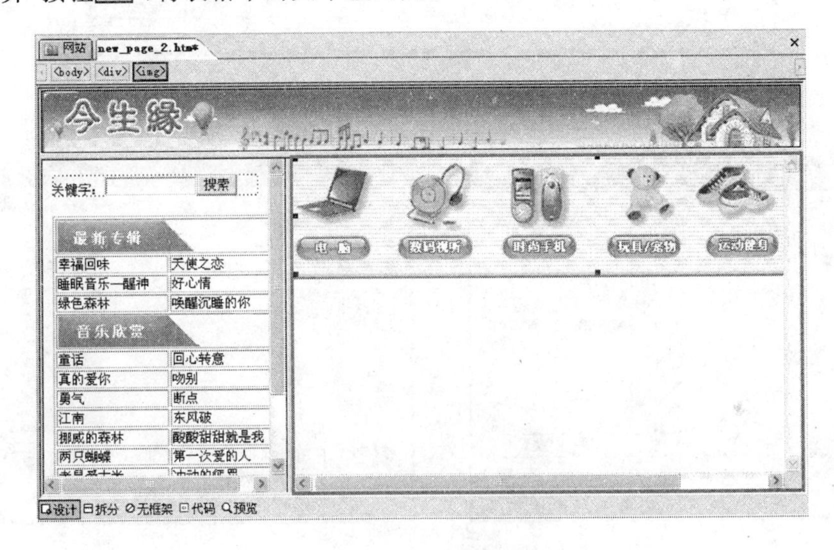

图 7－54　插入图片效果

⑧ 将光标置于表格中的任意位置，单击鼠标右键，在弹出的快捷菜单中选择“表格属性”命令，弹出“表格属性”对话框。

⑨ 在“边框”选区中的“粗细”微调框中输入“0”，设置完成后单击“确定”按钮。

(9) 保存网页。

① 选择“文件”→“保存”，弹出如图 7－55 所示的“另存为”对话框(一)。

② 在“保存位置”下拉列表中选择上端框架网页的保存位置；在“文件名”下拉列表框中输入“Page1”，设置完成后单击“保存”按钮，弹出如图 7－56 所示的“保存嵌入式文件”对话框(一)。

③ 在该对话框中保存上端框架网页中的图片，系统默认的路径与框架网页的路径相同，直接单击“确定”按钮，在保存图片的同时弹出如图 7－57 所示的“另存为”对话框(二)。

图 7－55　“另存为”对话框(一)

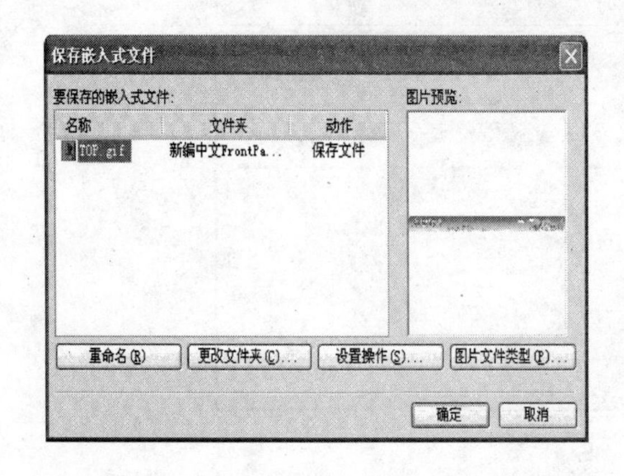

图 7－56　“保存嵌入式文件”对话框(一)

图 7－57　“另存为”对话框(二)

④ 在“保存位置”下拉列表中选择保存上端框架网页的位置；在“文件名”下拉列表中输入“Page2”，设置完成后单击“保存”按钮，弹出如图 7－58 所示的“保存嵌入式文件”对话框(二)。

⑤ 单击“确定”按钮，在保存图片同时弹出如图 7－59 所示的“另存为”对话框(三)。

⑥ 在“保存位置”下拉列表中选择框架网页的保存位置；在“文件名”下拉列表中输入“Page3”，设置完成后单击“保存”按钮，弹出如图 7－60 所示的“保存嵌入式文件”对话框(三)。

⑦ 单击“确定”按钮，在保存图片的同时弹出如图 7－61 所示的“另存为”对话框(四)。

⑧ 在“保存位置”下拉列表中选择框架网页的保存位置；在“文件名”下拉列表中输入“index”，设置完成后单击“保存”按钮。

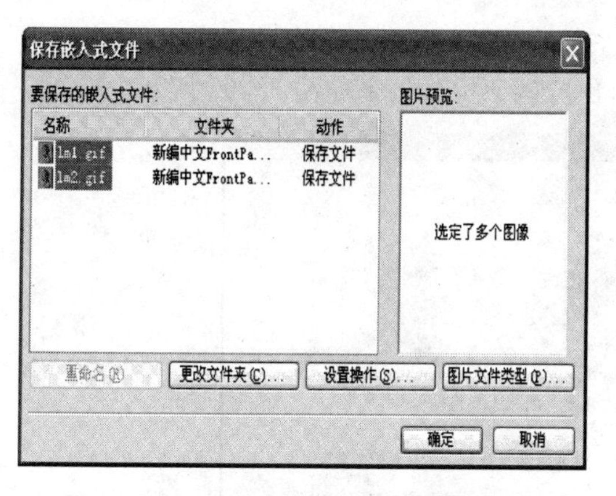

图 7-58 “保存嵌入式文件”对话框(二)

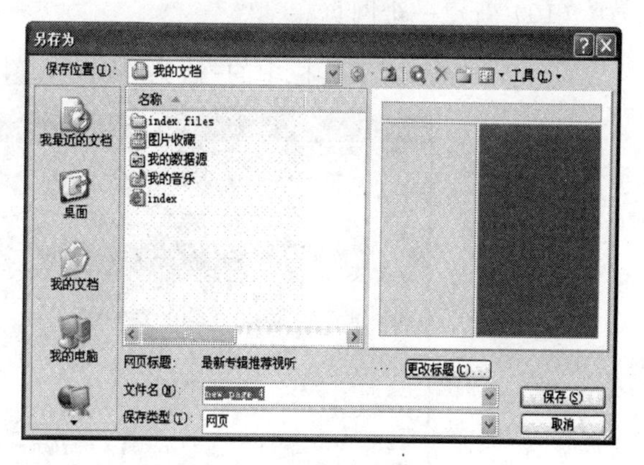

图 7-59 “另存为”对话框(三)

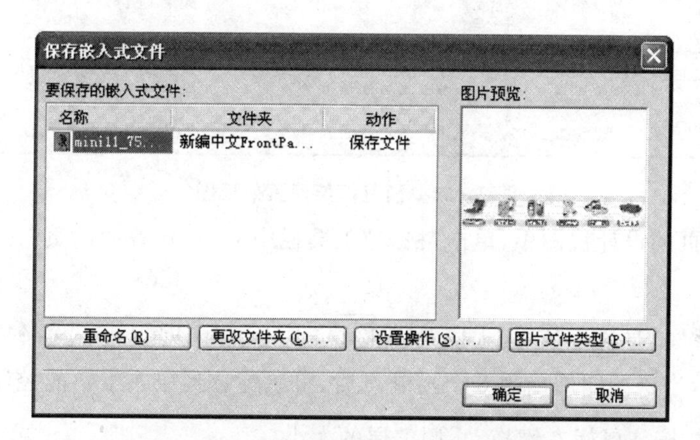

图 7-60 “保存嵌入式文件”对话框(三)

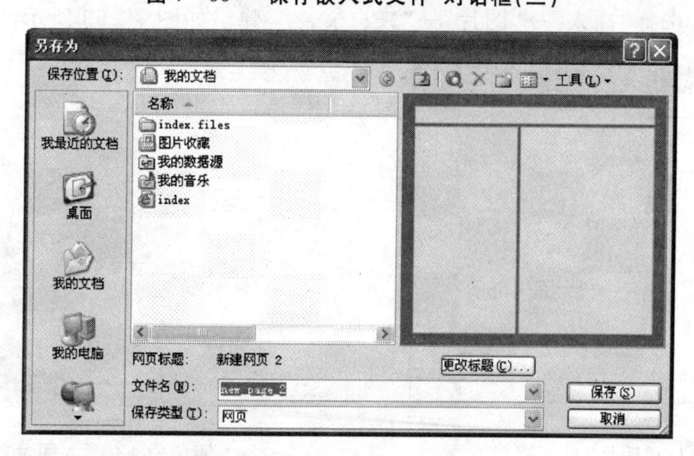

图 7-61 “另存为”对话框(四)

(10) 新建一个网页。

① 单击“格式”工具栏中的“预览”按钮，预览框架网页效果如图 7-62 所示。

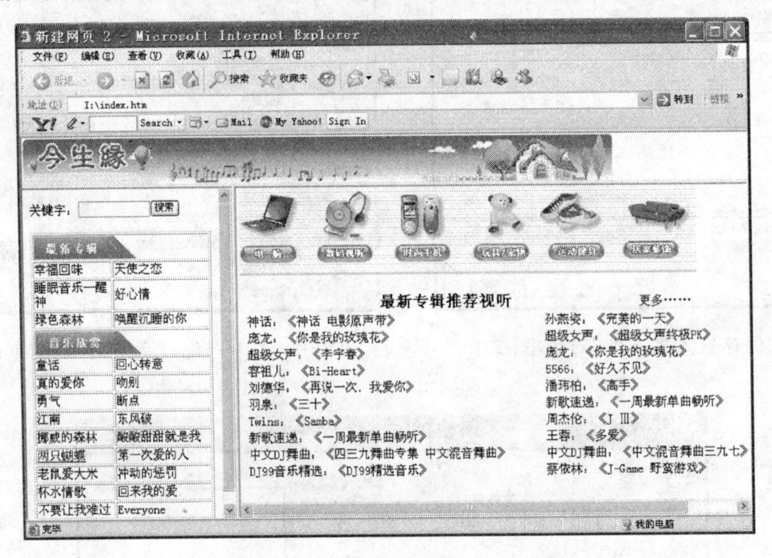

图 7-62 预览框架网页效果图

② 切换到网页的设计视图中，单击“格式”工具栏中的“新建普通网页”按钮，新建一个网页。

③ 单击“格式”工具栏中的“插入层”按钮，在该空白网页中插入一个层。

④ 选中该层，当层的四周出现 8 个控制点后，将鼠标移到层右下角的控制点上，当鼠标指针变成↘形状时，按住鼠标左键拖动，调整层的大小。

⑤ 单击该层，选择“插入”→“图片”→“来自文件”，弹出如图 7-63 所示的“图片”对话框。

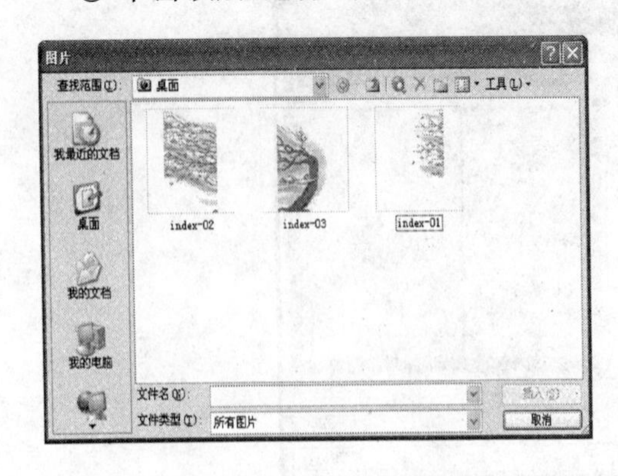

图 7-63 “图片”对话框

图 7-64 插入图片效果

⑥ 在对话框中选择第一幅图片，点“插入”按钮，将图片插入到层中。

⑦ 按同样方法继续插入其他两幅图片，插入后的效果如图 7-64 所示。

⑧ 单击“格式”工具栏中的“插入层”按钮，在该层中再插入一个层，并调整层的大小。

⑨ 将光标置于新插入的层中，输入文本“两只蝴蝶”，输完后按回车键另起一行继续输入其他文本，输入文本后的效果如图 7-65 所示。

⑩ 选择“文件”→“保存”，弹出“另存为”对话框，在“保存位置”下拉列表中选择网页的保存位置；在“文件名”下拉列表框中输入“lzhd”，点“保存”按钮，弹出“保存嵌入式文件”对话框，在该对话框中点“确定”按钮。

图 7-65 输入文本效果

(11) 新建一个网页，并插入表格。

① 单击“格式”工具栏中的“新建普通网页”按钮，新建一个空白网页。

② 单击“格式”工具栏中的“插入层”按钮，在该空白网页中插入一个层，然后设置层的大小。

③ 单击该层，然后在光标所在位置输入文本“推荐区：”，输完后选中该文本，单击“格式”工具栏中的“加粗”按钮 **B** ，使该文本加粗显示。

④ 将光标置于该文本后按回车键另起一行，插入一个 11 行 5 列的表格，然后在第一行的单元格中分别输入文本“选择”、“歌曲”、“歌手”、“试听”、“下载”。

⑤ 将光标置于第 2 行第 1 列的单元格中，选择“插入”→“表单”→“复选框”，插入一个复选框表单域。

⑥ 选中表单中的“提交”和“重置”按钮，然后按“Delete”键删除这两个按钮。

⑦ 按同样方法在第一列的其他单元格中插入复选框表单域。

⑧ 将光标置于第 2 列和第 3 列的单元格中，分别输入文本内容，输完后选中所有的文本，然后单击“格式”工具栏中的“左对齐”按钮，设置后的效果如图 7－66 所示。

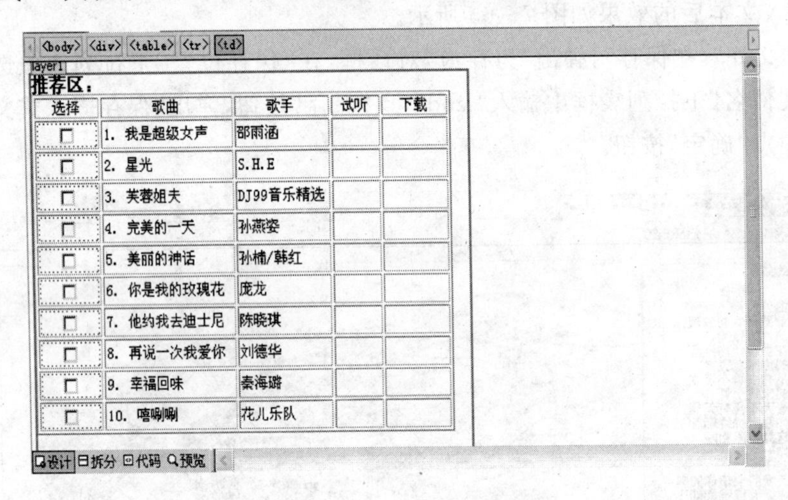

图 7－66　输入并设置文本效果

(12) 插入图片。

① 将光标置于第 2 行第 4 列的单元格中，选择“插入”→“图片”→“来自文件”，弹出“图片”对话框。

② 在该对话框中选择所需的图片，然后单击“插入”按钮，将图片插入到单元格中。

③ 按同样方法在第 4 列的单元格中继续插入其他图片。

④ 将光标置于第 2 行第 5 列的单元格中输入文本“下载 1”和“下载 2”。

⑤ 按同样方法在第 5 列的其他单元格中输入文本。

⑥ 选中第 2 列单元格，在选中的单元格中单击鼠标右键，在弹出的快捷菜单中选择“单元格属性”命令，弹出如图 7－67 所示的“单元格属性”对话框。

⑦ 在“背景”选区中的“颜色”下拉列表中

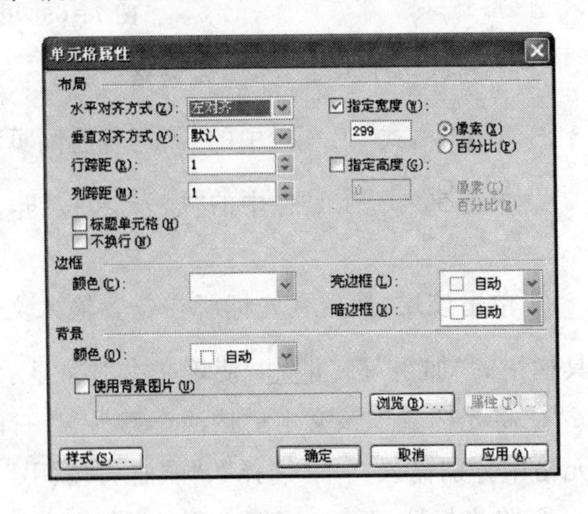

图 7－67　“单元格属性”对话框

选择一种背景颜色，然后单击“确定”按钮。

⑧ 按同样方法设置其他单元格的背景颜色。

⑨ 选择“文件”→“保存”，弹出“另存为”对话框，在“保存位置”下拉列表中选择网页的保存位置；在“文件名”下拉列表框中输入“zx”，单击“保存”按钮，弹出“保存嵌入式文件”对话框，在对话框中单击“确定”按钮，制作后的网页效果如图 7-68 所示。

网站　zx.htm
<body>

推荐区：

选择	歌曲	歌手	试听	下载
□	1. 我是超级女声	邵雨涵		下载1 下载2
□	2. 星光	S.H.E		下载1 下载2
□	3. 芙蓉姐夫	DJ99音乐精选		下载1 下载2
□	4. 完美的一天	孙燕姿		下载1 下载2
□	5. 美丽的神话	孙楠/韩红		下载1 下载2
□	6. 你是我的玫瑰花	庞龙		下载1 下载2
□	7. 他约我去迪士尼	陈晓琪		下载1 下载2
□	8. 再说一次我爱你	刘德华		下载1 下载2
□	9. 幸福回味	秦海璐		下载1 下载2
□	10. 嘻唰唰	花儿乐队		下载1 下载2

设计　拆分　代码　预览

图 7-68　网页效果

（13）插入超链接。

① 打开保存过的框架网页“index”，选中下端左框架中的“最新专辑”图片，然后在图片中单击鼠标右键，在弹出的快捷菜单中选择“超链接”命令，弹出如图 7-69 所示的“插入超链接”对话框。

② 在“查找范围”下拉列表中选择“zx”网页的保存位置，然后在其列表框中选中该网页。

③ 单击“目标框架”按钮，弹出如图 7-70 所示的“目标框架”对话框。

④ 在“当前框架网页”示例框中选中下端左框架，然后单击“确定”按钮，返回到“插入超链接”对话框中，再单击“确定”按钮。

⑤ 在框架网页中的下端左框架中选中文本“两只蝴蝶”，然后在该文本中单击鼠标右键，在弹出的快捷菜单中选择“超链接”命令，弹出如图 7-71 所示的“插入超链接”对话框。

⑥ 在“查找范围”下拉列表中选择“lzhd”网页的保存位置，然后在其列表框中选中该网页。

⑦ 单击“目标框架”按钮，弹出“目标框架”对话框。

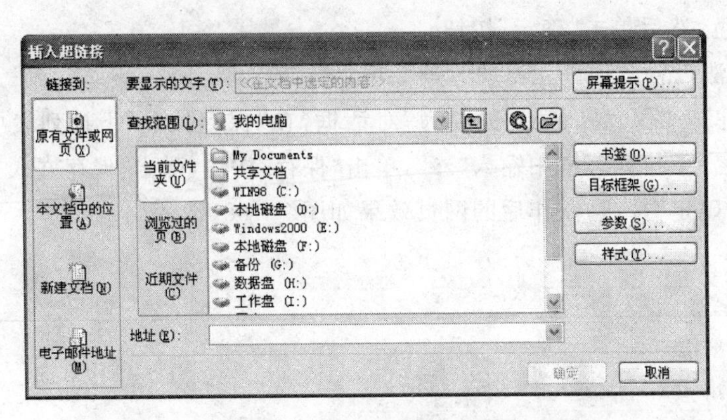

图 7-69 “插入超链接”对话框

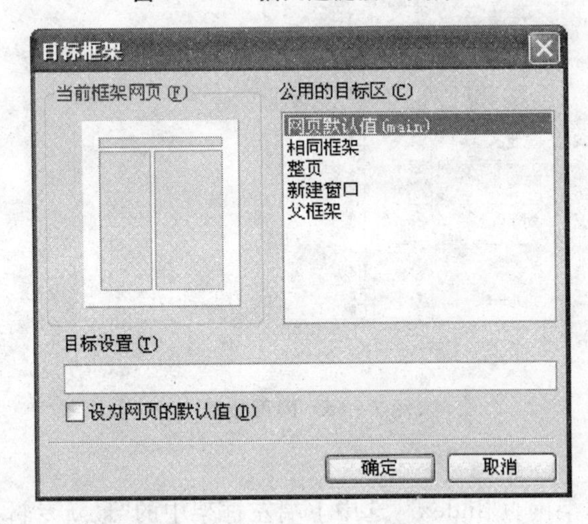

图 7-70 “目标框架”对话框

⑧ 在“当前框架网页”示例框中选中下端右框架，然后单击“确定”按钮，返回到“插入超链接”对话框中，再单击“确定”按钮。

⑨ 单击“格式”工具栏中的“保存”按钮。保存设置后的框架网页。

⑩ 本实例制作完成，在浏览器中先单击文本的超链接，然后再单击图片的超链接，最终效果如图 7-45 所示。

【例 7.17】 “春秋战国文化”网页制作。

在 FrontPage 2003 中使用交互式按钮；网页中表格布局的部分操作；边框和底纹的添加方法，文本和图片的插入；交互式按钮的插入等方法来制作如图 7-72 所示网页。具体操作步骤如下：

(1) 新建表格布局网。

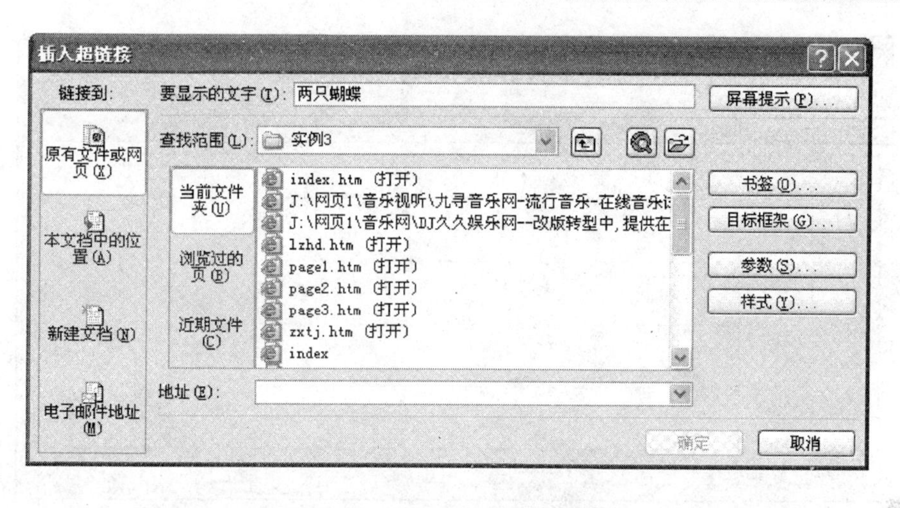

图 7-71　“插入超链接”对话框

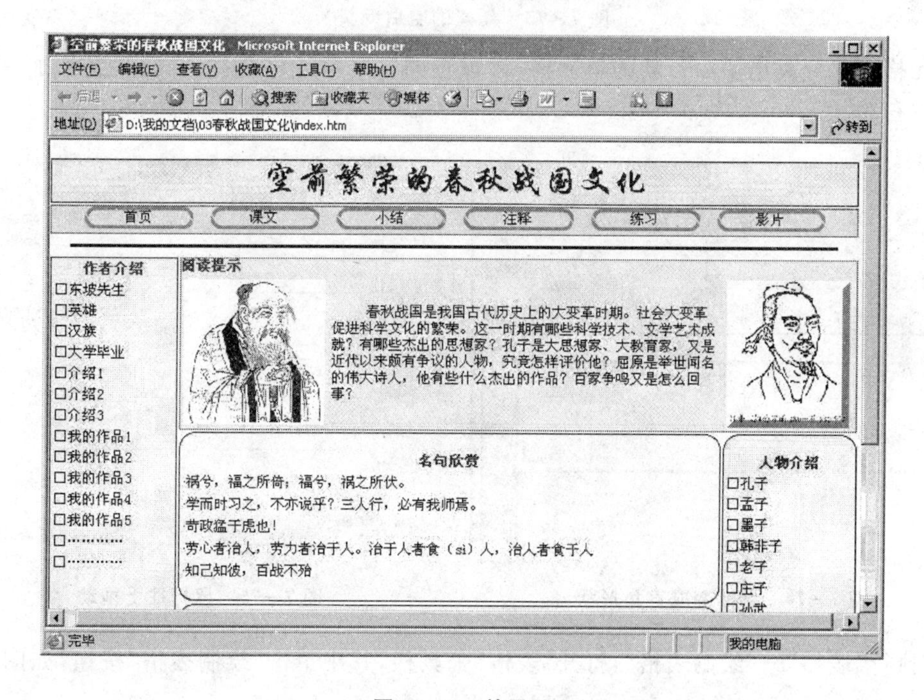

图 7-72　效果图

① 新建一个空白网页，再打开“布局表格和单元格”任务窗格，选择其中一种表格布局方式，应用到网页中，如图 7-73 所示。

② 选中网页的第一行单元格，并将鼠标置于单元格的右下角上，此时鼠标会变成直角形状，如图 7-74 所示。此时按住鼠标左键并将鼠标往上拖动，如图 7-75 所示，这样，会发现上

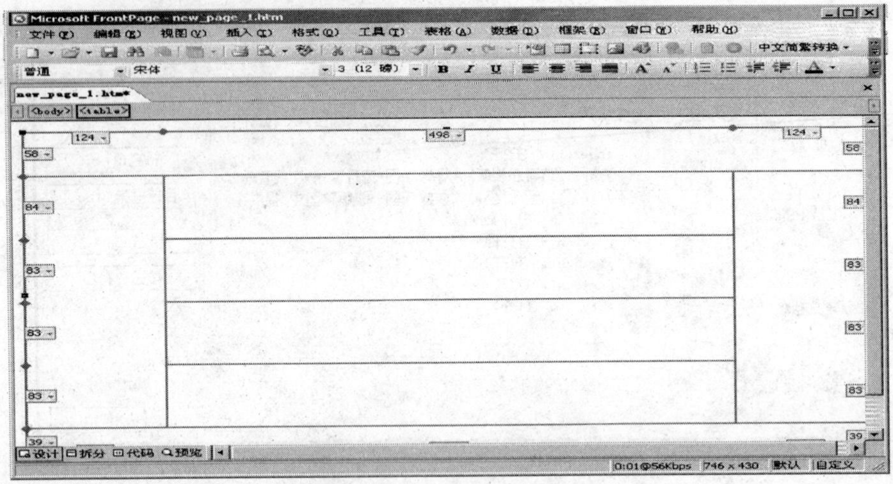

图 7－73　新建的空白网页

面的单元格中又分离出了一行新的单元格，将该行的三个单元格合并。同样，又添加一个行，作为第三行。

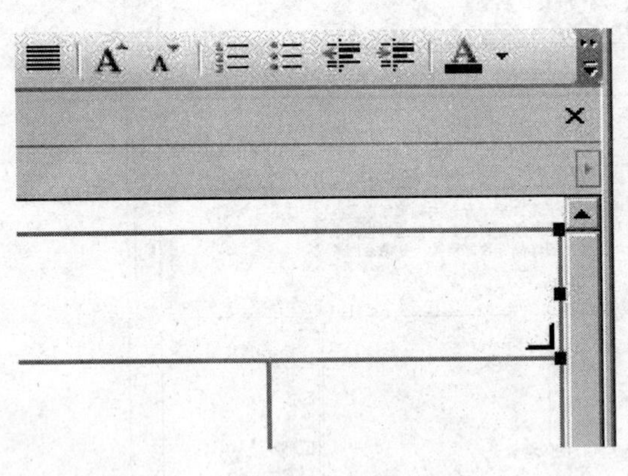

图 7－74　鼠标变成直角形状

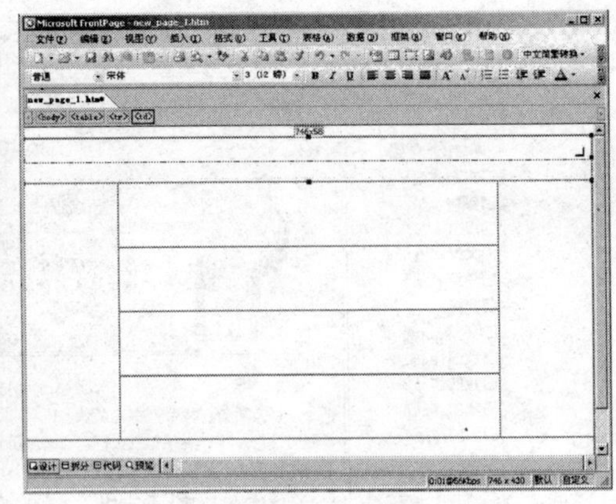

图 7－75　鼠标往上拖动

③ 执行“表格”→“绘制表格”，打开“表格”工具栏，其中单击“绘制表格”按钮，如图 7－76 所示。

④ 在网页表格布局中的右边一列中再绘制一个边框，如图 7－77 所示，这样会分割成两个单元格。再将其中上面一个单元格与表格布局中位于中间的一个单元一起选中，并进行合并。到此，表格布局就完成了，完成图如图 7－78 所示。

(2) 添加边框底纹。

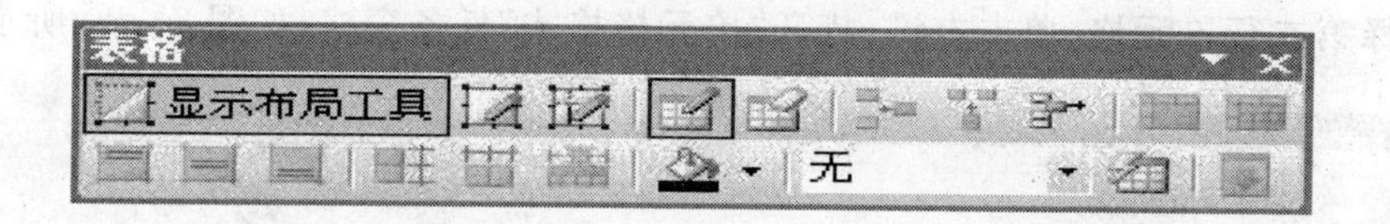

图 7-76 “表格”工具栏

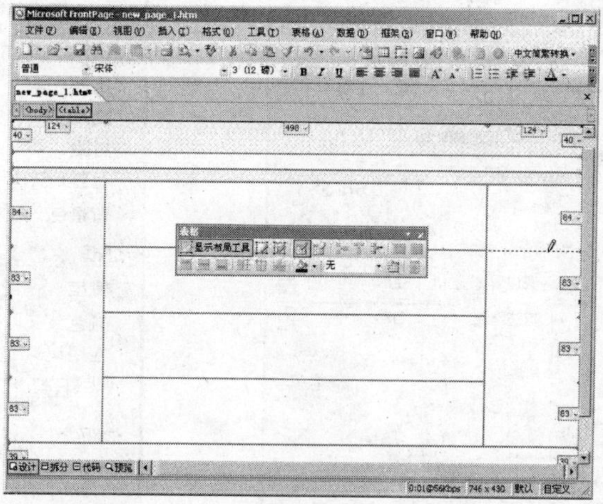

图 7-77 绘制一个边框

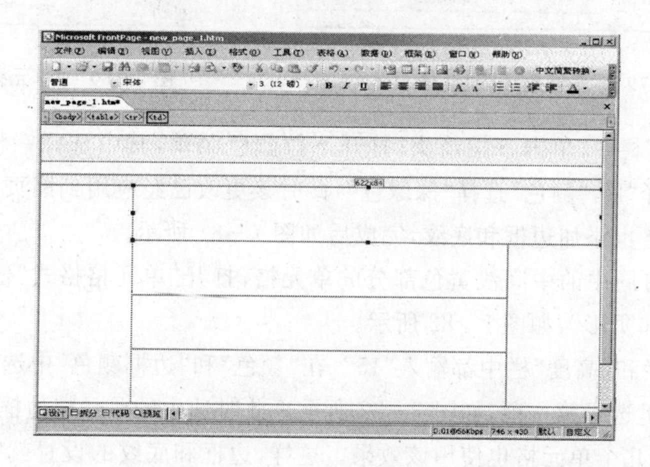

图 7-78 表格布局

表格布局创建好以后就开始给每个单元格增添色彩，具体操作步骤如下：

① 选择整个表格，单击右键，打开“表格属性”对话框，将“单元格间距”改成“2”，如图 7-79所示。

② 选择第二行单元格，单击右键，打开“单元格格式”任务窗格，如图7-80所示。

表格属性
布局工具
启用布局工具(T)
禁用布局工具(L)
自动启用基于表格内容的布局工具(T)
大小
行数(R): 8 列数(C): 3
布局
对齐方式(L): 默认 指定宽度(W):
浮动(F): 默认 746 像素(X) 百分比(R)
单元格衬距(P): 0 指定高度(G):
单元格间距(S): 2 430 像素(X) 百分比(N)
边框
粗细(Z): 0 亮边框(E): 自动
颜色(C): 暗边框(K): 自动
折叠表格边框(B)
背景
颜色(O): 自动
使用背景图片(U)
浏览(B)... 属性(T)...
设置
设为新表格的默认值(N)
样式(Y)... 确定 取消 应用(A)

图7-79 “表格属性”对话框

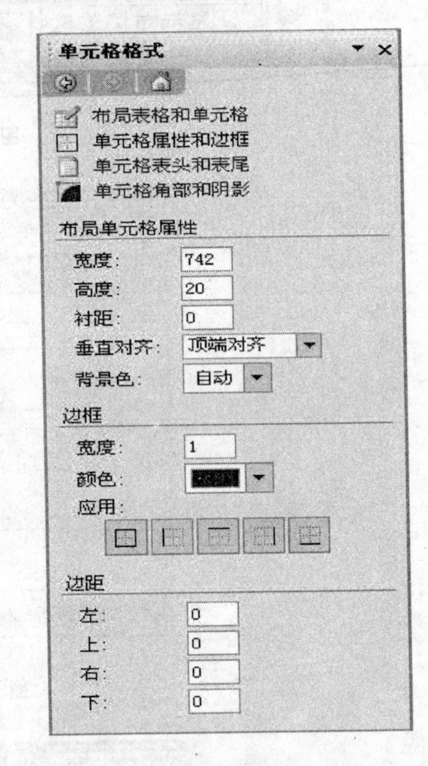

图7-80 “单元格格式”任务窗格

③ 在“背景色”栏中，单击下拉箭头，打开下拉颜色菜单，其中选择一种“浅绿色”；在“边框”栏中“宽度”选择“1”，“颜色”选择“深绿色”，此时该更改已经应用到网页的单元格上了。同样，将其他的单元格也添加边框和底纹，完成后如图7-81所示。

④ 选择表格布局中的中间浅黄色部分的单元格，打开“单元格格式”任务窗格，并在上面单击“单元格角部和阴影”，如图7-82所示。

⑤ 在“宽度”栏和“高度”栏中都输入“15”，在“颜色”和“边框颜色”中选择与单元格一样的颜色，在“应用”栏里选择第一项，如图7-82所示。此时选中的单元格边框的角部就有了圆滑效果，同样，对其他几个单元格也使用该效果。这样，边框和底纹的设置就完成了，如图7-83所示。

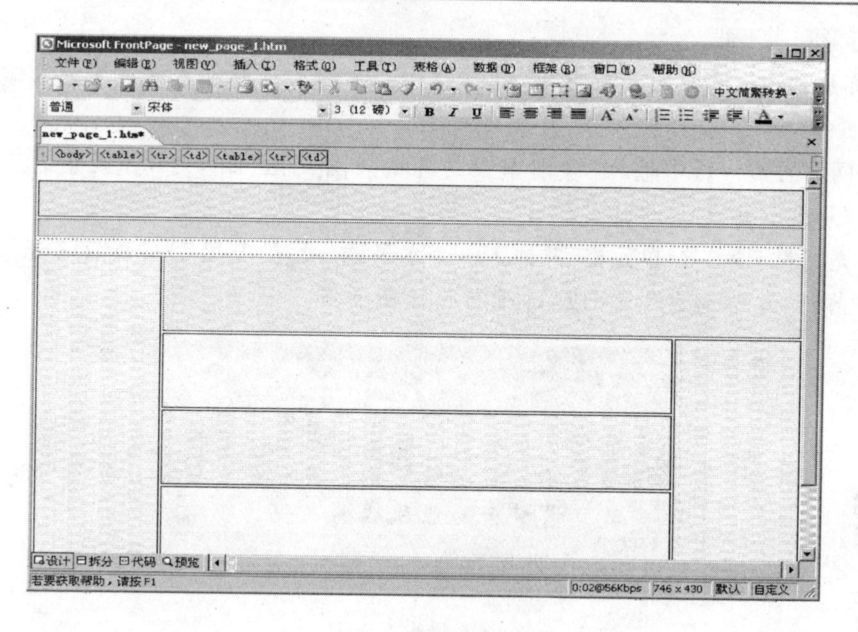

图 7－81　添加边框和底纹

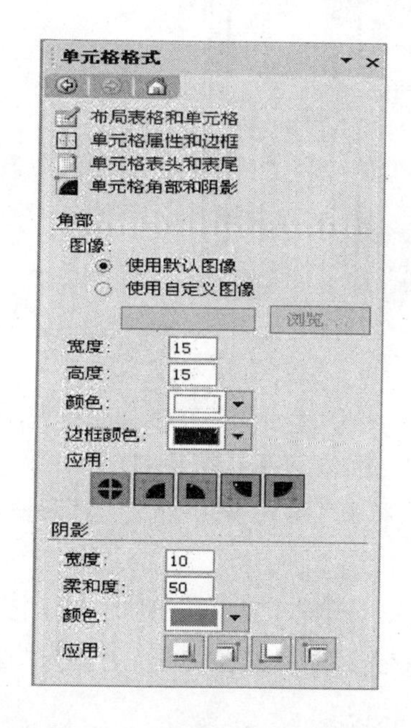

图 7－82　“单元格格式”任务窗格

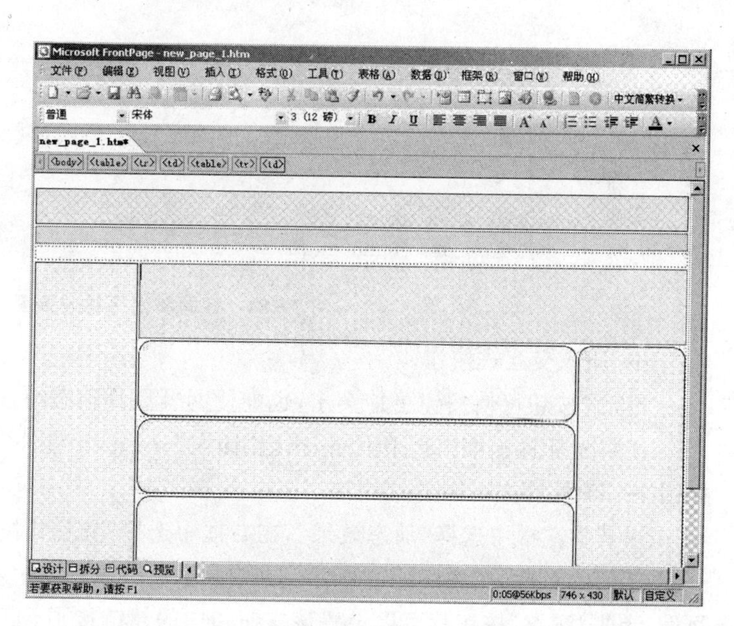

图 7－83　边框和底纹设置效果

(3) 标题和水平线。

表格布局和边框底纹设置好之后，就开始往文本输入标题和水平线了。具体操作步骤如下：

① 在网页的第一行中输入“空前繁荣的春秋战国文化”四个字，并设置适当的字体和大小。

② 将光标置于第三行单元格，并插入一个水平线，设置“宽度”为“95”百分比，“高度”为“3”像素，“颜色”为“深蓝色”。完成后如图 7-84 所示。

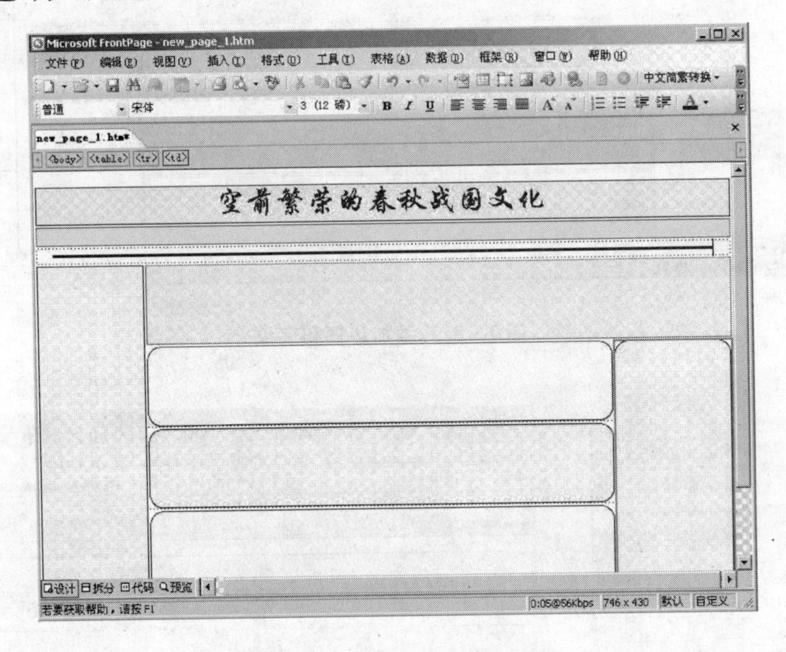

图 7-84 标题和水平线效果图

(4) 插入交互式按钮。

交互式按钮可使按钮更加突出，也能使网页更具动态特性。插入交互式按钮，方法如下：

① 将光标置于第二行单元格，执行“插入”→“Web 组件”，打开“插入 Wed 组件”对话框，如图 7-85 所示。

② 其中左框中选择“动态效果”，在右框中选择“交互式按钮”，单击“完成”。此时打开“交互式按钮”对话框，如图 7-86 所示。在“按钮”栏中选择“编织带 2”，并在“文本”栏里输入“首页”。单击“浏览”按钮就可以设置该按钮指向的超链接了。

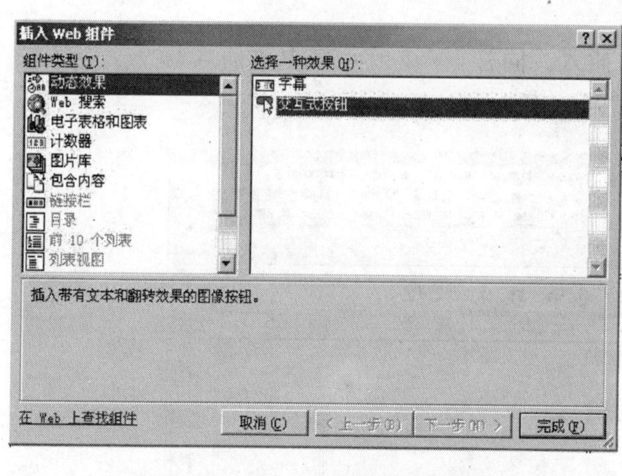

图 7-85　“插入 Wed 组件”对话框

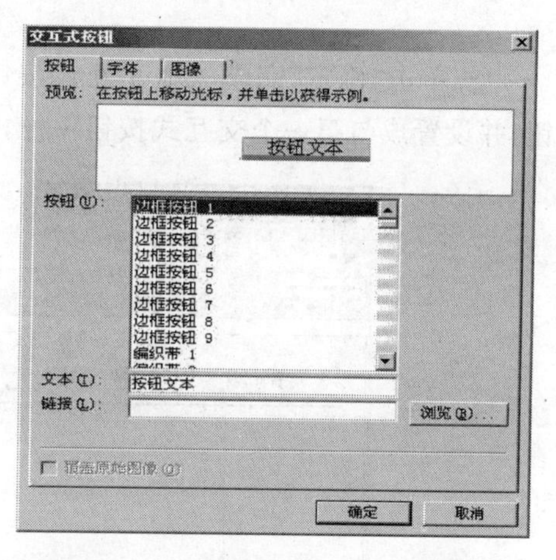

图 7-86　“交互式按钮”对话框

③ 单击“字体”选项卡，切换到“字体”选项卡，将“字体”选择为“宋体”，“字形”选择默认的“常规”，“字号”选择“ 10”号，在“初始字体颜色”、“悬停时字体颜色”、“按下时字体颜色”中分别选择“暗红”、“中红”、“亮红”，如图 7-87 所示。

④ 单击“图像”选项卡，切换到“图像”选项卡中，这里可以设置动态图像效果，选择默认的全选状态，并把按钮的背景色改为与单元格背景色一样的“浅绿色”。将鼠标置到按钮上面时，可以预览到动态图像效果，如图 7-88 所示。

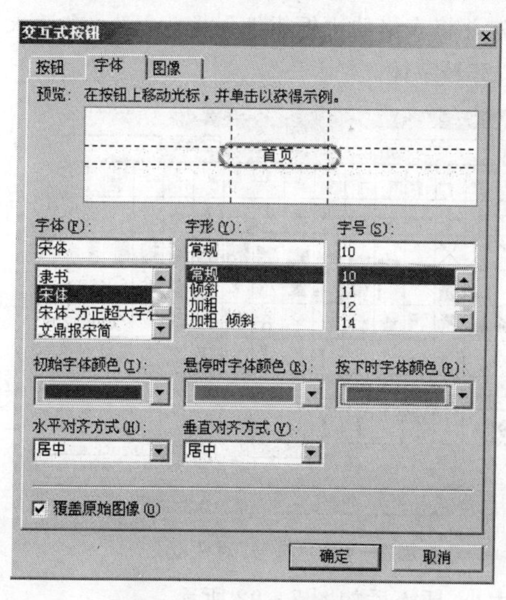

图 7-87　“字体”选项卡

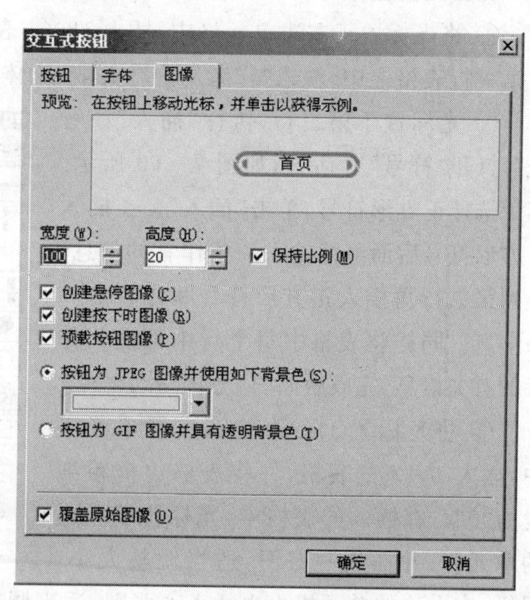

图 7-88　“图像”选项卡

⑤ 单击“确定”完成一个交互式按钮的插入。同样，在该单元格中再插入几个交互式按钮，并设置成与第一个交互式按钮一样，完成后如图 7－89 所示。

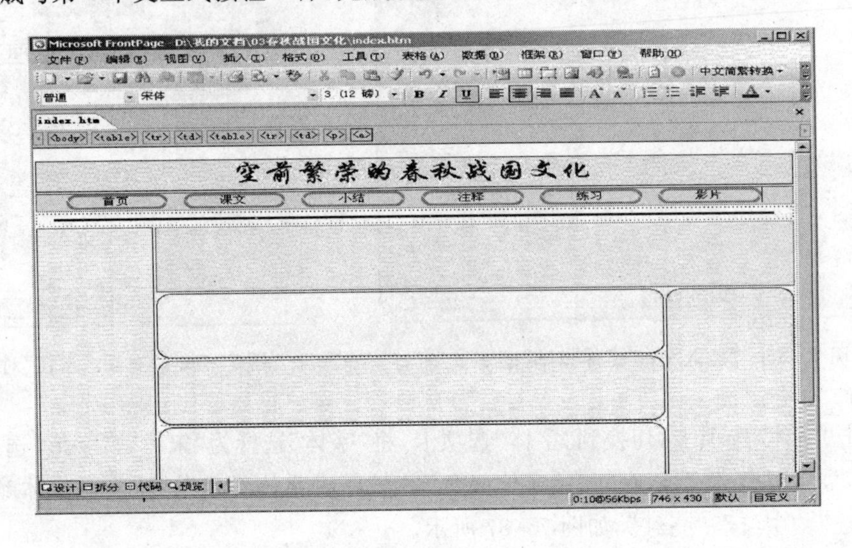

图 7－89

(5) 插入文本和图片。

交互式按钮做好了，下面就开始往主页里插入文本和图片了，具体操作步骤如下：

① 将光标置于左边单元格中，插入 18×1 表格，并将表格的边框粗细设置为“0”。在插入的第一行表格之中，输入“作者简介”，并取“宋体”，“2”号字体。

② 光标置于第二行，执行“插入”|“符号”，打开“符号”对话框，如图 7－90 所示。其中选择正方形符号，单击“插入”。在插入正方形符号后面继续输入一条作者的信息。换到第二行再插入正方形符号和作者的一条信息。同样将表格中每个行中都插入作者的有关信息，完成后如图 7－91 所示。

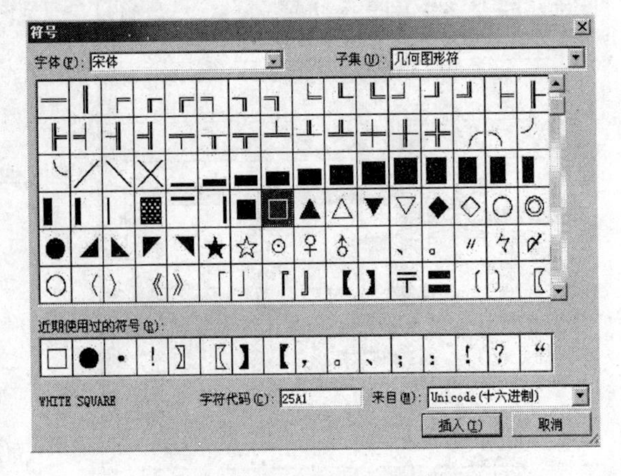

图 7－90 “符号”对话框

③ 将光标置于右边的第一行单元格中，插入 1×3 的表格，并将表格边框粗细设为“0”。在插入的表格中，光标置于左边的单元格，并插入一张图，适当调整大小。同样，在右边的单元格中也插入一张图，适当调整大小，插入后如图 7－92 所示。

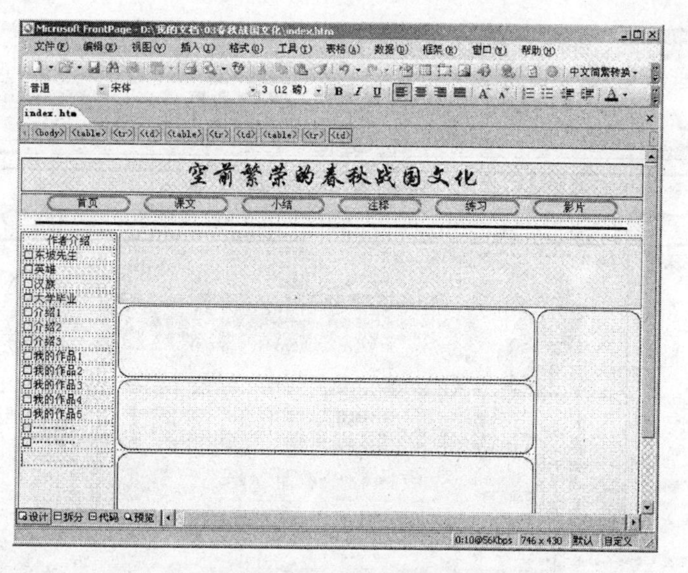

图 7－91　表格中每个行中都插入正方形符号

图 7－92　插入图后效果图

④ 光标置于图的上面一行，输入“阅读提示”，并选择暗红色、“2”号字体。在表格的中间单元格中输入一段阅读提示文字。同样的方法，在网页中其他的单元格内也输入一些标题，充实网页，输入完后如图 7－93 所示。

⑤ 春秋战国文化网站的主页做好了，剩下的就是根据需要为主页上的文本标题或图片创建相应的超链接。

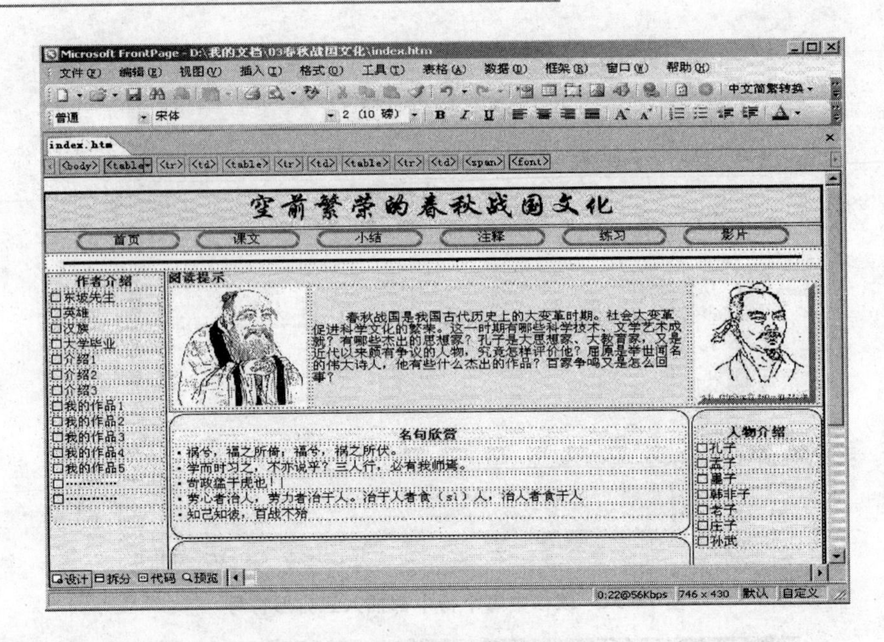

图 7－93　单元格内充实后的网页

第8章

数据库基础及其工具软件 Access 2003

实验一　利用模板新建数据库

一、实验目的

1. 了解数据框架、数据库；
2. 掌握数据库的几种建立方法。

二、相关知识

1. 数据库

数据库(Database)是按照数据结构来组织、存储和管理数据的仓库，它产生于距今五十年前，随着信息技术和市场的发展，特别是二十世纪九十年代以后，数据管理不再仅仅是存储和管理数据，而转变成用户所需要的各种数据管理的方式。数据库有很多种类型，从最简单的存储各种数据的表格到能够进行海量数据存储的大型数据库系统，它们在各个方面得到了广泛的应用。

2. 数据框架

为了方便用户的使用，Access 2003 提供了一些标准的数据框架，又称为“模板”。这些模板不一定符合用户的实际要求，但在向导的帮助下，对这些模板稍加修改，即可建立一个新的数据库。另外，通过这些模板还可以学习如何组织构造一个数据库。

三、实验示例

【例 8.1】 利用模板建立数据库。

Office Online 模板可在线查找所需要的数据库模板。本题选择本机上的模板，具体操作步骤如下：

① 打开 Access 2003，从文件菜单点击新建（或者从右侧窗体直接点击新建文件），再从右侧窗体选择本机上的模板，出现如图 8-1 窗体。

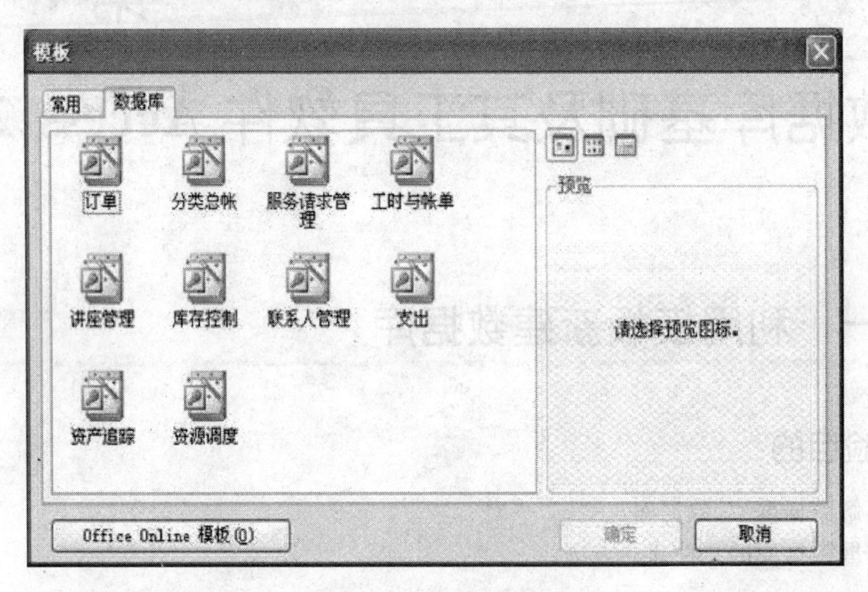

图 8-1　模板选择界面

② 选择工时与账单模板，点击确定键，并将新建的文件命名存盘后。出现如图 8-2 所示向导，此界面显示的是工时与账单数据库所存储的信息。

③ 点击下一步，出现数据库中表和字段，如图 8-3 所示。用户从每一张表中选择表中所

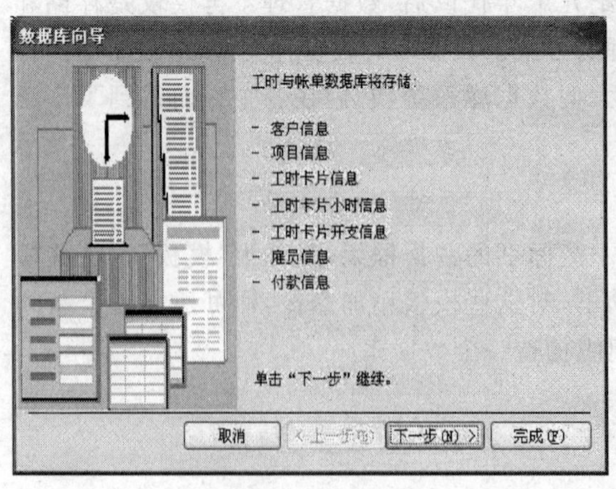

图 8-2　向导界面

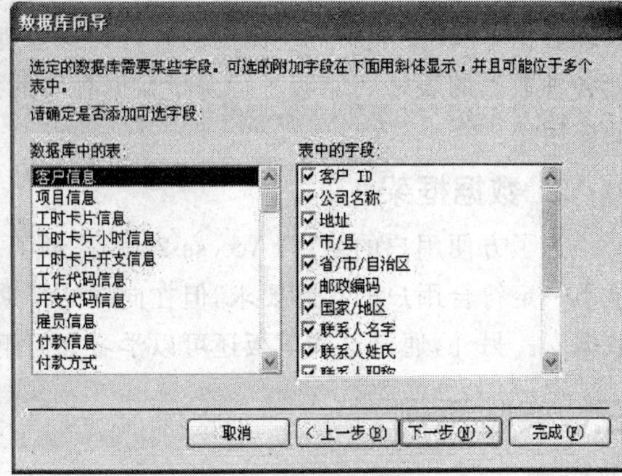

图 8-3　数据库中的表和字段

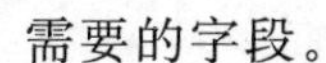
需要的字段。

④ 点击下一步，出现选择报表在屏幕中出现的样式，如图 8-4 所示。用户可根据自身的喜好来选择，系统默认是标准样式。

⑤ 点击下一步，出现选择报表的打印样式，如图 8-5 所示。

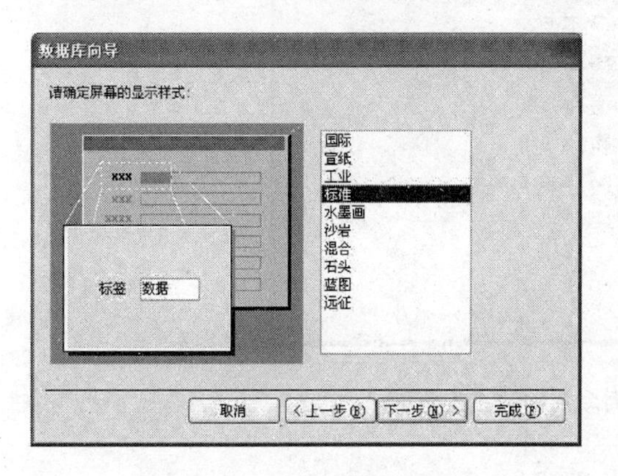

图 8-4　选择屏幕的显示样式

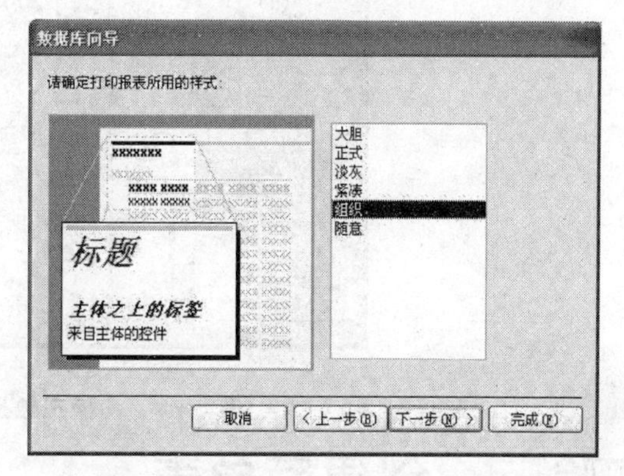

图 8-5　选择打印报表所用的样式

⑥ 点击下一步，要求指定数据库的标题。并可以为数据库加上图片，如图 8-6 所示。本题选择加上图片，并点击图片按钮将图片导入数据库。

⑦ 点击下一步，确定向导构建完数据库之后是否启动数据库，如图 8-7 所示。确定好选择以及确认前面各步骤没有问题则点击完成按钮，若前面有需要改动的步骤单击上一步进行修改。

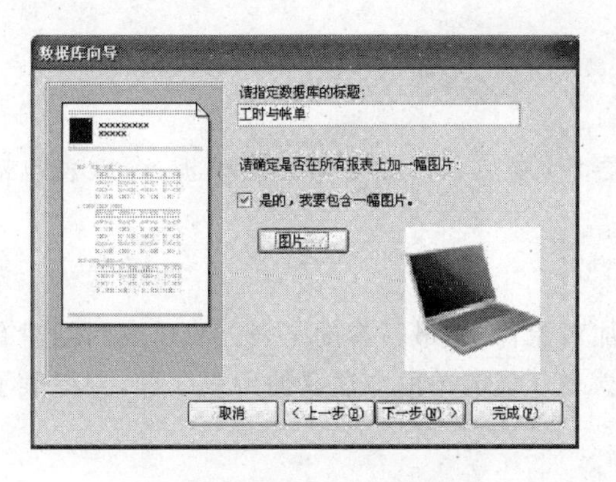

图 8-6 指定数据库的标题

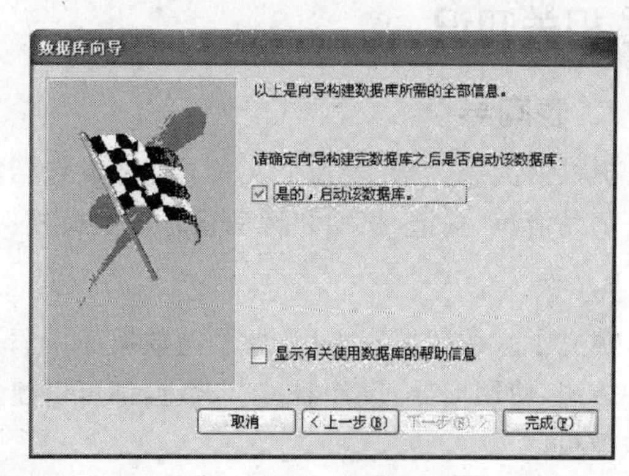

图 8-7　完成数据的建立

⑧ 利用模板建立数据库完成，如图 8-8 所示。

通过模板建立数据库虽然简单，但是有时候它根本满足不了实际的需要。一般来说，对数据库有了进一步了解之后，我们就不再去用向导创建数据库了。高级用户很少使用向导。

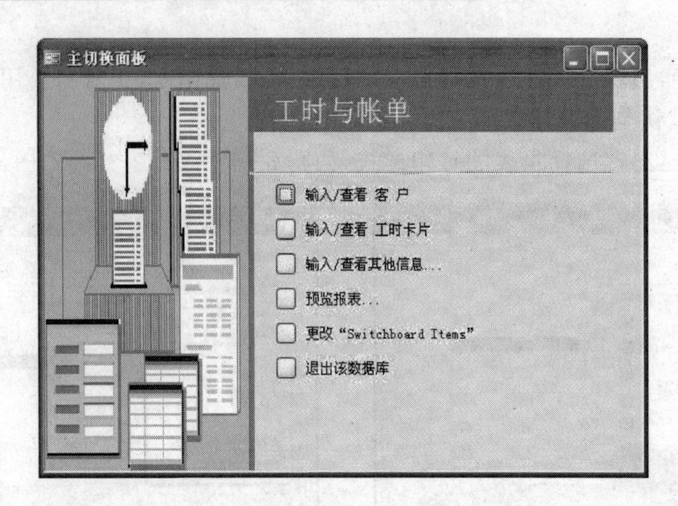

图 8-8　切换在数据库启动的主控页面

实验二　创建简单表

一、实验目的

1. 了解设计器、表;
2. 掌握数据库中表的几种建立方法。

二、相关知识

1. 表向导

提供两类表:商务表和个人表。商务表包括客户、雇员和产品等常见表模板;个人表包括家庭物品清单、食谱、植物和运动日志等表模板。

2. 表

建立了空的数据库之后,即可向数据库中添加对象,其中最基本的是表。简单表的创建有多种方法,使用向导、设计器、输入数据都可以建立表。最简单的方法是使用表向导,它提供了一些模板。

三、实验示例

【例 8.2】　使用向导创建表。

① 在上例建立的工时与账单数据库中选择表,点击“新建表”弹出“新建表”窗口,如图 8-9所示。选择使用表向导,弹出“表向导”窗口,本例新建为客户表,如图 8-10 所示。

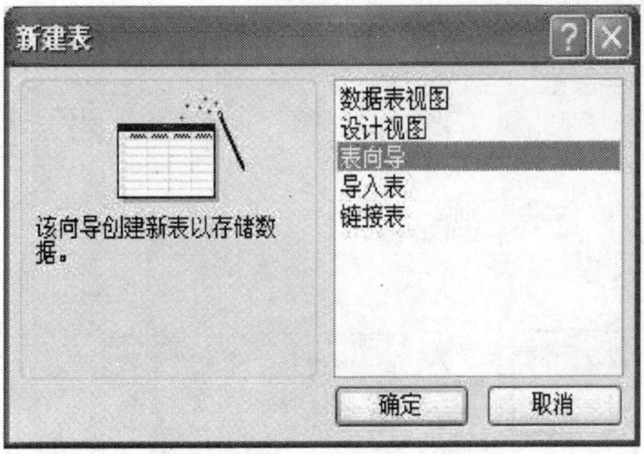

图 8－9　“新建表”窗口

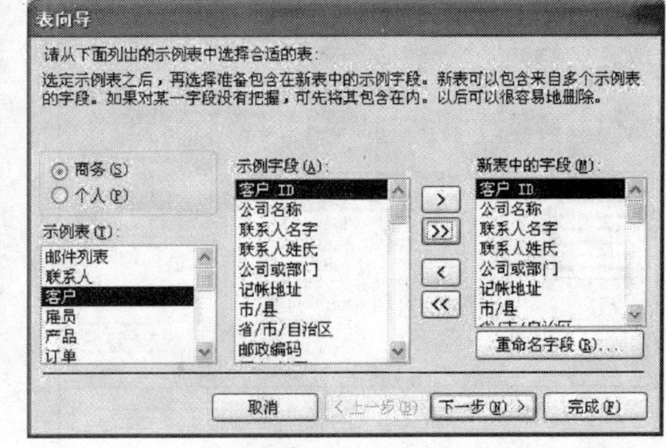

图 8－10　表向导窗口

② 点击“≫”，将示例字段全部倒入新表中，点击下一步，弹出指定新表名称对话框，在对话框中输入表名，如图 8－11 所示。

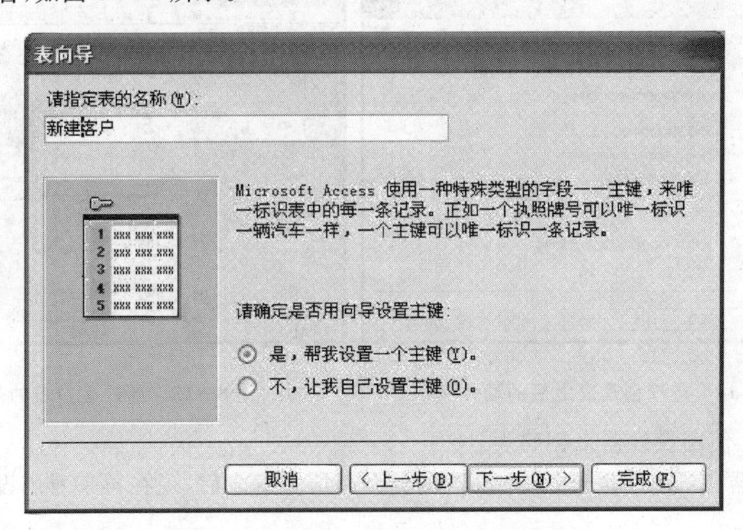

图 8－11　指定表名

③ 点击下一步，确定新建的客户表与数据库中其他的表是否相关，如图 8－12 所示。在列表中选择第一个表并单击关系按钮，确定新建客户表与选择的表之间的关系，如图 8－13 所示，选择两个表之间有多个记录匹配并单击确认键。

④ 弹出窗口，选择向导完成创建表之后的动作。选择直接向表中输入数据，如图 8－14 所示。确认好表的创建步骤无误后点击完成按钮，表创建完成，如图 8－15 所示。

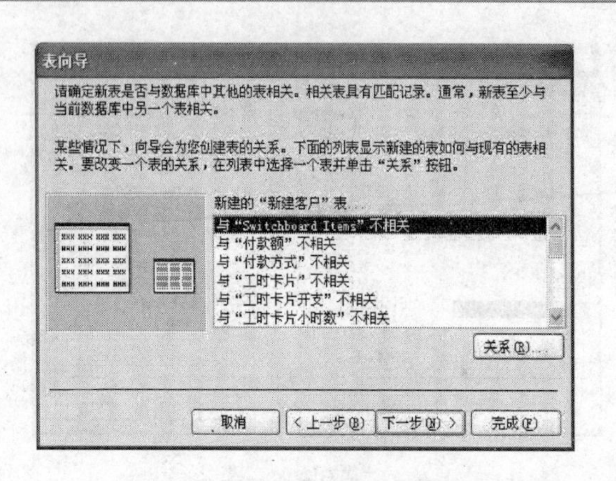

图 8－12　客户表与数据库中其他的表是否相关图

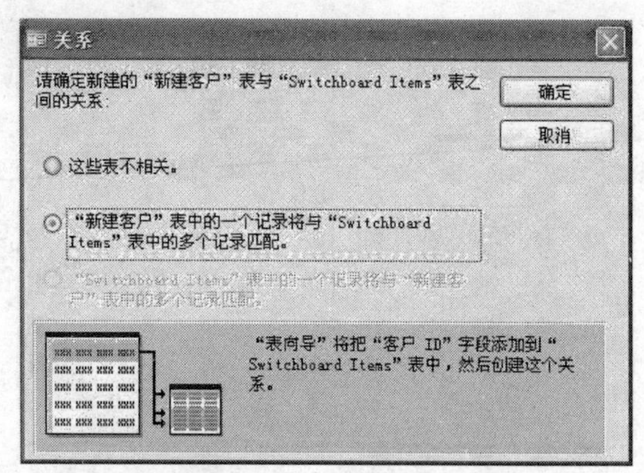

图 8－13　新建的表与所选表之间的关系

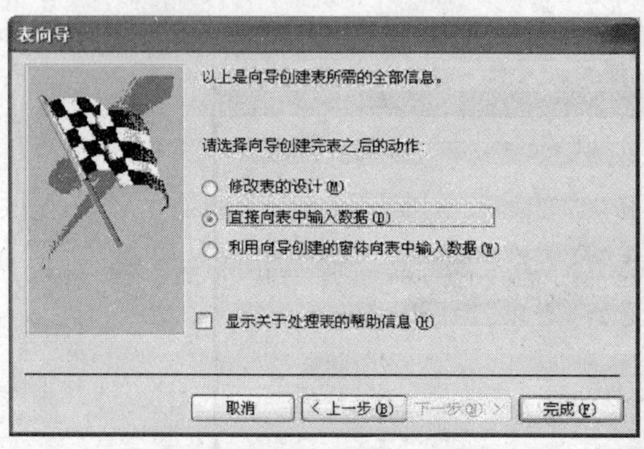

图 8－14　选择创建表之后的动作

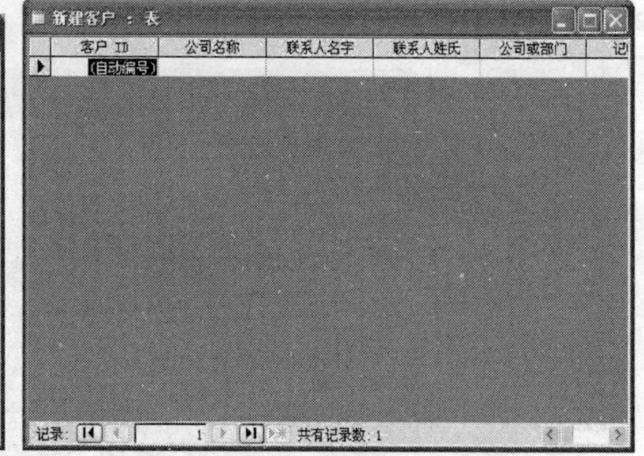

图 8－15　新建客户表的效果图

【例 8.3】　使用设计器来创建表。

对表设计器、字段、字段属性、字段数据类型有所了解之后，现在再来看用设计器创建表的一般步骤。

① 打开空表设计器，如图 8－16 所示。

② 输入【客户编号】字段名，设置为主关键字段(主键)。

③ 设定数据类型为“数字”。

④ 用同样的方法建立【客户名】、【联系人】、【联系电话】等字段并设置字段的属性，如图 8－17 所示。

⑤ 输入说明文字。保存表结构的设计，用另存为，给出表名。

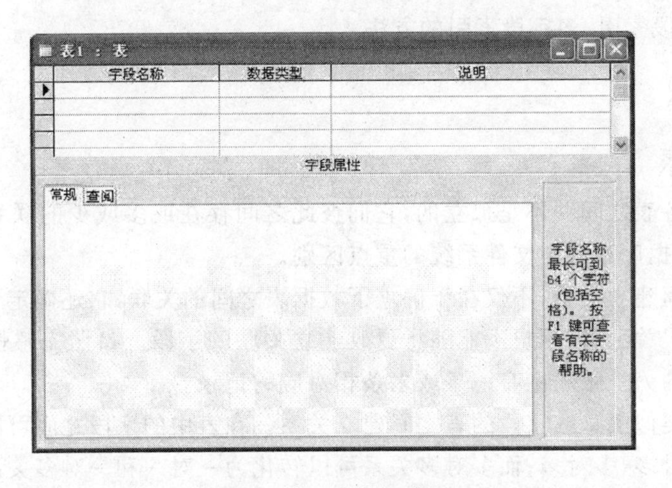

图 8－16　空表设计器

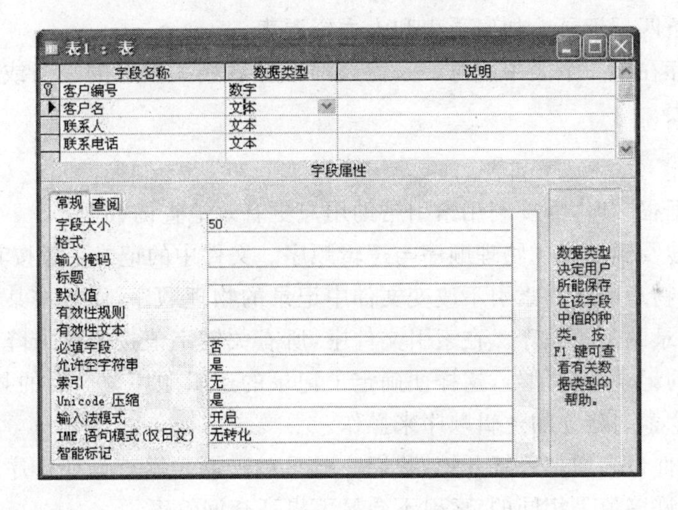

图 8－17　设置属性字段

⑥ 查看表视图，可输入记录数据。

实验三　设定表之间的关系

一、实验目的

1. 了解设计器、表；

2. 掌握表间关系的创建、修改、删除；

3. 掌握单字段索引、多字段索引的方法。

二、相关知识

1. 表间关系

数据库中的各表之间并不是孤立的，它们彼此之间存在或多或少的联系，这就是“表间关系”。这也正是数据库系统与文件系统的重点区别。

在表与表之间建立关系，不仅在于确立了数据表之间的关联，它还确定了数据库的参照完整性。即在设定了关系后，用户不能随意更改建立关联的字段。参照完整性要求关系中一张表的记录在关系的另一张表中有一条或多条相对应的记录。

可以在包含类似信息或字段的表之间建立关系。在表中的字段之间可以建立 3 种类型的关系：一对一、一对多、多对多；而多对多关系可以转化为一对一和一对多关系。

一对一关系存在于两个表中含有相同信息的相同字段，即一个表中的每条记录都只对应于相关表中的一条匹配记录。如雇员表和人力资源表。

一对多关系存在于一个表中的每一条记录都对应着相关表中的一条或多条匹配记录时。如产品表与销售表。

2. 索引

当表中的数据很多时，需要利用索引帮助用户更有效地查询数据。

索引的概念涉及到记录的物理顺序与逻辑顺序。文件中的记录一般按其磁盘存储顺序输出，这种顺序称为物理顺序。索引不改变文件中记录的物理顺序，而是按某个索引关键字（或表达式）来建立记录的逻辑顺序。在索引文件中，所有关键字值按升序或降序排列，每个值对应原文件中相应的记录的记录号，这样便确定了记录的逻辑顺序。今后的某些对文件记录的操作可以依据这个索引建立的逻辑顺序来操作。

显然，索引文件也会增加系统开销，我们一般只对需要频繁查询或排序的字段创建索引。而且，如果字段中许多值是相同的，索引不会显著提高查询效率。

以下数据类型的字段值能进行索引设置：字段数据类型为文本、数字、货币、日期/时间型，搜索保存在字段中的值，排序字段中的值。

表的主键将自动被设置为索引，而备注、超链接及 OLE 对象等类型的字段则不能设置索引。Access 2003 为每个字段提供了 3 个索引选项：“无”、“有（有重复）”、“有（无重复）”。

三、实验示例

【例 8.4】 为表建立索引。

（1）单字段索引。

索引可分为单一字段索引和多字段索引两种。一般情况下，表中的索引为单一字段索引。

建立单一字段索引的方法如下：

① 打开表设计视图，单击要创建索引的字段，该字段属性将出现在【字段属性】区域中。

② 打开【常规】选项卡的【索引】下拉列表，在其中选择“有(有重复)”选项或“有(无重复)”选项即可。

③ 然后保存修改。

(2) 多字段索引。

如果经常需要同时搜索或排序更多的字段，那么就需要为组合字段设置索引。建立多字段索引的操作步骤如下：

① 在表的设计视图中单击工具栏中的【索引】按钮，弹出索引对话框，如图 8－18 所示。

② 在【索引名称】列的第一个空行内输入索引名称，索引名称一般与索引字段名相同。

③ 选字段名称，设置排序次序。

说明：

建立索引，在很大程度上与表的关联及查询设计有重要意义。

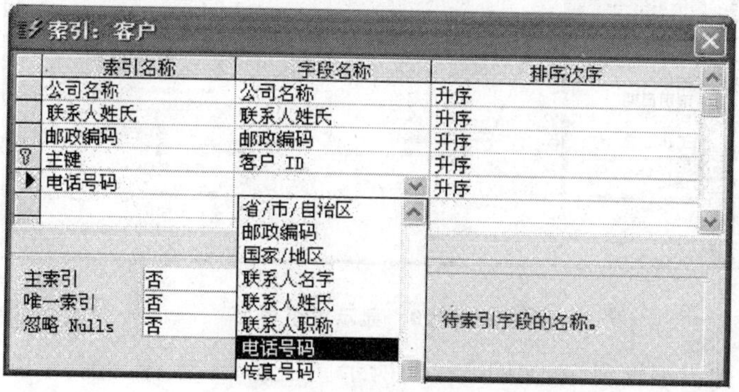

图 8－18 索引设置界面

【例 8.5】 创建并查看表间关系。

(1) 创建关系。

不同的表之间的关联是通过表的主键来确定的。因此当数据表的主键更改时，Access 2003 会进行检查。创建数据库表关系的方法如下：

① 单击数据库窗口工具栏上的【关系】按钮，或者选择【工具】|【关系】命令，打开关系窗口。选择【显示表】(右击选择)，将表添加到设计窗口中，如图 8－19 所示。

② 拖放一个表的主键到对应的表的相应字段上。根据要求重复此步骤，如图 8－20 所示。

(2) 查看与编辑关系。

关系可以查看和编辑。打开【关系】窗口，即可查看关系；双击两表间的连线，可以编辑任

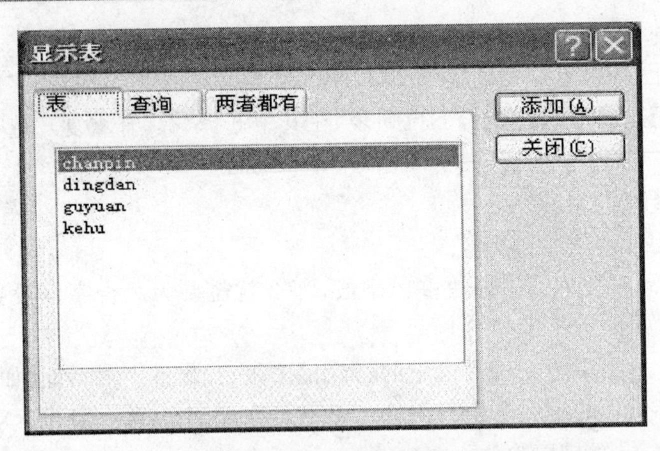

图 8-19　显示表界面

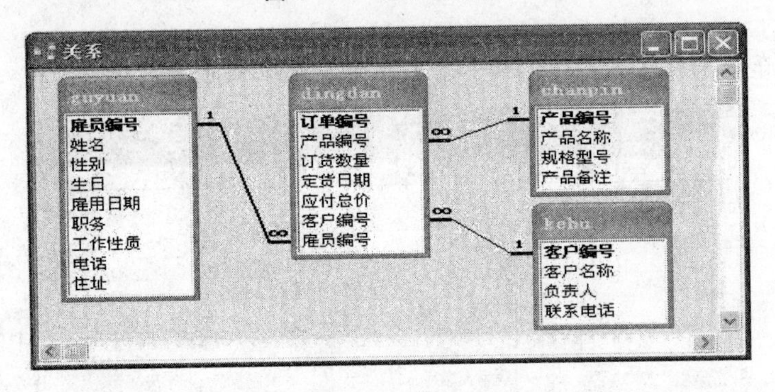

图 8-20　显示关系界面

何连接关系，此时弹出编辑窗口，如图 8-21 所示。

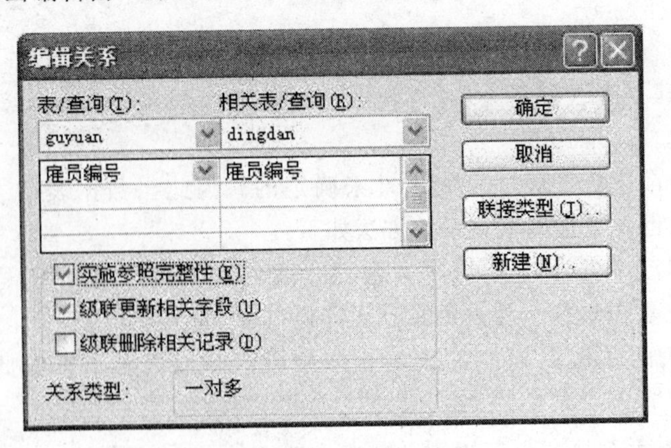

图 8-21　编辑关系界面

【例 8.6】 表间关系的修改与打印。

(1) 修改和删除关系。

用户可以编辑已有的关系，或删除不需要的关系。如上所述，双击关系连线，可编辑关系；而右击连线，选择删除，可删除关系，如图 8－22 所示。

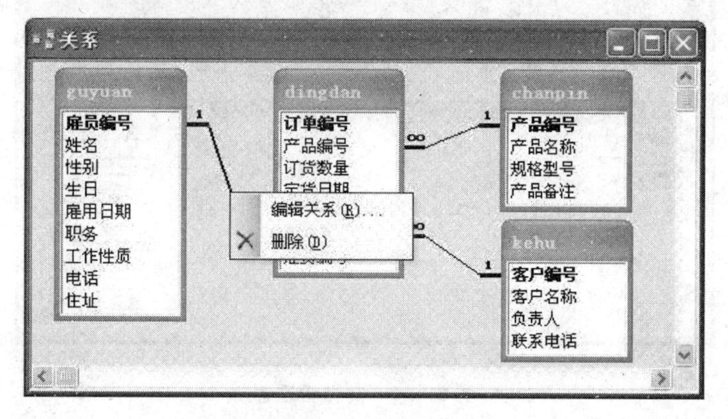

图 8－22　修改和删除关系

(2) 打印关系。

一旦数据库定义了所有关系，就很容易用图表来说明数据库。打印关系图具体操作步骤如下：

① 可在【关系】窗口中右击任一空白区并选择【全部显示】命令。

② 选择【文件】|【打印关系】命令，即打印了关系图的预览图，如图 8－23 所示。右击选择打印，就可在打印机上打印关系图。

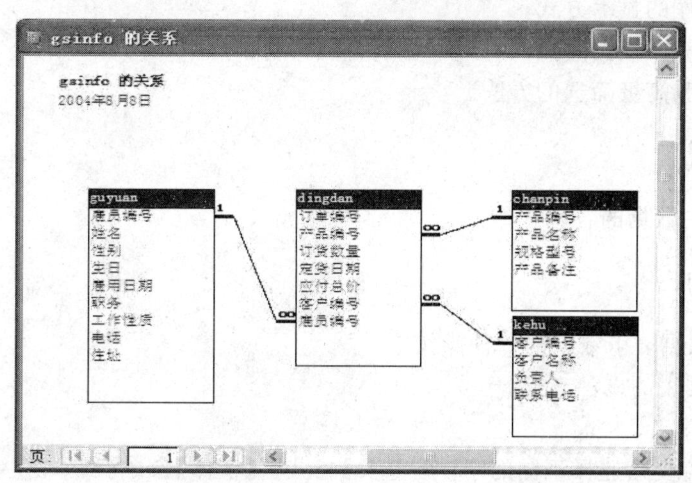

图 8－23　打印关系

说明：

如果要了解数据库关系的更准确信息，包括诸如参照完整性和关系类型等属性，可通过选择【工具】|【分析】命令，打开【文档管理器】来分析了解，如图 8-24 所示。

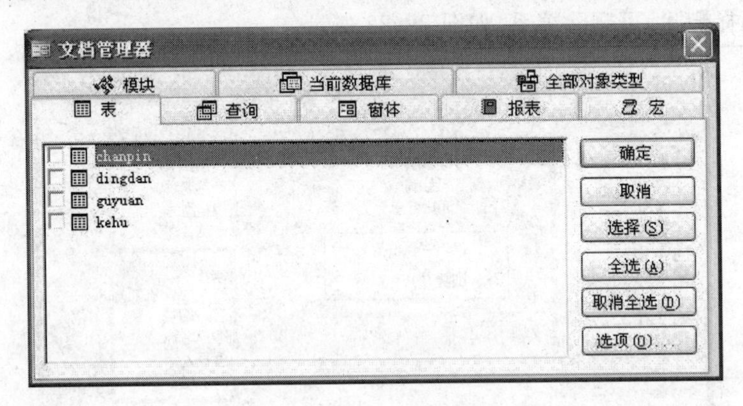

图 8-24　文档管理器

实验四　使用与编辑数据表

一、实验目的

1. 了解数据库的显示方式；
2. 掌握数据表中数据的插入、修改、替换、移动、删除；
3. 掌握筛选和高级筛选的方法。

二、相关知识

练习数据表中数据的各种操作。

三、实验示例

【例 8.7】　数据表中数据的各种操作。

(1) 更改数据表的显示方式。

① 改变字体。

用户可根据需要来选择不同的字体。选择【格式】|【字体】命令，将单出【字体】对话框。

② 设置单元格效果。

用户可以对数据表的单元格效果进行设置。其操作方法为选择【格式】|【数据表】命令，弹

出【设置数据表格式】对话框，如图 8－25 所示。

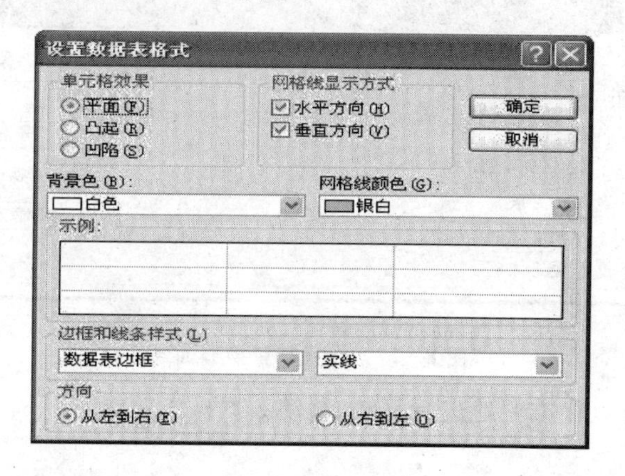

图 8－25　设置数据表格式

（2）修改数据表中的数据。

① 插入新数据。

当向一个空表或者向已有数据的表中增加新的数据时，都要使用插入新记录的功能。

② 修改数据。

在数据表视图中，如图 8－26 所示。用户可以方便地修改已有的数据记录，注意保存。

student ：表

学号	姓名	性别	籍贯	年龄	政治面
1	马健	男	山东	17	团员
2	良东	男	山西	17	团员
3	张春	男	湖北	18	
[illegible]	李秋	男	云南	18	团员
[illegible]	王小	男	湖南	17	团员
[illegible]	赵丽	女	浙江	16	
[illegible]	萧敏	女	辽宁	17	团员
[illegible]	李强	男	广东	19	党员
[illegible]	木然	女	安徽	17	
[illegible]	马晓伟	男	黑龙江	18	团员
[illegible]	梁亮	男	河北	17	
[illegible]	牛莉	女	江苏	18	团员
(自动编号)				0	

新记录(W)
删除记录(R)
剪切(T)
复制(C)
粘贴(P)
行高(R)...

记录：4　共有记录数：12

图 8－26　数据表界面

③ 替换数据。

如果想把数据表中的某个数据替换为另一个数据，可以在数据表视图中选中要替换的字段内容，然后选择【编辑】|【替换】命令，弹出【查找和替换】对话框，如图 8－27 所示。

④ 复制、移动数据。

图 8-27　查找与替换界面

利用剪贴板功能可以很方便地进行复制、移动数据操作功能。

⑤ 删除记录。

可以利用【编辑】|【删除】进行删除操作，也可用快捷键方式完成该操作。

(3) 排列数据。

Access 2003 根据主键值自动排序记录。在数据检索和显示期间，用户可以按不同的顺序来排序记录，如图 8-28 所示。在数据表视图中，可以对一个或多个字段进行排序。升序的规则是按字母顺序排列文本，从最早到最晚排列日期/时间值，从最低到最高排列数字与货币值。

图 8-28　数据表排序

对于多个字段的排序，Access 2003 使用从左到右的优先排序权。

(4) 查找数据。

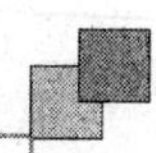

用户可以在数据表视图中查找指定的数据，其操作是通过【编辑】|【查找】命令来完成的。

(5) 筛选数据。

筛选数据是只将符合筛选条件的数据记录显示出来，以便用户查看。筛选方法有5种，分别按窗体筛选、按选定内容筛选、输入筛选、高级筛选/排序、内容排除筛选。

① 按窗体筛选。

在数据表视图下，工具栏上有两个按钮：【按窗体筛选】按钮、【应用筛选】按钮。

② 按选定内容筛选。

按选定内容筛选是指先选定数据表中的值，然后在数据表中找出包含此值的记录。先在数据表中选中字段中某记录的值，然后，选择【记录】|【筛选】|【按选定内容筛选】命令，单击工具栏上的【按选定内容筛选】按钮。

③ 内容排除筛选。

用户有时不需要查看某些记录，或已经查看过记录而不想再将其显示出来，这时就要用排除筛选。方法是先在数据表中选中字段中某记录的值，然后，选择【记录】|【筛选】|【内容排除筛选】命令。右击需要的值并从快捷菜单中选择【内容排除筛选】命令。

④ 输入筛选。

输入筛选根据指定的值或表达式，查找与筛选条件相符合的记录。在数据表视图中单击要筛选的列的某一单元格，然后右击，弹出快捷菜单，如图8-29所示。在筛选目标中输入筛选内容。

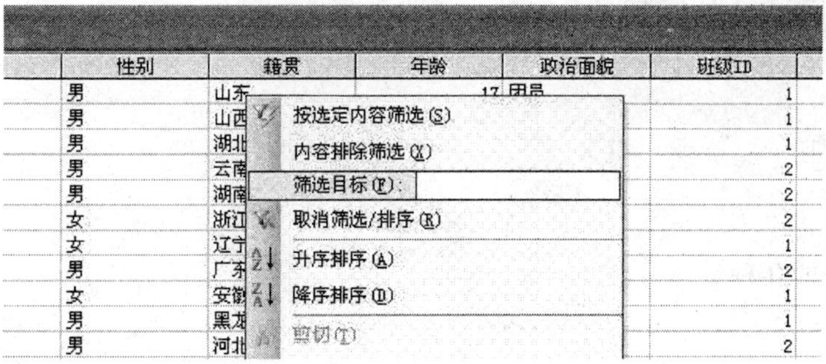

图8-29　筛选数据

(6) 高级筛选与排序。

高级筛选与排序可以应用于一个或多个字段的排序或筛选。高级筛选/排序窗口分为上下两部分，上面是含有表的字段列表，下面是设计网格，如图8-30所示。

① 创建筛选。

要创建一个高级筛选，首先要把字段添加到用于排序和规定筛选准则的设计网格中。

② 设置筛选条件。

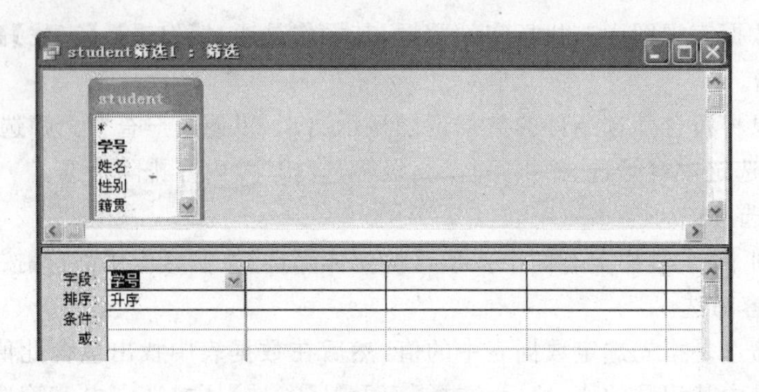

图 8-30　高级筛选

在【条件】行中,可添加要显示记录的条件,它的设置方法与按窗体筛选的设置方法一样。

③ 筛选的使用。

用户如果保存了筛选,则该筛选与表将一起保存,而不作为独立的对象保存。当用户再次打开该表时,筛选不再起作用。如果用户想在一个表中使用多个筛选或永久保存一个筛选,必须将其作为一个查询保存起来。

④ 筛选的取消和删除。

用户还可以取消和删除筛选。单击工具栏上的【取消筛选/排序】按钮。若要完全删除一个筛选,就要通过【清除网格】、【应用筛选】、【关闭】、【高级筛选/排序】等操作来完成。

实验五　使用报表

一、实验目的

1. 了解报表;
2. 掌握报表的几种创建方法。

二、相关知识

报表的功能

尽管数据表和查询都可用于打印,但是,报表才是打印和复制数据库管理信息的最佳方式,可以帮助用户以更好的方式表示数据。报表既可以输出到屏幕上,也可以传送到打印设备。

报表作为 Access2003 数据库的一个重要组成部分,不仅可用于数据分组,单独提供各项数据和执行计算,还提供了以下功能:

(1) 可以制成各种丰富的格式,从而使用户的报表更易于阅读和理解。

(2) 可以使用剪贴画、图片或者扫描图像来美化报表的外观。

(3) 通过页眉和页脚,可以在每页的顶部和底部打印标识信息

(4) 可以利用图表和图形来帮助说明数据的含义。

三、实验示例

【例 8.8】 使用向导创建报表。

创建报表最简单的方法是使用向导。在报表向导中,需要选择在报表中出现的信息,并从多种格式中选择一种格式以确定报表外观。与自动报表向导不同的是,用户可以用报表向导选择希望在报表中看到的指定字段,这些字段可来自多个表和查询,向导最终会按照用户选择的布局和格式,建立报表。

具体操作步骤如下:

① 点击新建报表,弹出对话框,选择使用报表向导来创建报表,如图 8 - 31 所示。

② 点击确定键,选择表并确定报表上要使用的字段。如图 8 - 32 所示。

③ 确定学时中是否添加分组级别,本例添加了学分,如图 8 - 33 所示。

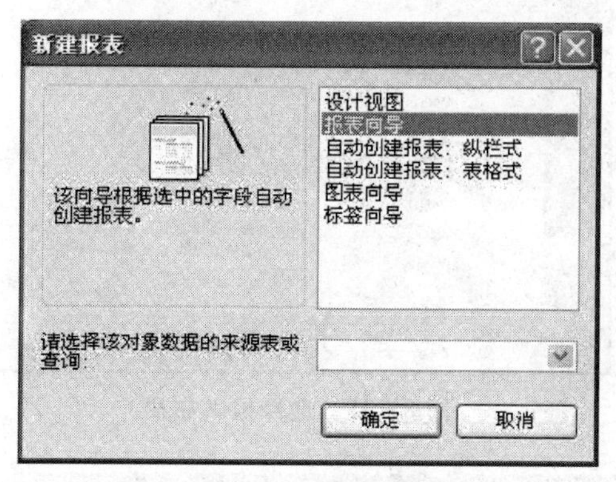

图 8 - 31　新建报表

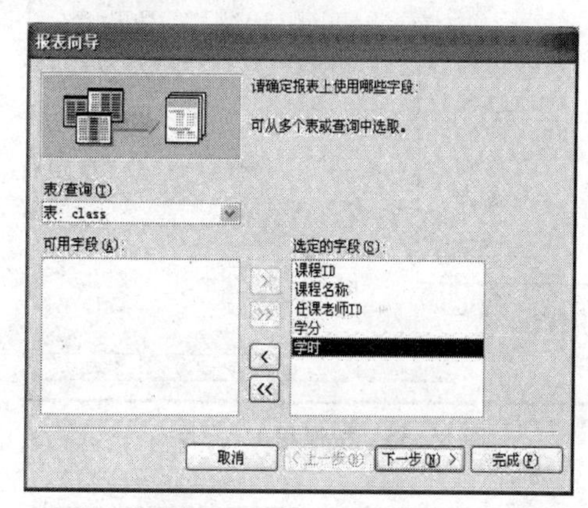

图 8 - 32　选择表和字段

④ 确定明细信息使用的排序次序和汇总信息。每个表里可以对四个字段进行排序,升序或降序排列。

⑤ 确定报表的布局方式和显示方向,本题选择按块布局和纵向排列显示。如图 8 - 35 所示。

⑥ 确定报表所用的样式,本题选择正式样式,如图 8 - 36 所示。

⑦ 为报表指定标题,为 My_class。并确认创建报表的全部信息是否正确,可以选择预览报表或者修改报表设计,如图 8 - 37 所示。

⑧ 选择报表预览,点击完成按钮,预览效果如图 8 - 38 所示。

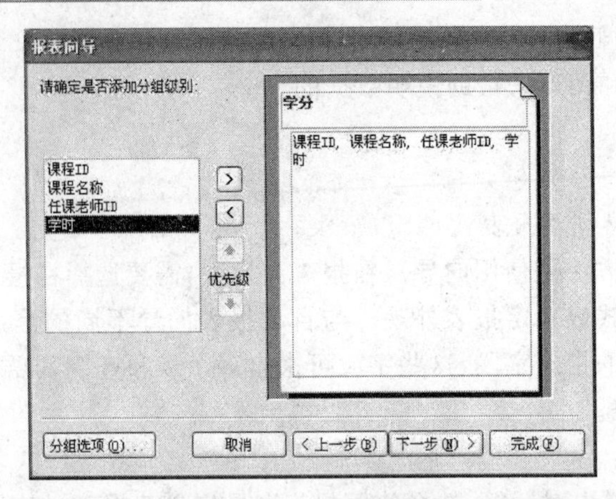

图 8－33　按学分分组

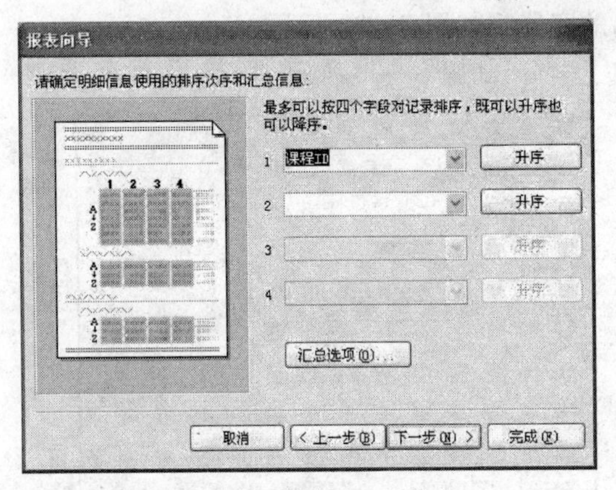

图 8－34　按课程 ID 排序

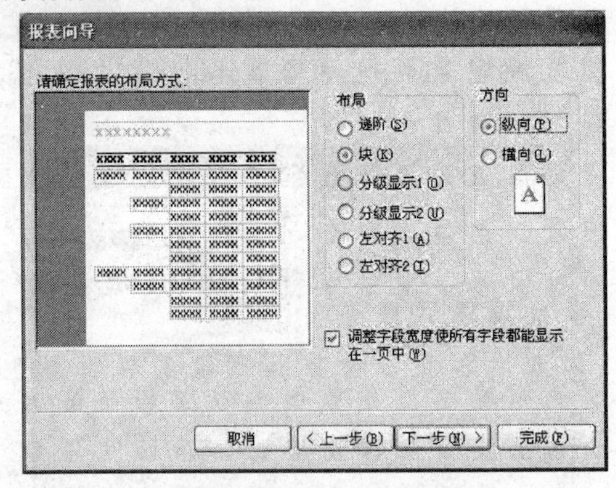

图 8－35　选择报表布局

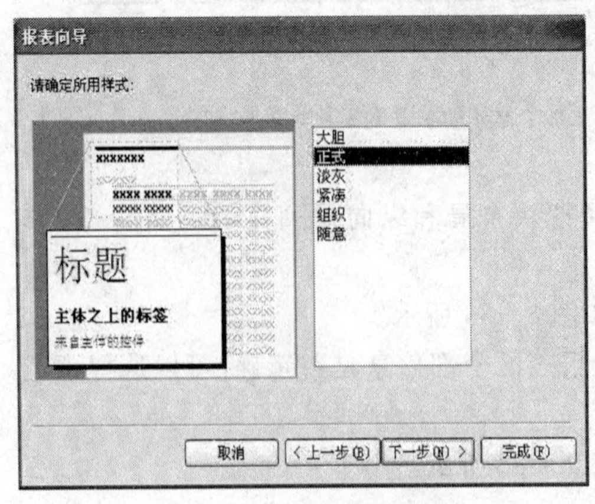

图 8－36　选择报表样式

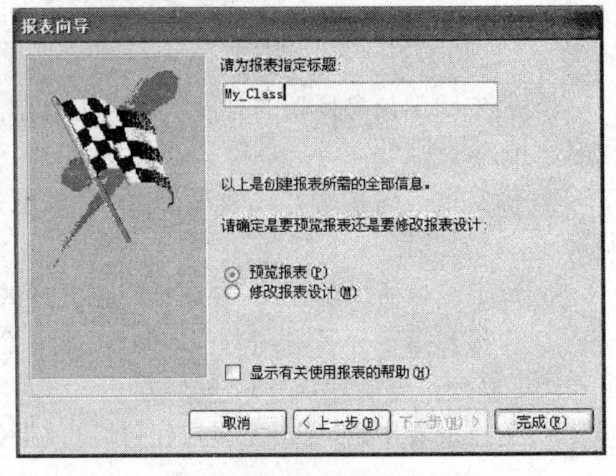

图 8－37　确定报表标题

My_Class

学分	课程ID	课程名称	任课老师ID	学时
3	3	[illegible]	[illegible]	48
5	1	马克思主义哲学	[illegible]	72
	2	高等数学	[illegible]	56
	4	英语	[illegible]	72

图 8-38　运行报表结果

【例 8.9】 用报表设计视图创建报表。

① 打开相应数据库，新建报表，选择【设计视图】、选择【订单】表，如图 8-39 所示。点击确定按钮，弹出报表创建窗口，如图 8-40 所示。

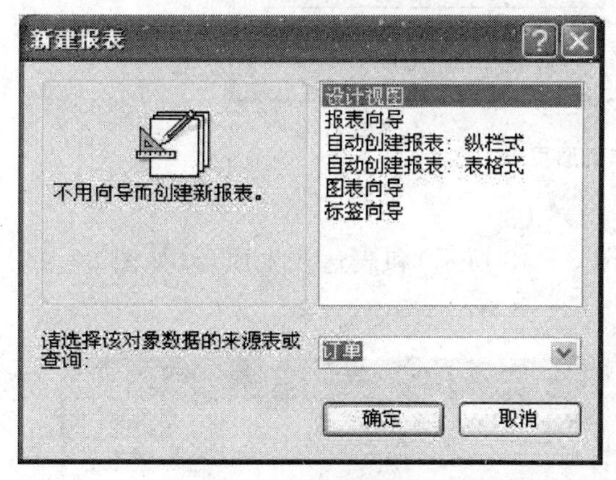

图 8-39　新建报表

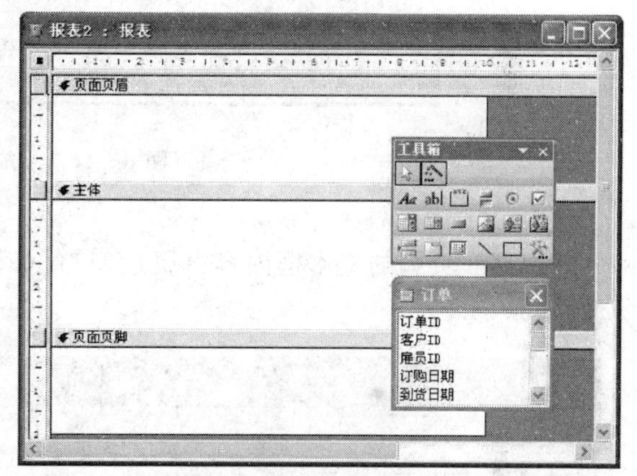

图 8-40　报表创建窗口

② 添加相应字段到报表设计主体区内，如图 8-41 所示。

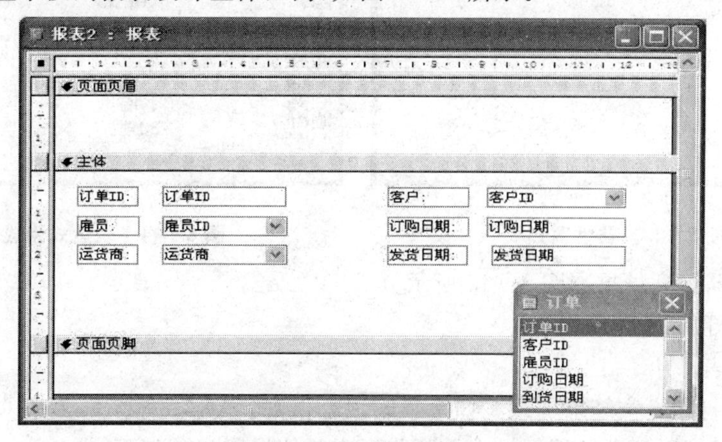

图 8-41　添加字段

③ 添加页面页眉和页面页脚到报表中,如图 8-42 所示。

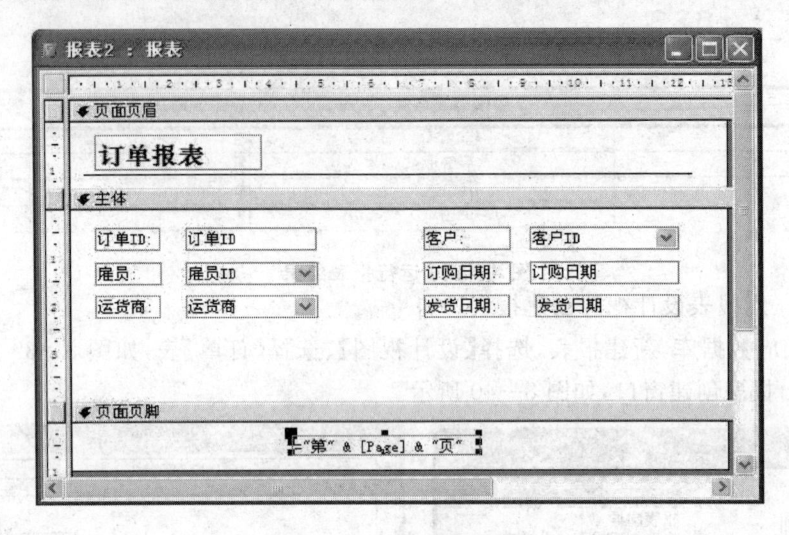

图 8-42　添加页眉页脚

说明:

其中页面页脚的文本框内容由属性窗口(如图 8-43 所示)和表达式生成器(如图 8-44 所示)生成。

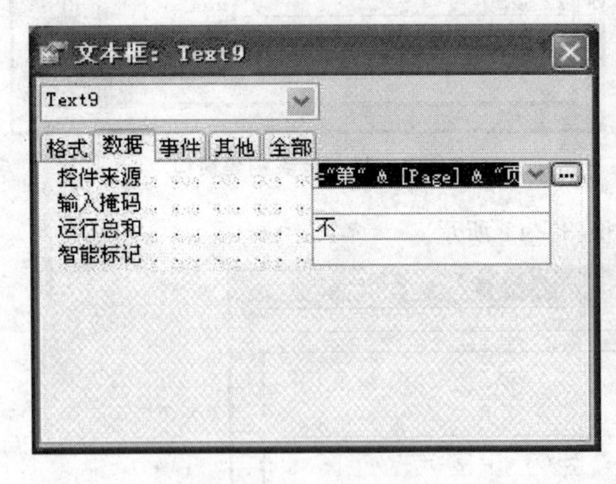

图 8-43　属性窗口

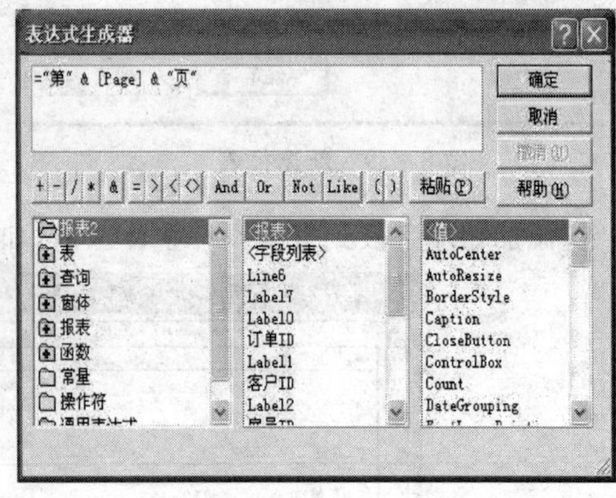

图 8-44　表达式生成器

④ 保存运行,得到结果如图 8-45 所示。

【例 8.10】 预览及打印报表。

(1) 预览报表。

打印预览与打印真实结果一致。如果报表记录很多,一页容纳不下,在每页的下面有一个滚动条和页数指示框,可进行翻页操作。预览报表具体操作步骤如下:

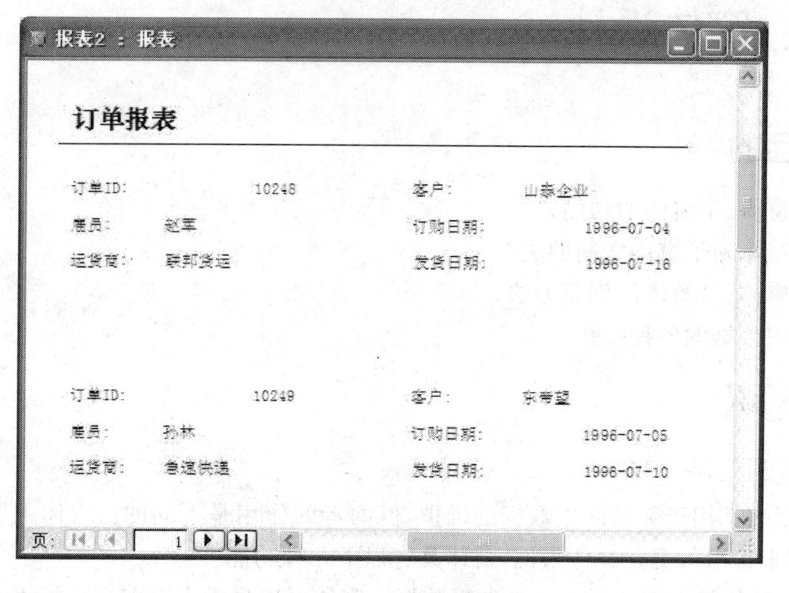

图 8 - 45　报表结果

① 单击数据窗口中【对象】栏下的【报表】按钮，选中所需预览的报表。

② 单击工具栏中的【预览】按钮，即进入【打印预览】窗口。

(2) 报表打印。

打印报表的最简单方法是直接单击工具栏上的【打印】按钮，直接将报表发送到打印机上。但在打印之前，有时需要对打印页面（如图 8 - 46 所示）和打印机设置（如图 8 - 47 所示）。

页面设置主要是设置上下左右的边距，打印设置主要是设置打印范围以及打印份数，都确认好的情况下点击确定按钮就可以开始打印了。

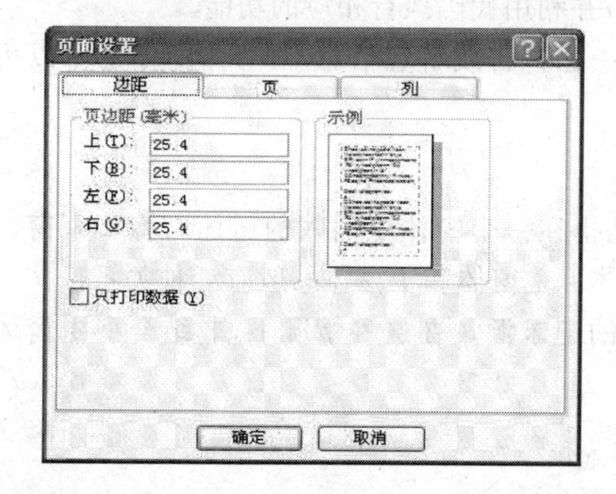

图 8 - 46　页面设置

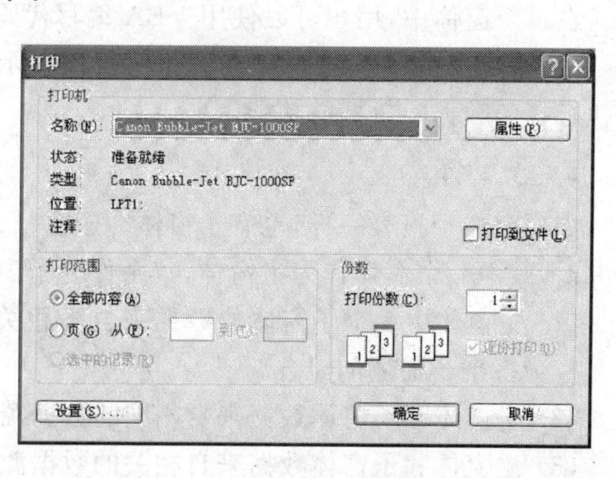

图 8 - 47　打印界面

实验六　窗体设计

一、实验目的

1. 了解窗体、子窗体的功能；
2. 了解窗体和子窗体之间的关系；
3. 掌握窗体、子窗体的创建方法；
4. 窗体中数据的各种操作。

二、相关知识

1. 窗体的功能

窗体和报表都用于数据库中数据的维护，但两者的作用是不同的。窗体主要用来输入数据，报表则用来输出数据。具体来说，窗体具有以下几种功能：

(1) 窗体的最基本功能是显示与编辑数据。窗体可以显示来自多个数据表中的数据。此外，用户可以利用窗体对数据库中的相关数据进行添加、删除和修改，并可以设置数据的属性。用窗体来显示并浏览数据比用表和查询的数据表格式显示数据更加灵活，不过窗体每次只能浏览一条记录。

(2) 数据输入用户可以根据需要设计窗体，作为数据库中数据输入的接口，这种方式可以节省数据录入的时间并提高数据输入的准确度。窗体的数据输入功能，是它与报表的主要区别。

(3) 应用程序流控制与 VB 窗体类似，Access 2003 中的窗体也可以与函数、子程序相结合。在每个窗体中，用户可以使用 VBA 编写代码，并利用代码执行相应的功能。

(4) 信息显示和数据打印在窗体中可以显示一些警告或解释信息。此外，窗体也可以用来执行打印数据库数据的功能。

2. 子窗体

如同存在子报表一样，也有子窗体。子窗体是指在一个窗体中插入的窗体。将多个窗体合并时，其中一个窗体作为主窗体，其余作为子窗体。主窗体和子窗体一般有三种关系：

(1) 主窗体中多个子窗体的数据来自不相关的记录源。在这种情况下，非结合型主窗体只是作为多个子窗体的集合。

(2) 主窗体和子窗体数据来自相同的数据源。

(3) 主窗体和子窗体数据来自相关的数据源。

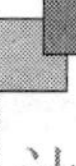

三、实验示例

【例 8.11】 使用设计视图创建窗体。

在创建窗体的各种方法中，更多的时候是使用设计视图来创建窗体，因为这种方法更为灵活直观。

下面以【订单】表为例，使用设计视图创建一个简单窗体，【订单】表如图 8－48 所示。

一般设计步骤是打开窗体设计视图（如图 8－49 所示）、添加控件（如图 8－50 所示）、控件更改，然后可以对控件进行移动、改变大小、删除、设置边框、阴影和粗体、斜体等特殊字体效果等操作，来更改控件的外观。另外，通过属性对话框，可以对控件或工作区部分的诸如格式、数据事件等属性进行设置。

【例 8.12】 创建子窗体。

当子窗体仅仅显示与主窗体相关的记录时，意味着主窗体和子窗体是同步的。要实现同步，作为窗体基础的表或查询与子窗体的基础表或查询之间必须是一对多关系。作为主窗体基础的表必须是一对多关系中的“一”，而作为子窗体基础的表必须是一对多关系中的“多”。

下面创建一个【雇员】的主窗体，然后增加一个子窗体来显示每个雇员发出的订单明细情况，如图 8－51 所示。

创建子窗体过程如图 8－52、图 8－53、图 8－54、图 8－55 所示。

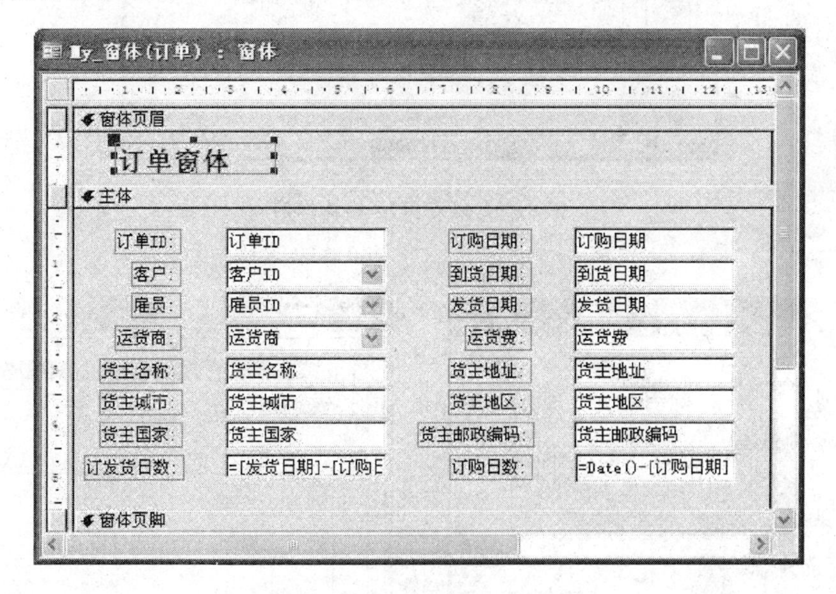

图 8－48 【订单】表窗体样例

图 8－49 新建窗体

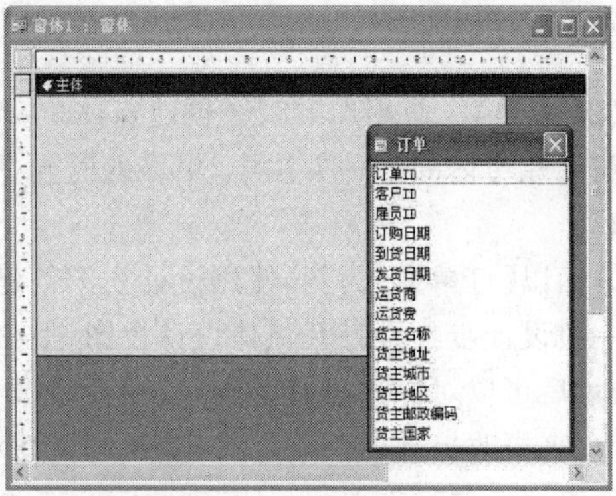

图 8－50 在窗体中添加控件

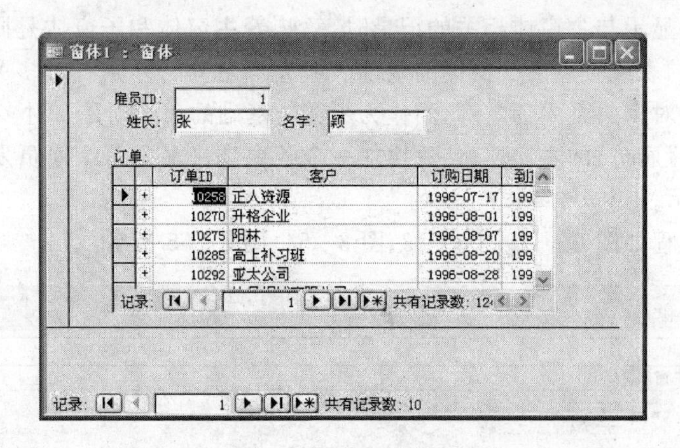

图 8－51 【雇员】子窗体样例

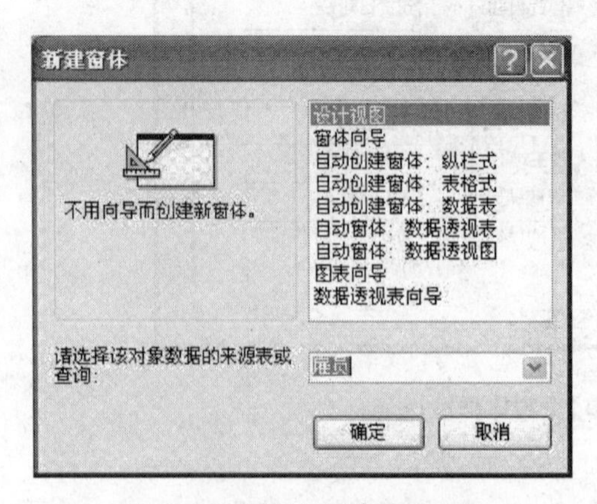

图 8－52 用设计图新建主窗体

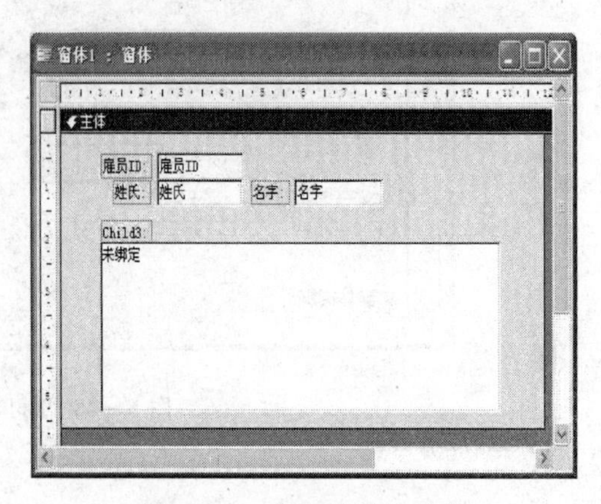

图 8－53 主窗体添加控件

图 8-54　新建子窗体

图 8-55　子窗体添加控件

【例 8.13】　窗体中数据的操作。

创建完窗体之后,可以对窗体中的数据进行进一步操作,如数据的查看、添加以及修改、删除等。除此之外,还可以对数据进行查找、排序和筛选等。

在窗体的操作中,有些操作不会更改窗体中的记录,当然也就不会更改创建窗体所依据的表或查询中的数据。如:数据的查看、数据的排序和查找。而有些操作则会更改窗体中的数据,从而也会更改创建窗体所依据的表或查询中的数据。如:记录的添加、删除和修改。

请看【窗体视图】工具栏,如图 8-56 所示。其中的主要的特殊操作按钮有:

图 8-56　特殊操作按钮

视图、升/降序、按选定内容筛选、按窗体筛选、应用筛选、新记录、删除记录、属性、数据库窗口、新对象等。

① 按选定内容筛选:在窗体中选定某个数据的部分或全部,单击此按钮,屏幕可显示符合选定内容的所有记录。

② 按窗体筛选:弹出对话框,单击任一字段名,会出现一个下三角按钮,单击,在下拉列表中会显示窗体中该字段对应的所有值,供用户选择。

③ 应用筛选:在建立筛选后,单击此按钮,可以进行筛选。再次单击,返回。

④ 新记录:单击此按钮,系统将窗体中所有字段的对应值置空,当前记录号加 1,可添加记录。

⑤ 删除记录:选择要删除的记录后,单击此按钮,将删除所选的记录,且窗体自动显示下一条记录。

⑥ 筛选目标：可以直接在【筛选目标】文本框中输入数值进行筛选，如图 8－57 所示。

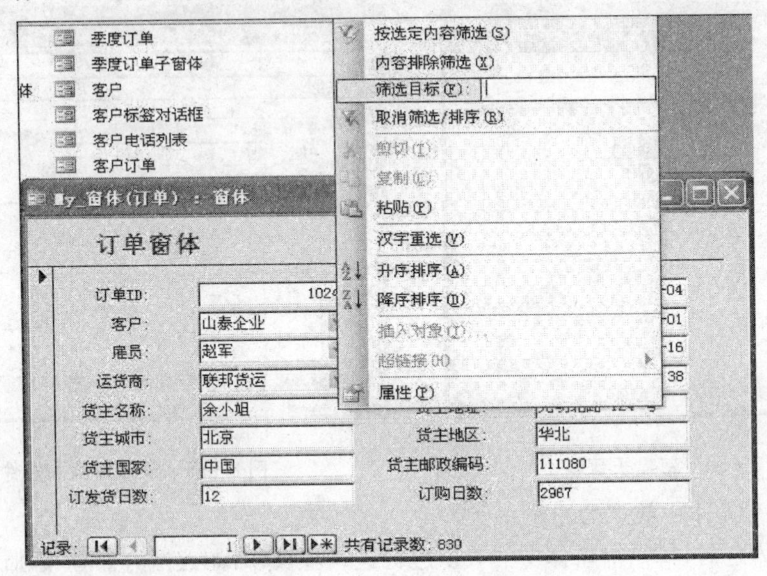

图 8－57　窗体中筛选目标

⑦ 高级筛选：如果希望进行较复杂的筛选，则需要使用高级筛选方式。选择【记录】→【筛选】→【高级筛选/排序】命令，此时弹出【筛选】窗口，如图 8－58 所示。其操作类似建立一个查询。

⑧ 窗体的预览和打印：与报表的情况类似，用户可进行窗体的预览和打印。在打印窗体之前，最好使用打印预览功能对窗体进行预览，然后打印，以上操作可通过单击工具栏上的【打印预览】、【打印】按钮来完成。如果需要对页面或打印机进行设置，可以选择【文件】→【页面设置】命令或【打印】命令进行操作。

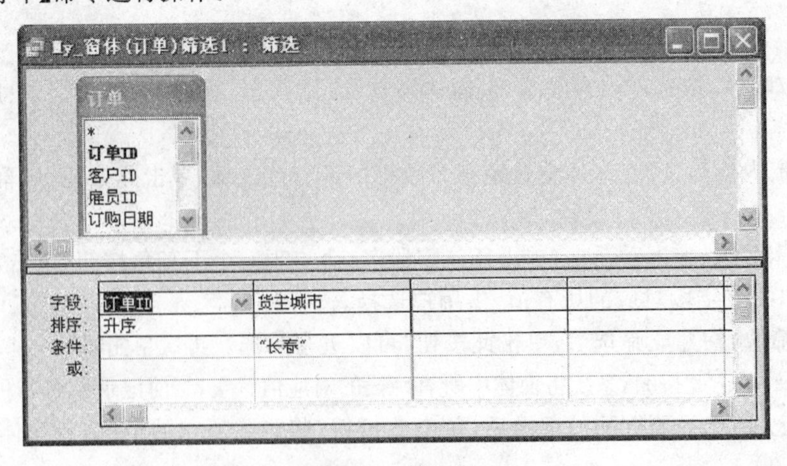

图 8－58　筛选窗口

第 9 章

机房硬件系统

随着科学技术的飞速发展，社会以一个全新的面貌进入 21 世纪。计算机技术的发展更加广泛、更加深入的应用到各个学科当中，在帮助人们飞速的改造客观世界的同时，也深刻改变了人们的生活方式。计算机技术的发展推动社会进入了一个崭新的时代，这个时代最鲜明的两个特点就是全球化与信息化。

计算机作为信息化的主要承载工具和推动力量，硬件的更新速度遵循摩尔定律，呈不断加速发展的趋势。随着硬件的发展，计算机的体积在不断减小，而运算速度却在不断的增长。自第一台计算机 ENIAC 问世以后，由于大规模和超大规模集成电路技术的发展，微型计算机的性能飞速提高，已从第一代发展到了第四代，目前正在向第五代、第六代智能化计算机发展。体积小，重量轻，性能高的个人计算机得到全面的普及，从实验室来到了家庭，成为计算机市场的主流。个人计算机大体上可以分为固定式和便携式两种，固定式的系统主要为台式机，便携式个人机又可分为膝上型、笔记本型、掌上型和笔输入型等。

为了适应全球化的发展趋势，紧跟信息化的浪潮这一时代要求，必须提高当代大学生的计算机水平和能力，计算机教学在高等教育教学工作中已经突显出越来越重要的作用。计算机实践教学对培养大学生的动手操作能力和独立工作能力有着非常重要的作用，是高校教学活动的一个重要组成部分，成为培养高素质创新型人才不可或缺的重要一环。计算机机房作为高校计算机教学的前沿阵地，是高校进行教学工作，锻炼学生实践能力和提高学生对网络信息的理解能力的重要场所，是提高人才质量的重要一环。随着计算机硬件技术的飞速发展和高等教育改革的不断深化，高校计算机机房建设取得了日新月异的变化，在实验室硬件建设上投入了相当的大的资金和力量，建设了一批具有先进技术和高校管理体系的现代化实验室。下面我们首先就机房硬件配置作一下简要的介绍。

9.1 计算机机房硬件配置

计算机中心不断加强教学基础建设，使实验室的硬件环境得到极大改善，为计算机基础教学和其他专业计算机素质教育教学质量的提高打下了良好基础。中心由原来的几百台计算机发展到现在的两千多台，为实践教学提供了先进、充足的计算机设备和实验环境。除了有大量的主流 PC 机外，还有高档微机工作站，适于 CAD 课件和多媒体图像处理，还配置了 Unix 工作站，适于多种操作系统的实验和教学。

9.1.1 功能完善的机房计费管理系统

由于学校实验教学课时的不断增加，实践教学在整个教学过程中的比重越来越大。在逐步突显机房的重要性的同时，系统和硬件的管理与维护工作的加重是显而易见的。既要保证教学工作的正常进行，又要最大限度的减轻机房老师的工作量，为了解决这一问题，做到科学管理、服务完善，计算机中心机房采用了机房计费管理系统。这一系统利用一张非接触射频上机卡来记录学生身份、所选课程和电子帐户信息，对于每一位学生进行身份认证。系统通过学生身份信息数据库统一管理学生上课和自由上机情况。学生持上机卡可到计算中心任意楼层刷卡机处刷卡，然后可以进入同楼层任意一个机房上机，开机后验明身份无误即可开始上机，下机时刷卡下机登记成功后即可离开机房。整个上机过程无须管理人员干预，实现了机房的统一管理、统一收费。机房老师只需做好机房的日常维护，比如机器的硬件的维护及软件的更新，并随时监控服务器的工作状态，保证学生能够顺利平稳的上机。这一系统在提高机房管理水平的同时，使机房管理人员的工作强度降低到最低限度，提高了工作效率，得到了师生的一致好评。

9.1.2 硬件配置

1. 机房配置高档的电脑

近年来，学校通过不断加大对机房硬件设备的投资力度，对于机房的旧机器进行了更新。服务器是一个机房网络资源的提供者和管理者，只有服务器运行顺畅，人们才能无拘无束的在互联网上冲浪。为了充实机房网络资源、提高机器的运行效率，中心引进了联想万全服务器等一些高档的专用服务器设备作为机房网络资源专用服务器，在很大程度上完善了机房的服务质量。在完善服务器的同时，中心机房陆续引进了近千台搭载当前主流配置的高档电脑，均为联想、方正知名品牌微机，最新采购的几百台电脑采用最新的 LGA775 架构的 P4、2.93G CPU、INTER 915 主板、512MDDR 内存、120G 硬盘及配备了 128M 显存的高档显卡、17 寸纯平显示器，高端配置为机房的优质教学服务提供了保障。所有高档电脑在安装调试完毕以后，已经全部用于教学上机实习和为学生提供自由上机服务，高端设备的投入使用为全体师生上机创造了良好的实践环境。

2. 先进的网络设备

交换机是按照通信两端传输信息的需要，用人工或设备自动完成的方法，把要传输的信息送到符合要求的相应路由上的信息传输设备。交换机在机房的作用类似于人的中枢神经,负责整个机房信息的传输,它的优劣直接影响着网络的各项性能,特别是网络运行速度。在对于微机进行更新换代的同时,中心机房引进了美国网捷公司的 FastIron Edge 汇聚层交换机作为机房的主网络设备,作为机房与学校校园网之间的连接设备。它带有两个千兆光纤模块和24 端口 100M 双绞线模块。两个千兆模块供光纤接入,可以接收千兆的信息流,然后再对其进行转换,调整为百兆的信息流后,送入以太网模块(机房网络)。中心机房各楼层机房使用交换机将每一个机房连接成为以太网段,然后汇入主交换机,每个机房的交换机均是网捷公司目前先进的的 EdgeIron 2402CF 交换机;每台交换机在一个机架内提供 24 个 10/100M RJ-45 端口和两个组合式千兆以太网 RJ-45/mini-GBIC 插槽,其交换性能高达 8.8Gbps,转发速率高达 6.6Mpps。机房每台电脑通过安装的百兆网卡连接成为以太网段,直接连到以太网交换机上,配合高配置微机的先进的处理速度,使得每个上机的同学在使用网上资源时,可以独享百兆的带宽,迅速搜寻到自己所需的资料文献,避免了不必要的等待,节省时间的同时也提高了学习效率。

9.2 硬盘保护卡

对于机房硬件的大力投入,使得中心机房在网络功能上可以实现更快、更优。但是,网络的多样化和开放性所产生的安全问题还时时刻刻威胁着机房的正常运行,怎样保护电脑数据不被误删,怎样避免电脑不受到电脑病毒的冲击和恶意删除的影响,这是减少工作量、提高工作效率、改善机房服务水平所要解决的一个重要而紧迫的问题。

操作系统的安装、应用软件的升级和计算机的维护等都需要相当大的工作量。为保护操作系统和应用软件的安全,中心机房使用一种较为先进、安全、快捷的电脑软件系统恢复措施:安装硬盘保护卡(也称硬盘还原卡),对硬盘采取更加可靠的硬件保护。它可以保护电脑硬盘中的资料,是一种防止电脑病毒攻击、防止电脑系统紊乱或崩溃的高科技产品。通过硬盘保护卡系统可以有效的保护电脑内安装的系统软件及应用软件,防止系统遭到破坏。硬盘还原卡不仅可以保护硬盘数据免遭各种破坏;而且还可以保护 CMOS 参数和主板 BIOS 数据免遭各种病毒的侵害,真正实现了对电脑数据的全方位保护。中心机房在每台电脑上安装了硬盘保护卡,通过每次的开机重启对于硬盘数据的修改来保护电脑系统不被破坏,使机房电脑无论是在网络浏览还是上机实验时都更安全、快捷、高效。

9.2.1 硬盘保护卡的工作原理

硬盘保护卡也称硬盘还原卡,保护和还原这两个名字从两方面分别说明了它的功能和实现这种功能所采用的方法。它的主要功能就是恢复电脑硬盘上的数据,防止磁盘的全部或者部分扇区的数据被染毒、误删或恶意删除,起到保护数据的作用。每次开机时,硬盘保护卡会根据预先的设定，对于硬盘的部分或者全部分区自动实施恢复操作，回到用户预先设定的某一时刻点的系统状态。换句话说，任何对受保护的硬盘分区的修改都无效，系统总是恢复到初始的状态，这样就起到了保护硬盘数据的作用。

硬盘保护卡的种类很多，但它的主体都是一种硬件芯片。这类卡现在大都采用 PCI 总线技术，在安装时只要把卡插入计算机的任意一个 PCI 空闲的扩展槽中即可，无需安装驱动程序，实现了即插即用。还原卡加载驱动的方式十分类似 DOS 下的引导型病毒：它首先接管 BIOS 的 INT13 中断，将 FAT、引导区、CMOS 信息、中断向量表等信息都保存到卡内的临时储存单元中或是在硬盘的隐藏扇区中，用自带的中断向量表来替换原始的中断向量表；再另外将 FAT 信息保存到临时储存单元中，用来应付我们对硬盘内数据的修改；最后是在硬盘中找到一部分连续的空磁盘空间，然后将我们修改的数据保存到其中。保护卡与硬盘的主引导扇区(MBR)协同工作，简单的来说，在电脑启动时硬盘保护卡对硬盘读写操作的 INT13 中断进行接管，保护卡在暂时先用它自己的程序接管 INT13 中断地址。通过这样的设置，保护卡接管了所有可能对于保护扇区的文件的修改操作，只要是对硬盘的读写操作都要经过保护卡的保护程序进行保护性的读写。每当我们向硬盘写入数据时，其实还是完成了写入到硬盘的操作，可是没有真正修改硬盘中的 FAT，而是写到了保护卡备份的 FAT 表中，保护卡所保护区域其实并没有被写操作所改变，对于硬盘的写操作只是在这一次重启系统之前起作用，但是系统重启后所有写操作都会被抹去，系统又恢复到了原有的状态。

图 9-1 简单说明了数据还原前后硬盘的状态。

图 9-1　硬盘保护卡简单工作原理

保护区：硬盘上被硬盘保护卡保护的分区。机房设置的保护区是系统软件及应用软件所在的分区。

操作：指对硬盘的保护区数据进行添加，删除，修改等。

还原：将被保护的硬盘数据还原到硬盘保护卡保护工作状态时或上次转储时的状态。在此状态基础之上更新的硬盘数据将被清除掉。

硬盘保护卡利用硬盘介质的冗余性，运行硬盘保护卡的还原命令后，系统将被保护的硬盘数据还原到硬盘保护卡保护工作状态或上次转储时的状态。无论做怎么样的操作，每一次关机、重启后，系统都恢复到操作前的状态，只能读出不能写入，保护了系统分区数据及所安装软件的完整、安全和稳定。在开机的一瞬间，硬盘保护卡实现了对于硬盘数据的的保护和恢复，使我们不用担心系统被破坏或重要数据的丢失，它是从硬件的层面上实现了对电脑软件系统的保护，是彻底解决计算机数据保护问题的最佳方案之一。

9.2.2 使用硬盘保护卡保护软件系统

计算中心机房作为开放的上机实践环境，需要根据不同类型、不同专业、不同上机内容安装各种应用软件和系统软件。硬盘保护卡可以对电脑硬盘的不同分区进行写保护或允许写操作，可以在重新启动电脑时或手动还原后使电脑恢复至初始设置时的状态。如机房管理员需要更新软件系统、安装新软件，可以在输入正确的硬盘保护卡密码后解除硬盘的写保护，设置完成之后可重新保护。硬盘还原卡还具有硬盘复制和网络对拷，可以方便地进行大批量机器软件的安装；强大的数据复原能力，可以及时防止病毒感染和破坏硬盘中的宝贵资料，无需再安装其它的杀毒软件，这样大大减轻和方便了机房的管理和维护。硬盘还原卡的安装使用极其简单，高度智能化，甚至连安装软盘都可以不要，真正实现了即插即用。

根据机房系统软件使用状况，在通常状态下一般是将硬盘保护卡设置为自动还原状态的。需要强调的是：当学生在上机实验时，一定要把自己的有用数据保留在数据存储区，否则在开机重新启动计算机后，硬盘将会执行还原命令，之前保留的数据将会丢失。硬盘保护卡在学校的机房管理中占有很重要的地位，基本上达到了“一卡无忧”的目标，使用了硬盘保护卡后极大的减少了机房的维护，基本无需担心病毒、误操作等问题。换句话说，不管是病毒、误改、误删、故意破坏硬盘的内容等，都可以轻易地还原。当然，如果硬盘发生了物理性损坏，硬盘保护卡是无能为力的。

1. 安装硬盘保护

现在硬盘还原卡种类很多，大多是 PCI 总线，采用了即插即用技术，不必重新进行硬盘分区，而且免装驱动程序。安装时把卡插入计算机中任一个空闲的 PCI 扩展槽中，开机后检查 BIOS 以确保硬盘参数正确，同时将 BIOS 中的病毒警告设置为 Disable。在进入操作系统前，硬盘还原卡会自动跳出安装画面，先放弃安装而进入 Windows，确保计算机当前硬件和软件已经处于最佳工作状态，建议检查一下计算机病毒，确保安装还原卡前系统无病毒。最好先在 Windows 里对硬盘数据作一下碎片整理。杀毒软件的实时防毒功能、各种基于 Windows 的系统防护/恢复软件的功能已经完全或者部分地被还原卡包含，建议关闭或不安装或卸载。

重启后安装还原卡，并设置还原卡的保护选项(具体设置因还原卡不同而异)。但大多都应有以下几项：硬盘保护区域设定、还原方式设定(包括开机自动恢复、选择恢复和定时恢复等)、密码设定等。设置完毕，保护数据后，整个硬盘就在还原卡的保护之下了。

2. 还原卡的多分区引导

中心机房负责全校学生的上机实践课程，专业和年级的不同所应用的软件也各不相同。如果每一种软件都安装在同一个操作系统里边，将会使微机运行速度大大减慢，影响软件的正常使用，因此通过还原卡的多重分区引导功能，可以将硬盘分为若干个分区；其中可分为系统分区以及数据存储区。对于每一个系统分区，我们都通过硬盘保护卡对它进行保护，而另外开辟出数据存储区，做为公用区不加任何保护，作为师生在上机实验时保存数据区域。

目前，根据师生上机使用软件的情况，机房电脑通过硬盘保护卡将硬盘分为三个系统分区，如图 9－2 所示；每个分区安装不同类型的应用软件，适合于师生上机的不同应用。各分区的基本操作系统平台为 Windows 2000 专业版。

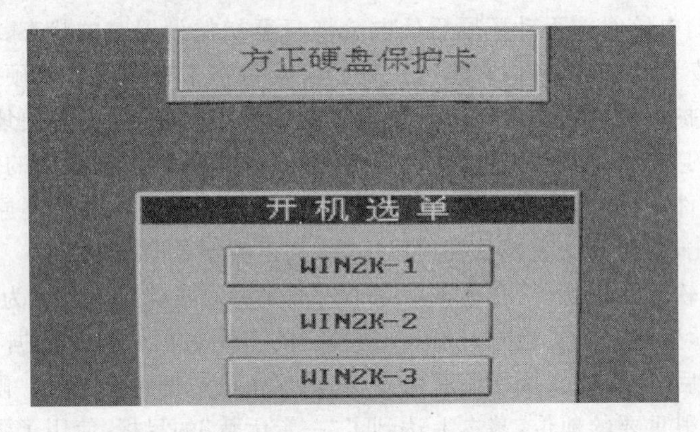

图 9－2　硬盘保护卡开机选单

由于机房经常承担各种重要考试的上机考试，例如全国计算机等级考试、河北省大学生计算机考试以及天津市等级考试等等，为了保障各种考试的顺利进行，我们把机房电脑第三个系统分区(WIN2K－3)作为考试专用分区。

通过对硬盘保护卡的设置第四个系统分区在平时是作为隐含分区不对师生开放的。这样学生在平时教学上机或自由上机时打开电脑看到的是通常使用的两个分区，如图 9－3 所示：

图 9－3　通常使用时开机单选

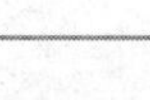

9.3　刷卡上机流程及系统介绍

学生进入机房，每层机房都有上机刷卡系统管理机，学生持上机卡到刷卡机前刷卡。刷卡成功，刷卡机有“滴”的一声响，在屏幕上显示学生的信息，并在屏幕右侧有“上机登记成功”的提示，如图 9－4 所示：

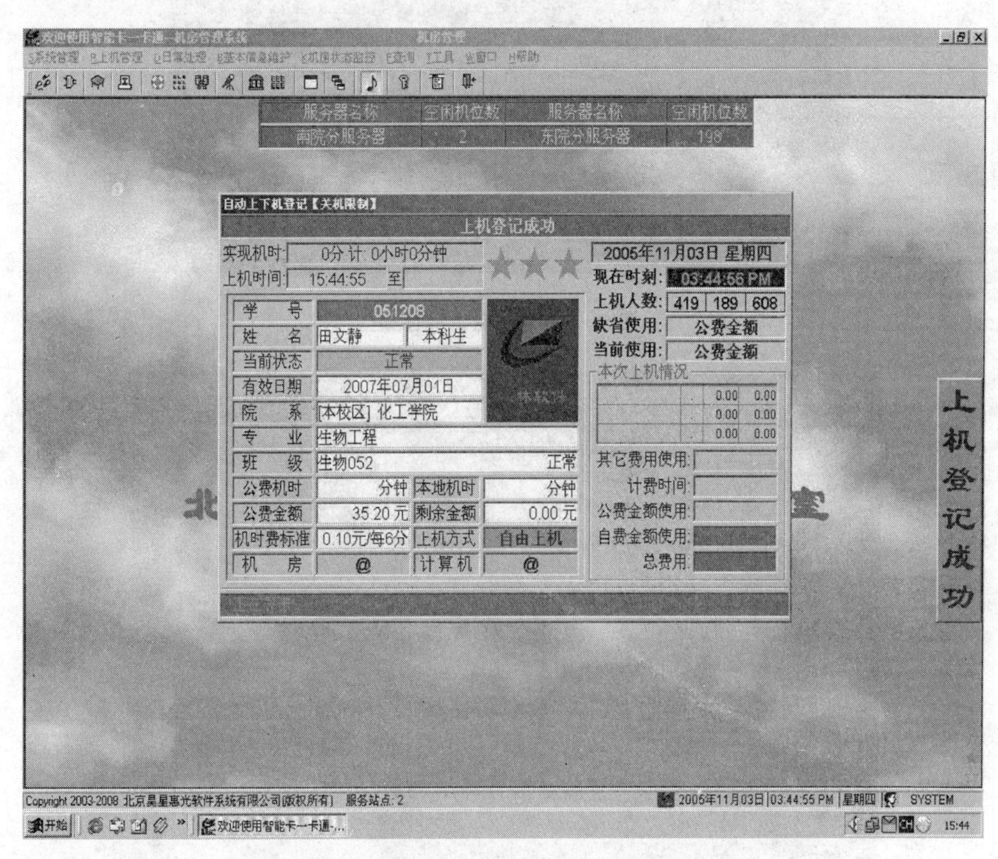

图 9－4　刷卡上机登记信息

刷卡成功后，学生进入所在的上机区域，打开计算机屏幕显示如图 9－5 所示的系统盘选择菜单。

用↓↑选择自己想要的三个操作系统其中的一个，按回车键进入所选的操作系统，系统即出现一个黄色的对话框如图 9－6 所示。

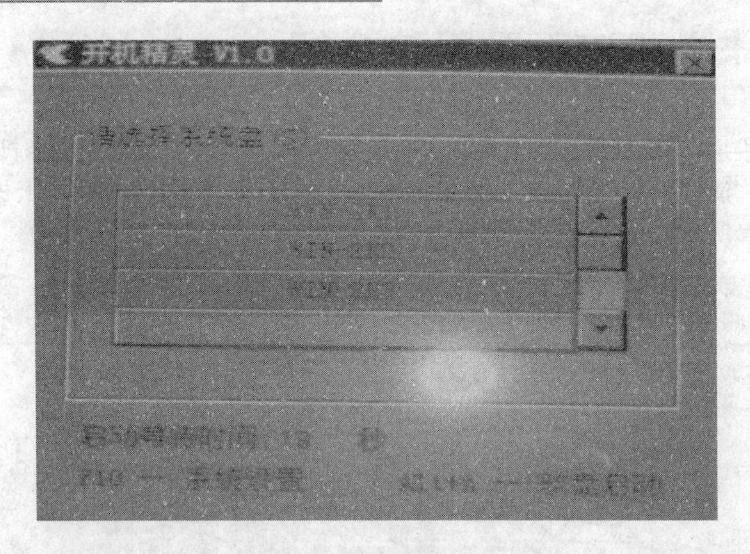

图 9-5 系统盘选择窗口

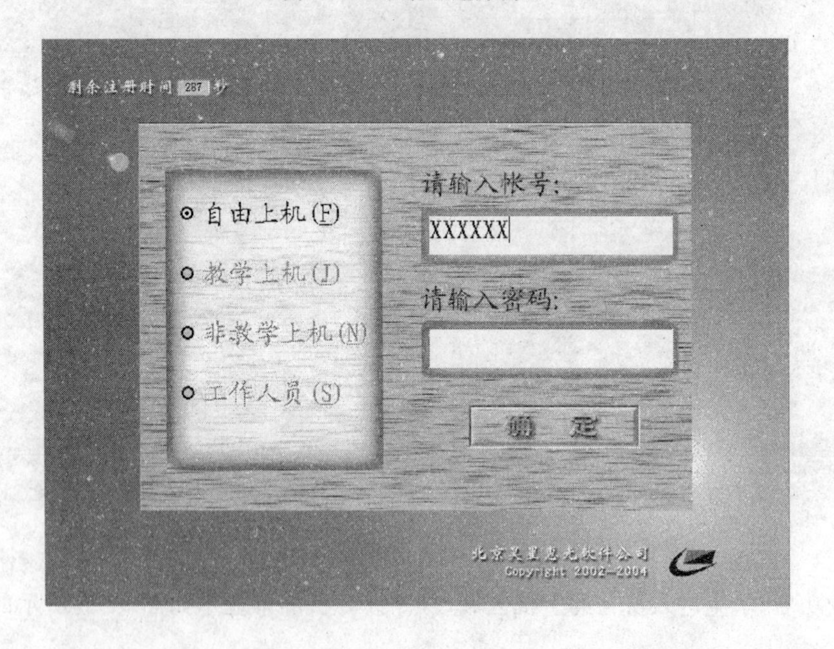

图 9-6 上机项目选择

学生无论是上课还是自由上机，都选择“自由上机”一栏，并在“请输入帐号:”的下面输入自己的学号。第一次登陆系统的时候，系统默认密码为空，输入学号后直接用鼠标点“确定”光标就可以进入图 9-7 所示更改密码桌面窗口。

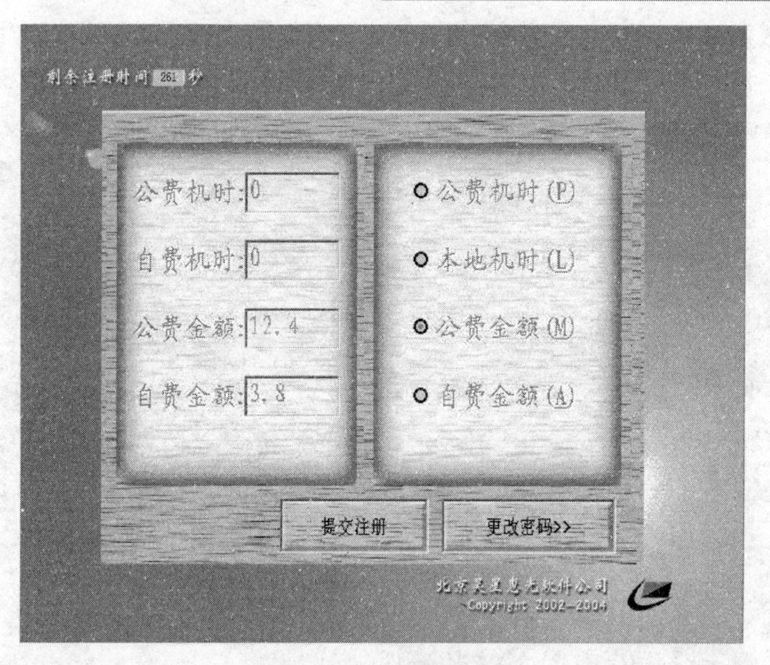

图 9-7　更改密码窗口

第一次登陆的时候,建议同学们把自己的上机卡设置一下密码,同学们可以用鼠标点击“更改密码”就会进入以下如图 9-8 所示界面。

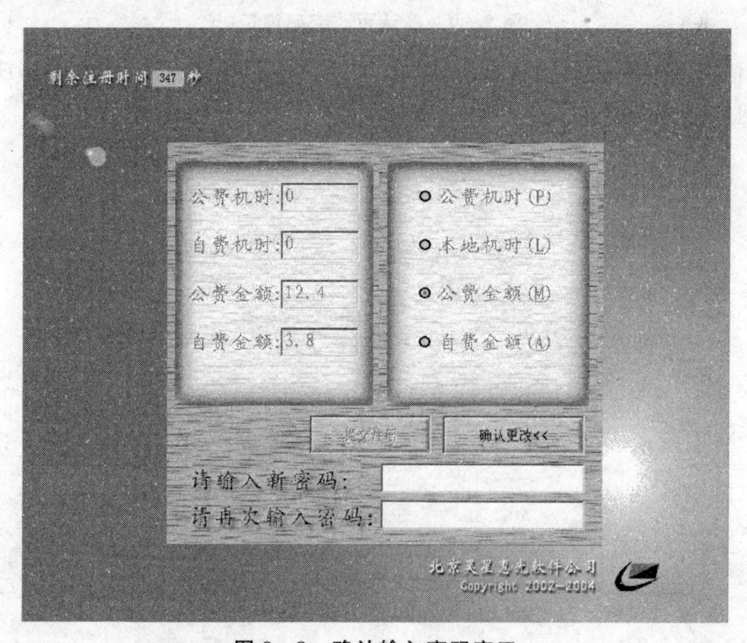

图 9-8　确认输入密码窗口

在“请输入新密码”的对话框里输入自己设置的密码；在“请再次输入密码”中重复输入自己设置的密码，然后点击“确认更改”图标，系统会出现如图 9 - 9 所示确认更改密码窗口。

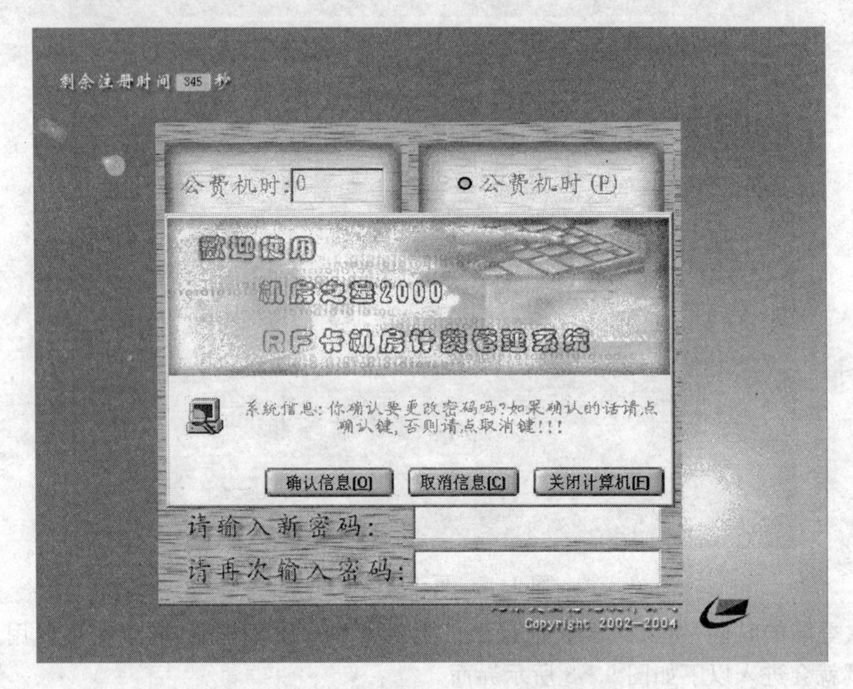

图 9 - 9 确认更改密码窗口

点击“确认信息”图标，密码设置成功，进入系统。可以继续进行其它操作或是退出系统，正确关闭计算机。

第10章 校园网服务

随着网络技术的发展和网络产品价格不断下调，众多高校都开始搭建网络平台，组建自己的校园网络。学校经过211工程的建设，分期组建完成了现代化的校园网络。校园网的组建已经将校园内的计算机、服务器和其他终端设备连接起来，实现校园内部数据的流通，校园网络与互联网络的信息交流，并且保证了局域网网络的安全，使办公和教学实现了网络化，提高了办公效率，完善了教学质量。在校园网的基础上，学校各部门实现了办公自动化，使得校内公文和各种通知的快捷便利流转；依托完善的机房设施，对于本科生教务信息的管理更加便捷，实现了学生网上选课；大型的服务器提供丰富的FTP内容和网络影音视频资源共享，丰富了同学们的业余生活。本章将分别介绍本科生选课系统、计算中心FTP资源使用方法和注意的问题。

10.1 本科生选课系统

学分制是一种以学分为计量单位衡量学生学业完成状况的教学管理制度。随着我国高等教育改革的逐步推进，越来越多的高等院校都采用学分制代替了学年制。学分制赋予了学生自我选课的灵活性，这本身就改变了整体单一的培养模式。自由选课可以使学生的素质、知识、能力得到全面发展，充分发挥因材施教的自我能动性，使学生的个性得到充分发展。自由选课使学生的知识结构差异性提高，从一定程度上提高了整体创造力的水平。

选课制是学分制的基础，开出足够数量和高质量的选修课程是学分制的显著特点之一。因此进一步完善学分制，首先应完善选课制，我国各高校推行的学分制基本上使以选课制为前提的学分制。选课制于18世纪末首创于德国，随后在1779年，美国的第三任总统托马斯 杰斐逊首先把选课制引入了威廉和玛丽学院。也有人认为，真正现代意义上的学分制1872年产生于美国哈佛大学，之后逐步推广完善。我国正式推行学分制的标志是1918年蔡元培在北京大学实行的“选科制”。改革开放三十年以来，各高校的选课制已经得到了广泛的推广和完善。计算机中心充分利用现代网络带来的便利，依托高速完善的校园网络与先进的微机设备，承担着全校学生的选课工作，建立了合理的选课管理模式。本节将详细介绍选课流程以及学生在选课中容易出现的问题。

10.1.1　登陆教务处主页

教务处负责维护学生在校期间的学籍和学科信息，管理学校的日常教学活动，保障教学活动的正常进行。网络选课系统本身是一个与教学计划、学籍管理及成绩管理密切相关的系统。每学期，学生通过校园网络将自己本学期的拟选课程输入计算机，系统能根据学分制的选课规定对学生的选课进行现场审查，保证选课的合理性，实现对选课进程的有效监控。例如，系统能够审查学生所选课程的上课时间是否冲突及是否符合修课条件；能够快速统计学生所选课程的选课人数及选课名单；能够统计和输出学生个人课程表，实现对教学班人数的自动限制；能够保证学生的选课不被他人修改。选课作为教学工作中的一个重要环节，在教务处组织安排下统一进行。刷卡上机后进入 WIN2K－1 系统，打开 IE 浏览器，在地址栏输入 http://www.hebut.edu.cn/，进入学校主页，如图 10－1 所示。

图 10－1　学校主页

在管理机构中点击教务处进入学校教务处网站，在这里可以查询和维护自己的学籍信息，也可以了解学校的教学规章制度，查看学校教务的各种通知，教务处主页如图 10－2 所示。

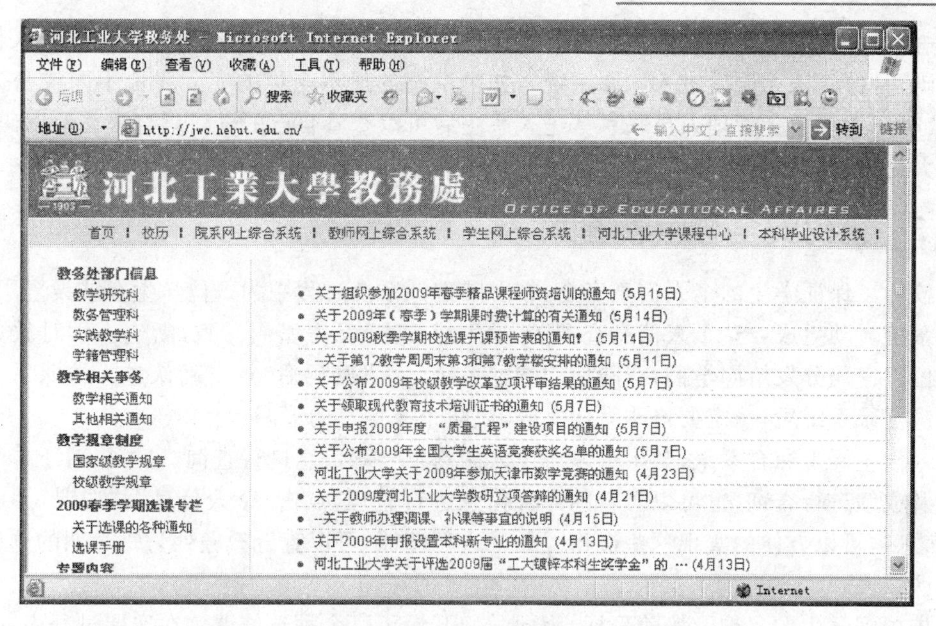

图 10－2　教务处网站

10.1.2　登录学生网上综合系统

选课是全校各年级学生同时进行，为了防止网络的拥塞，教务处设置了“学生网上综合系统”和“学生网上综合系统 2”两个选课入口，均可以进入选课页面。单击“学生网上综合系统”进入本科生个人信息系统，登录界面如图 10－3 所示。选课过程中学生凭学号和密码登陆，如

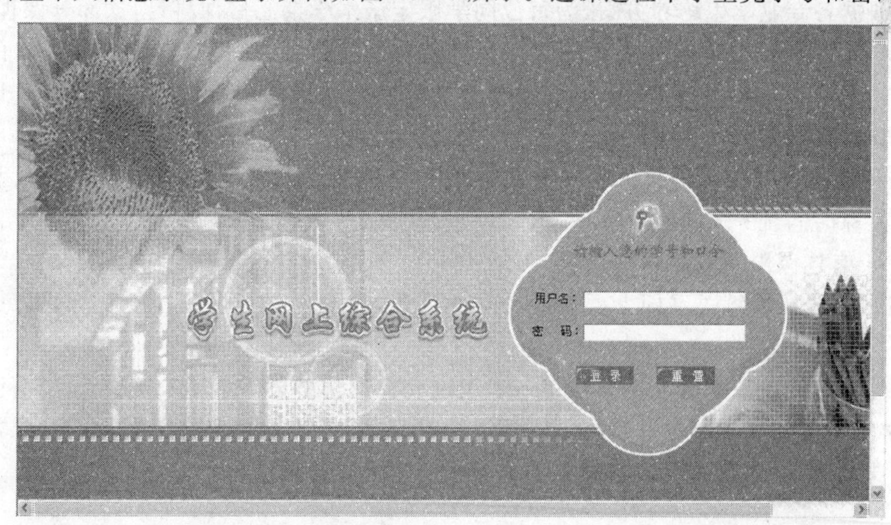

图 10－3　学生网上综合系统登陆界面

果是第一次使用，请向学院教务管理人员查询你的密码，此密码由系统预先设定。输入你的学号和密码，身份确认无误后进入选课系统。如果系统的显示与你的实际身份不同或密码不正确，请及时与学院教务管理人员联系。进入系统后可以查看自己的学籍信息或修改密码，密码长度最大为10位，而且区分大小写。

10.1.3　密码安全与信息查询

学校为了保证学生的个人信息安全，在登陆选课系统过程中为每位学生登陆设置了密码。密码由系统自动生成，与"个人信息查询"、"学生成绩查询"等密码一致，新生入学时教务处以班为单位将密码分发给同学们，登陆使用选课系统，键入密码后，点击确认进入选课系统。同学在初次登录系统后，一定要修改默认密码，以防个人信息的泄漏。

进入学生网上综合系统，学生可以对个人的基本学籍信息进行查询，也可以对于本学期可选课程及成绩进行查询，也可以对教师评价信息进行管理，点击"个人信息"、"选课"、"成绩查询"等信息框可以方便的实现这些操作。如果进行选课，可以查看教务处为每学期的选课提供的校选课课表。

学校根据学生的兴趣及培养目标，为同学们开设了百余种选修课。在选课过程中，随时可以对该学期全校所开课程进行查询，点击本系统主界面左侧的"课程查询"，直接进入学生网上选课一本学期课程查询界面，如图10－4所示。每门课程都设置最大限选人数，如果选课学生数远远大于该课程的开课学生数，就要进行抽签，中签学生方可修此门课程，因此同学们在选课时要注意察看选课表的课余量一栏，确定是否仍有剩余名额，可提高选课效率和准确性，避免时间和精力的浪费。

学校根据各专业学生培养方案，为每位同学限定了本学期必修课科目，这部分课程约占总学分的70%。另外结合当前社会发展趋势和学生的切实需要，以提高学生素质为目的，丰富现有课程体系，扩大学生的知识面，开设了校管选修课。选课是同学们应仔细阅读选课手册，并严格遵守以下规则：

1. 对于在同一学期内开设的不同类别的课程，首先保证必修课，再考虑选修课，因此校管选修课的上课时间统一安排在晚上或双休日。

2. 对于有选课限制的课程，应满足选课条件。

3. 有严格先行后续关系即上下承接关系的课程，应先选先行课程，且每位学生每学期只能选修一门校管选修课。

本科生的选课分一般分三个阶段：预选、正选和补退选阶段。学期末安排下学期的课程选定工作，学生一定要在学校教务管理部门规定的时间，到校计算机房进行有效的选课，同时确保选课成功有效，因为这直接影响到本学期所修的学分和选课结构。

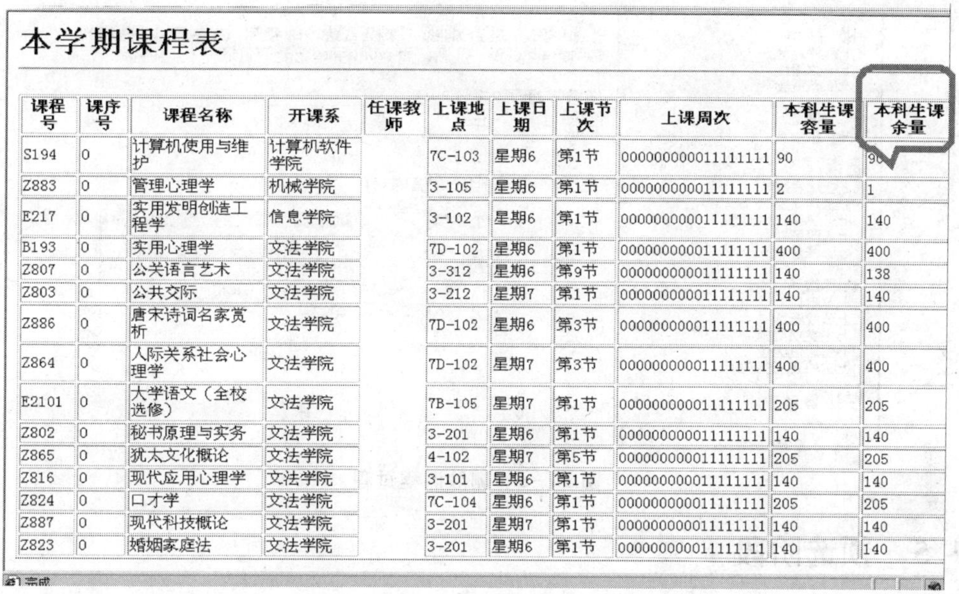

本学期课程表

课程号	课序号	课程名称	开课系	任课教师	上课地点	上课日期	上课节次	上课周次	本科生课容量	本科生课余量
S194	0	计算机使用与维护	计算机软件学院		7C-103	星期6	第1节	000000000011111111	90	90
Z883	0	管理心理学	机械学院		3-105	星期6	第1节	000000000011111111	2	1
E217	0	实用发明创造工程学	信息学院		3-102	星期6	第1节	000000000011111111	140	140
B193	0	实用心理学	文法学院		7D-102	星期6	第1节	000000000011111111	400	400
Z807	0	公关语言艺术	文法学院		3-312	星期6	第9节	000000000011111111	140	138
Z803	0	公共交际	文法学院		3-212	星期7	第1节	000000000011111111	140	140
Z886	0	唐宋诗词名家赏析	文法学院		7D-102	星期6	第3节	000000000011111111	400	400
Z864	0	人际关系社会心理学	文法学院		7D-102	星期7	第3节	000000000011111111	400	400
E2101	0	大学语文（全校选修）	文法学院		7B-105	星期7	第1节	000000000011111111	205	205
Z802	0	秘书原理与实务	文法学院		3-201	星期6	第1节	000000000011111111	140	140
Z865	0	犹太文化概论	文法学院		4-102	星期7	第5节	000000000011111111	205	205
Z816	0	现代应用心理学	文法学院		3-101	星期6	第1节	000000000011111111	140	140
Z824	0	口才学	文法学院		7C-104	星期6	第1节	000000000011111111	205	205
Z887	0	现代科技概论	文法学院		3-201	星期7	第1节	000000000011111111	140	140
Z823	0	婚姻家庭法	文法学院		3-201	星期6	第1节	000000000011111111	140	140

图 10-4　本学期课程

10.1.4　课程的选定与删除

在正选与预选阶段，同学们都可以对于自己下学期想要修读的课程进行选择，但是要注意在选课期间，对于选课操作规程了解透彻。点击选课系统主界面左边的“选定课程”，就可以在主界面右边提供的各类课程框中选取课程。根据本专业培养计划开设课程和自己的兴趣爱好，在必修课、限选课、系内任选课中选择需要选修的课程，如需一次选择多门课程，可以配合 Ctrl 键、Shift 键使用。因本次选课仅校管选修课及部分专业选修课可选，故本次选课中该项数据为空白，不需同学选择。对于校管选修课，应在其他课程课号、课序号框内输入正确的课程号、课序号。确认所输入的课程号和课程序号后，需点击“提交”按钮完成选课操作。点击“重置”则取消刚才选定的课程。

在各个阶段，同学均可以对于选错的课程进行修改，点击“是否删除”来删除不想选或选错的课程，提交后即生效，该课程将不在选课界面中显示。特别要注意的是，不要将已定制的课程删除，否则不能参加该门课程的学习，只删除选错的课程。如图 10-5 所示。

为方便其他同学选课，结束后应退出选课系统，点击“退出”按钮，或选择离线按钮，即选择本系统主界面左边的“离线”。如果其他同学继续使用，点击“重新登录”更换用户名和密码后重新登陆本科生选课系统。

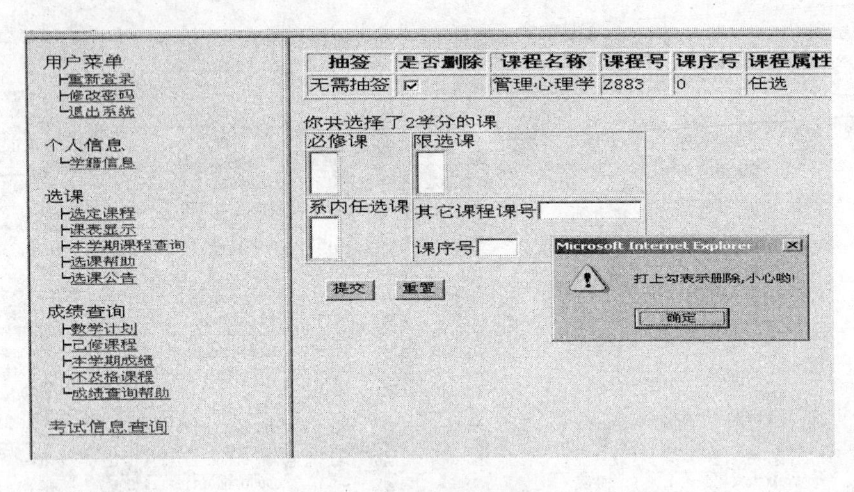

图 10－5　删除课程过程

10.1.5　预选阶段

学生必须在学校统一规定的预选时间到学校机房登陆“选课系统”,依据学期开设课程信息和个人的选课计划,选择确定想要修读的课程。预选阶段结束,教务处将汇总预选结果,根据结果对于各门课程选课人数进行合理调配,确定正式上课课表,公布每门课的上课人数,对于选课人数大于课容量的课程,确定为需抽签的课程。每位学生限选一门课程,但是为保证选课成功率,预选阶段可以多选几门课程,防止选不上课的现象发生。每学期的预选课程阶段学生一定要参加,以保证在正选阶段的优先选课的特权,避免选课失败。以下是选课信息框,如图 10－6 所示。

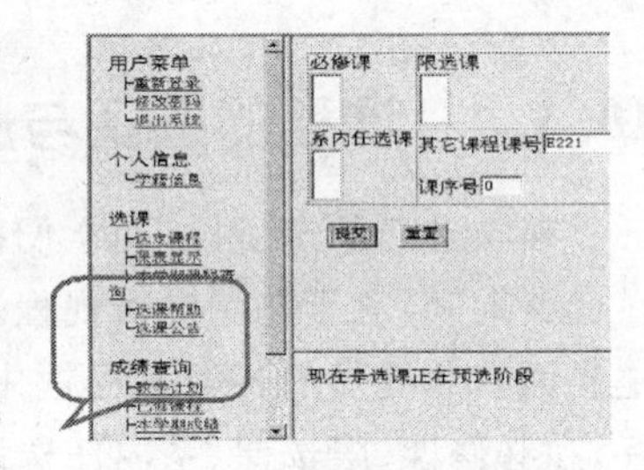

图 10－6　选课信息栏

10.1.6　正选阶段

已预选的课程,需经过正选最终确定,正选时由学生通过选课系统采取“抽签”方式确认是否选中,对于教学计划开课人数与选课人数相符的课程,则不进行抽签。对于因选课人数小于开课班容量而调整的课程,教务处会在选课手册中通知学生,允许学生再次选择确认。对于选课人数超过课堂容量的课程,必须参加正选抽签,用鼠标单击抽签,即完成抽签操作,否则为自动放弃。学生在正选阶段选中的课程为正式课程,一旦选择完成,便确定了这学期所学的课程。正选阶段抽签界面如图 10－7 所示。

对于在预选阶段选课人数小于课容量的课程,预选该门课程的学生在正选阶段无需抽签,如图 10－8 所示。

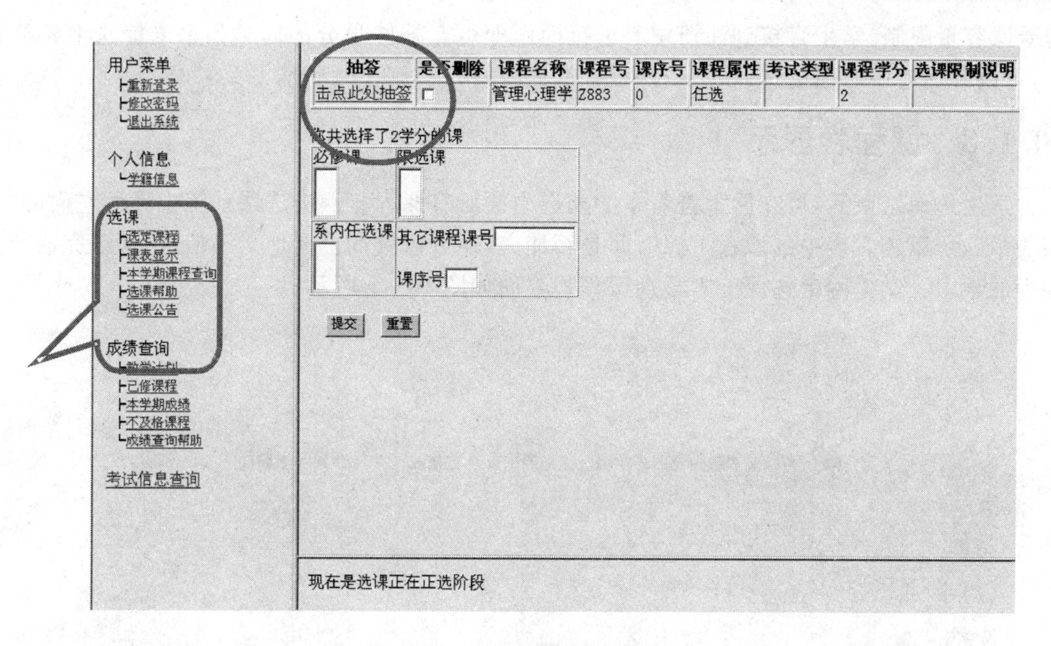

图 10－7 选课抽签选课

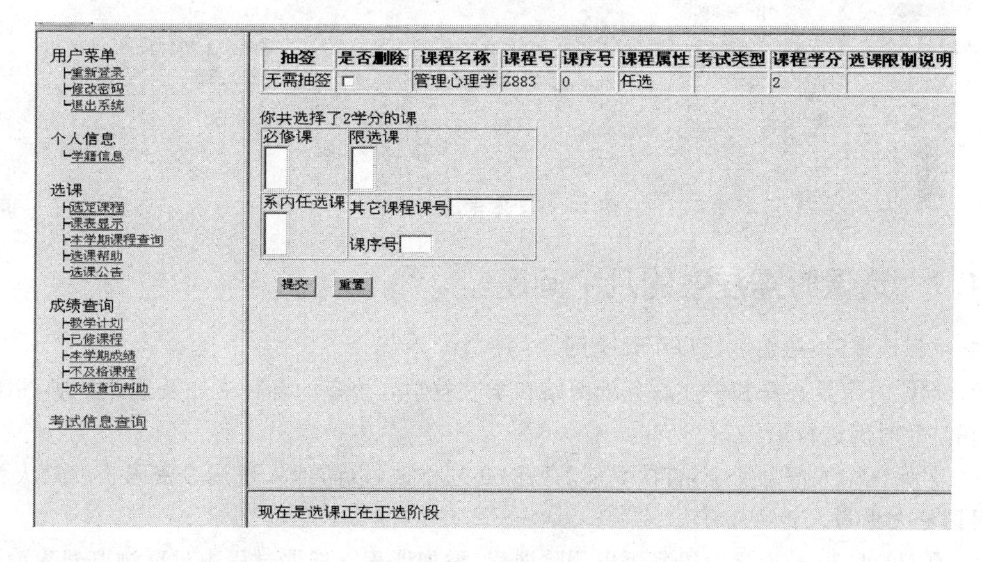

图 10－8 正选阶段选课

10.1.7 补退选阶段

预选和正选阶段结束以后，对已经选中的课程可以进行删除和增选操作，不受预选限制，但受课容量限制，学生直接到注册中心进行操作即可。补修学分的同学如果未能选上补修课程，可以到注册中心强制选课，不受课程容量的限制。

10.1.8　课程表显示

学生选课结束后，可在网上查看本学期选中的所有课程。点击选课系统主界面左面的“课表显示”，可以查看表中的课程上课时间是否冲突，还可以查询上课地点等信息，保证完成所选课程的学习。学生网上选课一本学期课程表界面如图 10 - 9 所示。

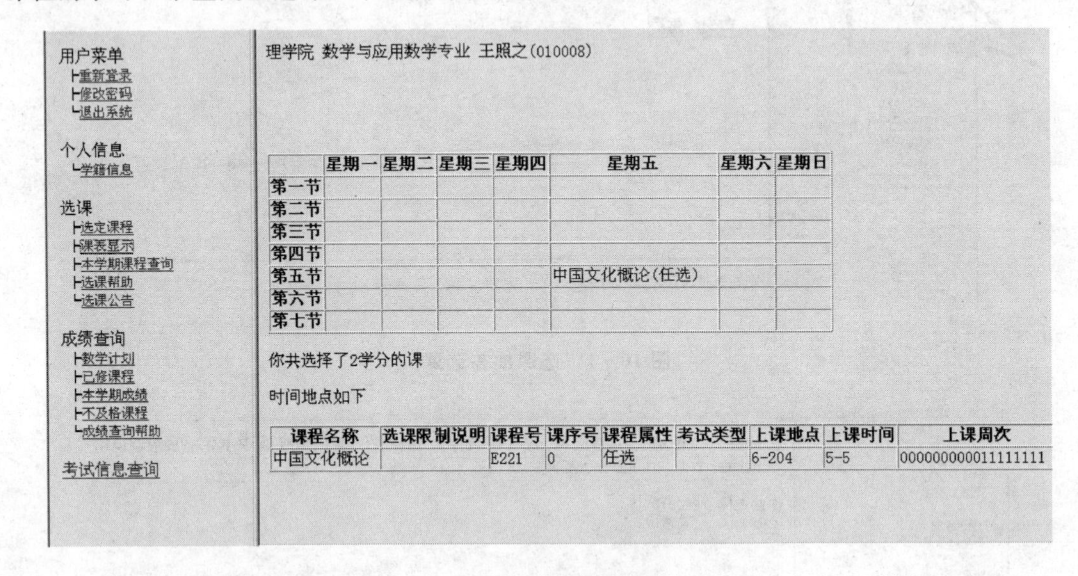

图 10 - 9　本学期课程表

10.1.9　选课时需注意的几个问题

学生在选课时，还需注意以下几个问题：

1. 选课一定要查看和关注教务处网站和学院教学办公室的各种通知及选课手册，根据提示的信息及时间进行操作。

2. 为保证个人信息安全，首次登陆后密码必须修改，以防他人盗用。密码长度最大为 10 位，且区分大小写。

3. 预选、正选、补退选阶段都可以删除课程、添加课程。选课过程中只要浏览器界面显示选课提交成功，所选的课程都会生效，服务器造成的问题不会给同学们的选课结果造成影响。

4. 对于同学们选择某门课程人数比较多的课程，上课人数不能大于该门课程的课容量，抽不上签又想上这门课，就只能等抽到了签的同学退课或者下学期再选该课程。

5. 由于服务器的原因，无法正常退出选课系统，关闭所有的浏览器窗口同样有效，不会被

他人盗用。

6. 如果不能进入系统，应去注册中心查证自己的信息，同学们可在多个地址间进行选课，同样有效。

10.2　丰富的 FTP 资源

10.2.1　FTP 简介

FTP 是文件传输协议的简称，FTP 用于控制 Internet 上文件的双向传输。FTP 是 TCP/IP 协议组中的协议之一，是 Internet 文件传送的基础，它由一系列规格说明文档组成，目标是提高文件的共享性。同时，它也是一个应用程序。用户可以通过它把自己的 PC 机与世界各地所有运行 FTP 协议的服务器相连，访问服务器上的大量程序和信息。

FTP 的主要作用，就是让用户连接上一个远程计算机（这些计算机上运行着 FTP 服务器程序），察看远程计算机有哪些文件，然后把文件从远程计算机上拷到本地计算机，或把本地计算机的文件送到远程计算机去。同大多数 Internet 服务一样，FTP 也是一个客户/服务器系统。用户通过一个客户机程序连接至在远程计算机上运行的服务器程序。依照 FTP 协议提供服务，进行文件传送的计算机就是 FTP 服务器，而连接 FTP 服务器，遵循 FTP 协议与服务器传送文件的电脑就是 FTP 客户端。在 FTP 的使用当中，用户经常遇到两个概念："下载"(Download)和"上传"(Upload)。"下载"文件就是从远程主机拷贝文件至自己的计算机上；"上传"文件就是将文件从自己的计算机中拷贝至远程主机上。用 Internet 语言来说，用户可通过客户机程序向（从）远程主机上传（下载）文件。用户要连上 FTP 服务器，就要用到 FTP 的客户端软件，通常 Windows 自带"ftp"命令，这是一个命令行的 FTP 客户程序，另外常用的 FTP 客户程序还有 CuteFTP、Ws_FTP、Flashfxp、LeapFTP、FtpRush 等。

10.2.2　FTP 文件传送模式

正如 WWW 服务的实现依赖于 TCP/IP 协议组中的 HTTP 应用层协议一样，FTP 服务同样依赖于 TCP/IP 协议组应用层中的 FTP 协议来实现。FTP 的默认 TCP 端口号是 21，由于 FTP 可以同时使用两个 TCP 端口进行传送（一个用于数据传送，一个用于指令信息传送），所以 FTP 可以实现更快的文件传输速度。FTP 客户程序有字符界面和图形界面两种。字符界面的 FTP 的命令复杂、繁多。图形界面的 FTP 客户程序，操作上要简洁方便的多。对于 FTP 服务的使用与其他 Internet 服务有所不同，用户如果想要从 FTP 服务器上获得或者上传文件，必须得到服务器的授权，也就是必须需要用户名和密码，获得登陆权限后才能进行文件传输。标准 FTP 地址一般由以下几部分组成：

ftp://用户名:密码@FTP 服务器 IP 或域名:FTP 命令端口/路径/文件名

上面的参数除FTP服务器IP或域名为必要项外，其他都不是必须的。如以下地址都是有效FTP地址：

ftp://202.113.125.3

ftp://movie2.hebut.edu.cn

ftp://movie:movie@movie2.hebut.edu.cn:2009

ftp:// movie:movie @movie2.hebut.edu.cn:2009/c:/love.txt

登陆FTP服务器需要ID和口令，这一特点违背了Internet的开放性，Internet上的FTP主机何止千万，不可能要求每个用户在每一台主机上都拥有帐号，匿名FTP就是为解决这个问题而产生的。互联网中有很多“匿名”(Anonymous)FTP服务器。这类服务器的目的是向公众提供文件拷贝服务，不要求用户事先在该服务器进行登记注册，也不用取得FTP服务器的授权。匿名FTP是这样一种机制，用户可通过它连接到远程主机上，并从其下载文件，而无需成为其注册用户。系统管理员建立了一个特殊的用户ID，名为anonymous，Internet上的任何人在任何地方都可使用该用户ID。

通过FTP程序连接匿名FTP主机的方式同连接普通FTP主机的方式差不多，只是在要求提供用户标识ID时必须输入anonymous，该用户ID的口令可以是任意的字符串。当远程主机提供匿名FTP服务时，会指定某些目录向公众开放，允许匿名存取。系统中的其余目录则处于隐匿状态。作为一种安全措施，大多数匿名FTP主机都允许用户从其下载文件，而不允许用户向其上传文件。也就是说，用户可将匿名FTP主机上的所有文件全部拷贝到自己的机器上，但不能将自己机器上的任何一个文件拷贝至匿名FTP主机上。即使有些匿名FTP主机确实允许用户上传文件，用户也只能将文件上传至某一指定上传目录中。随后，系统管理员会去检查这些文件，他会将这些文件移至另一个公共下载目录中，供其他用户下载，利用这种方式，远程主机的用户得到了保护，避免了有人上传有问题的文件，如带病毒的文件。虽然目前使用WWW环境已取代匿名FTP成为最主要的信息查询方式，但是匿名FTP仍是Internet上传输分发软件的一种基本方法，如redhat、autodesk等公司的匿名站点。

10.2.3 FTP服务器之间文件传送

在进行文件传送任务过程中，常常需要在两个服务器之间进行文件的交换，这就用到了文件交换协议FXP，全称为File Exchange Protocol。FXP是一个服务器之间传输文件的协议，这个协议控制着两个支持FXP协议的服务器，在无需人工干预的情况下，自动地完成传输文件的操作。在我们的客户机上，可以简单的发送一个传输的命令，即可控制服务器从另一个FTP服务器上下载一个文件，所下载文件并不经过本地存储，故传送速度只与两个FTP服务器之间的网络速度有关，下载过程中，无须客户机干预，客户机甚至可以断网关机。FXP本身其实就是FTP的一个子集，因为FXP方式实际上就是利用了FTP服务器的Proxy命令，不过它的前提条件是FTP服务器要支持PASV，且支持FXP方式。这种协议通常只适用于管

理员作管理的用途，在一般的公开 FTP 服务器上，是不会允许 FXP 的，因为这样会浪费服务器资源，而且有可能出现安全问题。

10.2.4　登录 FTP 服务器的方法

FTP 服务使得用户在因特网上实现文件传输成为了现实，从一个方面实现了因特网的首要目标一实现信息共享。Internet 是一个非常复杂的计算机环境，有 PC，有工作站，有 MAC，有大型机，而这些计算机可能运行不同的操作系统，有运行 Unix 的服务器，也有运行 Dos、Windows 的 PC 机和运行 MacOS 的苹果机等等，为了解决各种操作系统之间的文件交流问题，建立了一个统一的文件传输协议 FTP。基于不同的操作系统有不同的 FTP 应用程序，而所有这些应用程序都遵守同一种协议，用户可以把自己的文件传送给别人，或者从其他的用户环境中获得文件。为了保证在 FTP 服务器和用户计算机之间准确无误地传输文件，服务器和用户机必须分别安装 FTP 服务器软件和客户端软件。用户启动 FTP 客户软件之后，给出 FTP 服务器的地址，并根据提示输入注册名和口令，登陆到 FTP 服务器上。

用户也可以使用 Internet 提供的一种叫做“匿名文件传输服务”的文件传输服务，以用户名 Anonymous 登陆，匿名进入使用特定 FTP 服务器上的服务。匿名 FTP 是 Internet 网上发布软件的常用方法，使用户有机会登陆到世界上最大的信息库，这个信息库是日积月累起来的，并且还在不断增长，永不关闭，涉及到几乎所有主题。

FTP 协议的优越性能，为各种官方和组织交流提供了一个平台，FTP 服务主要用于下载公共文件，例如共享软件、各公司技术支持文件等。依托校园网性能优越的网络设施以及自身高性能的服务器，可以建立了完善的 FTP 服务器，既满足了教学过程中作业提交、课件共享等对于文件传输要求，又向全校师生提供了软件和各种影音资源交流的平台，在促进教学工作的同时，丰富了同学的生活。在 FTP 服务器上同时提供有三类软件：共享软件、自由软件、试用软件。

例如：

ftp://202.113.125.3	综合服务器	用户名：soft	无密码
ftp://202.113.125.4	软件服务器	用户名：soft	无密码
ftp://202.113.125.5	影视服务器	用户名：soft	无密码
ftp://202.113.125.68	电影服务器	匿名	
ftp://202.113.125.70	电影、动漫	匿名	
ftp://202.113.125.126	软件服务器	用户名：soft	无密码
http://202.113.116.116	音乐服务器		

1. 直接登录 FTP 服务器地址

在 windows 操作系统的安装过程中，通常都安装了 TCP/IP 协议软件，其中就包含了 ftp 客户程序。启动 ftp 客户程序工作的途径是使用 ie 浏览器，用户只需要在 ie 地址栏中输入如下格式的url地址：ftp://[用户名：口令@]ftp服务器域名[:端口号]点击地址栏右侧的转到按钮或直接按回车键，即可进入FTP站点，例如：ftp://soft@202.113.125.126进入FTP网址后，窗口中显示所有最高一层的文件夹列表，如图10－10所示。

图10－10 连接到FTP服务器

2. 通过ID和密码登陆

用户可以FTP地址全称登陆，也可先进入FTP站点，按照网站的要求，根据提示进入站点。在IE地址栏中输入url:ftp:// ftp服务器域名或IP，例如：ftp://202.113.125.4，这时服务器会提示用户输入用户名和密码。如图10－11所示。

在服务器出现的登录界面中输入用户名和相应的密码，如soft。如图10－11所示点击“登录”按钮，登录到FTP服务器站点。服务器的管理员对于不同的用户赋予了不同的权限，计算机中心FTP目标之一是为全校师生提供良好的教学研究环境，这里的soft就具有完全下载文件的权限。此时，用户就可以使用。这时用户就可以下载自己需要的信息。计算中心软件服务器有教学软件、驱动程序、网页设计等各种软件。如图10－12所示。

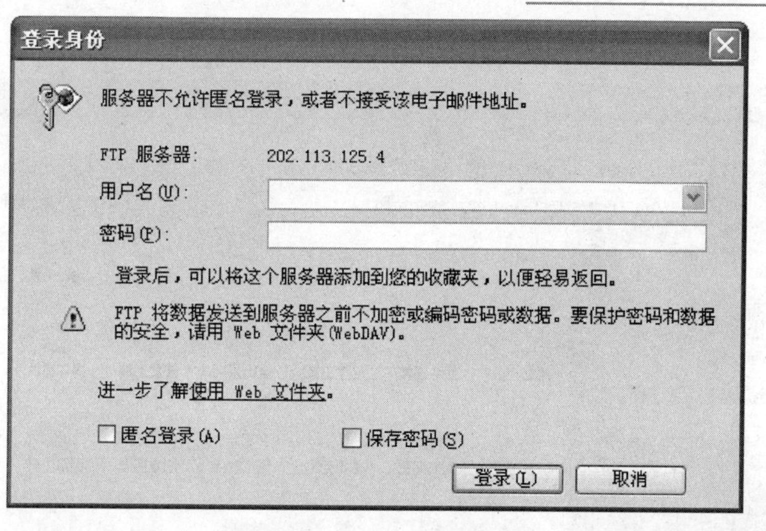

图 10－11　FTP 登录对话框

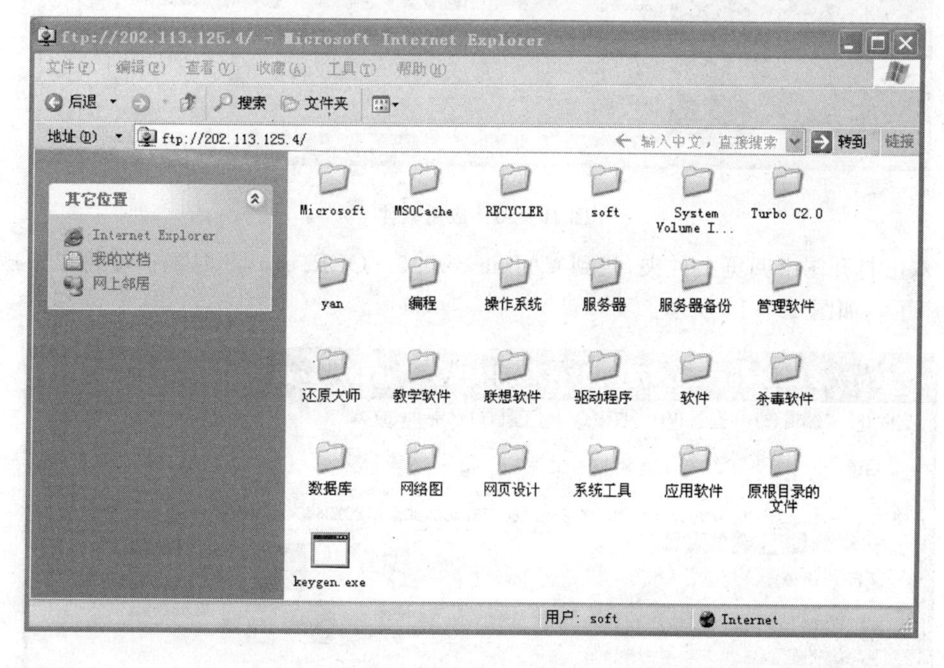

图 10－12　服务器软件

10.2.5　FTP 资源的下载

计算机中心机房的 FTP 提供丰富的教学资源，且在校内 IP 网址范围内可以快速的下载试用这些软件，方便了同学的学习。首先我们通过 IE 浏览器登陆，进入 FTP 主界面。假如我们要下载 CAJ 浏览器，那么我们首先要找到“应用软件—图书阅览”，如图 10－13 所示。

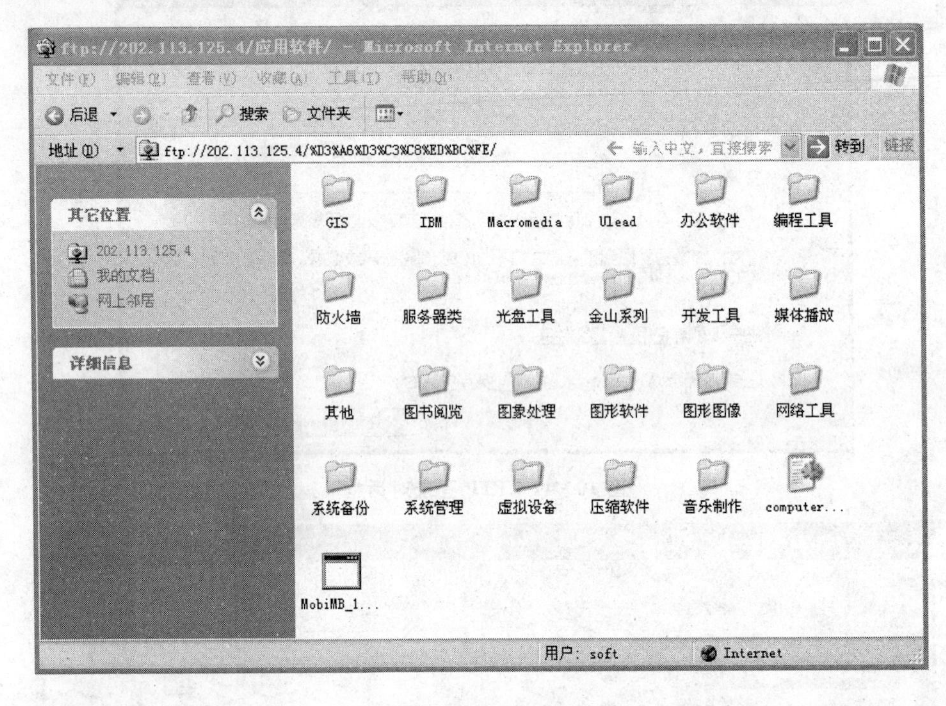

图 10－13　应用软件

1. 双击打开图书阅览文件夹，找到 CAJviewer5.5－OCR.exe，此时我们就可以下载这一应用程序了。如图 10－14 所示。

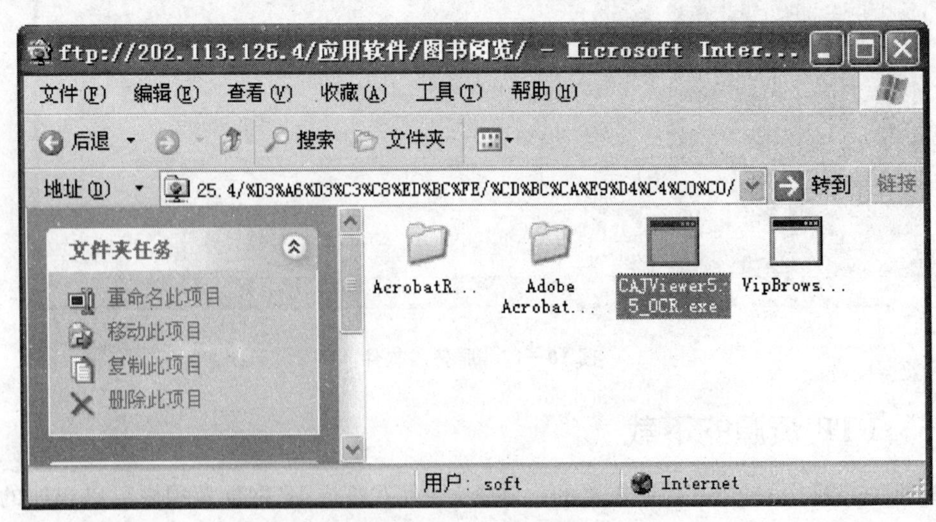

图 10－14　软件界面

2. 双击CAJviewer5.5-OCR.exe应用程序图标,会出现如下文件下载对话框。如图10-15所示。

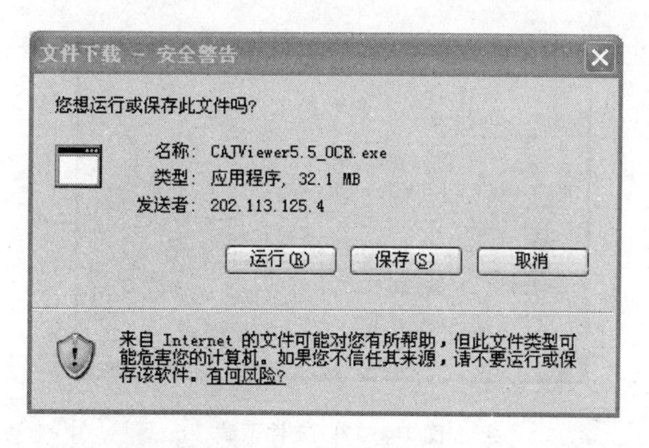

图10-15 双击下载界面

3. 单击"保存"按钮,出现另存为对话框,如图10-16所示。此时可以对于文件进行改名

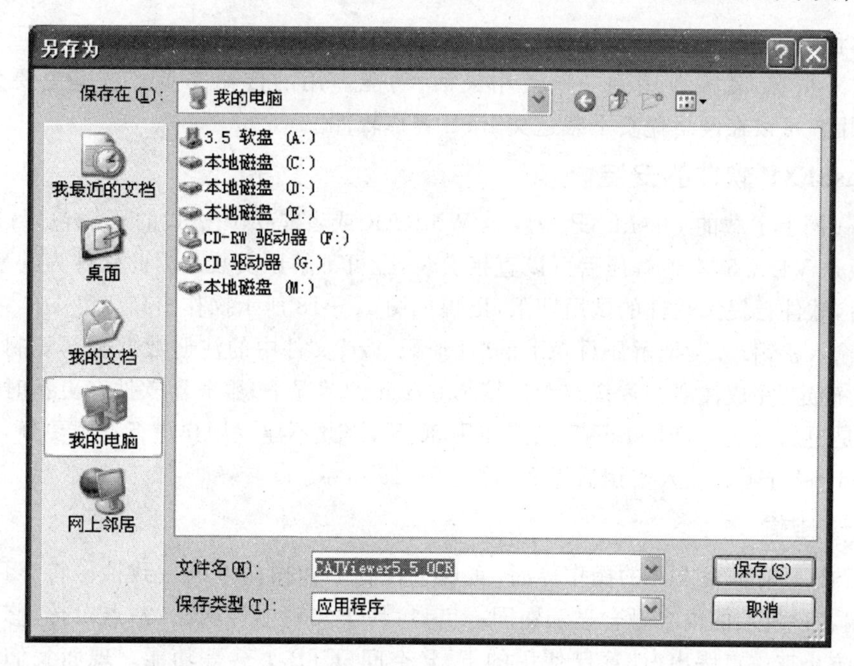

图10-16 保存设置

和选择存储路经,注意不要修改文件的保存类型,这一操作可能导致文件不可用,设置完成之后单击保存,就轻松的把想要的应用程序下载到自己电脑里了。注意计算机中心机房电脑安装硬盘还原系统,不能保存在C盘或者桌面上,要保存在D或者E盘中。

4. 单击保存之后，系统就自动开始下载，并计算下载所需时间显示下载进度，下载完成之后就可以安装使用了。下载完成界面如图10-17所示。

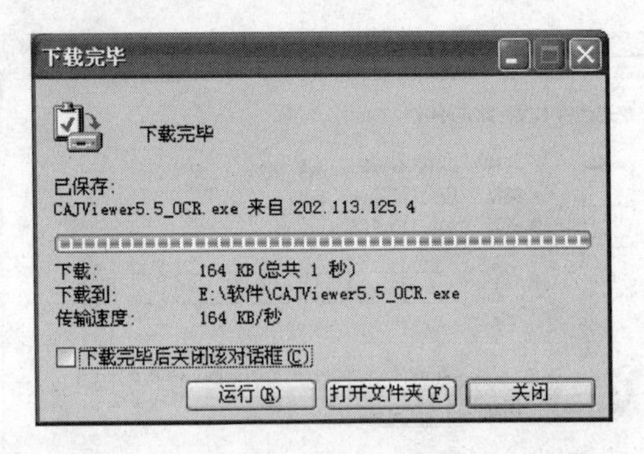

图10-17　文件下载

10.2.6　FlashFXP

对于远程的FTP服务器来说，考虑到网络的传输速度和文件的大小，传输过程中可能遇到的一些意外情况，就需要用到一些使用灵活、功能专用的传输工具。这里主要介绍一下FlashFxP，用户可以在网络免费下载这类FTP客户软件。

1. FlashFXP软件的安装

Internet网上下载的FlashFXP一般是WinRAR或者是ZIP格式的压缩包，目前最新版本的汉化版是V4.2.5，本地解压后可以直接安装，也可不解压安装。因此软件为共享软件，安装完毕以后，软件会提示软件的试用期限，出现如图10-18所示操作窗口。

点击“输入密钥...”，把解压目录下的“注册码.txt”文件中的注册数据全部复制到如下窗口中，点击“确定”完成注册。客户端在连接Internet的情况下，服务器软件有更新时会提示用户更新，但是更新完之后，FlashFXP只能使用30天，因此不建议用户进行在线更新，同时应关闭"LiveUpdate"选项。输入密钥后界面如图10-19所示。

2. 文件传输

FlashFxP具有非常友好的操作界面，实现了视觉上和操作上的一致性。将FTP服务器和用户终端客户机上的内容融合显示在同一窗口，易于实现上传网站、站点对传、修改文件上传大小写、防止被站点踢出、计算已使用的FTP空间、FTP下载等功能。现面我们就一一介绍FlashFXP带给我们的在互联网上下载和与人分享的乐趣。

(1) 打开FlashFXP，依次点击菜单栏中“站点－站点管理器”，或者直接使用快捷键F4，进入“站点管理器”对话框，点击对话框左下角“新建站点”按钮，会弹出一个对话框，输入站点的名称。如图10-20所示。

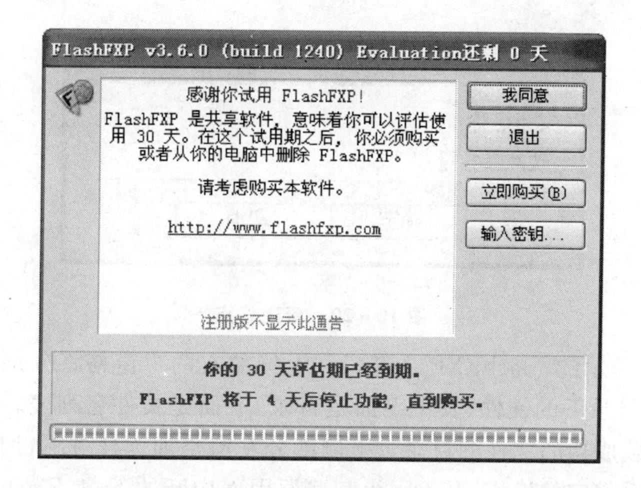

图 10－18　FlashFXP 初始界面

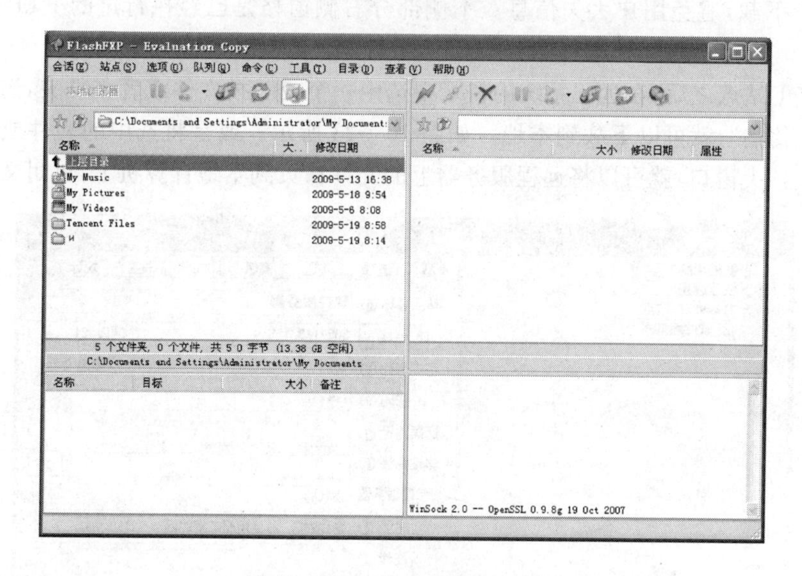

图 10－19　FlashFXP 验证密钥

（2）输入站点名称后点击确定按钮，进入站点设置。在常规面板，输入 ftp 空间的 IP 地址、端口、用户名称、密码，然后点击“应用”按钮，站点就设置好了。站点名称是对该 FTP 服务器系统的一个简单描述，IP 地址指的是要访问的 FTP 服务器的主机域名或 IP 地址，FTP 服务的监听端口默认值为 21，用户名和密码是用户与服务器进行连接时身份验证信息，除此以外，还要设置远程路径和本地路径，置为连到服务器和本地文件下载时的默认位置。设置完成之后，点击“连接”按钮，连接站点。设置站点如图 10－21 所示。

（3）在“站点管理器”窗口中选择好后，单击“连接”按钮，激活 FTP 连接，如果登陆成功，

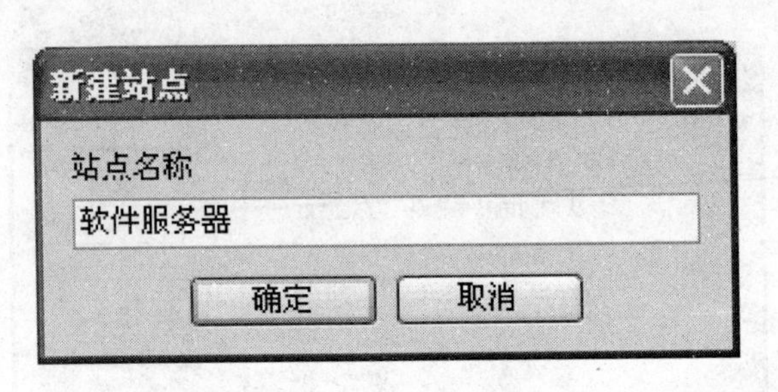

图10-20　新建站点

则进入如图10-22所示的FlashFXP主窗口。上侧左右两个窗格将分别显示本地计算机和FTP服务器的默认目录下的文件，其中上面是目录，下面是文件名列表。上面左侧信息区显示出本地计算机下载成功的文件的目录。下侧部分左窗格即为任务栏，用户可以使用鼠标右键单击某个人物查看相应的操作，对于因为某些原因而中断的下载，FlashFXP可以从新启动这些任务进行下载，避免用户丢失信息。下侧部分右侧窗格是已经执行过的FTP命令和返回的结果。

(4) 连接上站点之后，在远程系统的目录中选中一个或一批文件或者文件夹，选中后单击鼠标右键，单击"传输"，就可以下载到本地。如图10-23所示。或是将选中的文件或者文件夹拖动到本系统文件夹窗口，就可以将远程服务器上的文件拷贝到本地计算机上，也叫文件下载。

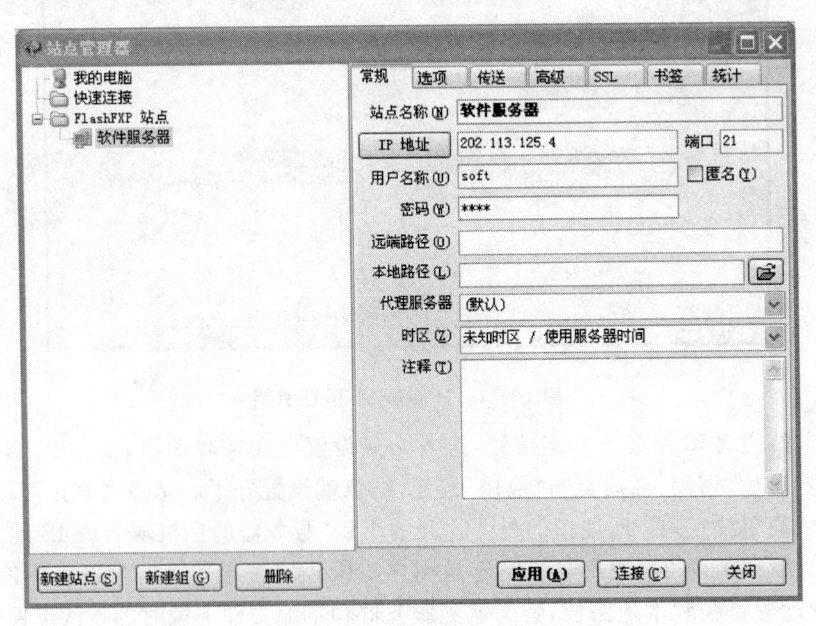

图10-21　设置站点

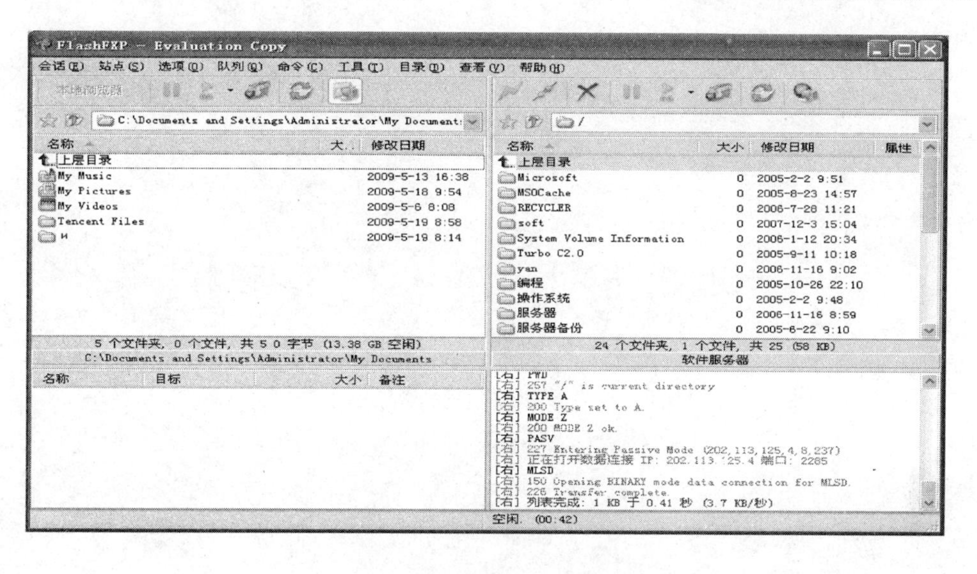

图 10－22　FlashFXP 主窗口

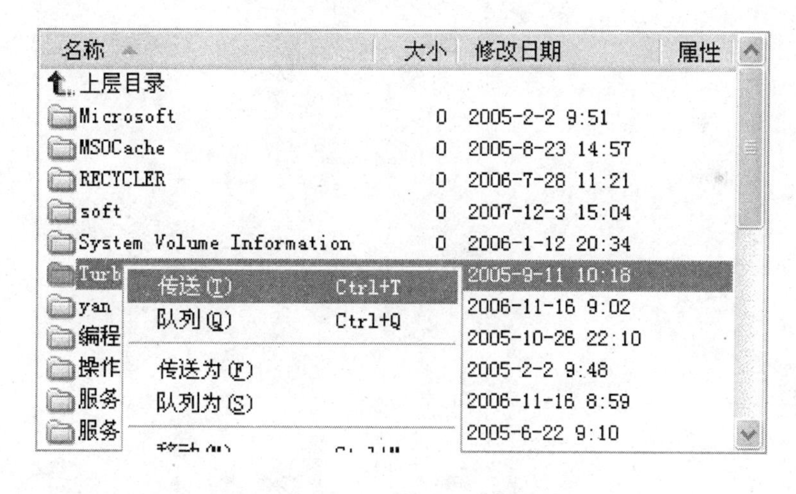

图 10－23　用 FlashFXP 下载文件

(5) 在本地选中文件或目录后拖到成员系统窗口，把本地计算机的文件上传到远程服务器上。除了以上命令之外，用户还可以完成文件的改名、删除、编辑等操作，这些操作都和使用资源管理器非常相似，大大简化了 ftp 的操作过程，使普通用户也能顺利完成文件的传送。